博碩文化

從零開始學
Visual Basic
程式設計 2013

· 由程式語言的基本功開始，兼顧理論與實作
· 透過VS Express 2013學習主控台應用程式和視窗應用程式，每個章節皆能活用學習
· 對物件導向的封裝、繼承，在探討之外，也對集合做更多認識
· 課後評量思考操作並兼，追蹤學習成效

李 馨－著

從零開始學 Visual Basic 2013 程式設計

作　　者：李馨
責任編輯：Cathy

發 行 人：詹亢戎
董 事 長：蔡金崑
顧　　問：鍾英明
總 經 理：古成泉

出　　版：博碩文化股份有限公司
地　　址：221 新北市汐止區新台五路一段 112 號 10 樓 A 棟
　　　　　電話 (02) 2696-2869　傳真 (02) 2696-2867
郵撥帳號：17484299　戶名：博碩文化股份有限公司
博碩網站：http://www.drmaster.com.tw
讀者服務信箱：DrService@drmaster.com.tw
讀者服務專線：(02) 2696-2869 分機 216、238
（周一至周五 09:30 ～ 12:00；13:30 ～ 17:00）

版　　次：2015 年 9 月初版

建議零售價：新台幣 620 元
Ｉ Ｓ Ｂ Ｎ：978-986-434-045-3
律師顧問：永衡法律事務所 吳佳憓律師

本書如有破損或裝訂錯誤，請寄回本公司更換

國家圖書館出版品預行編目資料

從零開始學 Visual Basic 2013 程式設計 / 李
馨作 . -- 初版 . -- 新北市：博碩文化 , 2015.08
　面；　公分
ISBN 978-986-434-045-3(平裝附光碟片)

1.BASIC(電腦程式語言)

312.32B3　　　　　　　　　　104015852

Printed in Taiwan

博碩粉絲團　　歡迎團體訂購，另有優惠，請洽服務專線
　　　　　　　(02) 2696-2869 分機 216、238

序

　　傳說中，Visual Basic王國文明燦爛，坐擁OOP的強大設計！為了取得程式設計的黃金寶藏，展開奇幻的海上冒險之旅。

探索程式的基本語法(第一～八章)

　　冒險之旅的首驛站是取得王者之劍！從基本語法開始，第一劍揮出視窗程式設計，透過表單容器，納入控制項。取得寶藏方法是學會變數、常數、資料型別，流程控制則是海上航程的導航器。坐擁程序與模組，能讓我們悠遊於程式設計中。當然，「例外處理」的護身魔法得加緊練習，才能前往第二站的視窗程式前進！

領略視窗程式之美(第九～十四章)

　　第二站冒險之旅則是領略視窗應用程式之美。不同用途的控制項打造了Visual Basic王國的瑰麗。「事件處理機制」得以偷窺程式設計的運作模式，「版面控制」減輕了控制項如何排列的負擔，名稱空間System.Drawing讓程式不僅是程式，更為視覺帶來了驚豔效果，「檔案系統」能讓不同格式的文件活躍於標準資料流之間。

穿梭於物件導向設計世界(第十五章～第十八章)

　　第三站則是航向以物件導向布置而成的城市，城市由封裝建立基石、以繼承展開生命之歌，配合多形來締造城市的風貌。如何找到寶藏?從OOP開始探尋！類別提供了物件的生命藍圖！而集寵愛於一身的ADO.NET元件，為資料庫的存取開啓了方便之門！

03 Visual Basic的資料處理

04 決策判斷

05 反覆結構

06 陣列與字串

07 建立模組與程序

08 偵錯與例外處理

PART 2 視窗介面篇

09 事件處理機制

10 妙用控制項

11 版面控制和清單檢視

12 功能表與對話方塊

13 多重文件與圖形裝置

14 檔案與資料流

PART 3 設計進階篇

15 物件導向設計

16 認識集合

17 以ADO存取資料

18 VB應用與My

01

Visual Studio 2013概觀

- ■ 認識**.NET Framework**架構，包含了共通語言
  執行環境和**.NET Framework**類別庫。

- ■ 認識**Visual Studio 2013**的版本。

- ■ 安裝**Visual Studio 2013 Express**版本。

- ■ 介紹**Visual Studio 2013**操作介面和環境的相關
  設定。

- ■ 以實作範例來了解方案和專案的不同處。

針對Visual Studio 2013及.NET Framework 4.5.1做概括性介紹，並以Visual Basic 2013 Express版本為學習對象，進行軟體的安裝及工作環境設定。

1.1 | 淺談.NET Framework

.NET Framework由微軟公司開發；從字面上來看，可解釋成「骨幹」、「架構」。目前的版本是4.6，提供Visual Studio 2013一個安全性高、整合性強的工作環境，使用者可以使用Visual Basic、C#、Visual C++等程式語言做應用程式的開發。除了Windows應用介面，也能致力於Web的開發，藉由圖1-1做初步認識。

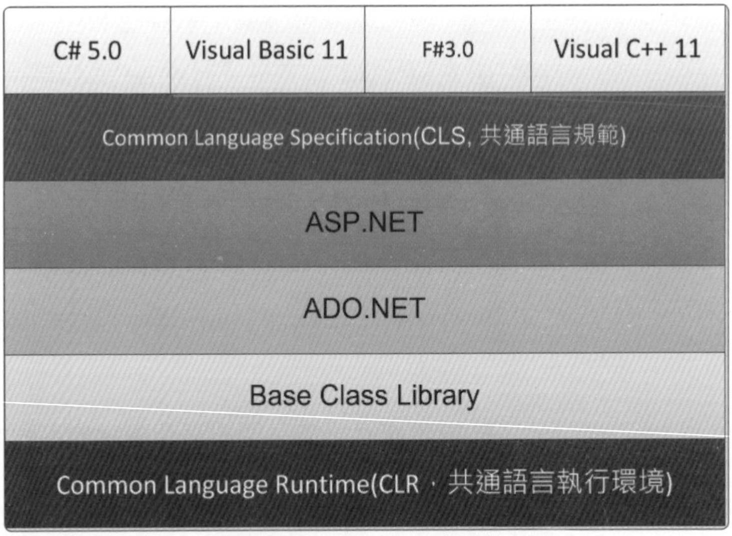

C# 5.0	Visual Basic 11	F#3.0	Visual C++ 11
Common Language Specification(CLS, 共通語言規範)			
ASP.NET			
ADO.NET			
Base Class Library			
Common Language Runtime(CLR, 共通語言執行環境)			

【圖1-1 .NET Framework架構】

.NET Framework包含了兩大元件：共通語言執行環境(Common Language Runtime，簡稱CLR)和.NET Framework類別庫(Class Library)。它提供了下列這些功能。

- 一致性的設計環境，使用Visual Studio撰寫程式碼，不同的程式語言能相互參照。

- 提高程式碼的安全執行環境，讓開發後的軟體更容易部署並且減少執行環境的衝突。

- 提供特定應用程式開發領域所需的程式庫，讓Windows和Web 應用程式開發時有一致的開發設計環境。

1.1.1　共通語言執行環境

「共通語言執行環境(CLR)」提供.NET Framework應用程式的執行環境。以CLR為主並經過編譯的程式碼稱為「列管(Managed)程式碼」，它具有下列功能：

- 負責記憶體回收管理，協助程式開發者做記憶體的配置和釋放。

- 由於基底類型是由.NET Framework類型系統所定義；能進行跨語言整合，不同語言所撰寫的物件可以彼此互通。

- 具有強制型別安全檢查，簡化版本管理及安裝程序。

- 支援結構化例外狀況處理。

1.1.2　.NET Framework類別庫

無論開發的應用程式是Windows Form、Web Form或是Web Service都需要.NET Framework提供的類別庫(Class Library)。為了讓不同的語言之間具有「互通性」(Interoperability)，在「共通語言規範」(CLS, Common Language Specification)要求下，使用.NET Framework型別。此外，.NET Framework類別庫也能實作物件導向程式設計，包含衍生自行定義的類別、組合介面和建立抽象(Abstract)類別。為了建立階層架構，.NET Framework類別庫亦提供「名稱空間」(Namespace)的功能。

1.1.3　程式的編譯

一般來說，程式要經過編譯才能執行。不同之處是.NET Framework會將VB程式碼編譯成MSIL(Microsoft Intermediate Language)中介語言，編譯過程如圖1-2所示。

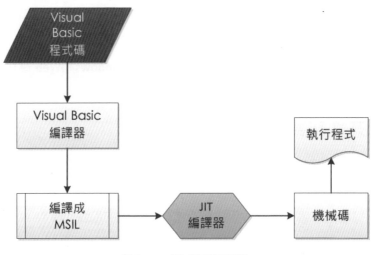

【圖1-2 VB程式碼的編譯】

　　經過編譯的程式碼要執行時，必須由JIT(Just-in-Time)編譯器將MSIL轉譯成機器碼才能執行。簡單來說，當我們將VB的程式碼編譯成可執行檔(*.EXE)，運作的環境必須安裝了.NET Framework軟體，才能順利執行。

1.2 | 速寫Visual Studio 2013

　　Visual Studio 2013是一套整合性的開發環境，能撰寫、編譯、除錯和測試應用程式的軟體。Visual Studio 2013也是語言的組合套件，它可以使用Visual Basic、Visual C#、Visual C++、F#等 各 種 程 式 語 言，開 發Web、Windows、Office、資料庫和行動裝置等多項的應用程式。

1.2.1　Visual Studio 2013版本

　　Visual Studio 2013涵蓋了多種版本，概略介紹如下：

- Visual Studio Express：提供初學者、學生和程式開發者一個精簡、易操作、快速學習的開發工具。

- Visual Studio Professional：針對各種Microsoft平台進行開發，包括Windows、Windows Phone、桌面、Web或雲端，適用於個人的開發工具。

- Visual Studio Premium：提高開發小組所有成員之間的共同作業。使用者可依自己的進度配合敏捷式作法，更迅速完成多項工作，包括了專案管理、測試案例管理、小組共同作業、發行管理等工具。

- Visual Studio Ultimate：特別為企業級開發而建立。能對生產環境進行測試，確保它的延展性和效能；提供UML圖表將應用程式的結構視覺化。

1.2.2 從安裝開始

本書中的學習範疇是以Visual Studio Express(後續的內文會以VS Express簡稱) 2013 for Windows Desktop為Visual Basic程式語言的練習環境。而Visual Studio Express又分為下列幾種版本，簡介如下：

- Visual Studio Express 2013 for Web：建立Web應用程式和服務，例如：ASP. NET。

- Visual Studio Express 2013 for Windows：建立Windows市集和Windows Phone應用程式，所以軟體須安裝於Windows 8.1作業系統。

- Visual Studio Express 2013 for Windows Desktop：使用Visual Basic或C#、Visual C++等程式語言，建立桌面應用程式。

- Visual Studio Team Foundation Server Express 2013：以小型團隊為型態來共同作業，管理專案，提高效率。

Visual Studio Express 2013 for Windows Desktop預設的作業系統是Windows 8.1，配合網路安裝步驟如下：

 **1** 下載網址：http://www.visualstudio.com/zh-tw/downloads；進入網站，必須先以Microsoft帳號登入後，選擇「Express 2013 for Windows Desktop」版本進行安裝。

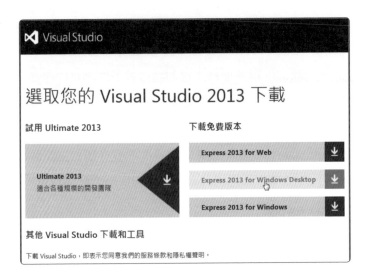

◆ 建議使用者有一組「Windows Live ID」的電子郵件帳號，可用來登入Outlook.com或Hotmail、Messenger等服務；或者透過MSN網站進行註冊。

STEP 2 會顯示下載頁面；按「執行」鈕，進入安裝程序。

STEP 3 要勾選「我同意授權條款和隱私權聲明」才能安裝。

STEP 4 進行軟體安裝。

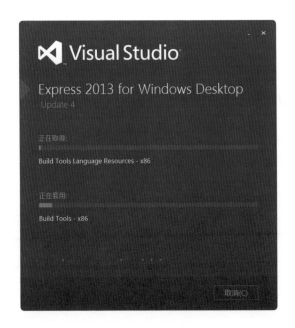

STEP 5 完成安裝，重新啟動電腦。

🏅Tips｜**以光碟安裝時**

如果有Visual Studio Express 2013 for Windows Desktop的安裝光碟，找到「wdexpress_full.exe」，雙擊滑鼠後，就會進行步驟3以後的程序。

1.2.3 啓動Visual Studio 2013

完成VS Express 2013安裝，重新啓動電腦系統後，會再一次載入「VS Express 2013」軟體，進行環境參數的相關設定，如下圖1-3所示。

【圖1-3 VS Express第一次啟動時】

啟動「Visual Studio Express 2013」軟體，會進入它的起始頁，共由三個子畫面組成，❶起始頁，「開始」可用來建立專案，或在下方「最近」顯示先前所建立的專案。❷輸出視窗，用來輸出結果。❸方案總管視窗，如圖1-4所示。

【圖1-4 VS Express 2013起始頁】

1.3 | Visual Studio 2013開發環境

Visual Studio 2013是一種整合式開發環境(IDE)，可用來開發各類型專案：其組成項目有：標題列、功能表、工具列、標準工具列，具有停駐或自動隱藏於左側的資料來源和工具箱，視窗右側的方案總管和屬性視窗。

1.3.1　Visual Basic 2013操作介面

工欲善其事，必先利其器。撰寫VB程式之前，先走訪Visual Basic 2013的工作環境，由圖1-5做操作介面的簡介。

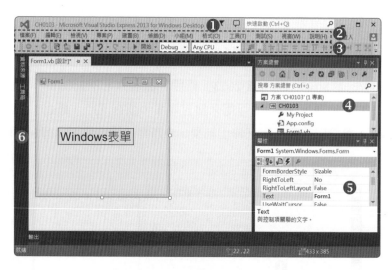

【圖1-5 Visual Basic 2013操作介面】

❶標題列

一般情形下，只會顯示檔案名稱和VS Express 2013；但在其他狀態會在檔案名稱後顯示相關訊息。「執行」表示程式碼進入執行狀態；「偵錯」則是進入逐行偵錯狀況。

檔案名稱

❷功能表列

提供Visual Basic 2013開發環境各項功能指令。

❸工具列

畫面以「標準」和「配置」工具列為主,提供開啓檔案、儲存、全部儲存、新增專案等各項圖示按鈕;若想加入其他工具列,可直接在工具列按滑鼠右鍵,選取所需工具列。

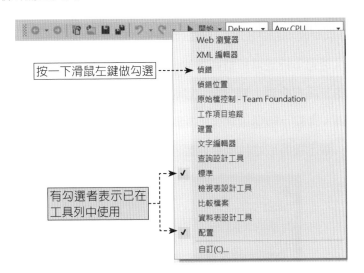

❹方案總管視窗

用來管理方案和專案(參考圖1-6),也包含專案底下的各類型檔案。

- 「屬性」鈕:因選取不同,會在下方的屬性視窗顯示專案或方案的相關屬性。

- 「顯示所有檔案」鈕:顯示方案底下所有的檔案。

- 「重新整理 ⚙ 鈕：重新整理視窗中的全部檔案。
- 「檢視程式碼」鈕：選取專案底下的檔案，能切換程式碼編輯視窗。

【圖1-6 方案總管視窗】

❺屬性視窗

檢視表單或控制項物件的相關屬性(參考圖1-7)。

- 下拉選單：透過下拉式清單選取物件。
- 工具列：由左而右檢視，有分類、字母順序、屬性和事件鈕。
- 屬性設定區：會顯示被選取物件的相關屬性或事件。
- 屬性說明：顯示被選取物件的相關屬性或事件說明。

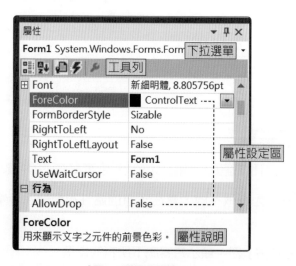

【圖1-7 屬性視窗】

❻工具箱

　　提供設計表單所需的各項控制項、元件和對話方塊(參考圖1-8)。如果畫面上沒有看到工具箱，可以展開「檢視」功能表，執行「工具箱」指令，就能重新取得工具箱。

　　如何展開工具箱？滑鼠左鍵單擊工具箱處較淺色塊，展開工具箱後，可按一下大頭針讓工具箱固定於視窗左側。當大頭針成平躺狀，表示工具箱呈自動隱藏 状態，它會縮合在視窗左側，按一下滑鼠會展開，焦點離開工具箱會自動隱藏。

- 停駐：將工具箱固定於視窗左側。
- 「隱藏」則是把工具箱直接關掉。

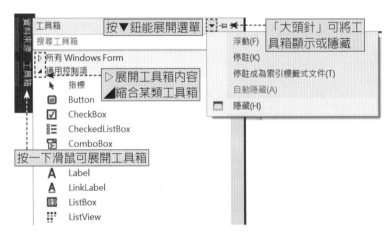

【圖1-8 工具箱】

1.3.2　認識VB的專案範本

　　撰寫VB程式時，Visual Studio 2013會以專案為管理單位，副檔名是「*.vbproj」，一個專案會包含多個程式檔(*.vb)。依據需求，專案可以編譯成執行檔(*.exe)或是動態函式庫(*.dll)。建立專案有二種方式：

- 從起始頁處「開始」區塊中建立專案。
- 展開「檔案」功能表，執行「新增專案」指令。

　　無論使用那一種方式，都會進入如圖1-9的「新增專案」交談窗，選取所需範本，設定儲存位置，給予專案名稱，按「確定」鈕即可完成專案的建立。

【圖1-9 新增專案的交談窗】

　　VB專案範本，以表1-1說明。

【表1-1 VB專案範本】

範本	說明
Windows Form應用程式	透過表單、組合控制項，建立前端的使用者介面
類別庫	提供專案共享及重複使用的類別、元件
WPF應用程式	建立WPF(Windows Presentation Foundation)用戶端使用者介面
主控台應用程式	不具有任何圖形使用者介面，在命令提示字元視窗下顯示執行結果

1.3.3　VB程式流程

　　對於VB的專案範本有了基本認識後，我們以一個主控台應用程式來解說程式撰寫的流程，程序如下：

範例《CH0103》 建立主控台應用程式專案

STEP 1 建立專案。

1) 確認已啓動VS Express 2013軟體，❶展開「檔案」功能表，執行❷「新增專案」指令，進入「新增專案」交談窗。

2) 選❶已安裝的；❷範本「Visual Basic」；❸主控台應用程式；❹名稱變更為「CH0103」；❺位置採用預設路徑；❻不勾選「為方案建立目錄」；❼按「確定」鈕。

步驟說明

◆ 檔案的儲存位置會以「C:\users\使用者名稱\documents\visual studio 2013\Project\CH0103」資料夾之下。

◆ 在方案總管視窗會加入一個模組檔案Module1.vb，視窗中間會開啟程式碼編輯器。

STEP 2 編寫程式。

1) 進入「Module1.vb」程式碼編輯畫面，會自動顯示如下的程式碼：

```
Module Module1
    Sub Main()

    End Sub
End Module
```

2) 在「Sub Main」程式碼處加入下列程式碼。

```
Console.WriteLine("第一個VB程式")
```

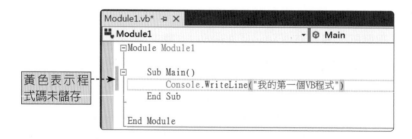

STEP 3 儲存檔案。按工具列的「儲存Module1.vb」鈕。

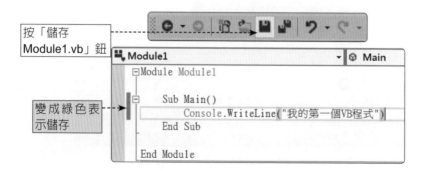

STEP 4 由於是主控台應用程式，按【Ctrl + F5】編譯程式。

STEP 5 以「命令提示字元」視窗輸出結果。

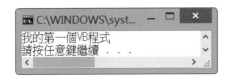

程‧式‧解‧說

* Module是Visual Basic 2013關鍵字，Module/End Module表示建立了模組範圍，名稱為「Module1」(綠色文字)。

* Sub Main為應用程式的進入點，至End Sub結束。

* 控制命令列輸入、輸出的功能，須使用Console類別，配合WriteLine方法在螢幕上輸出整行文字。

* 此處未使用【F5】鍵做程式偵錯的動作；而是使用【Ctrl + F5】鍵來保留執行結果畫面。如果直接按【F5】鍵雖然會啟動命令提示視窗，但是執行後會立即關閉，無法看到結果。

1.3.4　方案的關閉、開啟

　　展開「檔案」功能表，執行「關閉」指令，可關閉目前正在使用的檔案，現階段而言，它會關閉「Module1.vb」檔案。執行「檔案」→「關閉方案」指令，會關閉目前所開啟的方案，並不會關閉Visual Studio 2013操作環境。

　　若要關閉VS Express 2013，請執行「檔案」→「結束」指令，或者按Visual Studio 2013右上角的「X」(結束)鈕。

開啟方案

　　開啟專案有二個方式。

* 啟動VS Express 2013軟體後，從起始頁處「最近」區塊中開啟專案，進入「開啟專案」交談窗。

- 利用功能表,展開「檔案」功能表,執行「開啓專案」指令,開啓其交談窗。

當我們進到「CH0103」資料夾時,可以看到二個檔案:「CH0103.sln」(方案)和「CH0103.vbproj」(專案)。雖然前述步驟並未建立方案,不過系統會以方案為主軸,所以無論是以「CH0103.sln」或「CH0103.vbproj」來開啓,皆能開啓範例CH0103。

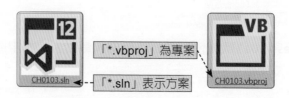

1.3.5　以方案管理專案

　　簡單的應用程式可能只需要一個專案，更為複雜的應用程式，則需要多個專案才能組成一個完整方案。因此Visual Studio 2013使用方案機制來管理有多個專案的應用程式，它的組成如圖1-10所示。

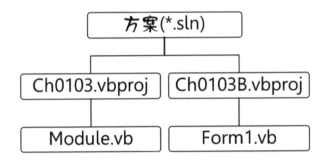

【圖1-10 方案的組成】

　　同樣地，要在目前的專案中，再加入第二個專案。

- 執行指令：從功能表裡，展開❶「檔案」功能表，執行❷「加入」選單的❸「新增專案」指令。

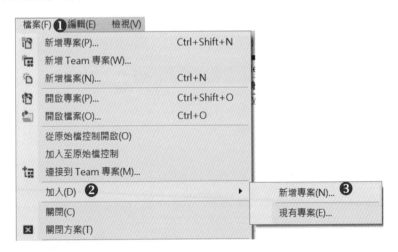

- 透過方案總管視窗專案。在方案總管視窗的方案名稱上，❶按滑鼠右鍵展開快顯功能表之後，再執行❷「加入」選單的❸「新增專案」指令。

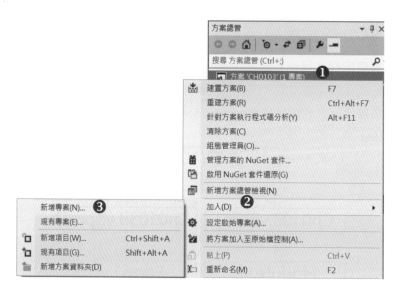

範例 《CH0103》 加入第二個專案

STEP 1 延續前一個範例，展開「檔案」功能表，執行「加入」選單的「新增專案」指令。

STEP 2 ❶範本還是Visual Basic；❷選「Windows Form應用程式」；❸名稱變更「CH0103B」；❹按「確定」鈕。

STEP 3 檢視方案總管內容，總共有兩個專案：「CH0103」和「CH0103B」。

STEP **4**　如果要執行第二個專案，可在❶「CH0103B」專案名稱上按滑鼠右
　　　鍵，展開快顯功能表後，執行❷「設定為啟始專案」。

1.3.6　操作環境相關設定

對於VS Express2013來說，所有的環境設定皆能利用「工具」功能表的『選
項』指令來進行設定。它包含專案和方案的路徑設定，工作環境的使用、文字
編輯器、偵錯和資料庫工具。

變更專案儲存目錄

　　完成VS Express2013 的安裝後，「使用者名稱」的「我的文件」資料夾下，自動產生一個『Visual Studio 2013』資料夾，它也包含其他的相關子資料夾。其中的【Projects】子資料夾用來存放建立的專案；表示VB編寫的程式碼，都儲存於此。如果不想沿用原有的預設值，可以進行如下的程序。如何變更儲存目錄？步驟如下。

STEP 1 執行「工具」→「選項」指令，進入交談窗。點選「專案和方案」拉開選項後，再❶選取「一般」，再按視窗右側的❷ □ 鈕，變更儲存路徑。

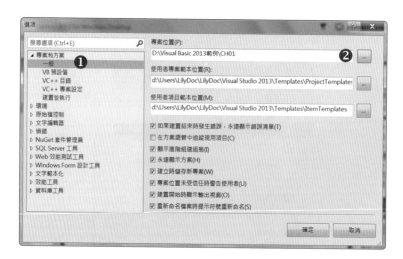

STEP 2 設定字型。❶選取「環境」展開選項；❷選取「字型和色彩」；❸從顯示項目選取欲變更項項目；❹再變更字型和字型大小。

STEP 3 讓程式碼顯示行號。找到❶「文字編輯器」拉開選項後；❷選取
「Basic」；❸勾選「行號」。

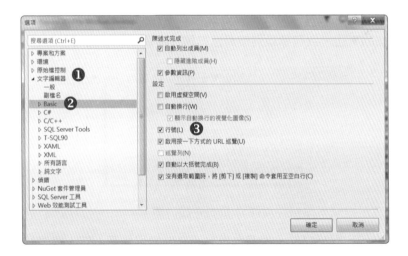

善用「檢視」功能表

　　無論是工具箱、方案總管或屬性視窗，如果把它們關閉了，皆可在檢視功
能表找到它們，重新把它們叫出來使用。

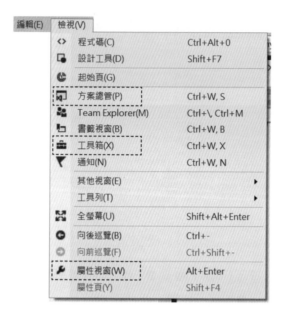

工具箱、方案總管或屬性視窗這些視窗皆具有功能項目，無論是從視窗的標題列右側的▼鈕，或在標題列按滑鼠右鍵，皆會顯示功能項目。

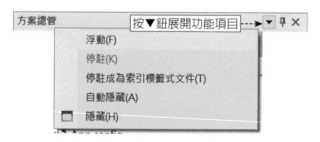

* 浮動：表示視窗可停留在操作介面的任何位置。

* 停駐成為索引標籤文件：視窗變更為「文件索引標籤」時，會停駐於視窗中央，與Form並列。

* 自動隱藏：平常只保留視窗名稱，當焦點停留在此視窗時會展開，焦點離開時會隱藏。

　　VS Express2013 的操作環境中，如果想讓所有的視窗自動隱藏，可執行「視窗」→「自動全部隱藏」指令。或者執行「視窗」→「重設視窗配置」指令，就能恢復它原有的設定。

取得線上支援

　　微軟的MSDN網站提供非常豐富的線上說明，啓動VS Express2013 軟體後，執行「說明」→「檢視說明」指令，也能連上MSDN官網，取得協助。

重點整理

⟲ .NET Framework是應用程式的架構，提供共通語言執行環境(CLR)和.NET Framework 類別庫來建置Visual Studio環境。

⟲ 經過共通語言執行環境(CLR)編譯的程式碼稱為「列管(Managed)程式碼」，能具有下列 功能：負責記憶體回收管理、跨語言的整合並支援例外處理(Exception Handing)、具有 強制型別安全檢查和簡化版本管理及安裝程序。

⟲ .NET Framework的類別庫(Class Library)讓不同的語言之間具有「互通性」 (Interoperability)，在「共通語言規範」(CLS, Common Language Specification)要求 下，使用.NET Framework型別。此外，也能實作物件導向程式設計，包含衍生自行定義 的類別、組合介面和建立抽象(Abstract)類別。

⟲ .NET Framework會將VB程式碼編譯成MSIL(Microsoft Intermediate Language)中介語 言；已編譯的程式碼要執行時，須由JIT(Just-in-Time)編譯器將MSIL轉譯成機器碼才能 執行。

⟲ Visual Studio 2013以方案來管理多個專案，專案底下，會有屬性不同的多個檔案。

⟲ Visual Studio 2013操作介面中，有關環境參數的設定，可透過「工具/選項」指令來進 行參數的設定和變數；而工作環境中的相關視窗，藉由「檢視」功能表來設定。

課後習題

一、填充題

1. Visual Studio 2013的核心架構以.NET Framework＿＿＿＿＿＿＿＿＿的版本為主。

2. 共通語言執行環境，簡稱＿＿＿＿＿＿；經過其編輯的程式碼，稱為＿＿＿＿＿＿。

3. 請列舉三個.NET Framework可以開發的程式語言：❶＿＿＿＿＿＿＿＿ 、❷＿＿＿＿＿ ＿＿＿＿＿ 、❸＿＿＿＿＿＿＿＿＿ 。

4. 請說明Visual Studio 2013操作介面中各視窗的作用。

❶＿＿＿＿＿＿＿＿ ；❷＿＿＿＿＿＿＿＿ ；❸＿＿＿＿＿＿＿＿ ；❹＿＿＿＿＿＿＿＿ ；
❺＿＿＿＿＿＿＿＿ 。

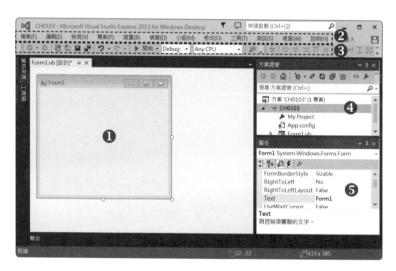

5. 如果Visual Studio 2013工作環境中，要讓所有的視窗自動隱藏，應展開＿＿＿＿＿＿功能表，執行＿＿＿＿＿＿＿＿＿＿＿＿＿指令；如果「方案總管」視窗被關閉，可以從＿＿＿＿＿＿功能表的指令重新叫出？

6. 建立一個新專案，撰寫程式的流程為：❶＿＿＿＿＿＿＿＿ ；❷＿＿＿＿＿＿＿＿ ；❸＿＿＿＿＿＿＿＿ ；❹＿＿＿＿＿＿＿＿ ；❺＿＿＿＿＿＿＿＿ 。

二、問答與實作題

1. 請連上MSDN官方網站查看目前.Net Framework，更新到那一個版本，有什麼重要更新？

2. VS Express 2013涵蓋了那些版本，請簡單介紹。

3. 程式碼如何編譯，請說明。

4. 說明方案和專案的不同。

5. 開啓檔案總管，檢視範例《CH0103》和《CH0103B》兩個資料夾，並回答下列問題：

    ❏   那一個專案底可以看到「CH01-0301.sln」？有什麼作用？

    ❏   《CH0103》和《CH0103B》兩個專案中的檔案有那些不同？請列舉。

02

以Visual Basic 撰寫程式

- 如何撰寫**Windows Form**？從專案開始，加入控制項及屬性設定，完成程式編寫，並測試、執行程式。

- 物件具有特徵、功能和碰到狀況的事件處理，透過程式設計來看，就是屬性、方法和事件。

- 編寫程式的好幫手，**IntelliSense**能列出物件的成員，協助程式碼自動完成，參數的快速諮詢；而插入程式碼片段能讓初學者快速學習**VB**程式的語法結構。

要了解Visual Basic程式的特性，就從Windows Form開始。將表單、控制項組合成簡易的使用者介面；配合物件的屬性、方法和事件，能瞭解Visual Basic程式運作的方式。搭載Visual Studio 2013提供的程式碼編輯器，配合IntelliSense這個好幫手，撰寫視窗應用程式更加得心應手。

2.1 第一個視窗程式

Windows系統環境中，隨處可見Windows應用程式，例如：Microsoft Office軟體的Word、Excel和PowerPoint，所做即所見的操作介面能讓使用者輕鬆上手，建立所需文件。如何建立一個視窗應用程式？學習重點著重在表單上加入控制項，佐以程式碼處理事件，就能以Windows Form輸出結果。

2.1.1 建立使用者介面

在VS Express 2013整合式開發環境下，初學者可以快速建立應用程式介面。取得VS 2013提供的範本「Windows Form」來建立Windows應用程式。從工具箱選擇適當的控制項，配合表單容器；建立Windows Form的程序如下。

範例《CH0201》 建立Windows Form專案

STEP 1 啟動VS Express 2013軟體後，展開「檔案」功能表，執行「新增專案」指令，顯示「新增專案」交談窗。

STEP 2 從Visual Studio 2013安裝的範本中，選取「Windows Form應用程式」，專案名稱「CH0201.vbproj」。

2.1.2 加入控制項

工具箱存放種類眾多的控制項，為了方便控制項的使用，從「通用控制項」來加入一些常用控制項。在表單加入控制項有二種方式：

- 直接在工具箱的控制項上雙按滑鼠，控制項會出現在表單左上角，再以滑鼠拖曳，調整控制項至適當位置。

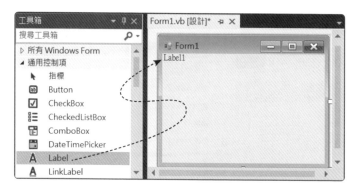

- 點選工具箱所需控制項，拖曳至表單所需位置，再放開滑鼠。

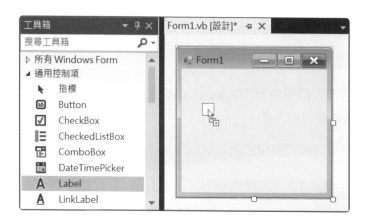

　當表單有多個控制項時，能調整控制項彼此的位置和對齊方式；藉助焦點控制項，上、下、左、右都具有對齊線，方便於和其他的控制項產生對齊效果。

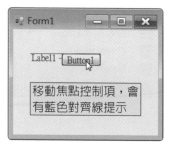

更便捷方法：選取欲調整控制項，展開「格式」功能表，還可以設定控制項的對齊方式、大小的調整、間距值等。

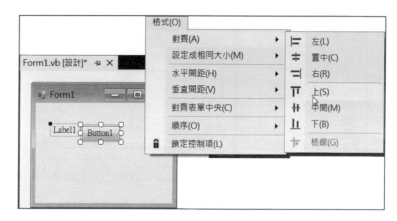

【圖2-1「格式」功能表調整控制項】

範例 《CH0201》 加入控制項

說明：在表單加入兩個控制項：Button(按鈕)和Label(標籤)，使用者按下按鈕後，會變更標籤內容。

STEP 1 找到工具箱的通用控制項類別，加入Button控制項。

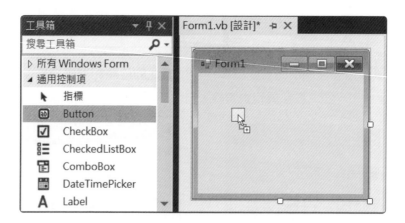

STEP 2 加入Label控制項。

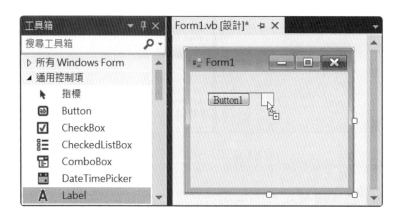

2.1.3 設定屬性

要設定控制項的屬性，必須透過屬性視窗。它通常位於Visual Studio 2013操作介面的右下角；如果找不到，藉由「檢視」功能表或快速鍵【F4】亦能重新開啟。屬性視窗的工具列按鈕說明如下圖2-2。

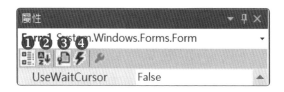

【圖2-2 屬性視窗的工具列按鈕】

❶「分類」鈕：預設值會呈現被按下狀態，屬性會以分類方式呈現。

❷「字母順序」鈕：按下時，屬性會以英文字母順序排列。

❸「屬性」鈕：預設值呈現被按下狀態，顯示選取物件的相關屬性。

❹「事件」鈕：按下時，顯示的是選取物件的相關事件程序。

如何設定屬性？由圖2-3進一步認識。必須先選取控制項(被選取控制項它的周圍顯示選取框)，才能由屬性視窗設定相關的屬性值；或者由屬性視窗的下拉選單選取要設定屬性的控制項。

【圖2-3 選取控制項,設定屬性】

範例《CH0201》設定控制項屬性

STEP 1 設定表單、Button(按鈕)和Label(標籤)屬性,如下表列示。

控制項	屬性	值
Form1(表單)	Text(標題列文字)	顯示時間
	Font(字型)	大小「11」
Button(按鈕)	Text	請按我(&M)
	Name	btnShow
Label(標籤)	Text	lblShow

STEP 2 利用Text屬性變更表單的標題文字。❶確認是表單容器Form1;❷「分類」按鈕被按下;❸Text變更為「顯示時間」。

STEP 3 將表單的Font(字型)變更為「11」pt。❶按Font屬性右側的 ⬚ 鈕,進入字型交談窗;❷選取大小「11」;❸按「確定」鈕。觀察表單上的控制項及表單本身有何變化!

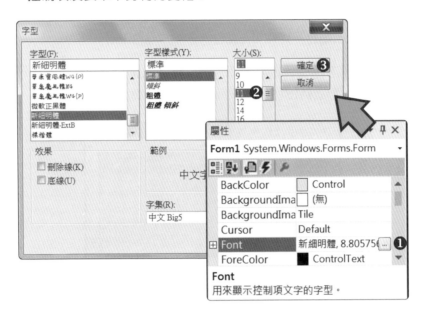

步驟說明 表單本身亦屬物件,所以能透過屬性視窗設定其屬性;此外,表單本身能容納不同的控制項,因此也是容器。

STEP 4 設定Button控制項的Text、Name屬性。選取Button控制項,❶將Text屬性變更為「請按我(&M)」;❷Name屬性變更「btnShow」。

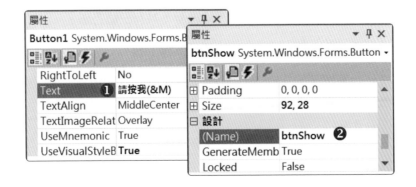

Button的Text「請按我(&M)」，表示執行程式時除了按下滑鼠左鍵外，也能使用「Alt + M」對應鍵。

STEP 5 設定Label屬性，將Name屬性修改為「lblShow」。

STEP 6 調整表單大小。選表單物件，滑鼠移向表單右下角的位置，游標改變為雙箭頭形狀時按住滑鼠做拖曳，能改變調整大小。

當控制項愈來愈多時，透過控制項的屬性「Name」，給予一個有意義的名稱，才能方便於爾後的程式碼編輯。如果控制項沿用的名稱Button1、Button2，會不太清楚此控制項的作用。

2.1.4 編寫、執行程式碼

執行時要按下「按鈕」，這意味著要在Button控制項按一下滑鼠左鍵，所以是一個Click事件程序。如何進入程式碼編輯器！共有三個方法。

方法一：使用「方案總管」視窗的『檢視程式碼』鈕

STEP 1 找到方案總管的「Form1.vb」。❶在Form1.vb按滑鼠右鍵，展開快顯功表；❷執行「檢視程式碼」指令。

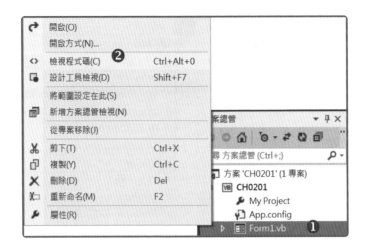

STEP 2 視窗中間的表單處會新增一個索引標籤「Form1.vb」，並同時進入程式碼編輯器。

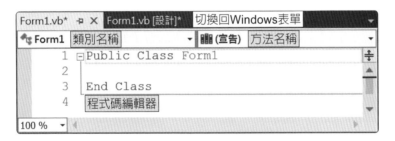

步驟說明 切換「Form1.vb*」索引標籤，進入程式碼編輯視窗；切換「Form1. vb[設計]」索引標籤，會進入Windows表單。

STEP 3 展開「類別名稱」選單，❶選取「btnShow」控制項；展開「方法名稱」選單，❷選取「Click」事件，VS Express 2013會自動加入一個「btnShow_Click」事件部份程式碼，如圖2-4所示。

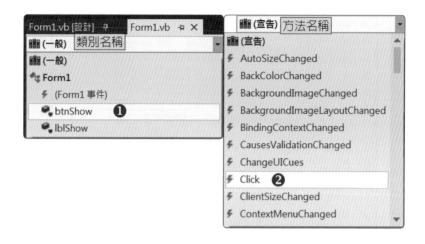

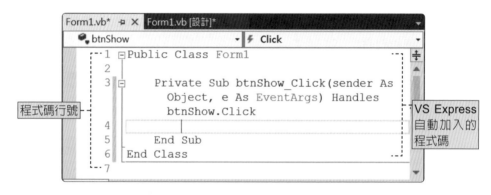

【圖2-4 Button的Click事件的部份程式碼】

方法二：選取表單上的Button控制項，透過屬性視窗，❶按「事件」鈕，❷找到「Click」事件，滑鼠雙擊後也會進入程式碼編輯器。

方法三：滑鼠雙擊表單容器的「Button」控制項，直接進入程式碼編輯器。

範例《CH0201》編寫、執行程式碼

說明：在Button控制項的Click事件中編寫程式碼。按下按鈕後，透過Label顯示
系統目前的時間，並且將Label控制項的框線變更成3D，並以藍色背景顯
示。

STEP 1 滑鼠雙擊表單設計的「**Button**」控制項，進入程式碼編輯器。

STEP 2 在**Private Sub btnDate_Click**和**End Sub**之間輸入下列程式碼，輸入
位置請參考圖2-4，完成的程式碼請參考圖2-5。

```
04   lblShow.Text = "現在時間：" & TimeOfDay
05   lblShow.BorderStyle = BorderStyle.Fixed3D
06   lblShow.BackColor = Color.Aqua
```

```
btnShow                                    Click
1   Public Class Form1
2
3       Private Sub btnShow_Click(sender As Object, e As EventArgs)
            Handles btnShow.Click
4           lblShow.Text = "現在時間： " & TimeOfDay
5           lblShow.BorderStyle = BorderStyle.Fixed3D
6           lblShow.BackColor = Color.Aqua
7
8       End Sub
9   End Class
```

【圖2-5 在Button_Click事件撰寫程式碼】

STEP 3 按【F5】鍵執行程式，或者展開「偵錯」功能表，執行「開始偵錯」
指令。

STEP 4 程式碼會進行編譯，若無任何的錯誤會顯示表單，在「請按我(M)」
按鈕上按一下，相關內容會顯示於右側的Label控制項。

STEP 5 按表單右上角的「X」鈕，能關閉表單。

<STEP> **6** 再按F5啟動表單，按鍵盤的【Alt + M】，能否執行？

程·式·解·說

* 第4行：Text屬性可以顯示標籤內容，佐以符號「&」來串接文字和函式 TimeOfDay；而函式TimeOfDay會顯示系統目前的時間，表2-1列出常用的 日期時間函數或屬性。

【表2-1常用的日期/時間函數或屬性】

屬性或函數	說明
屬性Now	回傳系統目前的日期和時間
屬性TimeString	回傳系統目前的時間
屬性DateString	回傳系統目前的日期
函數Weekday(date)	取出指定的日期/時間

* 第5行：BorderStyle屬性可以設定標籤框線；以表2-2解說。

【表2-2 BorderStyle屬性值】

屬性值	說明
Fixed3D	3D框線
FixedSingle	單行框線
None(預設值)	無框線

* 第6行：BackColor屬性可以改變標籤的背景色彩。

想·想·看

將程式碼第4行最後的函式TimeOfDay以Now取代，執行結果有何不同？

2.1.5 產生執行檔

完成程式碼測試後，最終目的就是讓Windows應用程式產生一個執行檔 (*.exe)，並且能在Windows系統下執行。Visual Studio 2013通常會有二種執行 檔：偵錯版(Debug build)和正式版(Release build)。進行程式的測試時，Visual

Studio 2013會自動產生偵錯版，並且儲存於「專案名稱資料夾\bin\debug」目錄之下，它包含除錯用的相關資訊，所以程式跑起來會稍慢些。如何產生正式版本？步驟說明如下。

範例《CH0201》 產生Release版本

STEP 1 透過檔案總管檢查專案「CH0201\bin\」資料下只有一個「debug」資料夾。

STEP 2 將工具列的Debug❶變更「Release」，再展開「建置」功能表，執行「建置」指令；從輸出視窗可以看到bin資料夾之後會再建立一個「Release」資料夾，並產生一個執行檔「CH0201.exe」。

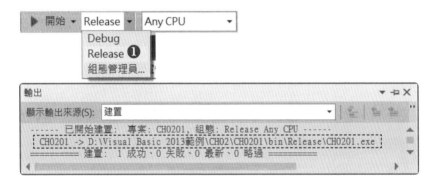

2.2 | Visual Basic程式設計概念

完成範例《CH0201》，利用Visual Basic(後續內文會以VB簡稱)撰寫Windows應用程式是否有較為粗淺的概念！表單、控制項能組成使用者介面；屬性的設定能改變控制項的外觀，也能利用程式碼做改變；而事件處理程序能執行適當動作。綜合歸納，要編寫一個Windows Form程式，對於物件、屬性和事件處理得有所了解。對於Visual Basic 2013而言，所有的物件皆能擁有自己的屬性、方法和事件。使用者可以將狀態(State)視為物件的屬性(Attribute)，將方法視為其動作，產生事件時能做適時回應。

2.2.1 物件

如何使用物件是邁向VB程式語言的第一步！那麼物件(object)又是什麼？在我們生活週遭隨處可見，從早上叫人起床的鬧鐘，上班的交通工具，工作中使用的電腦，皆可稱為「物件」。它可以是單一個體，或是與其他物件組成的成品。在程式世界裡，範例《CH0201》所使用的表單、按鈕和標籤，皆是物件，依據程式設計的規範，就能產生一個簡易的視窗應用程式。

生活中，愈來愈聰明的手機，除了接聽、撥打電話之外，藉由網路的便利，即時通訊、播放音樂和影片器，早已跟手機密切結合。這些手機在外觀上可能不盡相同，功能也會不一樣；若從程式設計的觀點來看，手機是物件，它具有屬性(外觀)、方法(功能)。

2.2.2 屬性和方法

如果要購買電腦用的液晶螢幕，會考慮什麼？品牌、價錢、尺寸大小？具備的功能！這是站在使用者角度所做的考量。若以程式碼描述，就會產生如下的敘述：

```
Lcd.Size = 24          '螢幕大小是24吋
Lcd.price = 5500       '螢幕價格是5500元
```

以物件的觀點來看，「尺寸大小」是描述物件的外觀。前述範例以拖曳來改變表單的大小，它所對應的就是屬性視窗「Size」屬性，展開選項後，它分別有『Width』或『Height』能改變表單或控制項大小，如圖2-6所示。

【圖2-6 表單的Size屬性】

方法

延續液晶螢幕的例子，除了「尺寸大小」外，它具有那些功能？「支援Full HD 1080」、「螢幕畫面控制」、「六種影像智慧」！設計程式時，這些功能有一個專業術語，稱為「方法」。

歸納上述觀點，以程式碼表達物件的屬性、方法時，語法如下：

```
物件.屬性 = 設定值
lblShow.BorderStyle = BorderStyle.Fixed3D
物件.方法(引數)    '設計方法時可依實際狀況，引數可有可無
```

2.2.3　事件與處理常式

使用的手機忘記繳費時，電信公司會以電話或簡訊通知；學校裡，藉由鐘聲告知學生、老師，準備上課或是下課休息。上述現象皆處於就緒狀態，碰到狀況會發出告知。以程式設計而言，這種狀況告知就是事件(Event)。例如：使用者按下按鈕會引發Click事件，通知使用者接下來要發生的程序。

收到電信公司未繳費通知時，其因應措施：可能是去電信公司繳費，或者不予理會。以程式設計而言，就是事件處理常式(Event Handler)。範例《CH0201》，按下按鈕引發Click事件，而Click事件處理常式所撰寫的程式碼，讓標籤顯示系統目前的時間。如果沒有按下按鈕，Click事件就不會被引發，標籤也不會有進一步的動作，這種依其使用者的操作方法所撰寫的事件處理常式，稱為「事件驅動程式設計」。

2.3　撰寫VB程式不能不知

對於Windows Form應用程式有了初步認識之後，要繼續探討VB程式的結構！就先從程式敘述說起，配合VS Express 2013整合性環境，願大家皆能輕鬆上手，寫出好的VB程式！

2.3.1　什麼是程式敘述？

已經知道Visual Basic 2013的工作環境是以方案為主，管理一個或多個專案；每一個專案可能有一個或多個組件(assembly)，以一支或多支程式撰寫編譯所成。這些程式碼可能是類別(class)，例如：範例《CH0201》第一行程式碼就是「Class Form1」；也有可能是結構(structure)、模組(module)等組成。無論是那一種，它們皆是一行又一行的程式「敘述」(statement，或稱陳述式)。

每一行「敘述」包含了識別字(identifier，程式碼編輯器為黑色字體)、關鍵字(keyword，程式碼編輯器為藍色字體)和符號組成。

程式區塊

程式區塊(Blocks)由多行敘述組成，透過範例《CH0201》可以看到兩個程式區塊：❶類別區塊，由Public Class為區塊開端，End Class來結束區塊；❷Private Sub為副程式區塊的開始，End Sub為副程式區塊的結束；請參考圖2-7來獲得更多的認識。

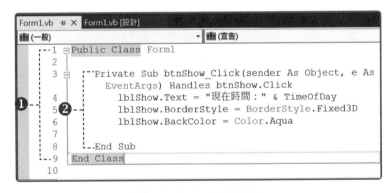

【圖2-7 Class和Sub程式區塊】

此外，程式區塊還可以展開或縮合：❶ − 表示Class程式區塊展開，❷ + 表示Sub程式區塊是縮合狀態，請參考圖2-8。

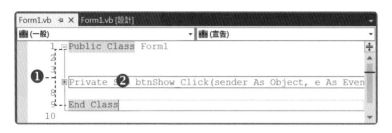

【圖2-8 程式區塊能展開和縮合】

2.3.2 善用程式碼註解

為了提高程式的維護及閱讀效果，可以在程式碼裡加入註解(Comment)文字，VB 2013提供單引號「'」及「REM」二種程式註解；形成註解的文字，會以綠色呈現，編譯時，編譯器會忽略這些註解文字。

```
REM BorderStyle可以設定框線
lblShow.Text = TimeOfDay    '顯示系統目前的時間
```

有時想要了解某種敘述的執行結果，可以把整行敘述「註解」。文字編輯工具列的「註解選取行 ▓ 」讓游標所在的程式碼整行形成註解，「取消註解選取行 ▓ 」則是讓原為註解的整行文字回復成程式碼。

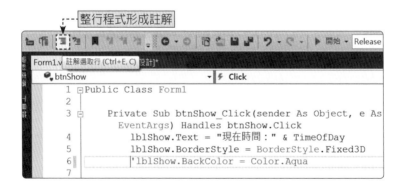

2.3.3 撰寫程式時

撰寫程式時，可以將較長的敘述拆成兩行，或者把簡短的兩行敘述合併成一行。此外，為了讓程式碼具有閱讀性，適時的縮排也很重要。

程式碼的合併與分行

要將兩行敘述合併成一行時，可以使用「:」符號連接前、後行的敘述。

```
Dim ans As Integer: Dim qus As string
```

程式碼太長時，在第一行的程式碼尾端，使用「空白字元」+底線符號「_」來串接上、下兩列的程式碼敘述。

```
Private Sub btnShow_Click(sender As Object, e As _
EventArgs) Handles btnShow.Click
```

VB 2013仍然可以沿用舊版VB6於輸出時使用的控制字元，這些常數符號存放於「Microsoft.VisualBasic」命名空間的ControlChars類別，提供控制字元使用的常數，用於列印和顯示，透過下表2-3列舉。

【表2-3 VB常用的符號常數】

常數符號	欄位名稱	說明
vbBack	Back	倒退鍵(BackSpace)
vbCr	Cr	歸位字元(Carriage Return)
vbLf	Lf	換行字元(Line Feed)
vbCrLf	Crlf	vbCr + vbLf(歸位換行)
vbNewLine	NewLine	新行字元
vbTab	Tab	定位字元

程式適時縮排

編寫程式時，適時的縮排能增加程式的閱讀性。同樣地，VB 2013對於縮排採用預設功能，提供更人性化的處理，它會依據程式的語法結構，自動產生縮排。使用者也可以手動方式，按【Tab】鍵產生縮排，按【Shift + Tab】鍵減少縮排。如果想要變更縮排大小，可以展開「工具」功能表，執行「選項」指令，進入交談窗，參考圖2-9進行如下的設定。❶展開文字編輯器選項；❷再展開Basic選項；❸選取定位點；❹可以修改定位點大小和縮排大小，預設值為「4」。

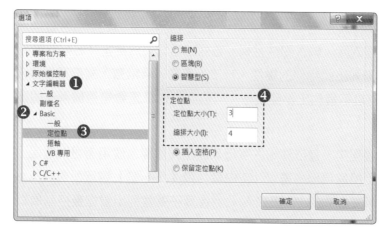

【圖2-9 設定縮排和定位點大小】

縮排時有區塊和智慧型兩項，說明如下：

- 區塊：編寫程式碼，按下Enter鍵後，使下一行與前一行對齊。
- 智慧：預設值，編寫程式時由系統決定適當的縮排樣式。

2.3.4　善用IntelliSense

程式碼編輯器提供IntelliSense功能，讓使用者可以簡化程式碼的編寫工作，提供了「列出成員」、「參數資訊」、「快速諮詢」、「自動完成文字」和「語法提示」等。使用者還可以執行「編輯」功能表，執行「IntelliSense」指令，查看圖2-10所支援的項目。

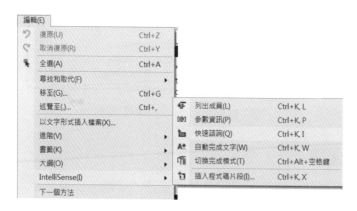

【圖2-10 IntelliSense所支援的功能】

列出成員

撰寫程式時,輸入物件名稱,會列出相關;只要物件名稱無誤,按下「.」(dot)會自動列出此物件的屬性、方法,或是列舉常數。對於初學者來說,如果「.」(dot)之後不會列出相關屬性,可依此特性來查看是否輸入一個不存在的物件。

輸入過程中,會依據輸入字母來顯示列示窗。使用者可以透過上、下方向鍵,移動至所需項目,再以【空白鍵】或【Enter鍵】選取所需成員。例如:輸入物件名稱「lblShow」,再輸入「.」運算子就會列出跟標籤控制項有關的屬性和方法。

或者想要了解某個屬性有那些屬性值,也能透過「列出成員」取得。像BorderStyle有那些屬性值,按下「=」就會列出屬性成員,如圖2-11所示。

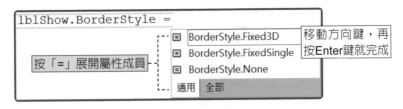

【圖2-11 列出BorderStyle屬性成員】

自動完成文字

編寫程式碼時,無法記得完整關鍵字時,可輸入部份文字,再按【Alt】+【向右方向鍵】來取得列示清單,再進一步做選擇。例如,輸入「time」再按

【Alt】+【向右方向鍵】會啟動列示窗，列出跟time有關內容，請參考圖2-12；若是輸入「TimeO」再按【Alt】+【向右方向鍵】就會自動完成。

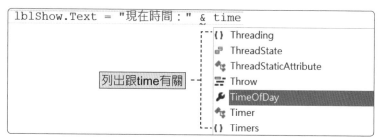

【圖2-12 輸入部份字串列出相關】

快速諮詢

將滑鼠移向某一個識別項或者某一個屬性，能提供它的完整語法或使用方法，如圖2-13，會告訴我們使用TimeOfDay會傳回系統時間。

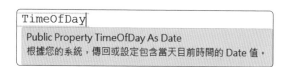

【圖2-13 提示TimeOfDay傳回系統時間】

插入程式碼片段

輸入程式碼時，還能藉由「插入程式碼片段」功能，快速取得程式的語法結構。例如：在程式碼插入「If⋯Else⋯End If」敘述。

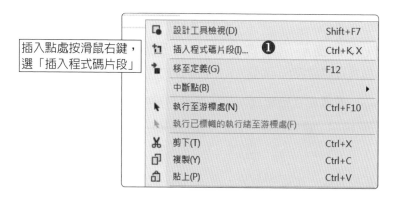

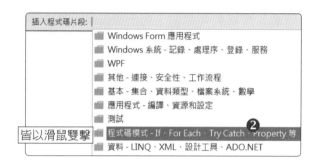

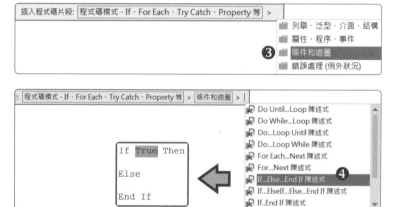

要插入程式碼片段，還有更簡潔方法，輸入關鍵字，連按二次Tab鍵，也能達到同工之妙。

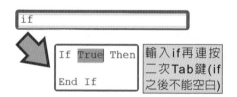

IntelliSense提供的功能不只如此，基本上它提供的是「IntelliSense Everywhere」。功能包含「關鍵字IntelliSense」、「運算式清單」、「語法提示」等。

- 關鍵字IntelliSense：會依程式碼編寫內容，提供可用的關鍵字清單。例如：輸入「For」這個關鍵字，會提醒使用者是一個陳述式，是一個反覆執行的迴圈。

- 運算式清單：宣告變數後，指定變數時，會在「=」之後顯示。

- 語法提示：提供有關陳述式語法的資訊。

2.4 輸出入交談窗

在Windows作業系統下，使用者和系統之間訊息的溝通非常重要，除了原來的InputBox提供訊息輸入，MsgBox輸出訊息。.NET Framework類別庫的MessageBox類別，它與MsgBox有異曲同工之妙。

2.4.1 InputBox()函數

InputBox()函數是Visual Basic使用已多年，改版後它存於Microsoft.VisualBasic命名空間的FileSystem類別底下，透過交談窗讓使用者輸入訊息，先認識它原有的語法。

```
inputBox(Prompt, [Title, DefaultResponse, XPos, YPos])
```

- Prompt：對話方塊中的提示訊息，必要參數，以字串型態表示。
- Title：標題文字，顯示於對話方塊的標題列，選擇性參數，以字串表示。
- DefaultResponse：使用者輸入資料的預設值，選擇性參數，以字串表示。
- XPos、YPos：對話方塊在螢幕上顯示的X、Y座標，省略時以畫面中央為預設位置。

例如，讓使用者在輸入方塊輸入名稱。

```
Dim result As String
result = InputBox("請輸入名字", "取得名字", "Tomsa")
```

- 為了取得使用者輸入的訊息，以變數result來取得InputBox輸入內容。

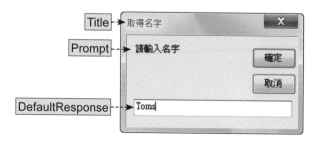

範例《CH0204A》使用InputBox()函式

說明：在表單加入兩個控制項：Button(按鈕)和Label(標籤)，使用者按下按鈕
後，會啟動InputBox對話方塊，輸入名字後會顯示於標籤中。

STEP 1 建立Windows Form，專案名稱「CH0204A.vbproj」；設定控制項屬
性如下表。

控制項	屬性	值	控制項	屬性	值
Button	Name	btnLoad	Label	Name	lblData
	Text	啟動輸入對話方塊		BorderStyle	Fixed3D

STEP 2 滑鼠雙擊「啟動輸入對話方塊」按鈕，進入程式碼編輯區(Form1.
cs)，撰寫程式碼。

```
03   Private Sub bthLoad_Click(sender As Object, e As _
04        EventArgs) Handles bthLoad.Click
05      lblData.BackColor = Color.Beige '變更背景色
06      '以標籤取得InputBox輸入內容
07      lblData.Text = InputBox( _
08        "請輸入名字", "取得名字", "Toms")
09   End Sub
```

程·式·解·說

* 第5行：利用屬性BackColor變更標籤的背景色；呼叫Color的色彩值，以
「Color.Beige」敘述指派新的色彩值作為其背景色。

* 第7~8行：透過標籤的屬性Text來取得InputBox輸入的訊息。

執行、編譯程式：表單啟動後，❶按「啟動輸入對話方塊」按鈕，會開啟
InputBox輸入對話方塊；❷輸入名字，按❸「確定」鈕之後，名字會顯示於
❹標籤控制項。

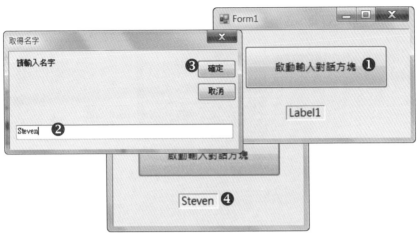

【圖2-14 範例CH0204A執行結果】

2.4.2 輸出訊息的MsgBox()函式

另一個也是使用很久的MsgBox()函式,主要目的是輸出訊息,它的語法如下。

```
MsgBox(ByVal Prompt As Object, _
   Optional ByVal Buttons As MsgBoxStyle = _
   MsgBoxStyle.OKOnly,
   Optional ByVal Title As Object = Nothing _
) As MsgBoxResult
```

- Prompt:顯示於MsgBox的文字,為必要參數。

- Buttons:選擇性參數,為MsgBoxStyle列舉常數值。設定各式組合按鈕、圖示,預設的按鈕樣式。

- Title:選擇性參數,顯示於MsgBox交談窗的標題文字。

基本的MsgBox()函式只需輸入第一個參數,然後顯示只有一個按鈕的訊息交談窗。

```
MsgBox("Visual Basic 2013")
```

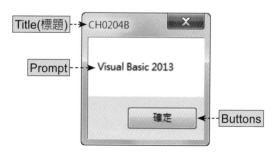

【圖2-15 MsgBox()函式】

按鈕常數

使用於MsgBox的按鈕，透過MsgBoxStyle列舉常數來提供圖示和預設按鈕，列舉如下表2-4。

【表2-4 MsgBox()函式的按鈕和圖示】

分類	列舉常數	說明
顯示按鈕	MsgBoxStyle.OKOnly	只顯示「確定」鈕
	MsgBoxStyle.OKCancel	顯示「確定」、「取消」鈕
	MsgBoxStyle.YesNo	顯示「是」、「否」鈕
	MsgBoxStyle.YesNoCancel	顯示「是」、「否」、「取消」鈕
	MsgBoxStyle.ReturyCancel	顯示「重試」、「取消」鈕
	MsgBoxStyle.AboutRetryIgnore	顯示「中止」、「重試」、「取消」鈕
顯示圖示	MsgBoxStyle. Information	訊息圖示 ⓘ
	MsgBoxStyle.Exclamation	警示圖示 ⚠
	MsgBoxStyle. Critical	錯誤圖示 ⊗
	MsgBoxStyle.Question	問題圖示 ❓
預設按鈕	MsgBoxStyle.DefualtButton1	將第一個按鈕為預設鈕
	MsgBoxStyle.DefualtButton2	將第二個按鈕為預設鈕
	MsgBoxStyle.DefualtButton3	將第三個按鈕為預設鈕

例如，使用MsgBox來詢問是否要繼續執行，顯示3個按鈕：「是」、「否」、「取消」鈕；並將按鈕預設為「否」的簡述。

```
Dim btns As MsgBoxStyle    'MsgBoxStyle列舉常數值
btns = MsgBoxStyle.Information Or _
   MsgBoxStyle.YesNoCancel Or MsgBoxStyle.DefaultButton2
MsgBox("是否繼續執行", btns, "CH0204B")
```

* 以變數btns儲存MsgBox交談窗的圖示、顯示按鈕和預設按鈕，不同的常數值
  以Or串接。

回應訊息

　　使用MsgBox時，有不同的按鈕組合，使用者按下按鈕要有回傳值，以
MsgBoxResult列舉常值回應，列表2-5。

【表2-5 MsgBox()函式的回應訊息】

列舉常數	說明
MsgBoxResult.Abort	按「中止」鈕
MsgBoxResult.Cancel	按「取消」鈕
MsgBoxResult.Ignore	按「忽略」鈕
MsgBoxResult.No	按「否」鈕
MsgBoxResult.OK	按「確定」鈕
MsgBoxResult.Retry	按「重試」鈕
MsgBoxResult.Yes	按「是」鈕

範例 《CH0204B》 使用MsgBox()函式

說明：表單只加入一個按鈕(Button)控制項：按下按鈕後，會啟動InputBox對話
　　　方塊，輸入名字和性別，顯示於MsgBox對話方塊中。

STEP **1** 建立Windows Form，專案名稱「CH0204B.vbproj」；按鈕控制項屬性Name「btnLoad」，Text「呼叫InputBox」。

STEP **2** 滑鼠雙擊「呼叫InputBox」按鈕，進入程式碼編輯區(Form1.cs)，撰寫程式碼。

```
03   Private Sub btnLoad_Click(sender As Object, _
04        e As EventArgs) Handles btnLoad.Click
05     Dim name As String, sex As String
06     Dim btns As MsgBoxStyle 'MsgBoxStyle列舉常數值
07     btns = MsgBoxStyle.Information
08     name = InputBox("輸入名字", "取得資料")
09     sex = InputBox("輸入性別", "取得資料")
10     MsgBox("名字：" & name & vbCrLf & _
11        "性別：" & sex, btns, "CH0204B")
12     End Sub
```

程·式·解·說

* 第5行：宣告2個字串變數：name, sex分別存放名字和性別。

* 第6~7行：宣告btns為MsgBoxStyle的列舉常數，並指定其圖示為Information。

* 第8~9行：變數name和sex分別取得InputBox輸入的訊息。

* 第10~11行：MsgBox對話方塊顯示名字和性別，其中的「vbCrLf」為換行字元。

執行、編譯程式： 按F5按鈕啟動表單，❶按「呼叫InputBox」鈕，啟動InputBox；❷輸入名字，❸按「確定」鈕；❹輸入性別，❺按「確定」鈕；顯示MsgBox對話方塊，❻按「確定」鈕來關閉對話方塊。

【圖2-16 範例CH0204B執行結果-1】

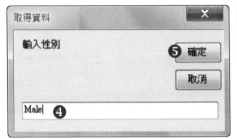

【圖2-17 範例CH0204B執行結果-2】

重點整理

↺ 建立Windows Form的程序：❶建立專案、❷加入控制項、❸設定屬性、❹編寫程式碼、❺編譯、執行。

↺ 屬性視窗的工具列按鈕能將屬性以「分類」排列，或者以「字母順序」排列。

↺ 進入程式碼編輯器有三種方法：❶透過方案總管的「檢視程式碼」鈕、❷使用屬性視窗的「事件」鈕、❸直接在控制項上雙擊滑鼠。

↺ Visual Studio 2013會為專案建立二種執行檔：偵錯版(Debug build)和正式版(Release build)。進行程式測試時，Visual Studio 2013自動產生偵錯版，並儲存於「專案名稱資料夾\bin\debug」目錄之下。

↺ 對於Visual Basic 2013而言，所有的物件皆能擁有自己的屬性、方法和事件。使用者可以將狀態(State)視為物件的屬性(Attribute)，將方法(method)視為其動作，產生事件(event)時能有適時的回應。

↺ Visual Basic 2013程式由一行行的程式敘述(Statement)組成，它由運算式、關鍵字、字串等組成。為了提高程式的維護及閱讀效果，程式碼中可使用單引號及「REM」二種程式來形成註解(Comment)文字。

↺ 程式碼編輯器提供IntelliSense功能，它簡化程式碼的編寫工作，含：列出成員、參數資訊、快速諮詢、自動完成文字和語法提示等。

↺ InputBox()是輸入函數，透過交談窗讓使用者輸入訊息，其中的Prompt是必要參數。

↺ MsgBox()函數是輸出訊息對話方塊，參數Prompt顯示文字，Title為交談窗的標題；Buttons則是MsgBoxStyle列舉常數值，用來組合按鈕、圖示和預設按鈕；而MsgBoxResult列舉常數則是用來回應使用者按下的按鈕值。

課後習題

一、填充題

1. 如何在表單加入控制項？方法一：點選工具箱的控制項，再以＿＿＿＿＿＿＿＿：方法二：直接在工具箱的控制項＿＿＿＿＿＿＿＿。

2. 請填寫下圖的名稱：❶＿＿＿＿＿＿＿＿：❷＿＿＿＿＿＿＿＿。

3. BorderStyle屬性可以設定＿＿＿＿＿＿＿＿：有那三種屬性值：❶＿＿＿＿＿＿＿＿；❷＿＿＿＿＿＿＿＿：❸＿＿＿＿＿＿＿＿。

4. Visual Studio 2013通常會為專案建立二種執行檔：❶＿＿＿＿＿＿＿＿：❷＿＿＿＿＿＿＿＿，這些執行檔位於＿＿＿＿＿＿＿＿資料夾下。

5. Visual Basic 2013提供❶＿＿＿＿＿＿＿＿，❷＿＿＿＿＿＿＿＿在程式碼加入註解；標準工具列提供＿＿＿＿＿＿＿＿鈕，讓整行程式碼變成註解：＿＿＿＿＿＿＿＿鈕，則讓註解變成程式碼。

6. 請說明下列常數符號的作用：❶vbCrLF＿＿＿＿＿＿＿＿，❷vbNewLine＿＿＿＿＿＿，❸vbTab＿＿＿＿＿＿＿＿。

7. 產生輸入對話方塊，使用＿＿＿＿＿＿函式，顯示訊息使用＿＿＿＿＿＿函式。

二、問答與實作題

1. 說明下列屬性視窗工具列按鈕的作用？

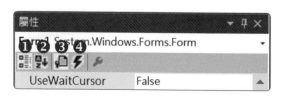

2. 請簡單說明程式碼編輯器中「IntelliSense」功能。

3. 完成下列實作。

❑ 建立Windows Form專案：表單加入Button、Label控制項，屬性設定如下。

控制項	屬性	屬性值	屬性	屬性值
Button	Name	btnOpen	Text	顯示
Label	Name	lblData		

❑ 執行時，按下Button會顯示「Hello! This is VB Program！」於標籤上，標籤的框線會改變為3D框線。

❑ 要有二個執行(*.EXE)版本：Debug和Release。

03

Visual Basic的
資料處理

- 說明識別字的命名規則，才能進一步宣告變數。

- 了解宣告變數時，明確宣告和隱含宣告的差異性。

- 認識資料型別，包含整數型別、浮點數型別、**Boolean**、**Char**和**String**、**Date**等。

- **Visual Basic 2013**提供常數符號，使用者也能使用常數和列舉型別常數。

- 隱含型別轉換、明確型別轉換的作用。

- 使用者自訂型別能讓資料由不同的資料型別組成。

程式語言的首要課題：Visual Basic 2013如何處理資料？記憶體扮演著什麼角色！變數和資料型別在程式運算中，提供了什麼協助！此外，為什麼需要型別轉換？使用常數的好處在那裡！除了這些，也來認識列舉常數、使用者自訂型別。

3.1 | 變數

認識一位新朋友，要如何記住對方的連絡電話！手機？電話本？或用自己的腦袋瓜？無論是那一種方式，都是將資料儲存，方便於下一次的使用！學習Visual Basic程式語言，得先了解資料的處理：資料要取得暫存空間，才能儲存或運算；這個「暫存空間」通常指向電腦的記憶體。如何辨識此暫存空間，就是使用「變數」(Variable)；它會隨著程式的執行來改變其值。

3.1.1 識別字的命名規則

變數要賦予名稱，為「識別字」(Identifier)之一種。程式中宣告變數後，系統會配置記憶體空間，而空間大小取決於資料型別。識別字包含了變數、常數、物件、類別、函數和模組等，命名規則(Rule)必須遵守下列規則：

- 不可使用Visual Basic關鍵字來命名，關鍵字請參考表3-2。
- 名稱的第一個字元使用英文字母或底線「_」字元。
- 名稱中的其他字元可以包含英文字元、十進位數字和底線。
- 名稱的長度不可超過1023個字元。
- 儘可能少用單一字元來命名，會增加閱讀的困難。

Visual Basic的命名慣例是不區分大小寫，不過宣告變數名稱時採用大小寫則方便於閱讀，例如：BirthDay；將變數名稱的第一個字元以大寫表示。或是把第一個字母小寫，例如：newNubmer。以「BirthDay」而言，編寫程式碼，無論是輸入「BIRTHDAY」或「birthday」Visual Studio 2013編譯器會依據宣告時的大小寫樣式，自動變更為「BirthDay」，下列敘述說明變數的名稱是不正確的。

```
Birth day        '變數不正確,中間有空白字元
Friend           '以關鍵字為名稱
5_value          '以數字為開頭字元
Q&A              '&字元不可使用於變數名稱
```

變數名稱命名的另一種習慣用法,是將字首前3個字元以小寫字母表示資料型別或物件名稱,例如:strName(str表示字串String)、btnOK(btn表示Button控制項)。

3.1.2 宣告變數

宣告變數的作用是為了取得記憶體的使用空間,才能儲存或運算後的資料。語法如下:

```
Dim VariableName As DataType
```

- Dim:表示陳述式,用來宣告變數。

- VariableName:變數名稱,命名規則參考《3.1.1》。

- As:關鍵字。

- DataType:資料型別。

宣告一個整數型別的變數,或者同時宣告兩個整數型別的變數,變數名稱之間用逗點隔開。

```
Dim number As Integer
Dim number1, number2 As Integer
```

宣告變數後,利用「=」等號運算子同時指定變數的初值。

```
Dim NewName As String = "Vicky"
```

- 將等號右邊的值(Value),字串"Vicky"指定給等號左邊的變數NewName使用

  歸納上列敘述,使用變數時所具備的基本屬性,以表3-1說明。

【表3-1 變數的基本屬性】

屬性	說明
名稱(Name)	能在程式碼中予以識別
資料型別(DataType)	決定變數值可存放的大小
位址(Address)	存放變數的記憶體位址
值(Value)	暫存於記憶體的資料
生命週期(Lifetime)	變數值使用時的存活時間
適用範圍(Scope)	宣告變數後能存取的範圍，例如Sub(程序範圍)

明確宣告變數

　　對於Visual Basic 2013來說，所有專案的範本，會將陳述式「Option Explicit」設為『On』，表示明確宣告變數後，才可以進一步使用此變數。展開「工具」功能表，執行「選項」指令，可以檢視其設定。

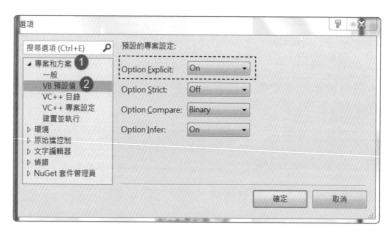

【圖3-1 檢視VB變數的預設值設定】

　　這些以Option開頭的陳述式(或敘述)，必須放在所有程式敘述的最前面；它代表的意義先簡介如下。

- Option Strict Off允許程式自動產生廣義與窄義的型別轉換。將變數宣告為Integer，但給的設定值35.78是可以接受。

- Option Compare Binary做字串比較時，即使是同一個英文字母，會將大寫和小寫視為不同。

- Option Infer On會將所宣告的變數視為區域變數。

　　通常，建立一個新專案之後，也可以利用方案總管來「My Project」，針對此專案的Option陳述式做個別設定。❶滑鼠雙擊方案總管的「My Project」開啓屬性視窗後，❷再選取「編譯」選項，也會看到「Option」陳述式的相關預設值。

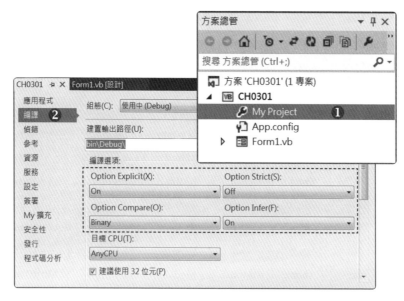

【圖3-2 MyProject中Option敘述的預設值】

隱含宣告變數

　　我們可以在程式碼的開頭將Option Explicit設為「Off」，或者建立專案後，透過「My Project」屬性，將編譯選項進行設定，而Visual Basic 2013也接受這種變數採用隱含宣告的做法。這意味著程式中能直接使用變數，無須宣告。所以可能做這樣的敘述：

```
Dim score
```

雖然變數的隱含宣告，提供相當大的便利性，對於初學者來說，會讓程式潛藏錯誤的機率提高，所以使用變數時，儘可能以明確宣告方式處理。

3.1.3 關鍵字

Visual Basic 2013會將一些保留字使用於程式設計，無法做為識別字的名稱，表3-2列舉之。

【表3-2 VB關鍵字】

As	And	Byte	Alias	CInt	AndAlso	AddHandler
ByRef	Case	ByVal	Call	Boolean	Catch	CBool
CByte	CChar	CDate	CDec	CSByte	CShort	AddressOf
CLng	Const	CSng	CDbl	Default	Continue	Declare
CObj	CType	CUInt	Char	Date	CUShort	Decimal
CStr	Class	CULng	Dim	delegate	Double	DirectCast
Do	Enum	Each	Else	ElseIf	Property	EndIf
For	If	Erase	Error	Nothing	Imports	False
Get	GoTo	Friend	Global	GetType	Function	Finally
In	is	GoSub	Exit	Handles	Implements	GetXMLNamespace
Like	Lib	IsNot	End	Inherits	Integer	Interface
Long	Me	Loop	Mod	Module	Narrowing	MustOverride
New	Not	MyBase	event	MyClass	Namespace	NotInheritable
Next	On	Select	OrElse	Overiedes	Partial	NotOverridable
REM	Of	Option	Private	Operator	Optional	Overridable
Set	ReDim	Let	Shadows	Overloads	ParamArray	MustInherit
To	SByte	Public	Resume	ReadOnly	PaiseEvent	Protected
Sub	Or	Object	Shared	Short	Static	RemoveHandler
Step	Stop	Then	String	Single	SyncLock	Structure
Try	True	Throw	Return	WriteOnly	UShort	MustInherit
Xor	With	Wend	TypeOf	Variant	ULong	UInteger
Out	When	While	Using	Widening	TryCase	WithEvents

3.2 | 資料型別

先想一個簡單問題：為什麼宣告變數，還要有資料型別的配合？因為記憶體的空間有限，在宣告變數的當下，系統會依據資料型別，配置大小適用的空間。把資料型別想像成裝飲料的容器，去茶舖購買500cc綠茶，店員不會以750cc的杯子填裝，太大的杯子有浪費之嫌；太小的杯子會讓飲料滿出來(溢流現象)。

所有資料在共通語言執行環境(Common Language Runtime，簡稱CLR)之下，為了確保資料的互通性，它會以一般型別系統(Common Type System，簡稱CTS，又稱共通型別系統)為主，讓不同的語言有共同架構。讓所有列管的程式碼在.NET Framework運作下皆能強化它的型別安全。所以依據資料儲存於記憶體的狀況，有二種型別是我們應該知道。

- 實值型別(Value Type)：資料儲存於記憶體本身。除了所有的數值型別之外，其他尚有Boolean、Char、Date、列舉(Enumeration)和結構(Structure)。

- 參考型別(Reference Type)：記憶體只儲存配置資料的記憶體位址(Address)，它包含了陣列、String、類別、物件和委派。

3.2.1　整數型別

整數資料型別(Integral Data Type)是表示資料中只有整數，不含小數位數。依據儲存容量的不同，第一種是含正負值的整數(Signed Integral)，下表3-3以VB和CLR二種型別簡介。

【表3-3 含正負值的整數型別】

VB/CLR資別	空間	儲存範圍
SByte/SByte	1 Byte	-128 ~ 127
Short/Int16	2 Bytes	-32,768 ~ 32,767
Integer/Int32	4 Bytes	-2,147,483,648 ~ 2,147,483,647
Long/Int64	8 Bytes	-9,223,372,036,854,775,808 ~ 9,223,372,036,854,775,807

另一種是不含負值的整數(Unsigned Integral)，列於表3-4。

【表3-4 不含正負值的整數型別】

VB/CLR資別	空間	儲存範圍
Byte/Byte	1 Byte	0 ~ 255
UShort/UInt16	2 Bytes	0 ~ 65535
UInteger/UInt32	4 Bytes	0 ~ 4,294,967,295
Ulong/UInt64	8 Bytes	0 ~ 18,446,744,073,709,551,616

若以資料處理的速度來看，整數型別會比其他資料型別來得快，尤其是 Integer和UInteger是處理速度最快的型別。

3.2.2 浮點數型別

數值中除了整數外還包含小數位數，稱為「浮點數資料型別」(Floating Point Types)，會以近似值儲存於記憶體中，列於下表3-5。

【表3-5 含小數的資料型別】

VB	空間	大概範圍
Single (單精度浮點數)	4 Bytes	負值：-3.4028235E+38 ~ -1.401298E-45 正數：1.401298E-45 ~ 3.4028235E+38
Double (雙精度浮點數)	8 Bytes	負值：-1.79769313486231570E+308 ~ -4.94065645841246544E-324 正值：4.94065645841246544E-324 ~ 1.79769313486231570E+308
Decimal	16 Bytes	無小數位數，最大值： +/-79,228,162,514,264,337,593,543,950,335 有28個小數位數，最大值： +/-7.9228162514264337593543950335

使用浮點數值資料型別，可以依據其數值範圍來宣告資料型別。Decimal提供了數字的最大有效位數，能支援28個有效位數，例如：財務作業，它需要很

大的運算位數,卻不允許捨入計算來避免錯誤的發生。但是,Decimal並非浮點數值資料型別,它會依據指定數值來調整它的有效範圍,跟Single、Double相比,更具有確精度;基本上,系統預設的資料處理會以Double為優先。

3.2.3 其他資料型別

還有那些資料型別?下表3-6說明。

【表3-6 其他資料型別】

資料型別	空間	儲存範圍
Boolean(布林)	依平台	True或False
Char(字元)	2 Bytes	0～65535(不含正負數)
String(字串)	依平台	0至20億個Unicode字元
Date(日期)	8 Bytes	1年1月1日至9999年12月31日
Object(物件)	4 Bytes	物件,包含各種資料型別

Object可用來存放任何型別的資料,用來取代VB6的Variant。要處理的資料是一個不固定的型別,以Object來宣告是比較好的處理方式;Object雖然好用,但它是以記憶體位址來配置資料,會減緩它的處理速度。

布林(Boolean)型別包含二種狀態的值,例如:True/False、Yes/No、On/Off。

```
Dim State As Boolean = False
```

字元(Char)型別可以儲存一個Unicode字元,宣告變數時,須在字元前後加上「"」雙引號,並指定常值型別字元C。字串(String)型別用來存放多個字元,使用時也必須以雙引號包夾,敘述如下:

```
Dim answer As Char = "Y"C REM宣告字元
Dim data As String = "Hello My Friend" '宣告字串
```

日期(Date)型別可用來存放日期/時間的資料,使用時須以「#」符號做前後的區隔,敘述如下:

```
Dim InDay As Date = #11/25/2008 15:00 PM#
```

3.2.4　型別字元

宣告變數，除了使用Dim陳述式來指定資料型別，也能以「型別字元」代表所使用的資料型別，使用時型別字元必須緊接在變數名稱之後，中間不能有任何字元，下表3-7簡單說明。

【表3-7 資料型別的型別字元】

資料型別	識別項型別字元	常值型別字元
Short	無	S
Integer	%	I
Long	&	L
Single	!	F
Double	#	R
Decimal	@	D
Char		C
String	$	無

資料型別中的Boolean、Byte、Char、Date、Object、SByte、Short、UInteger、ULong或UShort，不使用識別項型別字元。如何使用識別項型別字元？簡例如下。

```
Dim account@ = 457,779.5
```

另一種情形是以「常值」(Literal)來表示特定資料型別的值，系統會依據常值格式來決定其資料型別。例如，使用字元型別時，要在變數值之後指定字元C。

資料型別預設值

宣告變數時，可以設定初值，如果未設定初值，資料型別會提供其預設值。

• Boolean：預設值False。

• Date：預設值「1年1月1日 0:00:00」。

- Object：預設值「Nothing」。

- String：預設值「Nothing」，值得注意的是Nothing並非空字串。

- 數值：包含整數、浮點數值資料型別，皆以「0」為預設值。

範例《CH0302A》 使用變數

STEP 1 建立Windows Form專案，名稱「CH0302A.vbproj」；控制項屬性設定如下表。

控制項	屬性	值	控制項	屬性	值
Label1	Text	名字：	Textbox1	Name	txtName
Label2	Text	生日：	TextBox2	Name	lblSalary
Label3	Text	薪資	Button	Name	btnOK
Label4	Name	lblShow		Text	確認
	BackColor	255, 224, 192	DateTimePicker	Name	dtpBirth

STEP 2 滑鼠雙擊「確認」按鈕，撰寫如下程式碼。

```
                              btnOK_Click()事件
06   Dim name As String    '宣告字串變數name，存放名字
07   Dim birth As Date     '宣告日期變數birth，存放生日
08   Dim salary As ULong    '宣告正長整數變數salary，存放薪資
09   '利用TextBox屬性Text取得輸入的名字和薪資並指定給變數
10   name = txtName.Name
11   salary = txtSalary.Text
12   birth = dtpBirth.Value.Date '取得生日值只顯示日期
13   lblShow.Text = "名稱：" & name & vbCrLf & _
14       "生日：" & birth & vbCrLf & _
15       "薪資：" & salary
```

程·式·解·說

* 第6~8行：宣告變數，name為字串型別，birth為日期型別，salary為正長整數型別。

* 第10~11行：利用文字方塊取得輸入名字、薪資，暫存於name、salary變數。

* 第12行：屬性Value選取日期後只以日期顯示，再指派birth變數儲存。

* 第13~15行：再以標籤顯示所輸入的相關資料。

執行、編譯程式

STEP 1 在文字方塊輸入名字。

STEP 2 ❶以滑鼠點選年份(產生反白)，輸入4位數西元年份，再以滑鼠點選所需月份和日期；❷按「確認」鈕之後所有資料顯示在標籤控制項中。

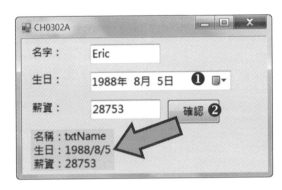

【圖3-3 範例CH0302A執行結果】

3.3 常數

　　在某些情形下，希望應用程式於執行過程中變數的值維持不變，使用常數(Constant)會是一個較好的方式。或許，會去思考一個問題：為什麼要使用常數？主要是避免程式碼的出錯。例如：有一個數值「0.000025」，運算時有可能打錯而導致結果錯誤，若以常數值處理，只要記住常數名稱即可，如此就能減少程式出錯的機率。

3.3.1 宣告常數

　　Visual Basic 2013提供符號常數(Symbolic Constant)，可在程式碼中取代實際的值，就像前述範例使用的vbCrLf，在程式產生換行作用(參考章節《2.3.1》)。

此外，使用者也可以依據需求，使用Const陳述式，建立所謂的「使用者定義」
常數。

```
[AccessModifier] Const ConstName As DataType = initexpr
```

- AccessModifier：存取修飾詞，指定常數的存取範圍，非必要參數。

- ConstName：常數名稱，命名規則與識別字相同(參考章節《3.1.1》)。

- DataType：資料型別。

- initexpr：指定其初值，包含常數或者是運算式。

　　簡例：常數值以字串表示；或者以常數宣告圓周率 π。

```
Const data As String = "VB 2013" '宣告字串常數
Public Const PI As Double = 3.141596 '圓周率以常數宣告
```

認識主控台應用程式

　　一般來說，主控台應用程式不提供表單介面，它會以Sub Main()程式為主，
它代表應用程式的起點。如何產生主控台應用程式，建立專案時，將範本變更
為「主控台應用程式」即可；依循下述步驟來產生一個主控台應用程式專案。

　　產生主控台應用程式專案之後，會產生Module1.vb的程式，並直接進入程
式碼編輯區，它會自動產生部份程式碼。

```
01   Module Module1
02     Sub Main()
03     End Sub
04   End Module
```

　　如何加入程式碼？只要在Sub Main()/End Sub的區塊間撰寫程式碼即可。如何輸出資料呢？必須藉助System.Console類別的Write()和WriteLine()方法。

```
Console.Write(字串常數);
Console.WriteLine(字串常數);
```

　　兩者之間最大的差別是Write()輸出字元後不做換行動作，也就是插入點依然停留在原行；但使用WriteLine()方法輸出字元後會把插入點移向下一行的最前端。透過下述實作範例來認識主控台應用程式的使用。

範例《CH0303A》

說明：利用常數值，將坪數換算為平方公尺。

STEP 1 展開「檔案」功能表，執行「新增專案」指令，進入交談窗。❶範本「主控台應用程式」；❷名稱「CH0303A」；❸按「確定」鈕。

STEP 2 在Sub Main和End Sub之間，輸入下列程式碼。

Sub Main()

```
04   'PracticeCode :宣告常數 1 坪 = 3.0579平方公尺
05   Const Square As Double = 3.0579
06   Dim area As Double = 32.34 '房屋坪數
07   Console.WriteLine( _
08       "共有 = " & Square * area & "平方公尺")
```

程·式·解·說

＊ 第5行：以常數宣告1坪可以換算多少的平方公尺。

＊ 第6行：area變數儲存房屋的坪數。

＊ 第7~8行：將坪數換算成平方公尺之後，呼叫Console類別的WriteLine()方法輸出結果。

執行、編譯程式：按【Ctrl + F5】鍵，執行結果以命令提示字元視窗顯示。

```
共有 = 98.892486平方公尺
請按任意鍵繼續 . . .
```

【圖3-4 範例CH0303A執行結果】

3.3.2　列舉常數

列舉型別(Enumeration)提供相關常數的組合，只能以Byte、Integer、Long、SByte、Short、UInteger、ULong或UShort為資料型別。定義的列舉成員須以常數值初始化，每個成員代表一個常數。例如，將每週的日期定義為常數值，程式碼中會使用日期的名稱而不是它們的整數值，語法如下。

```
[存取修飾詞] Enum EnumerationName [As 整數型別]
    成員名稱1 [ = 起始值]
    成員名稱2 [ = 起始值]
    . . .
End Enum
```

- 定義列舉型別必須以Enum陳述式開始，以End Enum結束。

- 存取修詞飾：列舉型別能存取的範圍，包含Public、Private、Protected或Friend。

- EnumerationName：列舉型別常數名稱，命名規則和識別字相同(參考章節《3.1.1》)。

- 若未指定資料型別，以Integer為資料型別。

- 列舉成員名稱之後，可指定常數值；若未指定，起始值會以預設常數值0開始。

使用列舉型別有二大步驟：①定義列舉常數；②指定列舉值。例如，首先定義顏色為列舉常數。

```
Enum Tints
    Red = 1
    Orange
    Yellow = 5
    Green
    Blue
End Enum
```

- 宣告Tints列舉型別未指定型別，所以列舉成員Red、Orange、Yellow會以Integer為資料型別，其中只指定Red、Yellow的常數值，常數值會向下遞增，Orange常數值「2」，而Yellow常數值已指定「5」，所以Green為「6」(5+1)，Blue「7」。

  然後，利用Tints列舉型別進一步定義相關常數值。

```
Dim bgColor As Tints
bgColor = Tints.Blue
Console.WriteLine("背景顏色：" & bgColor)
```

- 執行時會輸出「背景顏色：7」。

範例《CH0303B》

說明：以幣值為列舉型別，了解其用法。

STEP 1 建立「主控台應用程式」，名稱「CH0303B.vbproj」。

STEP 2 在Module MultiCoin和Sub Main()輸入下列程式碼。

```
                        Module MultiCoin
03    '1.定義列舉型別
04    Enum Money
05        Thousand = 1000
06        Hundred = 100
07        Ten = 10
08        Dollar = 1
09    End Enum
                          Sub Main()
11    '2.使用列舉型別
12    Dim coin1, coin2 As Money
13    coin1 = Money.Thousand + Money.Ten
14    coin2 = Money.Hundred + Money.Dollar
15    Console.WriteLine("金額一：" & coin1)
16    Console.WriteLine("金額二：" & coin2)
17    Console.ReadLine()
```

程・式・解・說

* 第4~9行：定義money列舉型別，並設定各項幣值。

* 第12行：宣告列舉型別Money使用的變數coin1、coin2。

* 第13、14行：將不同幣值的常數值相加。

* 第15~16行：輸出coin計算結果。

 執行、編譯程式：按F5鍵執行，啓動命令字元提示視窗，輸出執行結果。

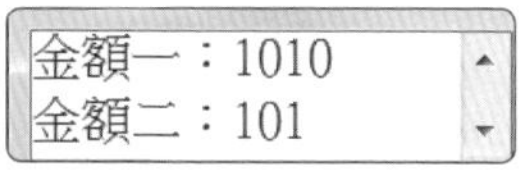

```
金額一：1010
金額二：101
```

【圖3-5 範例CH0303B執行結果】

3.4 型別轉換

「資料型別轉換」(Type Conversion)就是將A資料型別轉換為B資料型別。不過，什麼情況下會需要型別轉換？例如，運算的資料可能同時擁有整數和浮點數；另外一種常見的情形，透過文字方塊或標籤控制項顯示訊息，由於控制項本身能處理字串，並不會發生問題！如果是運算的數值，就得將數值轉換為字串，為什麼要這麼麻煩！在回答之前，先來看看範例《CH0302A》的某一行敘述：

```
Salary = txtSalary.Text
```

文字方塊Text屬性為字串型別，而Salary屬於ULong型別，所以輸入文字方塊的值是字串"25000"，而非數值25000。為了提高程式執行效率，避免出錯狀況，必須將字串"25000"轉換為數值；所以資料型別轉換的對象是指儲存的變數值。

3.4.1 隱含型別轉換

「隱含型別轉換」是指程式在執行過程，依據資料的作用，自動轉換為另一種資料型別。例如，改變前一行的敘述，在文字方塊變更成如下的敘述。

```
Salary = txtSalary.Text + 1250
Salary = txtSalary.Text & 1250
```

- 運算式是"25000" + 1250，雖然一個是字串，另一個是數值，由於使用「+」運算子，所以會變成數值相加。

- 「&」運算子用於字串處理，運算式是"25000" & "1250"，變數Salary儲存的是"250001250"。

範例《CH0304A》

說明：在文字方塊輸入公斤，按「轉換磅數」鈕，會轉換成磅數。

STEP 1 建立「Windows Form」專案，名稱「CH0304A.vbproj」

STEP 2 在表單加入Label、TextBox和Button控制項，屬性設定如下表。

控制項	屬性	值	控制項	屬性	值
Label1	Text	輸入公斤：	Button	Name	btnCover
Textbox	Name	txtShow		Text	轉換磅數

STEP 3 滑鼠雙按Button控制項，撰寫如下程式碼。

```
                        btnCover_Click()事件
06   '1磅 = 2.20462Kg
07   Const LB As Double = 2.20462R   '宣告LB為常數
08   lbData = txtShow.Text * LB       '轉成磅數
09   txtShow.Text = lbData            '以文字方塊顯示
10   Label1.Text = "磅數："
```

程·式·解·說

* 第7行：宣告常數LB，儲存公斤轉換成磅數的常數值。

* 第8行：取得文字方塊輸入的公斤，再進行換算。雖然LB的常數值是Double型別，而文字方塊是字串型別，換算時會自動轉換為數值。

* 第9行：再以文字方塊顯示換算結果。

🔖 **執行、編譯程式**

【圖3-6 範例CH0304A執行結果】

型別轉換原則

　　轉換型別時，Visual Basic 2008給予相當大的彈性空間；不過，轉換型別必須考量轉換後的值是否與原有資料相符。不同型別之間要如何轉換？透過圖3-7說明轉換原則。

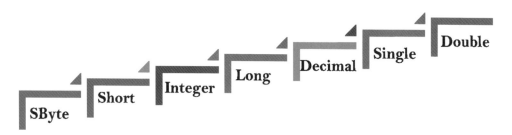

【圖3-7 資料型別轉換(一)】

　　當資料含有正負值時，圖3-7最左邊的「SByte」是空間最小的資料型別，最右邊的「Double」是最大空間；若是「擴展轉換」就是由左邊的小空間向右轉換成大空間；「縮小轉換」則是由右邊的大空間向左換成小空間，有可能造成儲存值的流失。例如，資料型別為「Long」的變數，轉換成Decimal、Single或Double皆為「擴展轉換」，轉換為Integer、Short、SByte，可能會因溢流現象(overflow)造成資料的流失。

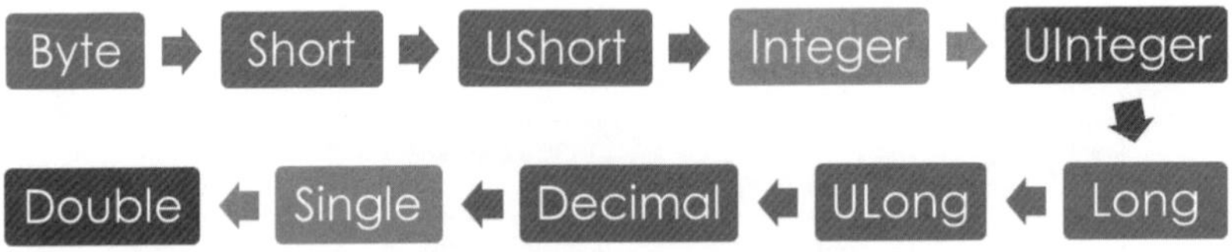

【圖3-8 資料型別轉換(二)】

當資料不含正負值時，由圖3-8得知：「Byte」是空間最小的資料型別，「Double」則是最大空間。「擴展轉換」時就是由Byte依箭頭方向轉換至大空間；「縮小轉換」則是由Long大空間依箭頭反方向換成小空間，有可能造成儲存值的流失。例如，資料型別為「UInteger」的變數，轉換成Long、ULong、Decimal、Single或Double皆為「擴展轉換」，轉換為Integer、UShort、Short、Byte，可能會因溢流現象(overflow)造成資料的流失。

3.4.2　明確轉換型別

系統的「隱含型別轉換」能減輕編寫程式碼的負擔，相對地，有可能會讓資料的型別不明確，或者轉換成錯誤的資料型別；為了降低程式的錯誤，資料「明確型別轉換」(Explicit Conversion)有其必要性。

強制檢查型別

為了避免型別的錯誤，藉由Visual Basic 2013編譯器來檢查程式碼中的型別，利用範例《CH0304A》說明。

範例《CH0304A》強制檢查型別

STEP 1　開啟專案「CH0304A.vbproj」，按方案總管的「檢視程式碼」鈕，進入程式碼編輯器畫面。

STEP 2　在程式碼第一行(Public Class Form1之前)加入如下的敘述。

```
01Option Strict On '強制型別檢查
```

STEP 3 完成輸入後，系統會採用強制型別檢查，此時就會發現「lbData = txtShow.Text * LB」產生藍色波浪狀底線，滑鼠游標移向此處會顯示錯誤訊息說明。

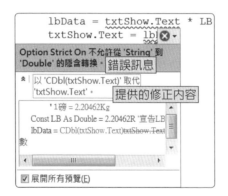

```
( 般)                                        ▼  ▦ (宣告)
  1    Option Strict On '強制型別檢查    加入的敘述
  2
  3  ⊟ Public Class Form1
  4
  5  ⊟    Private Sub btnCover_Click(sender As Object, _
  6          e As EventArgs) Handles btnCover.Click
  7          Dim lbData As Double
  8          '1磅 = 2.20462Kg
  9          Const LB As Double = 2.20462R '宣告LB為常數
 10          lbData = txtShow.Text * LB       '轉成磅數
 11          txtShow.Text = lbData            '以文字方塊顯示
 12          Label1.Text = '磅數              劃「藍線」表示錯誤
 13      End Sub
 14  End Class
```

```
            lbData = txtShow.Text * LB
            txtShow.Text = lb| ✕ ▼
 ─────────────────────────────────────
 Option Strict On 不允許從 'String' 到
 'Double' 的隱含轉換。 錯誤訊息
 ─────────────────────────────────────
 ▲ 以 'CDbl(txtShow.Text)' 取代
    'txtShow.Text'。  提供的修正內容
 ─────────────────────────────────────
         '1磅 = 2.20462Kg
    Const LB As Double = 2.20462R '宣告LB
    lbData = CDbl(txtShow.Text)txtShow.Text
 數
 ◀ ───── ▬▬▬ ─────── ▶
 ─────────────────────────────────────
 ☑ 展開所有預覽(E)
```

【圖3-9 型別檢查錯誤及修正內容】

這說明在「強制型別檢查」的機制下，編譯器不接受隱含型別轉換；也就是文字方塊是String型別，無法轉換成Double型別；因此編譯器會建議將文字方塊的內容以CDbl函式轉換為Double型別，再進行運算。

或許大家會感到奇怪！為什麼未加入「Option Strict On」敘述之前，並不會發生錯誤。因為Visual Basic 2013保留舊版VB「自動型別轉換」功能，建立新專案時，「Option Strict」敘述會自動設定為『Off』，滑鼠雙擊方案總管的「MyProject」，切換屬性頁「編譯」索引標籤，可以得到下列圖3-10的檢視。

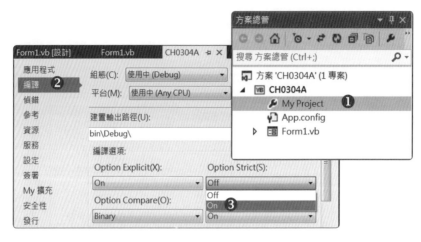

【圖3-10 專案屬性的型別檢查】

若從程式維護的觀點來看，隱含型別轉換雖有其方便性，卻隱藏了無法預知的錯誤；因此除了將新建專案的**MyProject**屬性，以上述方式設為強制型別檢查外，亦可以展開「工具」功能表，執行「選項」指令，將專案和方案「VB預設值」中的「Option Strict」設為『On』，讓編譯器逐一檢查變數的型別；後面實作的範例會以「Option Strict」設為『On』為主。

型別轉換函數

型別轉換函數是讓資料在運算前，透過這些指定函數轉換為所需型別；例如，範例《CH0304A》，「錯誤修正選項」建議的CDbl函數，將字串明確轉換為Double型別；下表3-8介紹常用的轉換函式。

【表3-8 型別轉換函式】

轉換函式	轉換後型別	轉換函式	轉換後型別
CBool(Expression)	Boolean	CChar(Expression)	Char
CByte(Expression)	Btye	CSByte(Expression)	SBtye
CShort(Expression)	Short	CUShort(Expression)	UShort
CInt(Expression)	Integer	CUInt(Expression)	UInteger
CLng(Expression)	Long	CULng(Expression)	ULong

轉換函式	轉換後型別	轉換函式	轉換後型別
CDec(Expression)	Decimal	CSng(Expression)	Single
CDbl(Expression)	Double	CDate(Expression)	Date
CObj(Expression)	Object	CStr(Expression)	String

範例 CH0304B 利用函式轉換型別

STEP 1 延續範例《CH0304A》的架構,建立「Windows Form」專案。

STEP 2 滑鼠雙按「方案總管」的『MyProject』,展開屬性頁後,將「編譯」索引標籤的「Option Strict」設為『On』,程式碼修改如下。

```
                        btnCover_Click()事件
05   Dim lbData As Double
06
07   '1磅 = 2.20462kg
08   Const LB As Double = 2.20462R '宣告LB為常數
09   '1.使用轉換函式CDbl
10   lbData = CDbl(txtShow.Text) * LB '轉成磅數
11   '2.以ToString()轉為字串
12   txtShow.Text = lbData.ToString
13   lblCover.Text = "磅數:"
```

程·式·解·說

＊ 第10行:以CDbl函式將文字方塊取得的內容轉換為Double型別。

＊ 第12行:將運算後的變數lbData以ToString轉換為字串後,再以文字方塊顯示。

其他型別轉換

除了使用轉換函式之外,.NET Framework類別庫也提供型別轉換的方法。

● ToString:任何物件皆有提供ToString方法,透過此方法可以將數值、Date轉為字串。

```
Dim number As Integer = 225    '宣告變數number初值為225
'number以ToString轉為字串,再以文字方塊顯示
textBox1.Text = number.ToString
```

- Parse()：將字串轉為數值、Date。

```
Dim number As Integer '宣告變數number為整數型別
'將文字方塊取得的字串，以Parse函式轉為整數型別
number = Integer.Parse(textBox1.Text)
```

- Convert類別：可以將運算式轉換為相容的型別。

```
Dim arrived As Date    '宣告變數arrived為日期型別
'將文字方塊取得的字串，以Convert類別的ToDateTeim函式轉為日期
arrived = Convert.ToDateTime(textBox1.Text)
```

3.4.3　使用者自訂型別

　　儲存資料時，會碰到的狀況是資料可能由不同的資料型別所組成。例如，學生註冊時，要有姓名、入學日期，繳交的費用…等。Visual Basic 2013另外以「使用者自訂型別」(User Defined Type)，透過「結構」(Structure)，組合不同型別的資料項目。

```
[AccessModifier] Structure 結構名稱
   Dim 成員名稱 As 資料型別
   [Dim 成員名稱 As 資料型別]
End Structure
```

- AccessModifier：存取修飾詞，結構能存取的範圍，包含Public、Private、Protected或Friend。

- 定義結構時，必須以Structure陳述式開始，End Structure結束。

- 結構名稱：命名規則和識別字相同(參考章節《3.1.1》)。

- 每一個結構成員，可以依據需求來定義不同的資料型別。

　　完成結構型別的定義後，會變成「複合資料型別」，接著才能使用此結構型別的變數，語法如下：

```
Dim 結構變數名稱 As 結構型別
結構變數名稱.結構成員
```

範例《CH0304C》

說明：以電腦的名稱、製造日期和售價作為定義結構型別的基礎，宣告結構型
　　　別變數，並以文字方塊顯示其內容。

STEP 1 建立Windows Form專案，名稱「CH0304C.vbproj」，並將
「MyProject」屬性頁「編譯」的「Option Strict」變更為『On』，
進行強制型別檢查。

STEP 2 在表單加入Label、TextBox、Button控制項，屬性設定如下表。

控制項	屬性	值	控制項	屬性	值
Label1	Text	名稱：	TextBox1	Name	txtName
Label2	Text	售價：		ReadOnly	True
Label3	Text	製造日期：	TextBox2	Name	txtPrice
Button	Name	btnShow		ReadOnly	True
	Text	顯示	TextBox3	Name	txtProd
Form1	Text	CH0304C		ReadOnly	True

STEP 3 完成使用者的介面，如下圖所示。

STEP 4 從方案總管的❶「Form1.vb」按滑鼠右鍵，展開快顯功能表之後，❷
執行「檢視程式碼」指令，進入程式碼編輯器；Class Form1和End
Sub之間先定義結構型別。

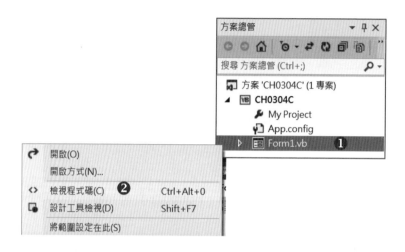

定義結構

```
01   Structure PCmade
02      Dim serial As String    '儲存序號
03      Dim mdDate As Date      '製造日期
04      Dim unitPrice As ULong '售價
05   End Structure
```

btnShow_Click()事件

```
11   REM 2.宣告結構變數
12   Dim zctComputer As PCmade
13   REM 3.設定 - 電腦序號、製造日期和售價
14   zctComputer.pcName = "ZCTi5四核獨顯Win8.1電腦"
15   zctComputer.mdDate = #10/12/2014#
16   zctComputer.unitPrice = 20300
17   '利用文字方塊顯示訊息
18   txtName.Text = zctComputer.pcName
19   txtProd.Text = zctComputer.mdDate.ToShortDateString
20   txtPrice.Text = _
21      Convert.ToString(zctComputer.unitPrice)
```

程‧式‧解‧說

* 第1~5行：以Structure敘述定義結構，儲存三個不同資料型別的成員：serial、mdData和unitPrice。

* 第12行：宣告結構型別使用的變數zctComputer。

* 第14~16行：透過結構變數，依據型別設定結構成員儲存值。

* 第18~21行：藉由文字方塊顯示所定義結構的相關訊息。

🎋 執行、編譯程式

【圖3-11 範例CH0304C執行結果】

⭐ Tips | **認識TextBox的屬性ReadOnly**

ReadOnly預設值為「False」，表示使用者可以在文字方塊輸入資料，變更為「True」表示文字方塊具有唯讀性，只能讀取內容而無法做修改。有關於TextBox更詳細的介紹，請參閱章節《5.1.2》。

重點整理

- ↻ 識別字命名規則(Rule)有：❶不能以Visual Basic關鍵字命名；❷名稱的第一個字元使用英文字母或底線「_」字元；❸名稱中的其他字元可以包含英文字元、十進位數字和底線；❹名稱的長度不可超過1023個字元。

- ↻ 變數的基本屬性有：❶名稱(Name)、❷資料型別(DataType)、❸位址(Address)、❹值(Value)、❺生命週期(Lifetime)、❻可視範圍(Scope)。

- ↻ 對於Visual Basic 2013來說，所有專案的範本，會將陳述式「Option Explicit」設為『On』，表示變數要經過明確宣告，才能使用。

- ↻ 資料型別中的整數型別，含有正負值的SByte、Short、Integer、Long；不含負值的Byte、UShort、UInteger、ULong。

- ↻ 浮點數型別有Single和Double，而Decimal則提供數字的最大有效位數。

- ↻ 其他的資料型別有表示True或False的Boolean，顯示單一字元的Char，使用於字串的String，表示日期和時間的Date型別。

- ↻ Visual Basic 2013提供符號常數(Symbolic Constant)，可在程式碼中取代實際的值，例如：vbCrLf，在程式產生換行作用。此外，使用者也可以依據需求，使用Const陳述式，建立所謂的「使用者定義」常數。

- ↻ 列舉型別(Enumeration)提供相關常數的組合，只能以Byte、Short、Integer和Long為資料型別；定義的列舉型別成員須以常數值初始化。

- ↻ 「隱含型別轉換」指程式在執行過程，依據資料作用自動轉換為另一種資料型別。

- ↻ 為了避免型別的錯誤，Visual Basic 2013編譯器可透過「Option Strict On」敘述來檢查程式碼中的型別，當資料型別不明確時，會產生編譯錯誤。

- ↻ .NET Framework亦提供型別轉換的方法，例如ToString、Parst()，或者是使用Convert類別來轉換型別資料。

- ↻ Visual Basic 2013以「使用者自訂型別」(User Defined Type)，透過「結構」(Structure)，組合不同型別的資料項目。

課後習題

一、選擇題

( ) 1. 下列變數名稱中,那一個是正確的命名方式?(A)Public (B)25value (C)goodName (D)std&Number。

( ) 2. 敘述「Option Explicit On」,是表示(A)強制檢查資料型別 (B)變數不用宣告 (C)將字串進行比對 (D)變數要明確宣告。

( ) 3. 如果有一個數值「789.4562」,要以變數來處理時,使用那一種資料型別較為合適!(A)Integer (B)Single (C)Decimal (D)UShort。

( ) 4. 宣告一個Boolean型別的變數,若未設定起始值,則VB提供的預設值是:(A)True (B)False (C)0 (D)Nothing。

( ) 5. 宣告變數時,如果沒有指明資料型別,系統會以那一種資料型別作為隱含宣告的處理對象!(A)Object (B)String (C)UInteger (D)Decimal。

( ) 6. 「使用者定義」常數,宣告時要使用那一個陳述式(Statement)?(A)Dim (B)Enum (C)Const (D)Sub。

( ) 7. 定義列舉常數型別,宣告時使用那一個陳述式?(A)Dim (B)Enum (C)Const(D)Sub。

( ) 8. 下列敘述中,那一個是用來強制檢查型別?(A)Dim number As Integer (B)Option Explicit On (C)Option Strict Off (D)Option Strict On。

( ) 9. 使用者自訂型別,要使用那一個陳述式?(A)Structure (B)Enum (C)Const (D)Sub。

( ) 10. 敘述「Single.Parse(textBox1.Text)」,文字方塊透過Parse函式,轉為那一種資料型別?(A)整數 (B)字串 (C)單精確度 (D)字元。

二、填充題

1. Visual Basic依據資料儲存於記憶體狀況,分成二種:＿＿＿＿＿＿＿ 、＿＿＿＿＿＿ ＿＿＿＿＿ 。

2. 資料型別中,不含負值的整數型別有:＿＿＿＿＿＿＿＿ 、＿＿＿＿＿＿＿＿ 、＿＿＿ ＿＿＿＿＿＿ 、＿＿＿＿＿＿＿ 。

3. Decimal型別提供了數字的最大有效位數共有_____位，而浮點數資料型別是以_____為預設處理的資料型別。

4. 填入下列資料型別的常值型別字元：Char以_____表示、Long以_____表示、Single以_____表示、Double以_____表示。

5. 列舉常數型別以_____為預設的資料型別，此外亦可使用_____、_____、_____的資料型別。

6. _____是指程式在執行過程，系統會依據資料的作用，自動轉換為另一種資料型別。

7. 資料型別進行轉換時，_____由小空間換成大空間，例如SByte轉成Long；_____由大空間換成小空間，例如Decimal轉成Integer。

8. 型別轉換函式中，CDbl函式是將型別轉換為_____，CSng函式是將型別轉為_____。

三、問答與實作題

1. 請說明識別字的命名規則。

2. 使用變數時要有那些基本屬性？

3. 依據章節《3.3》的內容，列舉使用常數的三項優點。

4. 定義一個以星期天數為主的列舉常數型別。

   ❑ 建立「主控台應用程式專案」。

   ❑ 定義以星期天數為主的列舉常數。

   ❑ 執行時顯示「星期三是第4天」。

04

決策判斷

- 介紹算術、比較、邏輯和位元運算子。

- If...Then...End If敘述,學習使用單向、雙向選擇。

- If...Else If敘述,了解它多元化選擇下,回傳一個結果。

- If運算子和IIf函式有異曲同工之妙。

- Select...Case敘述和Switch、Choose函式提供多選一的處理。

對程式語言來說，有資料就有可能產生運算；不同的運算式，當然要有不同的運算子來參與。例如，比較運算子，比較運算元的大小！而結構化程式，提供循序、決策和反覆結構。所以，本章學習重點以決策結構，透過If...Then敘述，了解單向、雙向選擇；有多項條件下回傳單一結果，則是Select...Case敘述。

4.1 運算子

程式語言中，經由運算會產生新值，而運算式是運算元和運算子結合而成。「運算元」(Operand)是被運算子處理的資料，包含變數、常數值等；「運算子」(Operator)指的是運用一些數學符號，例如：＋(加)、－(減)、*(乘)、/(除)等；運算子會針對特定的運算元進行處理程序，如下所示。

```
total = A + (B * 6)
```

上述運算式中，運算元包含了變數total、A、B和數值6；=、＋、()、*則是運算子。Visual Basic 2013提供的運算子。

- 算術運算子：使用於數值計算。

- 比較運算子：比較兩個運算式，配合流程控制的決策或反覆結構，傳回True或False的比較結果。

- 字串運算子：將多個字串聯結成單一字串，有&和「+」。

- 邏輯和位元運算子：使用於流程控制，將運算元進行邏輯判斷。

4.1.1 算術運算子

算術運算子用來執行加、減、乘、除的計算，以下表4-1簡介使用的運算子。

【表4-1 算術運算子】

運算子	範例	說明
+	X = 25 + 32	兩個運算元(數值)25、32相加，當正號使用

運算子	範例	說明
-	X = 63 - 25	將兩個數值相減，可當負號使用
*	X = 15 * 12	將兩個數值相乘
/	X = 30 / 10	將兩個數值相除
\	X = 30 \ 7	整數除法，只考量所得結果(商數)，整除後X = 4
^	X = 4^3	乘冪(次方)運算，X = 4 * 4 * 4，所得為「64」
Mod	X = 30 Mod 7	取餘數，相除後所得餘數，X = 2

範例 《CH0401A》算術運算子

說明：以兩個文字方塊來輸入數值，Button控制項製成加、減、乘、除和餘數5
個按鈕，然後按下某個按鈕能進行數值運算，再把結果顯示於第三個文
字方塊。

STEP 1 建立Windows Form專案，名稱「CH04A.vbproj」，透過方案總
管，進入「My Project」的編譯屬性頁，將『Option Strict』設為
『On』。

STEP 2 控制項屬性設定如下表。

控制項	屬性	值	控制項	屬性	值
Label1	Name	數值1：	Button3	Name	btnMultiplied
Label2	Name	數值2：		Text	*
Label3	Name	結果：	Button4	Name	btnDivision
Button1	Name	btnAdd		Text	/
	Text	+	Button5	Name	btnMod
Button2	Name	btnMinus		Text	Mod
	Text	-	Button6	Name	btnClear
TextBox3	Name	txtShow		Text	清除文字方塊
	BackColor	黃色	TextBox1	Name	txtNum1
	ReadOnly	True	TextBox2	Name	txtNum2

STEP **3** 完成的表單操作介面，如下所示。

STEP **4** 滑鼠雙按「+」按鈕，進入Click事件，撰寫程式碼。

btnAdd_Click事件
02　Dim number1, number2 As Long
06　REM 從文字方塊取得數值以Parse函式轉換 07　number1 = Long.Parse(txtNum1.Text) 08　number2 = Long.Parse(txtNum2.Text) 09　'將相加後的數值以ToString方法轉為字串 10　txtShow.Text = (number1 + number2).ToString

STEP **5** 如何在程式碼編輯區加入其他事件的程式碼？從程式碼編輯器左上
方，按❶「類別名稱」右側▼鈕來展開選單，❷選取btnMultiplied；❸
展開右上方「方法名稱」的選單，選取❹Click事件。

STEP 6 參考步驟4的程式碼，以相同方式在「-」、「*」、「/」按鈕，完成相減、相乘、相除的程式碼。「Mod」按鈕的部份程式碼，列示如下。

btnMod_Click事件(部份程式碼)
43 txtShow.Text = (number1 Mod number2).ToString

程·式·解·說

* 第7~8行：將輸入文字方塊的字串以Parse函式轉為Long型別。

* 第10行：由於文字方塊屬於字串，所以兩個數值相加後，須以ToString轉為字串後顯示於文字方塊。

📌 **執行、編譯程式**：按F5鍵執行

<1> 先在文字方塊輸入兩個數值，按「+、-、*、/、Mod」任一按鈕取得運算結果，如圖4-1。

【圖4-1 範例CH0401A操作介面】

<2> 按「清除文字方塊」鈕能清除文字方塊內容，進行下一個計算，如圖4-2。

【圖4-2 範例CH0401A清除介面】

4.1.2 指派運算子

指派運算子用來簡化加、減、乘、除的運算式；例如，有兩個運算元相加時：運算元one與two相加後，指定給one變數儲存，藉助指派運算子「+=」將運算式做進一步的簡化。

```
Dim one As UInteger = 35
Dim two As UInteger = 87
one = one + two
one += two        REM 以指派運算子簡化運算式
```

那麼指派運算子有那些？以op1和op2來代表運算元，列舉如表4-2。

【表4-2 指派運算子】

運算子	範例	原有運算	說明
=	op1 = 25	N/A	指定敘述，將運算元25指定給變數op1儲存
+=	op1 += op2	op1 = op1 + op2	加法，op1、op2相加，再指定給op1
-=	op1 -= op2	op1 = op1 - op2	減法，op1、op2相減，再指定給op1
*=	op1 *= op2	op1 = op1 * op2	乘法，op1、op2相乘，再指定給op1
/=	op1 /= op2	op1 = op1 / op2	除法，op1、op2相除，再指定給op1
\=	op1 \= op2	op1 = op1 \ op2	整除，op1、op2整除，商數指定給op1
^=	op1 ^= op2	op1 = op1 ^ op2	乘冪，op1、op2計算，再指定給op1
&=	op1 &= op2	op1 = op1 & op2	串連字串，op1、op2串連後，再指定給op1

簡例中，變數str1和str2分別儲存不同字串，「&」運算子用於字串相連。若要顯示「Visual Basic Programming Language」，使用「&=」指派運算子串接str1和str2字串。

```
Dim As str1 String = "Visual Basic"
Dim As str2 String = "Programming" & "Language"
str1 &= str2
```

4.1.3　比較運算子

比較運算子用來比較兩邊的運算式，再回傳True或False的結果，通常應用於流程控制中，假定運算元「op1 = 20」、「op2 = 30」，透過表4-3來認識它們。

【表4-3 比較運算子】

運算子	範例	回傳值	說明
= (等於)	opA = opB	False	比較兩邊運算式是否相等
> (大於)	op1 > op2	False	比較op1是否大於op2
>= (大於或等於)	op1 >= op2	False	比較op1是否大於或等於op2
< (小於)	op1 < op2	True	比較op1是否小於op2
<= (小於或等於)	op1 <= op2	True	比較op1是否小於或等於op2
<> (不等於)	op1 <> op2	True	op1、op2是否不相等

比較字串的Link

當兩個字串進行比較時，也能使用Link運算子。

```
result = string Like pattern
```

- result：回傳Boolean型別的結果。
- string：欲比較的字串。
- pattern：字串運算式，能夠對應轉換的特殊字元，以表4-4說明。

【表4-4 Like運算子】

特殊字元	範例
*	單一字元
?	任意字串
#	0~9的單一數字
[charlist]	charlist清單中的任何單一字元
[!charlist]	不屬於charlist清單中的任何單一字元

範例《CH0401B》 Like運算子

STEP 1 建立「主控台應用程式」專案，名稱「CH0401B.vbproj」。

STEP 2 在Sub Main()和End Sub之間撰寫程式碼。

```
                              Sub Main()
04    REM 使用Like運算子
05    Dim str1 As String = "Visual Basic 2013"
06    '比對str1第1個字母是否為大寫V
07    Console.WriteLine(str1 Like "V*")
08    '比對str1最後是數字字元
09    Console.WriteLine(str1 Like "* ####")
10    '比對str1第2個字元是否為i至k之間的字元
11    Console.WriteLine(str1 Like "V[i-k]*")
12    '比對str1第1個字元是否為t至z之間的字元
13    Console.WriteLine(str1 Like "[t-z]b*")
14    '比對str1第2個字元是否非a至d之間的字元
15    Console.WriteLine(str1 Like "V[!a-d]*")
```

程·式·解·說

* 第5行：宣告str1為字串變數並給予初值。

* 第7行：使用Like運算子比對str1變數的第一個字元是否為大寫字母V。

* 第9行：比對str1，最後的4個字元是否為數字。

* 第11行：比對str1第2個字元是否為i~k之間的字元。

* 第13行：比對str1第1個字元是否為t~z之間的字元，會回傳False，要大寫的 T~Z才符合比對。

* 第15行：比對str1第2個字元是否非a~d之間的字元，會回傳True，因為小寫 的a~d並不符合比對。

執行、編譯程式：按F5鍵執行

【圖4-3 範例CH0401B】

4.1.4　邏輯運算子

將運算元進行邏輯判斷，回傳True或False的結果，以表4-5說明。

【表4-5 邏輯運算子】

運算子	運算式1	運算式2	結果	說明
And	True	True	True	兩邊的運算式為皆為True才會回傳True
	True	False	False	
	False	True	False	
	False	False	False	
Or	True	True	True	只要一邊的運算式為True就會回傳True
	True	False	True	
	False	True	True	
	False	False	False	
Not	True	--	False	將運算式反相，所得結果與原來相反
	False	--	True	
AndAlso	False	不做判斷	運算結果同And；不同處於運算式1為False時，運算式2不做邏輯判斷
OrElse	True	不做判斷	運算結果和Or同；異處在於運算式1為True，運算式2不做邏輯判斷
Xor	True	True	False	運算式相同時為False，反之為True
	False	False	False	
	False	True	True	
	True	False	True	

4.1.5　位元運算子

位元運算會以二進位(基底為2)為運算式，包含And、Or和Xor運算子都能進行位元運算，以下表4-6做簡要說明。

【表4-6 位元運算子】

運算子	位元1	位元2	結果	說明
And	1	1	1	位元1、位元2的值皆為1，才會回傳1
	1	0	0	
	0	1	0	
	0	0	0	
Or	1	1	1	位元1、位元2的值有一個為1，就會回傳1
	0	1	1	
	1	0	1	
	0	0	0	
Xor	1	1	0	運算式相同時為False，反之為True
	1	0	1	
	0	1	1	
	0	0	0	

以簡單例子說明And和Xor的位元運算。

```
Dim num1 As Integer = 15    '二進位是1111
Dim num2 As Integer = 10    '二進位是1010
Dim result1 As Integer
result = num1 And num2    '所得結果是1010，十進位表示是10
Dim num1 As Integer = 65    '二進位是1000001
Dim num2 As Integer = 33    '二進位是0100001
Dim result2 As Integer
result = num1 Xor num2    '所得結果是1100000，十進位是96
```

先將數字轉換為二進位，再以And、Xor運算後，再以十進位表示。

15	1	1	1	1	65	1	0	0	0	0	0	1
10	1	0	1	0	33	0	1	0	0	0	0	1
And運算	1	0	1	0	Xor運算	1	1	0	0	0	0	0

範例《CH0401C》位元運算子

說明：介紹And、AndAlso、Or、OrElse和Not運算子如何產生邏輯判斷和位元運算。

STEP 1 建立Windows Form專案，名稱「CH0401C.vbproj」，Option Strict 設為『On』。

STEP 2 控制項屬性設定如下表。

控制項	屬性	值	控制項	屬性	值
Label2	Text	數值2：	Button1	Name	btnAnd
Label3	Text	邏輯運算：		Text	And
Label4	Text	位元運算：	Button2	Name	btnOr
Label5	Name	lblShow1		Text	Or
	BackColor	黃色	Button3	Name	btnNot
	BorderStyle	Fixed3D		Text	Not
Label6	Name	lblShow2	Label1	Text	數值1：
	BackColor	黃色	TextBox1	Name	txtNum1
	BorderStyle	Fixed3D	TextBox2	Name	txtNum2

STEP 3 完成的表單介面如下所示。

STEP 4 滑鼠雙按「And」按鈕，進入Click事件，撰寫程式碼。

```
02    REM 宣告變數存放
03    Dim num1, num2 As Integer
04    Dim check1 As Boolean
05    Dim check2 As Integer
```

btnAnd_Click事件

```
10    num1 = CInt(txtNum1.Text) '文字方塊轉為整數
11    num2 = CInt(txtNum2.Text)
12    'AndAlso只會判斷(num1>num2)若為False就不會判斷運算式2
13    check1 = (num1 > num2) AndAlso (num1 < num2)
14    '產生位元運算
15    check2 = num1 And num2
16    '將所得結果轉為字串
17    lblShow1.Text = check1.ToString
18    lblShow2.Text = check2.ToString
```

STEP 5 列示其他部份相關程式碼。

btnOr_Click()事件--部份程式碼

```
26    'OrElse只會判斷(num1<num2)若為True就不會判斷運算式2
27    check1 = (num1 < num2) OrElse (num1 > num2)
28    '產生位元運算
29    check2 = num1 Or num2
```

btnNot_Click()事件--部份程式碼

```
39    '將所得結果予以反相
40    check1 = Not (num1 > num2)
41    '以Xor運算子做位元運算
42    check2 = num1 Xor num2
```

程·式·解·說

* 第13行：AndAlso會先判斷左側運算式，由於65大於33，得到True，而右側運算式是False，所以變數check1得到「False」布林值。

* 第15行：進行位元(Bit)運算，數值65以二進位表示是「1000001」，33二進位表示是「100001」，經過And運算後得到數值「1」。

* 第27行：OrElse會先判斷左側運算式，由於65並未小於33，得到False，而右側運算式是True，所以變數check1得到「True」布林值。

* 第29行：進行位元(Bit)運算，數值45以二進位表示是「1000001」，33二進位表示是「100001」，經過Or運算後，得到數值「97」。

* 第40行：num1大於num2，得到True，經過Not運算子轉成False。

＊ 第42行：經過Xor位元運算，得到數值「97」。

執行、編譯程式

<1> 數值1輸入『65』，數值2輸入「33」。

<2> 分別按「And」、「Or」和「Not」鈕來取得運算結果。

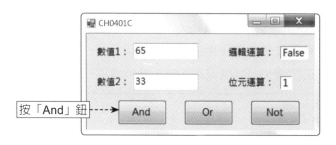

【圖4-4 範例CH0401C-1】

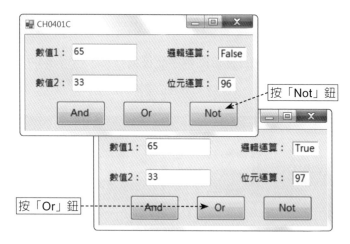

【圖4-5 範例CH0401C-2】

4.1.6 其他運算子

先介紹用來串連運算子「&」和「+」，了解它的語法。

運算元1 & 運算元2
運算元1 + 運算元2

運算元可能是文字，也有可能是數字！倘若是文字，利用「&」字元串接是一個比較好的作法。

```
Dim str1 As String = "Visual"
Dim str2 As String = "Basic"
Dim str3 As String
str3 = str1 & str2          'str3 為"VisualBasic"
```

當然也可以使用「+」運算子加str1和str2串接，但會產生數字相加的錯亂！如果是數字，「+」運算子就是將數字相加，如果利用「&」字元是把兩個數字串接，編譯時當作字串來處理，自動轉型為字串，結果會不一樣！

```
Dim num1 As UInteger = 20
Dim num2 As UInteger = 15
Dim result As UInteger
result = num1 + num2  '結果是35
result = num1 & num2  '結果是2015
```

位元移位運算子

執行運算時會將轉化為二進位的數字左移或右移，透過表4-7說明。

【表4-7 位元移位運算子】

運算子	語法	說明
<<(左移)	運算元1 << 運算元2	將運算元1依運算元2指定的位元數向左移動，右邊補零
>>(左移)	運算元1 >> 運算元2	將運算元1依運算元2指定的位元數向右位移，左邊補零

以數字15轉為二進位「00001111」，說明左移或右移2位元之後的結果。

15	0	0	0	0	1	1	1	1
15 << 2	0	0	1	1	1	1	0	0
15	0	0	0	0	1	1	1	1
15 >> 2	0	0	0	0	0	0	1	1

「15 << 2」向左位移之後，右方補零，所以數值會變大，得60；「15 >> 2」右移之後，左方補零，數字會變小，得3。

4.1.7 運算子的優先順序

當運算式中有不同運算式時，就得考量運算子的優先順序，採用原則如下：

- 算術和串連運算子的優先順序會高於比較運算子、邏輯運算子和位元運算子。

- 比較運算子的優先順序都相同，且高於邏輯和位元運算子。

- 優先順序相同的運算子，依據運算式的位置由左至右執行。

【表4-8 運算子的優先順序】

優先順序	運算子	運算次序
1	()括號、[]註標	由內而外
2	^指數	由內而外
3	+(正號)、-(負號)	由內而外
4	*、/、\(整除)、Mod(餘數)	由左而右
5	+(加)、-(減)、&(連結)	由左而右
6	=、<>、<、>、<=、>=、Like、Is、TypeOf	由左而右
7	Not、And、AdnAlso、Or、OrElse	由左而右
8	Xor	由右而左
9	=, +=, -=, *=, /=, ^=	由右而左

4.2 結構化程式設計

常言道：「工欲善其事，必先利其器」。撰寫程式當然要善用一些技巧，而「結構化程式設計」是一種軟體開發的基本精神；也就是開發程式時，依據由上而下(Top-Down)的設計策略，將較複雜的內容分解成小且較簡化的問題，產生「模組化」程式碼，由於程式邏輯僅有單一的入口和出口，所以能單獨運作。所以一個結構化的程式會包含下列三種流程控制。

- 循序結構(Sequential)：由上而下的程式敘述，這也是前述章節最為常見的處理方式，例如：宣告變數後，設定變數的初值。

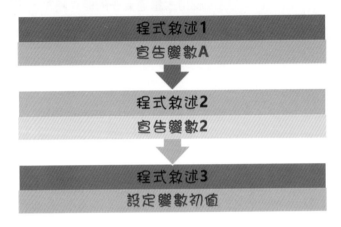

【圖4-6 循序結構】

- 決策結構(Selection)：決策結構是一種條件選擇敘述，依據其作用可分為單一條件和多種條件選擇。例如，以天氣有無下雨為條件判斷，下雨天就搭公車，沒有下雨就騎腳踏車去上學。

【圖4-7 決策結構-單向條件】

【圖4-8 決策結構-雙向選擇】

- 反覆結構(Iteration)：反覆結構就是迴圈控制，在條件符合下重覆執行，直到條件不符合為止。例如，拿了1000元去超市購買物品，直到錢花光了，才會停止購物動作。

流程圖符號

討論過上述的流程控制之後，表4-9介紹一些常見的流程圖符號。

【表4-9 流程控制符號】

符號	說明
⬭	橢圓形符號，表示流程圖的開始與結束
▭	矩形表示流程中間的步驟，用箭頭做連接
◇	菱形代表決策，會因為選擇而有不同流向
▱	代表文件
▱	平行四邊形代表資料的產生
⬯	表示資料的儲存

4.3 | 依條件做選擇

決策結構可依據條件做選擇；一般來說，分為「單一條件」和「多重條件」。處理單一條件時，If...Then陳述式能提供單向、雙向和多向的處理；多重條件情形下，要回傳單一結果，Select...Case陳述式則是處理法寶。

4.3.1 單向選擇

當單一條件只有一個選擇時，使用If...Then陳述式；If如同我們口語中「如果…」Then即是「就…」；「如果天氣很好，就散步回家」。

```
If 條件判斷 Then
    程式區段
End If
```

- 在If...End If之間構成程式區段。

- 條件判斷通常會搭配比較或邏輯運算子來回傳布林值；若為True表示條件成立，才會執行Then之後的程式區段。

當程式敘述很簡短時，If...Then結構能以下列語法表達。

```
If 條件判斷 Then [程式敘述]
```

舉個簡例，當銀行帳戶的存款如果小於1000元，就無法提款；以If...Then陳述式來表示。

```
Dim Account As ULong   'Account為銀行帳戶
If Account < 1000 Then
    textBox1.Text = "存款不足"
End If
If Account < 1000 Then textBox1.Text = "存款不足"
```

上述二種語法皆能用來處理單一條件的單向選擇，若以程式維護觀點來看，在If...End If之間構成程式區段，將來還可以加入其他敘述。單向判斷的流程圖如下圖4-9所示。

【圖4-9 If單向選擇流程圖】

範例《CH0403A》

說明：If...Then陳述式來判斷購買咖非的金額；大於500元會以MsgBox表示有折扣優惠。

STEP 1 建立Windows Form專案，名稱「CH0403A.vbproj」，『Option Strict』設為『On』。

STEP 2 控制項屬性設定如下表。

控制項	屬性	值	控制項	屬性	值
Label1	Text	咖啡：	TextBox1	Name	txtCofe
Label2	Text	拿鐵：	TextBox2	Name	txtLatte
Label3	Text	瑪朵：	TextBox3	Name	txtMacch
Label4	Name	lblResult	Button	Name	btnCalc

STEP 3 完成的表單介面如下所示。

STEP 4 滑鼠雙按「計算」鈕，進入 Click 事件，撰寫程式碼。

```
                        btnCalc_Click事件
04    '利用變數儲存不同咖啡的售價
05    Dim latte As UInteger = 95
06    Dim coffee As UInteger = 85
07    Dim macch As UInteger = 105
08    Dim total As UInteger
09
10    '1. 配合指定算子，計算購買的金額
11    coffee *= CUInt(txtCoffee.Text)
12    latte *= CUInt(txtLatte.Text)
13    macch *= CUInt(txtMacch.Text)
14    '計算總金額
15    total = coffee + latte + macch
16    lblResult.Text = "總共 " & total.ToString & " 元"
17
18    '2.If...Then結構，判斷金額是否大於500元，如果有就折95折
19    If total > 500 Then
20        MsgBox("享有95折扣")
21        lblResult.Text = ""
22        total *= 0.95
23        lblResult.Text = total
24    End If
```

程·式·解·說

* 第5~8行：宣告變數，以正整數型別來儲存咖啡類別的售價。

* 第11~13行：依據咖啡輸入的杯數乘以售價金額。

* 第15~16行：將不同種類咖啡相加，再轉為字串以標籤顯示。

* 第19~24行：進行單向判斷，當total金額大於500時，透過MsgBox顯示有折
  扣，並以標籤顯示折扣後金額。

♣ 執行、編譯程式

<1> 在3個文字方塊上分別輸入杯數，按「計算」按鈕。

<2> 當金額大於500元時會顯示MsgBox說明有95折優惠。

<3> 按下MsgBox的「確定」鈕會顯示計算結果於表單右下方的標籤控制項上。

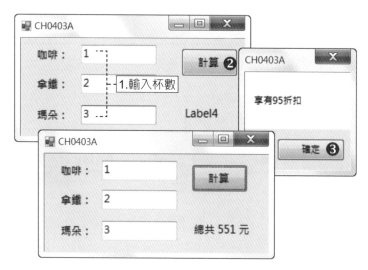

【圖4-10 範例CH0403A執行結果】

4.3.2 雙向判斷

當單一條件有符合條件(True)和不符合條件(False)二項選擇時，選擇 If...Then...Else陳述式來執行。它如同口語中「如果…就…不然…」；「天氣很好就散步回家，不然就搭公車」。表示有二種選擇，散步或搭公車；天氣好(條件成立)就散步，另一種情形是天氣不好(條件不成立)就搭公車。

```
If 條件判斷 Then
    程式區段1
Else
    程式區段2
End If
```

● 符合條件判斷時，執行Then之後的程式區段1。

- 不符合條件判斷時，執行Else之後的程式區段2。

　　簡例，如果銀行帳戶的存款大於1000元，才能領錢，否則就不能提款；使用If...Then...Else結構做表示。

```
Dim Account As ULong  'Account為銀行帳戶
If Account > 1000 Then
    MsgBox("可以領錢")
Else
    MsgBox("存款不足")
End If
```

　　雙向判斷的流程圖藉由圖4-11來了解。

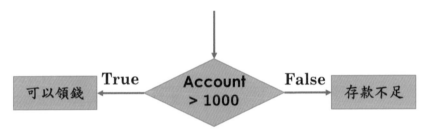

【圖4-11 If雙向選擇流程圖】

範例《CH0403B》If...Then...Else結構

STEP 1 延續前一個範例《CH0403A》的架構，讓原有的單向判斷形成雙向判斷。

STEP 2 btnCalc_Click()事件的程式碼修改如下。

```
                    btnCalc_Click()事件--部份程式碼
19  If total > 500 Then
20      MsgBox("享有95折扣")
21      lblResult.Text = ""
22      total *= 0.95
23      lblResult.Text = "總共 " & total & " 元"
24  Else
25      MsgBox("未超過500元" & vbCrLf & "沒有折扣！", _
26      MsgBoxStyle.Information)
27      lblResult.Text = ""
28      lblResult.Text = "總共 " & total & " 元"
29  End If
```

程 · 式 · 解 · 說

* 第19~23行：條件判斷「total > 500」，判斷金額是否大於500元，如果有
   (True)，就執行Then之後的敘述，進行95折扣計算，並以標籤控制項顯示
   結果。

* 第24~29行：如果金額沒有大於500元，就把計算後的金額顯示於標籤上。

4.3.3　多向選擇

　　討論多向選擇前，先以一個簡單例子做說明。學生的成績會因分數不同而
有評分等級。「如果是90以上就給A，如果是80分以上就給B…」。當條件並非單
一，而選擇也有多個項目時，If...Then...ElseIf...陳述式能逐一過濾，選擇最適合
的條件(True)來執行某個區段的敘述。

```
If 條件判斷1 Then
    程式區段1
ElseIf 條件判斷N Then
    程式區段N
Else
    程式區段2
End If
```

* 當條件判斷1符合時，會執行Then之後的程式敘述1；當條件判斷1不符合
  時，向下尋找適時的條件判斷。

* ElseIf陳述式可依據需求設定不同的條件判斷；因此「程式區段N」是配合
  ElseIf陳述式所產生。

* 當條件判斷皆不符合時，才會執行Else陳述式之後程式區段2。

　　從上述語法中，大家可以察覺If...ElseIf陳述式其實是If...Then...Else陳述式的
延伸，透過ElseIf來增加條件判斷；If...ElseIf陳述式的流程圖如下圖4-12。

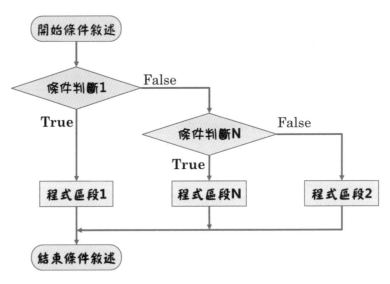

【圖4-12 If…ElseIf多選一流程圖】

範例《CH0403C》

說明：利用GroupBox容器放入RadioButton4個控制項，作為加、減、乘、除的選擇條件，透過If...ElseIf進行多條件選擇。

STEP 1 建立Windows Form專案，名稱「CH0403C.vbproj」，「Option Strict」設為『On』。

STEP 2 控制項屬性設定如下表。

控制項	Name	Text	控制項	Name	Text
Label1	數值1：		TextBox2	txtNum2	
Label2	數值2：		TextBox3	txtShow	
Label3	結果：		RadioButton1	rbtnAdd	加
GroupBox	算術運算		RadioButton2	rbtnMinus	減
Button	btnResult	結果	RadioButton3	rbtnMultiplied	乘
TextBox1	txtNum1		RadioButton4	rbtnDivision	除

STEP 3 完成的表單介面如下所示。

步驟說明

> GroupBox歸類於「容器」中，先加入GroupBox，再加入RadioButton控制項。

STEP 4 滑鼠雙按「結果」按鈕，進入btnResult_Click事件，撰寫程式碼。

```
                         btnResult_Click()事件
05  Dim num1, num2, result As Integer
06  Dim show As Single
07  num1 = CInt(txtNum1.Text)
08  num2 = CInt(txtNum2.Text)
09  txtShow.BackColor = Color.LightPink
10
11  REM 使用If...Then...Else敘述
12  If rbtnAdd.Checked Then '按下「加」選擇鈕
13     result = num1 + num2
14     txtShow.Text = result.ToString
15  ElseIf rbtnMinus.Checked Then '按下「減」選擇鈕
16     result = num1 - num2
17     txtShow.Text = result.ToString
18  ElseIf rbtnMultiplied.Checked Then '按下「乘」選擇鈕
19     result = num1 * num2
20     txtShow.Text = result.ToString
21  ElseIf rbtnDivision.Checked Then '按下「除」選擇鈕
22     show = CSng(num1 / num2)
23     txtShow.Text = show.ToString
24  End If
```

程·式·解·說

＊ 第12行：利用RadioButton的Checked屬性，判斷「加」選擇鈕是否有被點選，如果被點選，就將二個數值相加。

＊ 第15行：第二個條件判斷，「減」選擇鈕是否被點選，如果有則將兩數相減。

＊ 第22行：兩數相除後，有可能含有小數位數，因此以CSng函數轉為Single型別。

🦗 **執行、編譯程式**：按F5鍵執行

<1> 分別在數值1和數值2的文字方塊上輸入數值，再以滑鼠選取加、減、乘、除任一個選項按鈕，再按「結果」按鈕來取得計算結果。

【圖4-13 範例CH0403CA執行結果】

4.3.4 If運算子、IIf函數

If運算子和IIf函數都是用來簡化If...Then...Else敘述。

```
If(條件判斷, agrument1, argument2)
```

• 當條件判斷為True時，會回傳agrument1的結果。

• 當條件判斷為False時，會回傳agrument2的結果。

判斷學生成績是否高於90分，如果有就給A的等級，沒有就是等級B。

```
Dim score is UInteger
If(score >= 90, "A", "B")
```

IIf函式的語法。

```
IIf(條件判斷, TruePart, FalsePart)
```

- 當條件判斷為True時，會回傳TruePart結果。

- 當條件判斷為False時，會回傳FalsePart結果。

  如果購物金額大於500，就享有95折優惠！

```
Dim money in UInteger
IIF(money > 500, money*0.95, money)
```

大家一定有發現，IIf()函式和If運算子非常類似，不過使用IIf()函式時，三個引數都缺一不可。使用If運算子，會先判斷argument1，如果Boolean值為True，就不會再判斷argument2。如果值為False，才會繼續判斷argument2並傳回其結果。

範例 《CH0403D》 If運算子及IIf函式用法

說明：透過很簡單的稅率計算，介紹If運算子及IIf函式的用法。

STEP 1 建立「主控台應用程式」專案，名稱「CH0403D.vbproj」。

STEP 2 在Sub Main()和End Sub之間撰寫程式碼。

```
03  Dim money As Decimal
04  Console.Write("請輸入金額: ")
05  '讀取輸入金額，並以CDec轉為Decimal型別
06  money = CDec(Console.ReadLine())
07  REM 1.If...Then...Else判斷輸入金額
08  If money < 990000 Then
09     REM 2.以If運算子顯示稅額
10     Console.WriteLine("稅額= " + _
11        If(money >= 370000, "13%稅額", "6%稅額"))
12     REM 3.以IIf函式計算稅額
13     Console.WriteLine("繳交金額= {0}", _
14        IIf(money > 370000, money * 0.13, money * 0.06))
15  Else
16     Console.WriteLine("金額太大，請重新輸入")
17  End If
```

程·式·解·說

* 第4~6行：將ReadLine函式讀取的字串，先以CDec轉為Decimal型別，再指定給money變數儲存。

* 第8~14行：先以If…Then敘述判斷輸入金額是否有小於990000。

* 第10~11行：金額小於990000，再以If運算子判斷是否有大於或等於370000，如果有顯示「13%稅額」，若沒有則顯示「6%稅額」。

* 第13~14行：以IIf函式作相同判斷，並分別計算其稅額。

🐾 **執行、編譯程式**：按F5鍵執行

【圖4-14 範例CH0403D執行結果】

4.4 更多元的選擇

當選擇的條件多元化時，可使用Select…Case敘述，或以Switch、Choose函式來處理。

4.4.1 Select...Case陳述式

使用Select...Case陳述式是表示從很多的選項裡，從中擇一來執行，語法如下。

```
Select Case
    Case 值1
        程式區段一
    Case 值2, Case 值3
        程式區段二
    Case 值4 To 值5
        程式區段三
    Case Is < 值6
        程式區段四
    Case Else
        程式區段五
End Select
```

- 以Case敘述作為條件選擇,「,」(半形逗點)表示Or之意;「To」為範圍;「Is」能配合比較運算子。

- 當條件皆不符合時,會執行Case Else之後的程式區段五。

  例如,不同年齡層去看電影時會有等級的區別。

```
Dim age as UInteger
Select Case age
    Case Is >= 18        '年齡大於或等於18,所有電影皆能觀看
        Console.WriteLine("限制級")
    Case 12 To 17        '年齡介於12到17歲不能看限制級,其他皆可
        Console.WriteLine("輔導級")
    Case 6, 7, 8, 9, 10, 11   '利用逗點區隔年齡
        Console.WriteLine("保護級")
    Case Else            '6歲以下只能看普通級
        Console.WriteLine("普通級")
End Select
```

以Select...Case陳述式來處理電影的分級制,其流程圖如圖4-15所示。

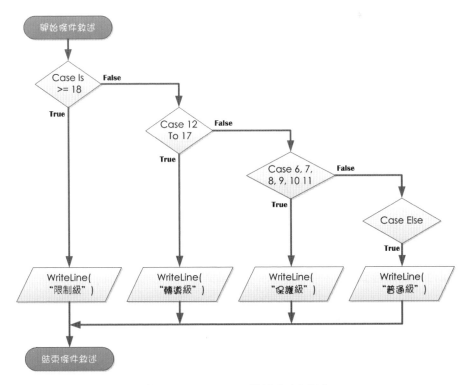

【圖4-15 Select...Case陳述式流程圖】

範例《CH0404A》

說明：不同的金額會有不同的稅額，使用Select...Case敘述計算稅率。

STEP 1 建立「主控台應用程式」專案，名稱「CH0404A.vbproj」。

STEP 2 在Sub Main()和End Sub之間撰寫程式碼。

```
                           Sub Main()
04   Dim money As Decimal
05   Console.Write("請輸入金額: ")
06   money = CDec(Console.ReadLine())
07
08   REM Select...Case敘述
09   Select Case money
10      Case Is <= 410000
11         Console.WriteLine("稅率 6%, 繳交: {0} 元", money * 0.06)
12      Case 410001 To 1090000
13         Console.WriteLine("稅率 13%, 繳交: {0} 元", _
14            money * 0.13)
15      Case 1090001 To 2180000
16         Console.WriteLine("稅率 21%, 繳交: {0} 元", money * 0.2)
17      Case 2180001 To 4090000
18         Console.WriteLine("稅率 30%, 繳交: {0} 元", money * 0.3)
19      Case Else
20         Console.WriteLine("稅率 40%, 繳交: {0} 元", money * 0.4)
21   End Select
```

程·式·解·說

* 第10~11行：以Is配合比較運算子，判斷金額是否小於或等於410000，如果符合得課徵6%稅額，並計算繳交的稅值。

* 第12~13行：以To設定Case的條件範圍，再計算稅值。

* 第19~20行：當金額大於4090000時，繳交40%的稅額。

執行、編譯程式

【圖4-16 範例CH0404A執行結果】

4.4.2　Switch()函數

　　當選擇為多重情形，而條件簡易且需要回傳結果，Switch()函式能替代 Select...Case陳述式。

```
Switch(運算式1, V1[,運算式2, V2, ...[, 運算式N, Vn]])
```

- 執行時，運算式1能進行邏輯判斷，若是True，回傳V1值；為False時，會繼續檢查運算式2，依此往下類推。

- 使用時須在函式前端呼叫「Microsoft.VisualBasic」命名空間。

範例《CH0404B》

說明：輸入年齡，以Switch函式判斷可以欣賞的電影等級。

STEP 1　建立「主控台應用程式」專案，名稱「CH0404B.vbproj」。

STEP 2　在Sub Main()和End Sub之間撰寫程式碼。

```
04  Dim age As UInteger
05  Dim show As String
06  Console.Write("請輸入年齡：")
07  age = CUInt(Console.ReadLine())
08  REM 使用Switch函數
09  show = CStr(Microsoft.VisualBasic.Switch( _
10      age >= 18, "限制", age >= 12, _
11      "輔導", age >= 6, "保護", age < 6, "普通"))
12  Console.WriteLine("你可以看" + show + "級的電影")
```

程·式·解·說

* 第9~11行：由於專案設定強制型別檢查，以Switch函數判別年齡時，先以 CStr函數轉為字串後，指定給show變數；例如，如果年齡有大於18歲，就 回傳「限制」字串給show變數儲存，就不會再向下檢查運算式；年齡沒有 大於18歲，就會繼續檢查是否大於或等於12歲。

* 第12行：將show變數的儲存值顯示於螢幕上。

🦋 執行、編譯程式

【圖4-17 範例CH0404B執行結果】

4.4.3 Choose函數

Choose函數使用方式和Switch函數相同,適用於多重條件下,回傳單一的簡易項目。

```
Choose(Index, v1[, v2, ...[, vn]])
```

- 依據Index值,回傳項目:v1符合時,就不會往下檢查;v1不符合時繼續檢查 v2,依此類推。

範例《CH0404C》

說明:以Choose函數來判斷衣服尺寸大小。

STEP 1 建立「主控台應用程式」專案,名稱「CH0404C.vbproj」。

STEP 2 在Sub Main()和End Sub之間撰寫程式碼。

```
04  Dim size As UInteger
05  Dim show As String
06
07  REM 1.先設定尺寸大小
08  Console.WriteLine("1.S 2.M 3.L 4.XL 5.KingSize")
09  Console.Write("請選擇尺寸大小:")
10  size = CUInt(Console.ReadLine())
11
12  REM 2.使用Choose函數
13  show = CStr(Choose( _
14    size, "S", "M", "L", "XL", "KingSize"))
15  Console.WriteLine("你選擇 " + show + " 尺寸")
```

程·式·解·說

* 第8行：設定每一種尺寸的編號，讓使用者選擇。

* 第13~14行：以Choose函數來顯示多條件選擇，選擇後輸出選擇結果。

執行、編譯程式

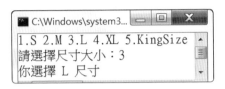

```
C:\Windows\system3...
1.S 2.M 3.L 4.XL 5.KingSize
請選擇尺寸大小：3
你選擇 L 尺寸
```

【圖4-18 範例CH0404C執行結果】

重點整理

- ↻ 運算式由運算元、運算子組合。「運算元」(Operand)是被運算子處理的資料,包含變數、常數值;「運算子」(Operator)指的是運用一些數學符號,如 + (加)、 − (減)、*(乘)、/(除)等。

- ↻ Visual Basic 2013提供算術、比較、串連、邏輯和位元運算子。

- ↻ 算術運算子用於數值的計算,包含:加(+)、減(-)、乘(*)、除(/)、整除(\)、乘冪(^)和取餘數(Mod)。指派運算子用來簡化加、減、乘、除的運算,運算子有:= 、+= 、-= 、*= 、/= 、\= 、^=和&=。

- ↻ 比較運算子用來比較兩邊的運算式,再回傳True或False的結果,包含:=(等於)、>(大於)、>=(大於或等於)、<(小於)、<=(小於或等於)、<>(不等於)。

- ↻ 位元運算以二進位為基底做運算,包含And、Or和Xor運算子皆能進行位元運算。

- ↻ 流程控制有三種:敘述由上而下的「循序」(Sequential)結構,具有條件選擇「決策」(Selection)結構,而「反覆」(Iteration)結構則是讓條件反覆執行,直到條件不符合為止。

- ↻ 決策結構依據條件做選擇。處理單一條件時,If敘述能提供單向、雙向和多向的處理;多重條件情形下,Select...Case敘述則是處理法寶。

- ↻ 「單向判斷」下,If...Then敘述做處理;「雙向判斷」則是If...Then...Else敘述。

- ↻ 當條件選擇有不同項目時,If...EsleIf陳述式能逐一過濾,選擇最適合的條件(true)來執行某個區段的敘述。

- ↻ IIf()函式和If運算子都用來簡化If...Then...Else陳述式;IIf()函式時,引數argument1、argument2都缺一不可。If運算子,當argument1回傳的Boolean值為True,就不會再判斷argument2;回傳值為False,才會繼續對argument2做判斷。

- ↻ 當選擇的條件多元化時,可使用Select...Case陳述式,當回傳結果簡要時,能以Switch、Choose函式來取代Select...Case陳述式。

課後習題

一、選擇題

( ) 1. 請說明「Y=123\7」運算式中，Y所得結果是多少？(A)15 (B)16 (C)17 (D)18。

( ) 2. 下列運算子中，何者是指派運算子？(A)Mod (B)/ (C)/= (D)And。

( ) 3. 敘述「op1 <> op2」中，運算子<>是表示(A)大於 (B)小於或等於 (C)等於 (D)不等於。

( ) 4. 「Mod」運算子的作用為何？(A)相除 (B)餘數 (C)整除 (D)以上皆非。

( ) 5. Like運算子中，搭配的字元「#」可用來表示(A)0~9的單一數字 (B)單一字元 (C)任意字串 (D)以上皆是。

( ) 6. 運算式1所得結果為「False」，而運算式2所得結果為「True」，經過「Xor」運算子所得結果為(A)0 (B)1 (C)True (D)False。

( ) 7. 有二個數值78和37，經過And運算子的位元運算後，所得結果(A)100 (B)10 (C)4 (D)1。

( ) 8. 使用If運算子，下列敘述式會回傳什麼結果？(A)True (B)False (C)打85折 (D)不打折。

```
Dim money As ULong = 38000
If(money >=40000, "打85折", "不打折")
```

( ) 9. 決策判斷中，若條件為多選一時，列舉的陳述式或函數，那一個不適用？(A) If…Then…Else (B)If…ElseIf (C)Select…Case (D)Choose函數。

( ) 10. 使用Select…Case陳述式中，如果條件皆不合適時，要使用那個區段的敘述 (A) False (B) Case Else (C)Else (D)以上皆可。

二、填充題

1. _____算子會回傳True或False的比較結果；_____可將多個字串聯成單一字串。

2. 請說明下列敘述中回傳True或False結果。

```
Dim show As String = "M5Da97"
show Like "m*"
```

敘述一：「show Like "m*"」，回傳＿＿＿＿＿＿＿＿。

敘述二：「show Like "?5[A-E]*"」，回傳＿＿＿＿＿＿＿＿。

3. 使用＿＿＿＿＿＿＿＿運算子進行邏輯判斷，必須運算式1和運算式2皆為True，才會回傳True結果；而使用＿＿＿＿＿＿＿＿運算子邏輯判斷時，運算式1為False就不會判斷運算式2。

4. 流程控制共有三種：❶＿＿＿＿＿＿＿＿ 、❷＿＿＿＿＿＿＿＿ 、❸＿＿＿＿＿＿＿＿。

5. 請填入下列語法的關鍵字

```
If 條件判斷＿＿＿＿＿＿＿＿
      程式區段1
      ＿＿＿＿＿＿＿
      程式區段2
End If
```

6. 用來簡化If…Then…Else陳述式，可使用＿＿＿＿＿運算子和＿＿＿＿＿函數。

7. 使用Select…Case陳述式，以Case為條件選擇，表示Or之意，使用＿＿＿＿＿符號，＿＿＿＿＿表示範圍，＿＿＿＿＿運算子能配合比較運算子。

8. 當選擇條件是多選一時，除了Select…Case陳述式之外，還能使用＿＿＿＿＿＿＿＿函式和＿＿＿＿＿＿＿＿函式。

三、問答與實作題

1. 請說明下列程式碼執行後，str1變數儲存的結果。

```
Dim str1 As String = "Hello!"
Dim str2 As String = "My First Language"
str1 &= str2
```

2. 請簡單說明下列流程圖的作用，並寫出程式碼。

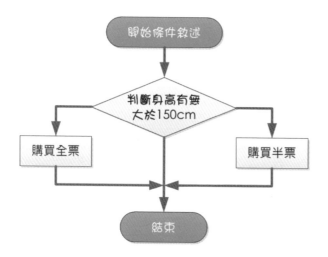

3. 請以If⋯ElseIf陳述式,執行時在文字方塊輸入年齡,判斷能觀賞的電影等級(提示:18歲以上限制級,12~18輔導級,6~12保護級)。

4. 參考圖4-12將範例《CH0404A.vbproj》繪製其流程圖。

NOTE

05
反覆結構

- 介紹通用控制項的標籤、文字方塊、按鈕；了解它們的屬性和方法。

- **For**迴圈配合計數器，它會依據設定值反覆執行。

- 進入迴圈前，先做條件判斷的前測試迴圈 **Do...Loop**；加入**While**或**Until**，依據其條件設定重覆測試。

- 先執行程式區段，再做條件判斷的後測試迴圈**Do...Loop**迴圈，**While**或**Until**，來滿足或不滿足其條件值。

- **Exit**陳述式中斷迴圈，**Continue**陳述式則讓迴圈繼續執行。

探索流程控制的反覆結構之前,先以Label、TextBox和Button控制項拉開本章節的序幕。反覆結構意味著它能不斷執行:討論加入計數器的For...Next迴圈,依據條件判斷的擺放位置可分為前測試和後測試的Do...Loop迴圈。

5.1 | 常用控制項

建立Windows Form專案時,通常有二個階段:設計階段和執行時期(RunTime)。在設計階段,能以屬性視窗或程式碼變更屬性值,執行時期則是按【F5】鍵進入偵錯,有些控制項屬性值就會反應設定結果。Label(標籤)、TextBox(文字方塊)、Button(按鈕)通常是範例中的主角,針對這些控制項先做通盤性介紹。

- Label:顯示文字的標籤。
- TextBox:使用者能輸入文字,將ReadOnly屬性修改為「True」,會變成唯讀狀態。
- Button:執行某項程序,例如「Button_Click」事件,使用者按下按鈕,執行其相關程序。

5.1.1 標籤

Label(標籤)是Windows程式設計中應用於輸出入介面使用頻率很高的控制項,顯示以字串為主的相關訊息。Name屬性設定控制項名稱,以供程式的呼叫,加入表單後常以預設值「Label1」顯示。Text屬性顯示標籤內容。在設計階段,使用者能在屬性視窗設定欲顯示的訊息;進入執行階段前,以程式碼修改屬性內容。

```
Label1.Text = "Visual Basic 2013"
```

- 將「Visual Basic 2013」字串指派給Text屬性;由於是字串,前後要加註「""」雙引號。
- 進入執行時期後,指派的字串會顯示於標籤控制項。

Label常用屬性，由表5-1說明。

【表5-1 Label控制項常用屬性】

屬性	預設值	說明
AutoSize	True	控制項是否依據內容調整大小 True會依內容做大小調整 False則固定大小
BorderStyle①	None	設定控制項的框線樣式 • None沒有框線 • FixedSingle單一線框 • Fixed3D顯示立體框線
BackgroundImage		設定控制項的背景影像
Font		設定控制項的文字字型
BackColor③-1	Control	設定控制項的背景顏色
ForeColor③-2		設定控制項前景顏色，通常是字型顏色
Image		在控制項加入影像
TextAlign②	TopLeft	設定控制項中文字的對齊方式

①BorderStyle

BorderStyle用來設定框線，可以從屬性視窗做設定，如圖5-1所示。

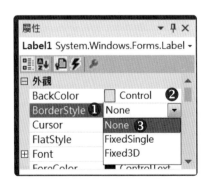

【圖5-1 BorderStyle提供的屬性值】

BorderStyle由其列舉常數值所定義,如果要以程式碼設定標籤框線,必須指定BorderStyle的列舉常數值。

```
Label1.BorderStyle = BorderStyle.None  '無框線
Label1.BorderStyle = BorderStyle.Fix3D  '3D框線
Label1.BorderStyle = BorderStyle.FixedSingle '單線框
```

【圖5-2 BorderStyle列舉常數值】

②TextAlign

TextAlign設定控制項中文字的對齊方式,從屬性視窗展開屬性值,會發現共有9種:以圖5-3解說之。

【圖5-3 TextAlign的對齊方式】

①TopLeft	④TopCenter	⑦TopRight
垂直向上,水平靠左	垂直向上,水平置中	垂直向上,水平靠右
②MiddleLeft	⑤MiddleCenter	⑧MiddleRight
垂直置中,水平靠左	垂直置中,水平置中	垂直置中,水平靠右
③BottomLeft	⑥BottomCenter	⑨BottomRight
垂直向下,水平靠左	垂直向下,水平置中	垂直向下,水平靠右

③BackColor

標籤的屬性BackColor(背景)和FontColor(前景)是利用屬性視窗的調色盤，再以滑鼠直接點選。調色盤分成三種標籤：❶自訂；❷Web；❸系統。取自Web和系統時會直接顯示顏色名稱。採自訂時，通常會有二種情形：直接顯示顏色名稱，如「Blue」；另一種情形就是將顏色以數值「192, 0, 192」呈現。

直接以顏色名稱做設定，就必須呼叫來自命名空間的「System.Drawing」底下的Color結構；透過語法了解它的列舉成員。

```
物件.屬性名稱 = 列舉型別.成員;
```

要設定這些顏色，例如：前景顏色(ForeColor)或背景顏色(BackColor)，可以呼叫Color的成員，撰寫下述的程式碼。

```
物件.ForeColor = Color.成員;
```

有那些常見的Color結構成員，以表5-2做簡介。

【表5-2常見的Color列舉成員】

成員	顏色	成員	顏色	成員	顏色
Red	紅	Blue	藍	Green	綠
Black	黑	White	白	Brown	棕
Orange	橘	Yellow	黃	Purple	紫
Gray	灰	Silver	銀	Gold	金黃
Navy	海藍	Olive	橄欖	Pink	粉紅

另一種情形就是利用R(紅)、G(綠)、B(藍)的色階原理組成色彩數值，每一個色階由0~255的數值產生。所以當R(0)、G(0)、B(0)(會以RGB(0, 0, 0)表示)數值皆為零是黑色；RGB(255, 255,255)是白色。Color結構的FromArgb()方法就是以此概念來調色，語法如下。

```
物件.ForeColor = System.Drawing.Color.FromArgb(R, G, B)
```

由於Color結構來自「System.Drawing」命名空間，必須在使用前呼叫它。把前景顏色設為藍色時，可以將程式碼做如下的表示。

```
Label1.ForeColor = System.Drawing.Color.Blue;  '呼叫成員
Label1.ForeColor = _
   System.Drawing.Color.FromArgb(0, 255, 0); '呼叫方法
```

範例《CH0501A》

說明：加入2個Label控制項，透過亂數產生的數值，改變標籤的TextAlign屬性。

STEP 1 範本Windows Form，名稱「CH0501A.vbproj」，控制項屬性設定如下表。

控制項	屬性	值	控制項	屬性	值
Label1	Name	lblAlign	Button	Name	btnChange
	Text	TextAlign		Text	變更對齊
	Font	微軟正黑體，12	Label2	Name	lblShow

STEP 2 完成的表單介面如下所示。

STEP 3 滑鼠雙按表單空白處，進入Form1_Load事件，撰寫如下程式碼。

```
                          Form1_Load()事件
06  Randomize() '亂數產生器
07
08  REM 1.設定框線為立體，不隨內容調整大小
09    lblAlign.BorderStyle = BorderStyle.Fixed3D
10    lblAlign.AutoSize = False
11
12  REM 2.重新設定標籤大小.
13    lblAlign.Size = New Size(150, 80)
14
15  REM 3.設定標籤的背景、前景顏色
```

```
16   lblAlign.BackColor = System.Drawing.Color.Gold
17   lblAlign.ForeColor = System.Drawing.Color.Blue
18   lblAlign.Visible = False
```

btnChange_Click()事件

```
25   Dim number As UInteger
26   REM 4.以Rnd產生1~9之間亂數
27   number = CInt(Int((9 * Rnd()) + 1))
28
29   '判斷數值是否在1~9之間，如果是才改變標籤的對齊屬性
30   If (number >= 1 And number <= 9) Then
31
32      '以Select...Case判斷數值的範圍
33      Select Case number
34         '數值1~3以「水平靠左」為主
35         Case 1
36            lblAlign.TextAlign = ContentAlignment.TopLeft
37            lblShow.Text = "數值：" & number.ToString & _
38               vbCrLf & "垂直向上，水平靠左"
39         Case 2
40            lblAlign.TextAlign = ContentAlignment.MiddleLeft
41            lblShow.Text = "數值：" & number.ToString & _
42               vbCrLf & "垂直置中，水平靠左"
43
44   RME 省略程式碼...
45
75      End Select
76      lblAlign.Visible = True '顯示標籤
77   End If
```

程·式·解·說

* 第6行：以Randomize()函式作為亂數產生器。

* 第9~10行：設定標籤的框線為「Fixed3D」，將AutoSize為「False」，標籤大小不固定；如此才能呼叫Size結構來重設標籤大小。

* 第16~17行：設定標籤的前景顏色(字型)為藍色，背景為金黃色。

* 第18行：將Visible屬性設為False，表示表單載入時會先把標籤隱藏。

* 第27行：以Rnd()函式產生0~1之間的亂數，乘以10之後，再以CInt函式取整數。

* 第30行：先以If...Then陳述式判斷變數number是否在1~9之間。

＊ 第36行：以Select...Case陳述式判斷number是否是1？若符合，再改變標籤的TextAlign屬性為「垂直向上，水平靠左」。

📌 **執行、編譯程式**

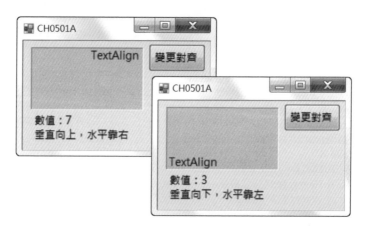

【圖5-4 範例CH0501A執行結果】

⭐ Tips│ **標籤控制項的AutoSize與Size屬性**

當屬性AutoSize為「True」是無法變更控制項的大小！須把AutoSize屬性改為「False」才能進一步以Size結構的建構函式重設大小。

◆ Size(寬度, 高度)重設標籤控制項大小。

⭐ Tips│ **使用Randomize函式**

由於Randomize使用系統時鐘，每次執行時就能隨機產生，而不至於形成有秩序的亂數。

5.1.2 文字方塊

啟動表單後，文字方塊(TextBox)能讓使用者輸入資料。其中的屬性Name(名稱)、BorderStyle(框線樣式)、Text(輸入內容)和Label控制項並無不同，一同了解其他的相關屬性。

文字方塊屬性

　　文字方塊除了讓使用者輸入文字之外，也可以配合其他屬性，限定輸入字元的長度，或者顯示多行，以表5-3做簡介。

【表5-3 TextBox控制項常用屬性】

屬性	預設值	說明
AcceptReturn	False	輸入文字按Enter鍵是否要換新行
AcceptTab	False	按Tab鍵是否要插入空白字元
CharacterCasing	Normal	輸入英文字元時，是否做大、小寫轉換 • Normal不做變更 • Upper轉成大寫字母 • Lower轉成小寫
MaxLength	32767	限定文字方塊可接受的字元數
MultiLine	False	文字方塊是否為多行 False只有單行，True顯示多行
PasswordChar		密碼字元，設定後輸入字元由PasswordChar設定的字元所取代
ReadOnly	False	文字方塊是否能輸入文字 False能輸入、修改內容 True只能讀取，無法輸入、修改內容
ScrollBar	None	文字方塊多行，MultiLine屬性值為「True」，是否加入水平、垂直捲軸 • None無水平、垂直捲軸 • Horizontal加入水平捲軸 • Vertical加入垂直捲軸 • Both含有水平、垂直捲軸
TextAlign	Left	文字對齊 Left靠左、Right靠右、Center置中
WordWrap	True	是否自動換行，MultiLine屬性值為True Ture自動換行，False不自動換行

　　屬性AcceptReturn、AcceptTab，將屬性值變更「True」還得進一步配合把MultiLine屬性值也設「True」，Enter鍵才具有換新行效果；Tab鍵才能插入空白字元。

　　在文字方塊上若要限定輸入字元的長度，可利用MaxLength的特性，設定字元的長度。若不想於文字方塊中顯示所輸入的內容，PasswordChar屬性就可以派上用場，以密碼字元遮罩來代替輸入字元。最常碰見的狀況是在文字方塊上輸入密碼，通常會以「*」星號來取代輸入的資料。例如，限定密碼長度為6個字元，結合MaxLength、PasswordChar屬性，可以把程式碼撰寫如下。

```
textBox1.MaxLength = 6      '最多只能輸入6個字元
textBox1.PasswordChar = '*'    '以*取代輸入字元
```

將文字方塊設成多行

　　文字方塊一般會以單行來使用。屬性MultiLine能決定文字方塊是否要以多行顯示，預設值False表示是單行文字方塊；設為True時，文字方塊的文字若超過方塊本身寬度的設定，就會自動移到下一行繼續顯示。加入文字方塊後，❶可在控制項右上角的◀鈕按下滑鼠會開啟其工作清單，❷滑鼠勾選「☑MultiLine」會讓文字方塊從單行變多行，它也會更新屬性視窗MultiLine屬性值。

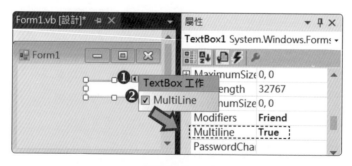

【圖5-5 將文字方塊設為多行】

　　當Multiline屬性設為True，文字方塊有多行文字的情況下，有二個屬性會與文字方塊有關。

- ScrollBars屬性還能提供捲軸來捲動內容，通常會把屬性設為Vertical，加入垂直捲軸。

- 文字方塊的內容超過文字方塊本身的寬度時，WordWrap屬性的預設值「True」會有自動換行效果。配合ScrollBars屬性，可撰寫如下程式碼。

```
textBox1.MultiLine = True        '文字方塊為多行
textBox1.ScrollBars = ScrollBars.Vertical;'垂直捲軸
```

以圖5-6來說，程式執行階段，即使文字方塊設為多行，沒有加入捲軸是無法看到文字方塊的全部內容。

【圖5-6 多行的文字方塊沒有捲軸時】

在程式設計階段，在Text屬性輸入多行文字(參考圖5-7)，可加入Enter鍵來產生換行效果，或者利用lines屬性(參考圖5-8)，進入字串編輯器之後每輸入一行文字，再以Enter鍵做換行；由於它是陣列，會分別儲存於Lines(0)、Lines(1)。

【圖5-7 Text屬性輸入多行文字】

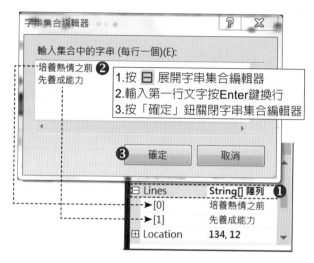

【圖5-8 Lines屬性輸入多行文字】

以程式碼處理文字方塊的多行文字時，Text屬性只要在字串與字串之間加入換行符號。Lines則要以陣列來處理(陣列部份請參考第6章)。

```
TextBox1.Text = "培養熱情之前" & vbCrLf & "先養成能力"
Dim tempArray(2) As String     REM tempArray是陣列
     tempArray(0) = "培養熱情之前"'指定索引編號(0)儲存的內容
     tempArray(1) = "先養成能力"
TextBox2.Lines = tempArray
```

文字方塊常用方法

透過下表5-4介紹文字方塊控制項一些常用方法。

【表5-4 文字方塊常用方法】

文字方塊方法	說明
Clear()	清除文字方塊中所有文字
Focus()	將焦點(插入點)切換到指定的控制項
ClearUndo()	將最近執行的程序從文字方塊的復原緩衝區清除
Copy()	將文字方塊選取的文字範圍複製到「剪貼簿」
Cut()	將文字方塊選取的文字範圍搬移到「剪貼簿」
Paste()	將剪貼簿的內容取代文字方塊的選取範圍
Undo()	復原文字方塊中上次的編輯動作

範例《CH0501B》

說明：按「確認」按鈕會把名稱和密碼顯示出來，按「重新設定」按鈕則清除
所有文字方塊內容。

STEP 1 範本Windows Form，名稱「CH0501B.vbproj」，控制項屬性設定如
下表。

控制項	Name	Text		控制項	屬性	值
Label1		名稱：		TextBox1	Name	txtAccount
Label2		密碼：		TextBox2	Name	txtPassword
Lable3		結果：		TextBox3	Name	txtResult
Button1	btnOK	確定			MultiLine	True
Button2	btnReset	重新設定			ScrollBars	Vertical

STEP 2 完成的表單介面如下所示。

STEP 3 分別在Form1_Load和btnOK_Click事件撰寫程式碼。

```
                          Form1_Load()事件
05   txtPassword.PasswordChar = "*" '輸入字元變成*符號
                          btnOK_Click()事件
08   Private Sub btnOK_Click(sender As Object, _
09       e As EventArgs) Handles btnOK.Click, _
10       btnReset.Click
11
12   Dim temp As String '儲存文字方塊輸入的內容
13   Dim btnCheck As Button   '宣告Button物件
14   '將取得的sender轉為Button
15   btnCheck = CType(sender, Button)
```

```
16
17     temp = txtAccount.Text & vbCrLf    '取得名稱
18     temp &= txtPassword.Text           '取得密碼
19     If btnCheck.Name = "btnOK" Then    '當「確認」按鈕被按下
20        txtResult.Text = temp '顯示名稱和密碼
21     Else
22        txtAccount.Clear()      '清除文字內容
23        txtPassword.Clear()
24        txtResult.Text = "" '表示空字串,亦能清除文字方塊
25        txtAccount.Focus()   '將插入點移向輸入名稱的文字方塊上
26     End If
27  End Sub
```

程·式·解·說

* 第5行：將文字方塊輸入的字元以「*」取代。

* 第15行：由於「確認」和「重新設定」兩個按鈕共用一個事件，所以依取得sender參數，利用CType函式轉換為Button物件(請參考章節9-1-2)。

* 第17~18行：使用「&=」運算子，取得文字方塊的名稱和密碼。

* 第19~26行：如果是「確認」按鈕被按下，則顯示名稱和密碼。如果不是，利用Clear()方法清除所有文字方塊，並以Focus()方法把輸入焦點轉到第一個文字方塊，重新輸入。

📌 執行、編譯程式

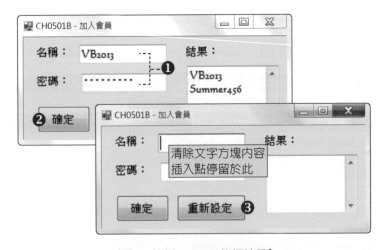

【圖5-9 範例CH0501B執行結果】

5.1.3 按鈕

Button控制項其實大家已經不陌生，透過它，可以執行某個程式。在前述範例中，使用了Name、Text屬性，最常用的是Click事件。其他屬性概述利用表5-5做簡介。

【表5-5 Button常用屬性】

屬性	預設值	說明
AllowDrop	False	是否允許控制項產生拖放作業 False無法以滑鼠拖放，True才能拖放
DialogResult		按下按鈕時，回傳父表單的值
Enabled	True	設定按鈕是否有作用 True表示按鈕有作用，False則無作用
FlatStyle		滑鼠經過及按下按鈕時的外觀形式 • Standard具有立體效果 • Flat平面外觀 • Popup滑鼠經過會顯示立體效果 • System由作業系統決定其外觀形式
Visible	True	設定控制項隱藏或顯示 True顯示控制項，False隱藏控制項
UseMnemonic	True	是否將Text屬性&字元解譯為快速鍵的前置字元

範例《CH0501C》

說明：加入二個按鈕；第一個按鈕相當於按鍵盤【Enter】鍵，第二個按鈕相當於鍵盤【Esc】鍵。

STEP 1 範本Windows Form，名稱「CH0501C.vbproj」，控制項屬性設定如下表。

控制項	屬性	值	控制項	屬性	值
Button1	Name	btnOK	Button2	Name	btnCancel
	Text	確認		Text	取消

STEP **2** 程式碼撰寫如下。

Form1_Load()事件
06　'1.設定按鈕
07　Me.AcceptButton = btnOK　　　'按鍵盤Enter鍵
08　Me.CancelButton = btnCancel '按鍵盤Esc鍵

btnOK_Click()事件
13　'2.變更表單的框線
14　Me.FormBorderStyle = _
15　　　Windows.Forms.FormBorderStyle.FixedToolWindow
16　Me.Text = "視窗框線已做改變"
17　btnCancel.Enabled = True

btnCancel_Click
22　End '結束程式

程‧式‧解‧說

* 第7~8行：將「確認」按鈕指定給表單的AcceptButton屬性，「結束」按鈕指定給表單「CancelButton」屬性，執行時按鍵盤的「Enter」及「Esc」鍵能產生作用。

* 第14~15行：變更表單框線為無法調整的工具視窗框線，執行時標題列只有一個「×」(關閉)鈕。

📌 **執行、編譯程式**

STEP **1** 按【F5】鍵執行程式，焦點(按鈕四周會有藍色選取框)會停留在「確認」按鈕，按【Enter】鍵會改變表單的外觀。

STEP **2** 移動鍵盤方向鍵，將焦點轉移到「結束」按鈕，按鍵盤左上角【Esc】鍵是否會結束應用程式！

【圖5-10 範例CH0501C執行結果】

使用者在表單上加入「確認」及「結束」二個按鈕後，透過表單的AcceptButton及
CancelButton屬性，進行設定亦可。

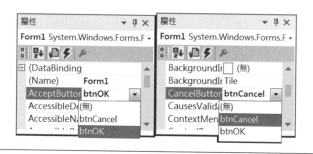

5.1.4　控制項的順序

　　在表單加入控制項後，欄位的巡覽順序會影響使用者的操作：例如，有A、
B、C三個欄位，按Tab鍵時，應該由A欄位跳到B欄位，再跳到C欄位。萬一不是
上述情形時，得藉由控制項的TabIndex屬性做調整。TabIndex屬性用來控制Tab
鍵的順序，那麼它的屬性值又是如何產生？依據設計者在表單加入控制項的順
序而產生。

　　另一個與Tab鍵有關的是TabStop屬性，在控制項按Tab鍵時是否要取得輸入
焦點，一般預設值是「True」表示能取得輸入焦點，「False」表示無法取得輸入
焦點。通常Label控制項具有唯讀屬性，雖然有TabIndex屬性，但沒有TabStop屬
性，所以無法取得輸入焦點，按Tab鍵會跳到下一個TabIndex。如何調整控制項
的巡覽順序，以範例《CH0501B》做說明。

【圖5-11 屬性TabIndex與TabStop有關】

範例《CH0501B》設定控制項的Tab值

STEP 1 點選表單或其他控制項，執行「檢視」功能表，執行「定位順序」指令，TabIndex屬性值(藍底白字)會顯示於每個控制項左上方。

STEP 2 此時，滑鼠指標會變成「+」字狀，依據欲調整順序，點選控制項左上方的文字小方塊(形成白底藍字)，就能依據點選順序做調整。

STEP 3 從標籤「名稱」開始(TabIndex：0)，依序是文字方塊；再來就是標籤「密碼」和文字方塊，「確認」鈕、「重新設定」鈕；、標籤「結果」和文字方塊。完成調整後，再一次展開「檢視」功能表，執行「定位順序」指令，就能將表單回復原來狀態。

STEP 4 執行時，會發現輸入焦點會停留在「名稱」右側的文字方塊，輸入名稱後，按Tab鍵會跳到「密碼」右側的文字方塊，依此類推。

5.2 | 可計次迴圈

流程控制中，介紹了決策結構，接下來要來瞭解反覆結構的使用，包含：

- For迴圈：可計次迴圈，用來控制迴圈重覆執行的次數。

- Do迴圈：若條件判斷為True，須執行到條件判斷為False才會停止。

- While迴圈：須在迴圈中指定條件判斷。

For迴圈

使用For...Next迴圈，須在迴圈加入計數器，用來控制迴圈執行的次數，語法如下：

```
For 計數器 = 初值 To 終止值 [Step 增減值]
    程式區段
Next
```

- 計數器：控制迴圈的變數，以數值為主的資料型別。

- Step增減值：選擇值，迴圈中用來增加或減少計數器的值；省略時，預設為1。

- 程式區段：迴圈開始執行時，會檢查計數器和終止值。計數器小於終止值的情形下所執行的程式敘述。

- Next陳述式會依增減值改變計數器，並回到For陳述式。如果計數器已超過終止值，For迴圈也會終止。

下述簡例以For...Next迴圈執行累加動作。

```
Dim count, sum As UInteger
For count = 1 To 11 Step 2      '變數count為計數器
    sum += count                '變數sum儲存累加結果
Next
```

那麼，For迴圈如何執行累加，說明如下。

For迴圈執行次數	計數器(遞增值2)	sum += count
1	1	1
2	3	4
3	5	9

For迴圈執行次數	計數器(遞增值2)	sum += count
4	7	16
5	9	25
6	11	36
7	13	停止迴圈的執行

變數sum的累加結果為「36」，若以流程圖表示，如圖5-12所示。

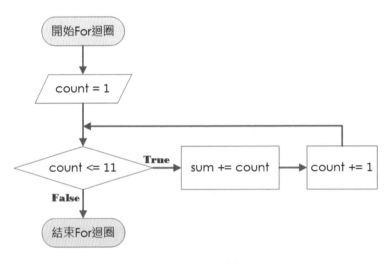

【圖5-12 For迴圈】

範例《CH0502A》

說明：利用For迴圈計數功能，繪製*字元。

STEP 1 範本Windows Form，名稱「CH0502A.vbproj」，控制項屬性設定如下表。

控制項	屬性	值	控制項	屬性	值
TextBox1	Name	txtData	Button	Name	btnShow
	BorderStyle	FixedSingle		Text	印出*字元
	ReadOnly	True	TextBox1	Multiline	True
	TextAlign	Center			

STEP 2 滑鼠雙按「印出結果」鈕，進入Click事件撰寫程式碼。

```
                        btnShow_Click()事件
04   Dim count As Integer
05   Dim start As String = ""  '初值給予空字串
06
07   'For...Next陳述式
08   For count = 1 To 10
09      start &= "*".PadRight(3)
10      txtData.Text += "第" & count & "次：" & start & vbNewLine
11   Next
```

程·式·解·說

* 第8~11行：For...Next，由於每次遞增的值為1，所以省略Step之後的敘述。

* 第9行：PadRight函數先產生3個空格，再把「*」字元從左側開始填入。

* 第10行：利用文字方塊輸出「*」字元，並標示計數器之值。

🖈 執行、編譯程式

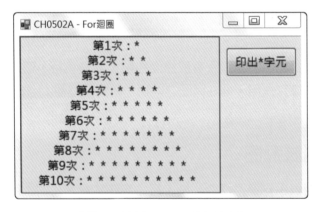

【圖5-13 範例CH0502A執行結果】

問題一：如果第4行程式碼不加入PadRight函數，執行結果會如何？

問題二：如果只要單純地印出「*」字元，第6行程式碼要如何修改？

Tips | 使用**PadRight**和**PadLeft**函數

這兩個函數都是.NET Framework類別庫提供的函數,設定輸出字元靠左或靠右對齊,並以空白字元填滿結尾,語法如下:

```
string.PadRight(Int32)
```

◆ string:欲輸出字元

◆ Int32:指定的空白字元

簡例如下:

```
Dim str As String = "VB2013"
REM 顯示"VB2013    ",str字串向左對齊,結尾4個空格
str.PadRight(10)
REM 顯示"      VB2013",str字串向右對齊,前端6個空格
str.PadLeft(12)
```

5.3 | 測試迴圈

進入迴圈後,Do...Loop迴圈會依據條件值不斷地執行,直到條件值不符合為止;條件值依據其作用,擺在迴圈之前稱「前測試迴圈」;擺在迴圈之後,稱「後測試迴圈」。

5.3.1 前測試迴圈

前測試迴圈表示先進行條件判斷,符合條件才會進入迴圈內重覆執行;配合While或Until,語法分述如下:

```
Do While 條件判斷
    程式區段
Loop
```

• 符合條件判斷(True)時,進入迴圈,執行程式區段,直到條件不符合(False)為止,迴圈才會停止;其流程圖如圖5-14所示。

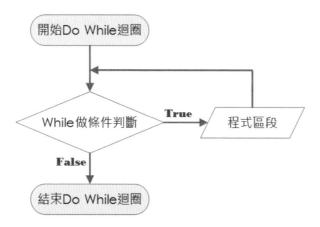

【圖5-14 Do While迴圈】

```
Do Until 條件判斷
    程式區段
Loop
```

- 不符合條件判斷(False)時，進入迴圈，執行程式區段，直到條件符合(True)為止，迴圈才會停止；其流程圖如圖5-15所示。

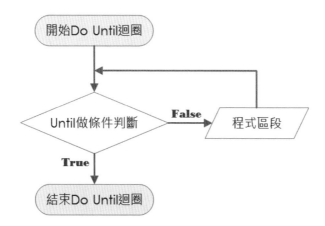

【圖5-15 Do Until迴圈】

範例《CH0503A》

說明：介紹Do While…Loop迴圈的使用，每輸入一個數值就執行累加，按「Y」會持續進行。

STEP 1 專案範本「主控台應用程式」，名稱「CH0503A.vbproj」。

STEP 2 在Sub Main和End Sub之間輸入下列程式碼。

```
                          Sub Main()
04   Dim score, total As Integer
05   Dim count As Integer = 0
06   Dim flag As String = "Y"
07
08   REM Do While...Loop陳述式
09   Do While (UCase(flag) = "Y")
10      Console.Write("請輸入分數:")
11      score = CInt(Console.ReadLine())
12      total = total + score      '累加
13      count += 1    '儲存輸入次數
14      Console.Write("請按Y或y繼續...")
15      flag = Console.ReadLine() '取得按鍵值
16   Loop
17   Console.WriteLine("輸入{0}次，總分={1}", count, total)
18   Console.ReadLine()
```

程·式·解·說

* 第6行：設定鍵盤按鍵值為「Y」。

* 第9~16行：Do While...Loop迴圈，使用者按「Y」表示迴圈就會持續進
   行。條件判斷「UCase(flag)= "Y"」以UCase()函數將字元轉為大寫。

* 第12~13行：進行累加動作，並以count記錄輸入次數。

執行、編譯程式

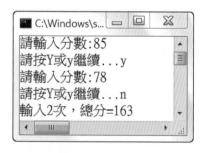

【圖5-16 範例CH0503A執行結果】

問題一：如果將上述範例以Do Until...Loop迴圈來處理，程式碼要如何修改！

範例《CH0503B》

說明：介紹Do Until…Loop迴圈的使用，輸入2個數值來取得最大公因數。

STEP 1 專案範本「主控台應用程式」，名稱「CH0503B.vbproj」。

STEP 2 在Sub Main和End Sub之間輸入下列程式碼。

```
                          Sub Main()
04   Dim numA, numB As Integer   '讀取輸入值
05   Dim valX, valY As Integer   '儲存求取值
06   Dim tmp As Integer = 0      '暫存值
07
08   numA = CInt(InputBox("輸入第一個數值：", "計算GCD"))
09   numB = CInt(InputBox("輸入第二個數值：", "計算GCD"))
10
11   REM 1.先判斷數值是否大於0
12   If numA > 0 AndAlso numB > 0 Then
13      valX = numA
14      valY = numB
15      REM 2.Do Until...Loop迴圈
16      '利用輾轉相除法，直到餘數為0
17      Do Until valY = 0
18         tmp = valX Mod valY
19         valX = valY
20         valY = tmp
21      Loop
22      Console.WriteLine("{0}和{1}的最大公因數為{2}", _
23         numA, numB, valX)
24   Else
25      Console.WriteLine("數值錯誤，無法執行")
26      Exit Sub '離開Sub Main主程式
27   End If
```

程·式·解·說

* 第8~9行：以InputBox()函式取得輸入的數值，分別儲存於numA和numB變數。

* 第12~24行：以If...Else陳述式判斷輸入的數值，大於0的數值才能繼續執行。

* 第17~21行：以Do Until...Loop迴圈執行輾轉相除法，某一數值的餘數為 0(True)時則結束迴圈的執行。

執行、編譯程式

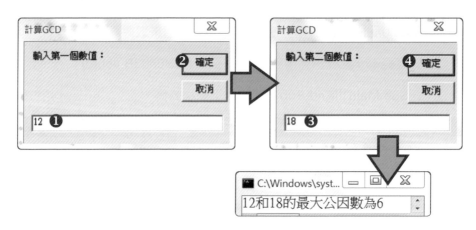

【圖5-17 範例CH0503B執行結果】

5.3.2 後測試迴圈

後測試迴圈表示會先進入程式區段，然後才進入條件判斷；在此情形下，會決定Do...Loop迴圈是否繼續，因此迴圈至少被執行一次，配合While或Until，語法分述如下：

```
Do
      程式區段
Loop While 條件判斷
```

* Do...Loop While：符合條件判斷(True)時，進入迴圈，執行程式區段，直到條件不符合(False)為止，迴圈才會停止；流程圖如圖5-18所示。

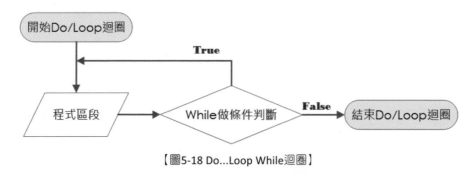

【圖5-18 Do...Loop While迴圈】

```
Do
    程式區段
Loop Until 條件判斷
```

- Do...Loop Until不符合條件判斷(False)時，進入迴圈，執行程式區段，直到條件符合(True)為止，迴圈才會停止；其流程圖如圖5-19所示。

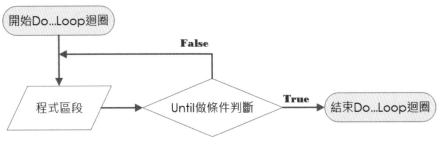

【圖5-19 Do...Loop Until迴圈】

範例 《CH0503C》

說明：利用Do…Loop While迴圈並配合計數器的作用來限定輸入的分數不能超過5次，最後依據輸入次數計算其總分和平均。

STEP 1 專案範本「主控台應用程式」，名稱「CH0503C.vbproj」。

STEP 2 在Sub Main和End Sub之間輸入下列程式碼。

```
                        Sub Main()--部份程式碼
10   Do
11       '以count記錄輸入迴圈執行次數，須次數大於0，才會繼續
12       If count > 0 Then
13          Console.Write("請輸入成績：")
14          score = CInt(Console.ReadLine())
15
16          total += score
17          subj += 1    '儲存輸入科目
18          count -= 1
19       Else
20          Console.WriteLine("已經超過5科")
21          Exit Do   '離開Do...Loop迴圈
22       End If
23       Console.Write("請按Y繼續...")
24       tmp = Console.ReadLine
```

```
25   Loop While (UCase(tmp) = "Y")
26   '計算平均
27   avg = CSng(total / subj)
28   Console.WriteLine("有 {0} 科成績，總分 = {1}," & _
29      "平均 = {2}", subj, total, avg)
```

程·式·解·說

* 第10~25行：Do...Loop While迴圈，條件判斷確認使用者是否按鍵盤的「Y」字元，使用者按下N字元，就會結束迴圈的執行。

* 第12~18行：先判斷計數器是否大於0，確認有才會將輸入的分數進行累加。

* 第19~21行：計數器小於0，則以Exit敘述離開迴圈。

* 第27~29行：依據輸入科目來求取平均，並顯示總分、平均的計算結果。

執行、編譯程式

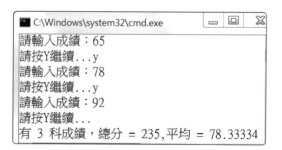

【圖5-20 範例CH0503C執行結果】

5.3.3　While迴圈

While迴圈來自VB6的「While...Wend」，在迴圈開始之前，進行條件判斷，其語法如下：

```
While 條件判斷
    程式區段
End While
```

* 當條件判斷為True時，執行程式區段的敘述，其流程圖如下圖所示。

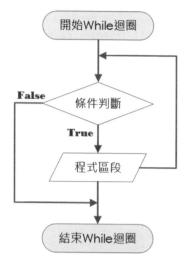

【圖5-21 While迴圈】

範例 《CH0503D》

說明：利用While迴圈找出數值1~20能被3整除的數值。

STEP 1 Windows Form專案，名稱「CH0503D.vbproj」，控制項屬性設定如下表。

控制項	屬性	值	控制項	屬性	值
Label	Name	lblShow	Button	Name	btnShow
	BorderStyle	FixedSingle		Text	顯示結果

STEP 2 滑鼠雙按「顯示結果」鈕，進入Click事件，撰寫如下程式碼。

```
btnShow_Click()事件
04    Dim number As UInteger
05    Dim result As UInteger = 1US
06    lblShow.Text = ""
07
08    ' While迴圈
09    While result <= 20
10        '以number儲存餘數
11        number = result Mod 3US
12        '判斷餘數是否為0
```

```
13      If number = 0 Then
14          lblShow.Text &= result.ToString.PadRight(4)
15      End If
16      result += 1US
17  End While
```

程·式·解·說

* 第9~17行：While迴圈先判斷變數result是否小於等於20，當result符合條件時，才會進入迴圈。

* 第11行：求取餘數，將結果儲存於number變數。

* 第13~15行：設定條件number為0，符合者表示能被3整除，透過文字方塊顯示。

🖈 執行、編譯程式

【圖5-22 範例CH0503D執行結果】

> **想·想·看**
>
> While迴圈與前測試迴圈的那一類迴圈作用相同？

5.4 | 巢狀結構

巢狀結構是表示某個應用程式含有多種流程控制，例如If...Then條件判斷中，加入另一個If...Then陳述式，或是Do...Loop迴圈；For迴圈加入另一個For迴圈，或是其他迴圈。

5.4.1 巢狀If

巢狀If，顧名思義說明If條件判斷之中還有If陳述式，就像俄羅斯娃娃，由外而內，一個陳述式套住另一個陳述式，不同的陳述式之間不能交錯！語法如下：

```
If 條件判斷1 Then
    If 條件判斷2 Then
        程式區段一：符合條件判斷1, 2
    Else
        程式區段二：符合條件判斷1
    End If
Else
    程式區段三：不符合條件判斷1
End If
```

- 使用巢狀If時，可以依據程式需求加入If陳述式。

- 執行時是符合條件判斷1後，才會進入條件判斷2；所以每個區段都是獨立運作，不能交錯使用。

  例如，以年齡來判斷能欣賞的電影等級。

```
Dim age as UInteger
If age < 18 Then
    TextBox1.Text = "電影能看：輔導級、保護級及普通級"
    If age < 12 Then
        TextBox1.Text = "電影能看：保護級及普通級"
        If age < 6 Then
            TextBox1.Text = "只能看普通級電影"
        End If
    End If
Else
    TextBox1.Text = "所有電影皆能欣賞"
End If
```

使用巢狀If陳述式來處理電影的分級制，其流程圖如下圖5-23所示。

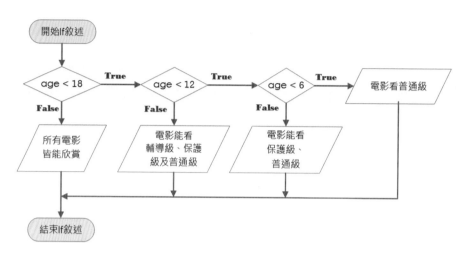

【圖5-23 巢狀If敘述】

範例《CH0504A》以巢狀If判斷成績等級

STEP 1 Windows Form專案，名稱「CH0504A.vbproj」，控制項屬性設定如下表，其中TextBox4(Name: txtResult)以程式碼來設定屬性。

控制項	Name	Text	控制項	Name	Text
Label1		國文：	TextBox1	txtChin	
Label2		英文：	TextBox2	txtEng	
Label3		數學：	TextBox3	txtMath	
Label4		結果：	Button	btnCalc	計算

STEP 2 完成的操作介面如下所示。

CH0504A - 巢狀If判斷成績等級

國文：

英文：　　　結果：

數學：

計算

STEP 3　滑鼠雙按表單空白處，利用Form1_Load()事件來設定TextBox4的屬性。

Form1_Load()事件

```
05   With txtResult    '位於「結果」標籤下方的文字方塊
06       .Multiline = True
07       .ReadOnly = True
08       .Size = New Size(150, 80)
09   End With
```

STEP 4　滑鼠雙按「計算」鈕進入Click事件，撰寫如下程式碼。

btnCalc_Click()事件--部份程式碼

```
21   If chin > 100 Or eng > 100 Or math > 100 Then
22       txtResult.Text = "請重新輸入分數"
23   Else
24       total = chin + eng + math    '計算總分
25       avg = CSng(total / 3)        '計算平均
26       '巢狀If判斷分數等級
27       If avg >= 60 Then
28           txtResult.Text = "等級 D" & vbCrLf _
29               & "總分= " & total & vbCrLf & "平均= " & avg
30
31           If avg >= 70 Then
32               txtResult.Text = "等級 C" & vbCrLf _
33                   & "總分= " & total & vbCrLf & "平均= " & avg
34
35               If avg >= 80 Then
36                   txtResult.Text = "等級 B" & vbCrLf _
37                       & "總分= " & total & vbCrLf & "平均= " & avg
38
39                   If avg >= 90 Then
40                       txtResult.Text = "等級 A" & vbCrLf _
41                           & "總分= " & total & vbCrLf & "平均= " & avg
42                   End If
43               End If
44           End If
45       Else
46           '表示分數小於60分者
47           txtResult.Text = "等級 E" & vbCrLf _
48               & "總分= " & total & vbCrLf & "平均= " & avg
49       End If
50   End If
```

程·式·解·說

* 第21~50行：第一層If...Else敘述；判斷輸入分數有無大於100，大於100分者，必須重新輸入；而分數小於100分，才能計算總分和平均。

* 第27~49行：第二層If...Else敘述；判斷分數有無大於等於60分，大於60分者，給予等級「D」；第45行的Else敘述，表示分數小於60分者，給予等級「E」。

* 第31~44行：第三層If敘述，將分數大於等於70分者，給予「C」。

* 第35~43行：第四層If敘述，分數大於等於80分者為「B」。

* 第39~42行：第五層If敘述，分數大於等於90分者為「A」。

📌 執行、編譯程式

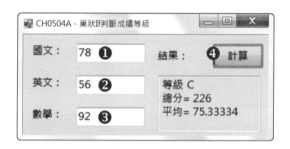

【圖5-24 範例CH0504A執行結果】

5.4.2　巢狀For...Next

　　巢狀For...Next就是For...Next迴圈中，還有另一個For...Next迴圈敘述。因此每一層迴圈都必須有獨立的迴圈控制，這種作法和前面的巢狀if相同，也就是迴圈之間不可以將區段重疊。較為常見的就是以巢狀For...Next處理九九乘法表，簡述如下：

```
Dim j, k As UInteger
Dim str As String = ""
For j = 1 To 9          '乘數
    For k = 1 To 9          '被乘數
        str &= CStr(k * j).PadLeft(4)      '兩數相乘
    Next k
```

```
    str &= vbNewLine
Next j
TextBox1.Text = str
```

那麼巢狀For...Next又是如何運作？

- 外層For迴圈的計數器j為「1」時，內層For迴圈的計數器k，由1遞增至9，由於只顯示相乘結果，所以文字方塊的第一行產生「1 2 3 4 5 6 7 8 9」。

- 外層For迴圈的計數器j增遞為「2」時，內層For迴圈的計數器k，依然由1遞增至9，由於加入「vbNewLine」做換行，所以會在文字方塊第二行輸出「2 4 6 8 10 12 14 16 18」；依此類推。

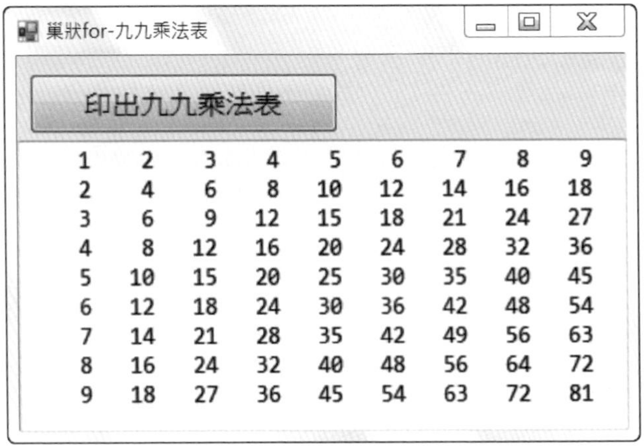

【圖5-25 巢狀For...Next印出九九乘法】

範例《CH0504B》

說明：利用巢狀for迴圈來處理等比級數的問題，等比級數就是1 + 2 + 4 + 8 + 16…，原有的公式為 $Sn = \sum_{n=1}^{n} an = a1 + a1r + a1r^2 + a1r^3 + ... + a1r^{n-1} = \dfrac{a1(1-r^n)}{1-r}$，其中的 a1表示首項，r是公比。

STEP **1** 建立Windows Form專案，名稱「CH0504B.vbproj」，控制項屬性如下表。

控制項	Name	Text		控制項	屬性	值
TextBox1	txtOrig			Label3	Text	N項值：
TextBox2	txtRatio			Label4	Text	結果：
TextBox3	txtItem			TextBox4	Name	txtResult
Label1		首項：			BorderStyle	Fix
Label2		公比：			Multile	True
Button	btnCalc	公比級數			ReadOnly	True

STEP **2** 完成的操作介面如下所示。

STEP **3** 滑鼠雙按「公比級數」鈕進入Click事件，撰寫如下程式碼。

```
              btnCalc_Click()事件--部份程式碼
13   For outer = 1 To item
14      power = 1    '先設定公比ratio的N次方為1
15      '提供第一層for迴圈的N次方之值
16      For inner = 1 To (outer - 1US)
17         power *= ratio '計算N次方之值
18         'MsgBox("inner=" & inner & vbCrLf & power)
19      Next inner
20
21      show &= "值：" & orig * power & vbCrLf     '顯示級數值
22      'MsgBox("show = " & show)
23      sum += orig * power                  '計算級數和
24   Next outer
25   txtResult.Text = show & _
26      "級數總和= " & sum.ToString
```

程·式·解·說

* 第13~24行：巢狀For的外層For迴圈，取得N項值，並以變數sum儲存級數和的計算結果。

* 第16~19行：內層For迴圈，將outer減1，讓inner計數器須小於outer計數器，並計算N次方的值。

➤ 執行、編譯程式

【圖5-26 範例CH0504B執行結果】

巢狀for迴圈的運作情形，透過下表5-6說明。

【表5-6 巢狀For運作情形】

進入迴圈	迴圈內的運算式			
外層For	內層For	內層For	外層For	
計數器outer 1 To 3	計數器inner	power*=ratio	N項 orig*power	sum += orig *power
1	1 To -1	不做計算	5*1	5
2	1 To 1	1*4	5*4	20
3	1	1*4		
	2	2*4	5*16	80

5.5 | 改變迴圈方向

使用迴圈時，在某些情形需要以Exit來離開迴圈；Continue陳述式回到迴圈繼續執行。

5.5.1 Exit

Exit陳述式用來離開迴圈，它會結束目前所執行的迴圈，並繼續執行迴圈之後的程式碼。若用於巢狀迴圈，Exit陳述式會退出最內層的迴圈，並將流程控制移轉給巢狀結構中較高的迴圈。配合各式迴圈，簡述如下。

```
Exit For       '離開For迴圈
Exit Do        '離開Do迴圈
Exit While     '離開While迴圈
```

例如，透過For來累加1~10之值，碰到能被5整數的數，就離開For迴圈。

```
Dim count, sum As Integer
For count = 1 To 10
   If count Mod 5 = 0 Then
      Exit For          '表示count遞增至5時會離開For迴圈
   End If
   sum += count
Next
```

範例 《CH0505A》

說明：所謂質數者是能被1或本身整除，依據此概念來判斷輸入數值，若被整除的次數大於2次以上，就不是質數，以Exit陳述式離開Sub Main主程式。

STEP 1 建立「主控台應用程式」專案，名稱「CH0505A.vbproj」。

STEP 2 在Sub Main()和End Sub之間撰寫如下的程式碼。

```
                    Sub Main()--部份程式碼
10   Do While (count <= prime)
11      tmp = prime Mod count   'tmp儲存餘數
12      '當餘數為0表示有可能是質數
13      If tmp = 0 Then
14          numb += 1US '記錄被數次數
```

```
15          '如果數值被除次數大於2表示非質數
16          If numb > 2 Then
17               Console.WriteLine(prime & "不是質數")
18               Exit Sub '離開Sub Main主程式
19          End If
20      End If
21      count += 1US    '累加計數器
22  Loop
```

程·式·解·說

* 第10~22行：Do While...Loop迴圈，當計數器小於輸入值則進入迴圈。

* 第11行：變數tmp用來取得輸入值除以計數器的餘數。

* 13~20行：巢狀If陳述式；第一層If...Then先判斷餘數是否為0，表示它能被1或本身整除，有可能不是質數，必須再以第二層的If...Then判斷輸入值被整除的次數，若大於2，就可以確定它不是質數。

* 第18行：若非質數，以Exit陳述式離開Sub Main主程式，強迫結束程式。

🖈 執行、編譯程式

【圖5-27 範例CH0505A執行結果】

5.5.2 Continue

Continue陳述式能讓迴圈的控制權，立即移交給迴圈條件測試，繼續下一個迴圈，使用於Do...Loop、For...Next、While...End While迴圈中，語法如下：

```
Continue {Do | For | While}
```

還是以For...Next迴圈說明Continue執行情形。

```
Dim count, sum As Integer
For count = 1 To 10
    If count Mod 2 = 0 Then
        Continue For 'For會繼續一個迴圈
```

```
    End If
    sum += count
Next
```

- For迴圈利用計數器執行累加動作，當If陳述式判斷餘數為0時，會讓目前正在執行的迴圈停止，回到For迴圈繼續下一個迴圈。如此一來，計數器只會取得1、3、5、7、9來產生累加；而忽略2、4、6、8、10，執行結果如下所示。

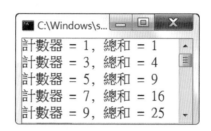

範例《CH0505B》Continue敘述

說明：將華氏某一範圍的溫度換算，以Continue陳述式忽略10的倍數。

STEP 1 建立「主控台應用程式」專案，名稱「CH0505B.vbproj」。

STEP 2 在Sub Main()和End Sub之間撰寫如下的程式碼。

```
                           Sub Main()
04  Dim cel As Single
05  Dim fah As Single = 174.0F
06
07  '使用Continue敘述，華氏溫度小於200時會繼續迴圈
08  Do While (fah < 200)
09     fah += 2
10     '判斷是否能被10整除
11     If fah Mod 10 = 0 Then
12        Continue Do '能整除則繼續下一次迴圈
13     End If
14     '將華氏轉換為攝氏，Format函數只會輸出2位小數
15     cel = CSng(Format((((fah + 40) * 5 / 9 - 40), "N"))
16     Console.WriteLine("華氏= {0}，攝氏= {1}", fah, cel)
17  Loop
```

程·式·解·說

* 第8~17行：Do While...Loop迴圈，當華氏溫度小於200時，會持續執行迴圈，並將華氏轉換為攝式溫度。

* 第11~13行：以If陳述式做條件判斷，將被10整除的溫度以Continue陳述式來忽略。

* 第15~16行：將華式溫度換算為攝式，並以Format函數指定輸出2個小數位數的格式。

📌 **執行、編譯程式**

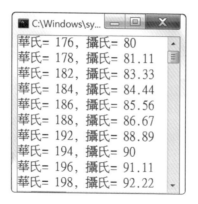

【圖5-28 範例CH0502B執行結果】

5.5.3 格式化輸出

輸出資料時，可透過Format函數來進行格式化的輸出，包含字型、色彩、日期和數值。當字串或數值進行格式化時，可透過下列方式：

* Format函式

* String.Format函式

* FormatDateTime函式

* FormatNumber函式

設定日期時間

通常會以Now函數取得系統的日期，如果想要進一步顯示不同格式的資料，得藉助Format函式來幫忙，語法如下。

```
String.Format(format, 時間格式)
```

- format：欲格式化的日期

如何設定日期格式，會與控制台顯示的日期時間有關，以「2015年6月5日上午08:35:50」為例，表5-7做說明。

【表5-7 Format函式提供的日期格式】

格式	名稱	輸出結果
d	簡短日期，格式「yyyy/MM/dd」	2015/6/5
D	完整中文日期，格式「yyyy年MM月dd日」	2015年6月5日
f	輸出完整日期和簡短時間(只有分)	2015年6月5日上午08:35
F	完整日期/時間	2015年6月5日上午08:35:23
g	簡短日期/時間	2015/6/5上午08:35
G	輸出簡短日期和完整時間(含秒)	2015/6/5上午08:35:50
M或m	輸出中文日期	6月5日
R或r	輸出英文星期、日期和時間	Sun, 5 Jun 2015 00:35:50 GMT
t	簡短時間	上午08:35
T	完整時間	上午08:35:50
Y或y	輸出中文年月	2015年4月

表5-7所提供的格式無法符合需求時，還可以自訂格式字元，以表5-8說明。

【表5-8 Format函式自訂的日期格式】

格式	說明
d, dd	表示日期1~31：如4月「5」(d)日或4月「05」日(dd)
ddd, dddd	以中文表示星期，如：星期一
M, MM	表示月份1~12：例如三月：M「3」、MM「03」

格式	說明
MMM, MMMM	以中文表示月份，例如：三月
yy, yyy	表示年：例如2009年，yy「09」、yyyy「2009」
hh, HH	顯示小時；hh為12小時制，HH是24小時制
mm	顯示分
ss	顯示秒
tt	顯示12小時的AM/PM，表上午/下午
/	日期分隔符號
:	時間的分隔符號

範例《CH0505C》

說明：以Now函數取得系統的日期和時間，再以Format函數來顯示不同的格式。

STEP 1 Windows Form專案，名稱「CH0505C.vbproj」，控制項屬性設定如下表。

控制項	Name	BackColor	控制項	Text
①TextBox1	txtCurrent	Khaki	⓪Label1	目前時間：
③TextBox2	txtLongD	LightGreen	②Label2	中文日期：
⑤TextBox3	txtShortD	Pink	④Label3	簡短日期：
⑦TextBox4	txtLongMW	MistyRose	⑥Label4	中文表示：
⑨TextBox5	txtLongT	AliceBlue	⑧Label5	完整時間：
⑪TextBox6	txtShortD	LightCyan	⑩Label6	簡短時間：
⑬TextBox7	txtshortMW	Lavender	⑫Label7	簡短表示：
✳所有TextBox的屬性ReadOnly設為「True」				

STEP 2 完成的操作介面如下所示(數字表Tab鍵順序)。

STEP 3 滑鼠雙按表單空白處,進入Load事件,撰寫如下程式碼。

```
                          Form_Load()事件
04  Dim show As Date
05  REM Format函數顯示日期
06  show = Now() '顯示系統目前的日期和時間
07  txtCurrent.Text = show.ToString
08  txtLongD.Text = Format(show, "D")    '中文日期
09  txtShortD.Text = Format(show, "d")   '簡短日期
10
11  txtLongT.Text = Format(show, "T")    '完整時間
12  txtShortT.Text = Format(show, "t")   '簡短時間
13  '顯示年、月、星期
14  txtLongMW.Text = Format(show, "yyyy") & "年 , " & _
15      Format(show, "MMM") & ", " & Format(show, "dddd")
16  txtShortMW.Text = Format(show, "yy") & " / " & _
17      Format(show, "MM") & " / " & Format(show, "ddd")
```

程·式·解·說

* 第6行:先以Now函數取得系統目前的日期和時間,再指定給show變數儲存。

* 第8~9行:將儲存於show變數的資料以Format函數顯示中文日期和簡短日期。

* 第11~12行:將儲存於show變數的資料以Format函數顯示完整和簡短時間。

* 第14~17行:將儲存於show變數的資料以Format函數,以自訂格式顯示年、月、星期。

執行、編譯程式

【圖5-29 範例CH0505C執行結果】

問題一：如果將控制台的「地區及語言選項」，按「自訂」鈕，在「日期」索引標籤中，將月曆類型變更為『西曆(英文)』或『中華民國曆』，範例《CH0505C》執行結果有何不同！

設定數字格式

Format函式也可以格式化數值，以數值「12345.6789」為例，說明表5-9的數字格式字元。

【表5-9 Format()函式的數值格式】

格式	名稱	輸出結果
C, c	輸出含有千位符號的貨幣	NT$12,345.68
D, d	顯示整數部份	12345
E, e	以科學記號輸出	1.23456789e+004
F, f	輸出含有2個小數位數的數值	12345.68
G, g	一般數值，不含千位符號	12345.6789
N, n	輸出數值含有千位符號和小數2位	12,345.68
P, p	以百分比表示	1,234,568.00%
X, x	輸出16位元，只支援Byte、Short、Integer和Long	N/A

若Format函數的數值格式無法滿足使用者的需求，還可以自訂數值的格式，以表5-10簡介。

【表5-10 Format()函式的自訂數值格式】

格式	說明
0	定義數值的位數，不足者補0，例如"000000"，輸出「012345」
#	定義數值位數，不足者不補0，例如"######"，輸出「12345」
%	數值末端加上百分比，例如"#######.##%"，輸出「1234567.89%」
,	加上千位符號，例如"###,###.###"，輸出「12,345.679」
.	表示小數點，例如"###,###.####"，輸出「12,345.6789」

範例《CH0505D》 Format()函式顯示數值

STEP 1 建立「主控台應用程式」專案，名稱「CH0505D.vbproj」。

STEP 2 在Sub Main()和End Sub之間撰寫程式碼。

```
                         Sub Main()部份程式碼
Sub Main()部份程式碼
04   Dim number As Single
05   Console.Write("請輸入數值：")
06   number = CSng(Console.ReadLine())
07   REM Format函數自訂格式
08
09   Console.WriteLine("自訂格式0：" & Format(number, _
10      "000000.000"))
11   Console.WriteLine("自訂格式#：" & Format(number, _
12      "##,###.###"))
13
14   '輸出含有貨幣的數值
15   Console.WriteLine("貨幣：" & Format(number, "C"))
16   Console.WriteLine("整數：" & Format(CInt(number), "D"))
17
18   '輸出含有小數位數的數值
19   Console.WriteLine("含有小數：" & Format(number, "f"))
20   Console.WriteLine("一般數值：" & Format(number, "G"))
21   Console.WriteLine("一般數值(含千位符號)：" & _
22      Format(number, "N"))
23   Console.WriteLine("科學記號：" & Format(number, "E"))
24   Console.WriteLine("含有百分比：" & Format(number, "P"))
```

程·式·解·說

* 第9~12行：分別以「0」和「#」字元來自訂數值格式，會發現小數位數只會輸出2位。

* 第15~16行：「C」格式輸出含有貨幣，「D」格式只能輸出整數，所以而將數值轉為整數後，再以Format函數定義輸出格式。

* 第19~24行：以Format函數配合其他的格式，輸出數值。

執行、編譯程式

```
C:\Windows\system32\cmd...
請輸入數值：12345.6789
自訂格式0：012345.680
自訂格式#：12,345.68
貨幣：NT$12,345.68
整數：12346
含有小數：12345.68
一般數值：12345.68
一般數值(含千位符號)：12,345.68
科學記號：1.234568E+004
含有百分比：1,234,568.00%
```

【圖5-30 範例CH0505D執行結果】

重點整理

↺ Label(標籤)控制項的相關屬性有：❶Name屬性設定控制項名稱；❷Text屬性顯示內容。
❸AutoSize預設屬性值為「True」時，依據內容控制項調整大小；「False」則是固定控
制項的大小。❹BorderStyle屬性設定控制項的框線樣式。

↺ 文字方塊(TextBox)讓使用者輸入資料。❶MaxLength屬性限制文字方塊的字元數，
最大字元數32767。❷MultiLine屬性值「True」才能顯示多行。❸PasswordChar提
供密碼欄位字元，輸入文字由PasswordChar的字元所取代。❹ReadOnly屬性預設
值為「False」，表示能輸入、修改內容；屬性值「True」，只能讀取，無法輸入、
修改內容。❺ScrollBar屬性須配合MultiLine的屬性值為「True」；顯示水平捲軸的
「Horizontal」，垂直捲軸的「Vertical」，「Both」則是二者皆具；預設值「None」，
則不會有捲軸。❻WordWrap屬性預設值為「True」，多行文字方塊(MultiLine屬性值為
True)會自動換行，「False」不會自動換行。

↺ Button控制項的AllowDrop屬性用來控制滑鼠是否能對控制項產生拖放作業，預設值
「False」表示無法拖放。按下按鈕，回傳父表單的值是「DialogResult」屬性；按鈕是
否有作用由屬性「Enabled」決定，預設值「True」表示按鈕有作用；「FlatStyle」屬性
用來變更按鈕的外觀；要顯示控制項，則是要把「Visible」屬性值預設為「True」。

↺ For...Next迴圈中，計數器的值決定迴圈執行次數，Step是增減值，讓迴圈每執行一次
後，增加或減少計數器的值，省略時，表示預設值為1。

↺ Do...Loop迴圈依據條件判斷的作用，擺在迴圈之前，稱「前測試迴圈」，例如Do
While...Loop迴圈，條件判斷為True時，才進入迴圈，Do Until...Loop則是條件判斷為
False時，才會進入迴圈。

↺ Do...Loop迴圈的條件判斷在迴圈之後，稱「後測試迴圈」，通常會執行程式區段，再進
行條件判斷；有Do...Loop While、Do...Loop Until二種迴圈。

↺ 巢狀結構是表示某個應用程式含有多種流程控制，例如If...Then條件判斷中，加入另一
個If...Then陳述式，或是Do...Loop迴圈；For迴圈中加入另一個For迴圈，或是其他迴
圈。

↺ Exit陳述式用來離開迴圈，它會結束目前所執行的迴圈，並繼續執行迴圈之後的程式
碼。若用於巢狀迴圈，Exit陳述式會退出最內層的迴圈，並將流程控制移轉給巢狀結構
中較高的迴圈。

- ↻ Continue陳述式會讓控制權移交給迴圈的條件測試，繼續下一個迴圈，使用於 Do...Loop、For...Next、While...End While迴圈中。

- ↻ 輸出資料時，可透過Format函數來進行格式化的輸出，包含字型、色彩、日期和數值。當字串或數值進行格式化時，可透過Format、String.Format、FormatDateTime、FormatNumber函式。

課後習題

一、選擇題

( ) 1. 若要改變控制項的背景顏色，要改變那一個屬性？(A)BorderStyle (B) BackColor (C)ForeColor (D)BackgroundImage。

( ) 2. 要隨機產生亂數，要使用那一個函數？(A)Rnd (B)Format (C)PadRight (D) UCase。

( ) 3. 文字方塊預設為單行，將那一個屬性設為True，才能接受多行文字？(A) ScrollBar (B)ReadOnly (C)MaxLength (D)MultiLine。

( ) 4. 文字方塊所輸入的文字，若只想顯示為「*」字元，要透過那一個屬性做設定？(A)TextAlign (B)PasswordChar (C)ReadOnly (D)MaxLength。

( ) 5. 下列迴圈中，那一種迴圈必須加入計數器？(A)For迴圈 (B)Do迴圈 (C)While迴圈 (D)以上皆可。

( ) 6. Do While...Loop迴圈中，下列描述何者正確？(A)前測試迴圈，條件判斷為True才會進入迴圈執行 (B)前測試迴圈，條件判斷為False才會進入迴圈執行 (C)後測試迴圈，條件判斷為True才會進入迴圈執行 (D)後測試迴圈，條件判斷為False才會進入迴圈執行。

( ) 7. 下列對於巢狀If的描述，何者不正確？(A)表示If陳述式之中，還有另一個If陳述式(B)符合條件判斷1後，就不會進入條件判斷2 (C)不同的If陳述式，不能交錯 (D)巢狀If可以根據程式需求，加入多個If陳述式。

( ) 8. 下列對於While迴圈的描述，何者有誤？(A)符合條件判斷，才會進入迴圈 (B) 與Do While...Loop迴圈的用法相同 (C)不符合條件判斷，就會離開迴圈 (D)與Do Until...Loop迴圈的用法相同。

( ) 9. 在For...Next迴圈中加入Exit Sub陳述式，是表示(A)離開For迴圈 (B)繼續For迴圈的執行 (C)繼續程式的執行 (D)離開Sub。

( ) 10. 日期「2015/6/12 上午10:20:30」，經過Format(show, "D")會得到什麼結果！ (A)2015/6/12 (B)2015/6/12 上午 (C)2015年6月12日 (D)上午10:20。

二、填充題

1. 標籤控制項的＿＿＿＿＿＿＿＿屬性設為「True」時會依據文字內容調整控制項大小；
   BorderStyle屬性預設為「None」是表示＿＿＿＿＿＿＿，屬性值＿＿＿＿＿＿＿
   顯示單一框線，屬性值＿＿＿＿＿＿＿顯示立體框線。

2. 文字方塊輸入英文字元，是否要轉換成大寫或小寫，由屬性＿＿＿＿＿＿＿＿設
   定；預設值＿＿＿＿＿＿＿不會變更，屬性值「Upper」轉成＿＿＿＿＿＿＿，而
   ＿＿＿＿＿＿＿轉成小寫字母。

3. 以文字方塊輸入文字時，要讓按鍵Enter、Tab產生作用，屬性＿＿＿＿＿＿＿、＿＿
   ＿＿＿＿＿＿須設為「True」，並配合MultiLine設為「True」的屬性值。

4. 文字方塊方法中，Clear方法：＿＿＿＿＿＿＿＿＿＿＿＿、Focus方法：＿＿＿＿＿＿
   ＿＿＿＿＿＿。

5. 加入控制項之後，其欄位的巡覽順序，由＿＿＿＿＿＿＿＿屬性做調整，並配合＿＿＿＿＿
   ＿＿＿＿＿屬性設為True來取得輸入焦點。

6. 按鈕控制項，屬性＿＿＿＿＿＿＿設為「False」，表示按鈕無作用；按下按鈕要改
   變其外觀，要改變屬性＿＿＿＿＿＿＿。

7. 迴圈中，可使用＿＿＿＿＿＿＿陳述式來離開迴圈，使用＿＿＿＿＿＿＿陳述式會
   將迴圈的控制權移交給條件判斷，繼續下一個迴圈。

8. 要將日期和數值進行格式化輸出時，可使用：❶＿＿＿＿＿＿＿＿＿＿＿＿、❷＿＿＿＿
   ＿＿＿＿.＿＿＿＿＿＿＿、❸＿＿＿＿＿＿＿＿＿、❹＿＿＿＿＿＿＿＿＿＿＿函式。

9. 使用Format函數格式化數值時，若要輸出不含千位符號的一般數值，要加入＿＿＿＿＿格
   式字元；要以百分比表示，要使用＿＿＿＿＿格式字元；要輸出含有小數位數的數值，格
   式字元＿＿＿＿＿。

三、問答與實作題

1. 請說明下列部份程式碼的作用。

```
TextBox1.Focus()
TextBox1.Copy()
TextBox1.Paste()
TextBox1.Clear()
```

2.　請說明下列程式碼執行後，sum的結果是多少？

```
Dim count, sum As UInteger
For count = 2 To 10 Step 2
    sum += count
Next
```

3.　請以實例說明Do While...Loop迴圈、Do...Loop While迴圈有何不同？

4.　將範例《CH0503B.vbproj》以Do While...Loop迴圈來改寫。

5.　將範例《CH0504A.vbproj》以If...Else If陳述式改寫。

06

陣列與字串

- 型別系統的實值、參考型別和記憶體的關係。
- 一維陣列的宣告及陣列元素的指定。
- 多維陣列的宣告和使用。
- 以**ReDim**變更已宣告陣列的大小。
- 以**MessageBox**類別來產生訊息對話方塊。

先了解型別系統中的實值、參考型別。並以參考型別為基礎,了解陣列和字串的運作方式。陣列要如何宣告!陣列元素要如何讀取!並進一步介紹多維陣列,最後以.NET Framework類別庫提供的MessageBox來了解視窗的訊息處理。

6.1 陣列

陣列(Array)是電腦程式語言中的基本結構,也是變數另一種型態。為什麼要使用陣列?先來瞭解一些實際情形。試想!舉行考試的教室有一排座位,監考老師依座位編號發下考卷。以程式來處理這些考試「資料」時,得先設定變數名稱,才能儲存這些分數。每個學生可能有多科的分數;透過程式處理,也要多個變數。進一步統計全校學生成績,則需要更多的變數來處理!

不過電腦的記憶體有限,為了能讓記憶體空間發揮的淋漓盡致,上述的問題就交給「陣列」這種特殊的資料結構來化繁為簡。一來節省為同類資料一一命名的步驟,二來還可以透過「索引值」(index)取得存在記憶體中真正需要的資訊。因此,陣列可視為一連串資料型別相同的變數。

6.1.1 型別和記憶體

依據資料型別在記憶體的配置位置,分為「實值型別」(Value Type)和「參考型別」(Reference Type)。實值型別會將變數直接存放於記憶體的Stack區塊中,而資料大小是固定的。由於記憶體採用堆疊方式,所以變數會有生命週期,執行程序停止時,堆疊也會消失;下列簡例說明。

```
Dim x As Integer = 25 '1.宣告變數
Dim y As Integer = 30
y = x      '2.將變數x的值指派給變數y
```

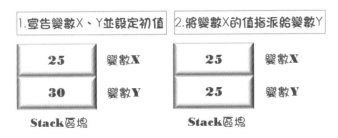

【圖6-1 宣告實值型別變數】

　　一般來說，宣告參考型別時，會使用記憶體Stack、Managed Heap區塊，Stack的變數名稱記錄著Managed Heap配置的記憶體位址，而變數值會存放於Managed Heap內，所以資料大小並非固定，透過下列簡例說明。

```
Dim myForm As Form1    '1.以Form1類別宣告一個表單物件
myForm = New Form1() '2.以New將myForm物件實體化
myForm.ForeColor = Color.Blue        '3.設定前景顏色為藍色
```

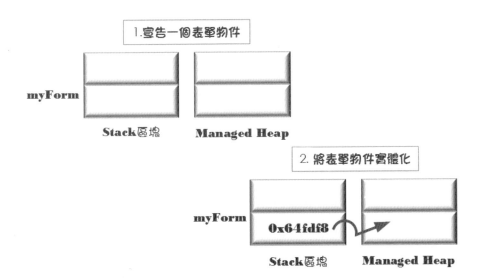

【圖6-2 宣告參考型別變數-1】

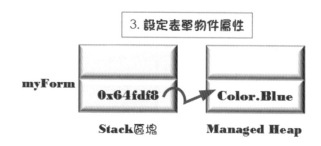

【圖6-3 宣告參考型別變數-2】

以New關鍵字將myForm物件初始化時，Managed Heap才會配置記憶體位址，因此Stack區塊是一個指向Managed Heap記憶體位址的指標。

6.1.2　宣告陣列

變數與陣列最大的差別在於，一個變數只能儲存一個資料，而一個陣列卻可以連續儲存資料型別相同的多個資料。陣列依照排列方式和佔用的記憶體空間大小，可分為一維陣列、二維陣列...等。

如同變數，陣列在使用之前須做宣告！將陣列視為相同資料型別的變數串列(這些變數稱為「陣列元素」)，語法如下：

```
Dim show(5) As Integer
```

- 陣列名稱：屬於識別名稱的一種，因此陣列名稱的宣告必須遵守識別名稱的規範，宣告陣列時要在陣列名稱後端以括號表達陣列長度。

- 陣列大小(array_size)：代表陣列長度或最大索引值，索引值編號從0開始。

首先，宣告一個整數型別的陣列。

```
Dim show(5) As Integer
```

- 表示宣告一個show陣列，可以存放6個陣列元素，索引值從0到5。

完成陣列的宣告後，只是取得記憶體Managed Heap的空間，還得指定陣列元素存放到此空間，語法如下：

```
陣列名稱(索引值) = 值
```

所以，將上述宣告的show陣列，指定陣列內容。

```
show(0) = 16
show(1) = 13
show(2) = 21
show(3) = 42
show(4) = 32
show(5) = 27
```

提醒大家：陣列的索引值一律由0開始；在VB 6或更早版本，可以透過「Option Base 1」將陣列的索引值從1開始，但是Visual Basic 2008以後的版本就不再支援Option Base。

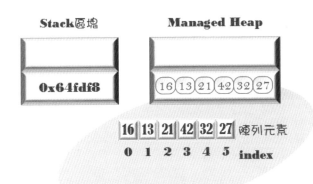

【圖6-4 Managed Heap的陣列】

第二種宣告陣列的方法，宣告陣列的同時，將陣列初始化，語法如下：

```
Dim 陣列名稱() As 資料型別 = {值1, 值2, 值3, ...}
```

- 宣告時，陣列名稱之後的括號內，必須保持空白，不能指定陣列大小。
- 宣告陣列的同時，將陣列元素存放於{ }大括號內，元素之間以逗號「,」隔開。

例如，宣告一個含有6個元素的陣列。

```
Dim show() As Integer = {16, 13, 21, 42, 32, 27}
Dim show() = {16, 13, 21, 42, 32, 27} '以隱含型別宣告陣列
```

　　由於Visual Basic 2013支援隱含型別功能，所以初始化陣列時，可以直接使用陣列名稱並初始化元素。

範例《CH0601A》

說明：透過陣列處理學生的名稱、分數，並以For...Next迴圈讀取資料。

> **STEP 1** 範本Windows Form，名稱「CH0601A」，控制項屬性如下表。

控制項	Name	Text	Multiline	ReadOnly
Button	btnShow	顯示		
TextBox	txtShow		True	True

> **STEP 2** 滑鼠雙按「顯示」按鈕，進入Click事件，撰寫如下程式碼。

```
                        btnShow_Click()事件
04    REM 宣告一個可存放4個名稱的字串陣列
05    Dim Name(3) As String
06    '宣告整數型別陣列並初始化陣列元素
07    Dim Score() As Integer = {78, 96, 45, 83}
08    Dim index As Integer
09
10    '指定字串陣列元素
11    Name(0) = "Tomas"
12    Name(1) = "Vicky"
13    Name(2) = "Lori"
14    Name(3) = "Eric"
15
16    '以For...Next讀取陣列
17    For index = 0 To 3
18       txtShow.Text &= Name(index) & vbTab & _
19          Score(index)  vbCrLf
20    Next
```

程·式·解·說

* 第5~14行：宣告陣列，Name陣列先做宣告，再依陣列的索引編號指定陣列元素；而Score陣列則在宣告過程，就將陣列元素初始化。

* 第17~20行：利用For...Next迴圈讀取二個陣列內容並顯示於文字方塊中。

🖐 執行、編譯程式

【圖6-5 範例CH0601A執行結果】

6.1.3 讀取陣列元素

要讀取陣列元素，範例《CH0601A》使用For...Next迴圈，那麼如何以For迴圈讀取！只要將For迴圈的計數器與陣列的索引值配合即可；先看前一個範例的敘述。

```
For index = 0 To 3
   txtShow.Text &= Name(index) & vbTab & _
      Score(index)   vbCrLf
Next
For 陣列索引編號的起始值 To 陣列索引編號結束值
   '讀取陣列元素
Next
```

- 原來For迴圈的計數器變成陣列元素的索引編號值，然後配合陣列名稱Name之後的index值，就能依序讀出陣列內容。

除此之外，Visual Basic 2013也提供For Each...Next迴圈來讀取陣列元素，語法如下：

```
For Each element In group
   程式區段
Next
```

- element：變數名稱，用來表示集合或陣列的每個元素，其資料型別必須與group相同。

- group：物件變數，必須是集合或物件，本章節範例中通常是宣告的陣列名稱。

如果對For Each...Next迴圈語法不熟悉時，利用IntelliSense功能。編寫程式碼時，在空白處按滑鼠右鍵來展開快顯功能表，利用下述步驟加入程式碼片段。

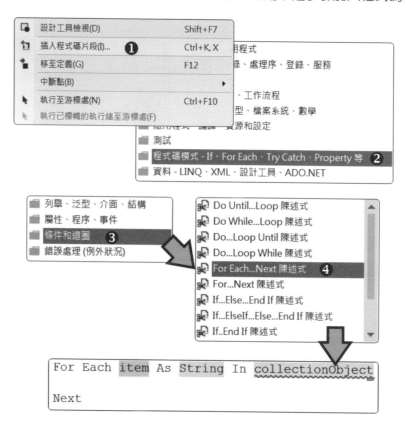

啓動IntelliSense功能之後，選取項目之後，要雙擊滑鼠才能進入下一個項目。加入For Each...Next敘述時，再把其中的「item As String」修改成所需的變數和型別，In關鍵字之後的「collectionObject」改成所宣告的陣列名稱。使用For Each迴圈時，並不需要計數器，只要依據指定的陣列或集合，就會走訪當中的每一個元素，直到所有元素都被取出，才會離開迴圈。例如，讀取Score陣列的每一個分數。

```vb
Dim Score() As Integer = {78, 96, 45, 83}
Dim index As Integer
For Each index In Score
    textBox1.Text &= CStr(index) & vbCrLf
Next
```

說明：修改範例《CH0601A》分數，並以For Each...Next讀取陣列元素。

STEP 1 範本Windows Form，控制項屬性如下表。

控制項	Name	Text	Multiline	ReadOnly	BackColor
Button	btnShow	顯示			
TextBox	txtShow		True	True	MistyRose

STEP 2 滑鼠雙按「顯示」按鈕，進入Click事件，撰寫如下程式碼。

```
                    btnShow_Click()事件 - 部份程式碼
18   result &= "姓名："
19
20   For Each element In Name    'Fon Each...Next讀取名稱
21      result &= element & vbTab
22   Next
23   result &= "分數："
24
25   For Each index In Score '以For Each讀取分數
26      result &= CStr(index) & vbTab
27   Next
28   txtShow.Text = result
```

程‧式‧解‧說

- 第20~22行：For Each...Next迴圈讀取Name陣列的名稱；須注意的是變數element和陣列Name的資料型別須相同。

- 第25~27行：For Each...Next迴圈讀取Score陣列的每一個分數；須注意的是變數index和陣列Score的資料型別須相同。

📌 執行、編譯程式

【圖6-6 範例CH0601B執行結果】

6.1.4　多維陣列

使用的陣列只有一個索引，維度以『1』表示，稱為「一維陣列」(One-Dimensional Array)。不過，在程式設計需求上，也會使用維度為2的「二維陣列」(Two-Dimensional Array)，最簡單的例子就是Microsoft Office軟體中的Excel試算表，由欄、列組成表格，這也描述了二維陣列的基本結構。當陣列的維度是二維(含)以上，稱為「多維陣列」(Multi-Dimensional Array)。宣告二維陣列的語法如下：

```
Dim 陣列名稱(列索引, 欄索引) As 資料型別
```

* 列索引和欄索引之間以逗號分隔。

首先，宣告一個2*3的二維陣列。

```
Dim show(2, 3) As Integer
```

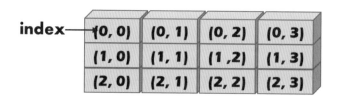

【圖6-7 二維陣列索引值】

如何設定二維陣列的元素？其實和一維陣列相同，透過索引編號指定其值。

```
show(0, 0) = 36
show(0, 1) = 31
show(0, 2) = 23
show(0, 3) = 24
...
show(1, 0) = 32
...
show(2, 0) = 27
...
show(2, 3) = 55
```

第二種方法，在宣告二維陣列過程中，將二維陣列元素初始化，簡例如下：

```
Dim stud(,) As String = { {"A08501", "Joe"}, _
   {"A08521", "Ann"}, {"A08542", "Mike"} }
Console.WriteLine("學號:{0}, 姓名：{1}", _
   stud(0, 0), stud(0, 1))   '結果為A08501, Joe
```

- 在初始化二維陣列元素時，陣列名稱之後不能指定陣列大小，使用的空括號須加上逗號來表示它是一個二維陣列。

- 初始化陣列元素，每一列元素須放在大括號內，陣列元素間以逗號分隔，最外層再以大括號裹住，因此陣列stud是一個2*1的二維陣列。

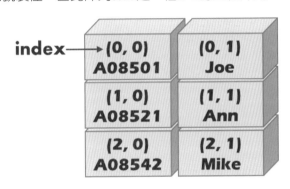

【圖6-8 初始化二維陣列元素】

範例《CH0601C》

說明：以二維陣列來取得學生的姓名和成績，並計算總分，分別以For...Next和For Each...Next迴圈來讀取陣列。

STEP 1 範本Windows Form，名稱「CH0601C.vbproj」；二維陣列存放的分數如下表。

索引	0	1	2	3
0	82	56	92	65
1	93	60	78	57
2	76	62	84	47

STEP 2 控制項屬性設定如下表。

控制項	Name	Text	Multiline	ReadOnly	BackColor
Button	btnShow	顯示			
TextBox	txtStud		True	True	Moccasin

STEP 3 滑鼠雙按「顯示」按鈕，進入Click事件，撰寫如下程式。

```
                     btnShow_Click()事件--部份程式碼
12  '宣告二維陣列並初始化陣列元素
13  Dim score(,) As Integer = {{82, 56, 92, 65}, _
14          {93, 60, 78, 57}, {76, 62, 84, 47}}
15  result &= "姓名: "
16
17  'For Each...Next讀取姓名
18  For Each element In name
19      result &= element.PadRight(9)
20  Next
21  result &= vbNewLine
22  result &= "-------------------------------" & vbCrLf
23
24  '巢狀For...Next -- 外層For...Next讀取科目
25  For inner = 0 To 2
26      result &= item(inner).ToString.PadRight(8)
27      '內層For...Next讀取分數
28      For outer = 0 To 3
29          result &= score(inner, outer).ToString.PadRight(10)
30          '依序計算每一科分數
31          sum(outer) += score(inner, outer)
32      Next
33      result &= vbNewLine
34  Next
35
36  result &= "-------------------------------" & vbCrLf
37  result &= "總分".PadRight(7) & _
38      sum(0).ToString.PadRight(8) & _
39      sum(1).ToString.PadRight(8) & _
40      sum(2).ToString.PadRight(8) & _
41      sum(3).ToString.PadRight(8)
42  txtStud.Text = result
```

程·式·解·說

* 第13~14行：宣告二維陣列並初始化陣列元素，陣列中每一列代表一個科目，每一個科目中包含了4個人的分數。

* 第18~20行：以For Each...Next迴圈讀取姓名，並儲存於result變數中，PadRight()函式會讓資料向右對齊，括號的9表示會有9個空白準備填入資料。

* 第25~34行：巢狀For的外層For...Next迴圈，讀取科目。

* 第28~32行：巢狀For的內層For...Next迴圈，讀取二維陣列分數，再計算每一個學生的總分。

* 第31行：陣列sum會先讀取國文的4個學生的分數，再依序讀取英文、數學而計算出每一個學生的總分。

執行、編譯程式

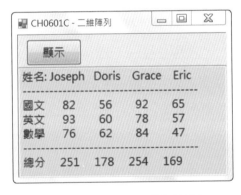

【圖6-9 範例CH0601C執行結果】

Tips│ For和For Each迴圈

For迴圈使用計數器來限制迴圈執行次數，所以使用的是陣列的索引值；For Each迴圈雖然和For迴圈很相似，但是它會走訪陣列或集合的每一個物件，直到全部讀取才會停止。

想·想·看

如果以For Each...Next迴圈讀取二維陣列會產生什麼結果？

6.2 動態陣列

　　Dim陳述式所宣告的陣列，宣告時已指定陣列大小，所以陣列大小是固定，無法在執行過程中改變。實際應用上，會碰到資料筆數不固定情況，例如：從資料庫讀取學生資料時，由於資料筆數會有增減，大的空間很可能會造成記憶體浪費，小的空間又可能不敷使用。當陣列的大小可因應需求而改變者，稱為「動態陣列」。

6.2.1 重設陣列大小

　　要調整陣列大小時，可以使用ReDim陳述式，簡述如下：

```
ReDim [ Preserve ] name(boundlist)
```

- Preserve：選項值，變更陣列大小時，用來保留現有陣列中的資料。

- name：欲改變大小的陣列名稱。

- boundlist：欲改變的陣列大小。

　　ReDim陳述式無法用於陣列的宣告，必須是宣告了陣列之後，再以ReDim重設陣列大小，但不能改變陣列的維度。以ReDim重設陣列大小後，陣列內的元素會被完全清空。

```
Dim show(8) As Integer
...
ReDim show(12)
```

　　陣列大小改變時可利用VB原有的函式來取得陣列最小、最大索引值。其中的LBound()函式用來取得陣列的最小索引值，UBound()函式則是取得陣列的最大索引值。

IsArray(varName) As Boolean
LBound(arrName, arrRank) As Integer
UBound(arrName, arrRank) As Integer

- IsArray()函式會利用參數varName來判斷它是否是一個陣列，傳回的Boolean
  值為True表示它是一個陣列，False表示它不是陣列。

- arrName：必要參數，任何資料型別的陣列名稱。

- Rank：選擇值。用來表示陣列的維度或註標值，1表示一維陣列，2表示二維
  陣列，依此類推。若省略Rank值，則表示為1。

範例《CH0602A》

說明：以一維陣列來說明ReDim的用法，未加入Preserve之前查看陣列元素是否
　　　被清空。

STEP 1 專案範本「主控台應用程式」，名稱「CH0602A.vbproj」。

STEP 2 在Sub Main和End Sub之間輸入下列程式碼。

```
                          Sub Main()
04   REM 重設陣列大小
05   Dim start, finish As Integer
06   Dim stud() As String = {"Joe", "Ann", "Mike"}
07   start = LBound(stud)     '取得陣列最小值
08   finish = UBound(stud)    '取得陣列最大值
09   Console.Write("陣列最大索引：" & finish)
10   Console.WriteLine("，索引值0：" & stud(0))
11
12   ReDim stud(5)   '重設陣列大小
13   Console.WriteLine("重設陣列大小")
14   finish = UBound(stud)
15   Console.Write("陣列最大索引：" & finish)
16   Console.Write("，索引值0：" & stud(0))
17   Console.ReadLine()
```

程·式·解·說

＊ 第7~8行：以LBound函數取得陣列最小值；UBound函數取得陣列最大值。

＊ 第12行：使用ReDim陳述式重設陣列大小。

＊ 第16行：由於陣列被清空，沒有陣列元素可讀取。

📌 **執行、編譯程式**

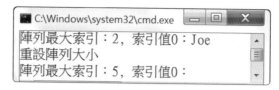

【圖6-10 範例CH0602A執行結果】

6.2.2　保留陣列內容

　　由前述範例可以清楚地知道，使用ReDim敘述重設陣列大小時，必須加上Preserve關鍵字來保留陣列內容，簡例如下：

```
Dim show(8) As Integer
...
ReDim Preserve show(12)
```

範例《CH0602B》

說明：輸入字元後，以ReDim重設陣列並以Preserve保留原來的陣列元素。

STEP 1　專案範本「主控台應用程式」，名稱「CH0602B.vbproj」。

STEP 2　在Sub Main和End Sub之間輸入下列程式碼。

```
                          Sub Main()
04   Dim tmp, str() As String
05   Dim reds, count As Integer
06
07   reds = -1      '記錄動態陣列大小
08   REM 重設陣列並保留其陣列元素
09   Do
10      Console.Write("請輸入任意字串：")
11      tmp = Console.ReadLine()
12      '輸入空白字串就離開Do迴圈
13      If Trim(tmp) = "" Then
14         Exit Do
15      End If
16      reds += 1
17      ReDim Preserve str(reds)      '重設str()陣列
18      str(reds) = tmp              '將輸入字串放入陣列
```

```
19   Loop
20   '從陣列的最個一個字開始讀取
21   For count = UBound(str) To LBound(str) Step -1
22     tmp &= str(count) & " "
23   Next
24   Console.WriteLine("反轉後字串:" & tmp)
```

程·式·解·說

* 第9~19行：Do...Loop迴圈判斷使用者是否輸入字串，直到使用者輸入空白字元才會結束迴圈。

* 第13~15行：If...Then陳述式，配合Trim函數判斷使用者若輸入空白字元，就以Exit Do離開Do...Loop迴圈。

* 第17行：透過輸入字串來重設陣列大小，並以Preserve保留原來的輸入字串。

* 第21~23行：For...Next，將存入陣列的最後一個字元開始讀取，所以會將輸入字串反轉。

執行、編譯程式

【圖6-11 範例CH0602B執行結果】

6.2.3 不規則陣列

前述介紹的陣列大小可以是固定的，也可以依其需要重新設定陣列大小。還有一種就是「不規則陣列」(Jagged Array)，也就是陣列裡的元素也是陣列，所以也有人把它稱為「陣列中的陣列」。如何宣告不規則陣列，語法如下：

```
Dim 陣列名稱()() As 資料型別 = New 資料型別(陣列大小)() {}
陣列名稱(0) = New 資料型別(){}
陣列名稱(1) = New 資料型別(){}
...
陣列名稱(N) = New 資料型別(){}
```

- 宣告不規則陣列時，每個陣列的元素要相同。

宣告不規則陣列的方法一：先將長度不一的陣列初始化，再宣告一個不規則陣列，然後依不規則陣列的索引值來指派。

```
REM初始化每列陣列所存放的元素
Dim number1() As Integer  = {25, 68, 78}
Dim number2() As Integer = {38, 62}
Dim number(1)() As Integer    '宣告不規則陣列
number(0) = number1   'number陣列的第一個元素是number1
number(1) = number2
```

方法二：宣告不規則陣列number2，每一列有3個元素，配合New運算子初始化每一列的元素。

```
Dim number2()() As Integer = New Integer(2)() {...}
number2(0) = New Integer() {25, 68, 78}
number2(1) = New Integer() {38, 62}
number2(2) = New Integer() {78, 62, 57, 92}
```

方法三：宣告不規則陣列的同時完成初始化動作。

```
Dim number3()() As Integer = {
       New Integer() {25, 68, 78},
       New Integer() {38, 62},
       New Integer() {78, 62, 57, 92} }
```

範例《CH0602C》 使用不規則陣列

STEP 1 專案範本「主控台應用程式」，名稱「CH0602C.vbproj」。

STEP 2 在Sub Main和End Sub之間輸入下列程式碼。

```
                           Sub Main()
04    '宣告不規則陣列並初始化
05    Dim score()() As Integer = {
06        New Integer() {11, 12, 13, 14},
07        New Integer() {22, 23, 24},
08        New Integer() {31, 32, 33, 34, 35}}
09
10    Dim inner, outer As Integer
11    '利用雙層for讀取陣列元素
12    For inner = 0 To 2
13        '內層For...Next 依據inner值來取得陣列長度
14        Console.Write("第{0}列：", inner)
15        For outer = 0 To score(inner).Length - 1
16            Console.Write("{0} ", score(inner)(outer))
17        Next
18        Console.WriteLine()
19    Next
```

程·式·解·說

＊ 第5~8行：宣告不規則陣列，宣告的同時並以New運算子完成初始化動作。

＊ 第12~19行：利用雙層For...Next迴圈來讀取陣列元素，外層For...Next迴圈取得不規則陣列的長度，內層For...Next迴圈再依據長度讀取每一列的陣列元素。

執行、編譯程式

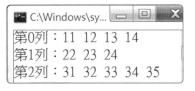

【圖6-12 範例CH0602C執行結果】

6.2.4 System.Array類別

　　.NET Framework類別庫提供的基底類別Array，透過Array類別的Length屬性能取得陣列長度(或陣列大小)；若要進一步獲得某一維度的陣列長度，則以GetLength方法，相關屬性和方法列於表6-1。

【表6-1 Array類別的屬性和方法】

屬性、方法	說明(Ary是一維陣列)
IsFixedSize	陣列是否有固定大小，以True為預設值
Length	取得陣列大小，var = Ary.Length
Rank	取得陣列維度，var = Ary.Rank
BinarySearch(Ary, value)	已排序的一維陣列Ary，搜尋特定的元素value
Clear()	用來清除指定範圍中的陣列元素
Copy(Ary, 目的陣列，數目)	將來源陣列指定數目後，複製到目的陣列
GetLength(維度索引)	取得某一維度的元素個數，var = Ary.GetLenght(1)
GetLowerBound(維度索引)	取得某一維陣列的起始索引位置，結果為0
GetUpperBound(維度索引)	取得某一維陣列的結尾索引位置
GetValue(indices)	取得Ary陣列的元素位置
SetValue(value, index)	依索引編號重新指定陣列元素的值
IndexOf(Ary, value)	搜尋指定的物件value，傳回Ary陣列中第一個符合項目的索引
Reverse(陣列名稱)	將一維陣列元素的順序反轉
Sort(Ary)	將一維陣列排序

範例 《CH0602D》

說明：透過Array類別提供的屬性和方法做陣列的基本操作。

STEP 1 範本Windows Form，名稱「CH0602D.vbproj」，控制項屬性設定如下。

控制項	Name	Text	MultiLine	ReadOnly	BackColor
Button1	btnSearch	排序、搜尋			
Button2	btnMethod	陣列其他方法			
TextBox	txtData		True	True	PaleGreen

STEP 2 撰寫如下的程式碼。

```
                    btnSearch_Click()事件部份程式碼
11   linear = name.Length  '取得陣列長度
12   show = "陣列長度：" & linear & vbCrLf
13   show &= "排序前："
14   For Each item As String In name
15      show &= item.PadRight(8)
16   Next
17
18   Array.Sort(name)  '將陣列排序
19   show &= vbCrLf & "排序後："
20   For Each item As String In name
21      show &= item.PadRight(8)
22   Next
23
24   index = Array.BinarySearch(name, "Mary")
25   show &= "Mary的索引編號 [" & index & "]"
26
27   Array.Reverse(name)    '將陣列元素反轉
```

```
                    btnMethod_Click ()事件部份程式碼
44   dima = number.Rank      'Rank取得陣列維度
45   result = "陣列維度：" & dima & vbCrLf
46   '陣列中某一列能儲存的元素個數
47   linear = number.GetLength(1)
48   result &= "數值陣列第二列有 " & linear & "個元素" & vbCrLf
49
50   result &= "設定前：" & vbNewLine
51   For outer As Integer = 0 To dima
52      For inner As Integer = 0 To linear - 1
53         result &= number(outer, inner).ToString.PadRight(5)
54      Next
55      result &= vbNewLine
56   Next
57
58   number.SetValue(65, 0, 1)  '在第1列，第2欄給予新值
```

程·式·解·說

* 第11行：利用Length屬性來取得陣列長度。

* 第18行：Sort()方法將陣列排序，必須以「Array.Sort()」來指定排序的陣列
  名稱。

* 第24行：以BinarySearch()方法找出陣列中元素「Mary」的索引編號。

* 第27行：由於Sort()只提供遞增排序，要做遞減排序就必須以Reverse()方法將陣列元素反轉來完成。

* 第44行：Rank屬性取得陣列的維度。

* 第47行：以GetLength方法取得數值陣列中第二列能存放的元素個數。

* 第58行：以SetValue()方法重新將number陣列索引編號第1列、第2欄的元素重設新值。

執行、編譯程式

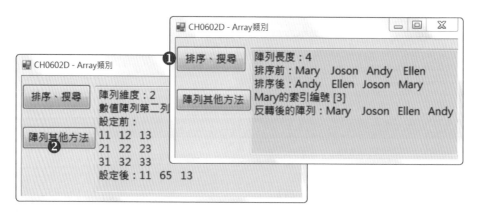

【圖6-13 範例CH0602D執行結果】

6.3 運用字串

撰寫程式時，使用的標籤、文字方塊控制項皆以字串為主，字串是使用頻率很高的資料型別，可視為一系列字元的常數值。

6.3.1 建立字串及其函式

其實宣告字串大家已耳熟能詳，語法如下：

```
Dim 字串名稱 As String = "字串值"
```

　　宣告字串與一般的變數並無不同，只不過指定字串值要在前後加上雙引號「"　"」。簡例如下：

```
Dim str1 As String
Dim str2 As String = "Visual Basic"
str2 = "Programming language"
```

　　對於Visual Basic來說，字串是「不變」；也就是說字串建立後，就不能改變其值。把str2變更為「Programming language」，系統會建立新字串並放棄原來字串，而變數str2會指向新的字串。由於字串資料型別屬於參考型別，宣告str2變數時，會建立執行個體來儲存「Visual Basic」字串；若將「Programming language」指定給str2時，會新建另一個執行個體。所以str2是指向「Programming language」，而不是取代原來的字串內容。.NET Framework類別庫的String類別亦提供許多處理字串的屬性和方法，透過下表6-2認識二個屬性。

【表6-2 String類別提供的屬性】

屬性	說明
Chars	由index參數所指定的位置傳回Char物件
Length	取得字串的長度(字元總數)

範例《CH0603A》認識字串的Chars和Length屬性

說明：藉由Chars屬性了解字串與字元的關係，指定索引編號，再以For迴圈讀取字元。

STEP 1 範本「主控台應用程式」；撰寫如下的程式碼。

```
                          Sub Main()
04   Dim msg As String = "Visual Basic Programming!"
05   Dim index As Integer '儲存字串索引編號
06
07   'For...Next迴圈擷取索引編號0~5的字元
08   For index = 0 To 5
09     Console.WriteLine("索引值[{0}] 字元'{1}'", _
10        index, msg.Chars(index))
11   Next
12   Console.WriteLine("字串總長度= {0}", msg.Length)
```

程·式·解·說

＊ 第4行：宣告msg字串並初始化其內容。

＊ 第8~11行：利用For...Next迴圈讀取字串中的字元，配合Chars屬性的特質，由索引編號(index = 0)開始，到索引編號為「5」，再顯示讀取的部份字元。

＊ 第12行：利用Length屬性取得msg字串的總長度是「32」。

📌 **執行、編譯程式**

【圖6-14 範例CH0603A執行結果】

6.3.2 字串常用方法

使用字串時，不外乎將兩個字串做比較，或者將字串串接，或者將字串分割，利用表6-3列舉一些常用的字串方法。

【表6-3 常用的字串函式】

方法	說明
CopyTo()	將字串中的指定字元複製到字元陣列中的指定位置
Concat()	用來串接兩個以上的字串
Join()	以組合方式產生新字串
Insert()	在字串中指定位置插入其他字串
Replace	指定字串來取代字串中符合條件的字串
Split()	分割字串，以字元陣列來當做分隔符號(Delimiter)的字元

CopyTo()方法會將部分字串複製到字元陣列中，語法如下：

```
String.CopyTo(sourceIndex, destination, 目的位置, count)
```

- sourceIndex：來源字串的起始位置。

- destination：複製字元的目的字元陣列。

- destinationIndex：目的字元陣列位置。

- count：複製到目的字元陣列字元數。

- 無論是來源字串或是目的字元陣列的索引值都是從0開始。

    例如，將Visual字串複製到「Hello Language」字元陣列中。

```
Dim str1() As String = "Visual"
Dim str2 As Char()={"H"c, "e"c, "l"c, "l"c, "o"c,  _
  " "c, "L"c,   "a"c, "n"c, "g"c, "u"c, "a"c, "g"c, "e"c,}
str1.CopyTo(1, str2, 6, 5)    'Hello isualage
```

- 「Visual」字串中從索引編號1開始取出「isual」5個字元，複製到str2字元
  陣列，目的位置是字元陣列的索引編號6，而得到「Hello isualage」。

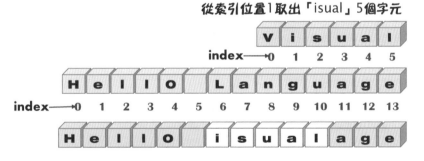

【圖6-15 字串中的字元和索引位置】

Concat()方法的語法如下：

```
Concat(String1, String2)
```

    例如，將字串「Visual」和「Basic」連接成一個字串。

```
Dim str1 As String = "Visual"
Dim str2 As String = "Basic"
TextBox1.Text = String.Concat(str1, " ", str2)
'顯示Visual Basic
```

Join()方法用來串接字串，語法如下：

```
Join(separator, value)
```

- separator：分隔字串的符號字元。

- value：欲串接的String陣列。

    例如，將宣告的陣列串接成一個字串。

```
Dim show() As String = {"You", "have", "a great", "future!"}
Console.WriteLine(String.Join(" ", show))
'輸出Yor have a great future
```

Insert()方法用來插入字串，語法如下：

```
String.Insert(startIndex, value)
```

- startIndex：欲插入字串的索引位置。

- value：欲插入字串。

    例如，在「Visual Design」字串的索引位置6，插入「Basic」字串。

```
Dim str1 As String = "Visual Design"
TextBox1.Text = str1.Insert(str1, "Basic")
'顯示VisualBasic Design
```

範例《CH0603B》

說明：介紹String類別下CopyTo、Concat、Join和Insert函數的用法。

STEP 1 範本Windows Form，名稱「CH0603B.vbproj」，控制項屬性設定如下表。

控制項	Name	Text	控制項	Name	Text
Label1		輸入字串：	Button2	btnResult	結果
Label2		輸出字串：	GroupBox		字串函式
Label3	lblData	字元陣列：	RadioButton1	rabCopy	CopyTo
TextBox1	txtInput		RadioButton2	rabConcat	Concat
TextBox2	txtData		RadioButton3	rabJoin	Join

控制項	Name	Text	控制項	Name	Text
TextBox3	txtOutput		RadioButton4	rabInsert	Insert
Button1	btnClear	清除			

STEP 2 完成的表單操作介面，如下所示。

STEP 3 滑鼠雙按「結果」鈕，進入Click事件，撰寫下列程式碼。

```
                    btnResult_Click ()事件--部份程式碼
14   '以Checked屬性判斷那一個選項按鈕被選取
15   If rabCopy.Checked Then '在指定位置複製字元數
16       str1.CopyTo(0, target, 6, str1.Length)
17       txtOutput.Text = target
18
19   ElseIf rabConcat.Checked Then '連接字串
20       lblData.Text = "設定字串"
21       txtData.Text = str2
22       txtOutput.Text = String.Concat(str2, " ", str1)
23
24   ElseIf rabJoin.Checked Then      '串接成字串
25       txtInput.Clear()
26       txtData.Text = "WorldWideWeb"
27       txtOutput.Text = String.Join("-", str3)
28
29   ElseIf rabInsert.Checked Then
30       result = " Language"
31       txtInput.Text = str2
32       txtData.Text = result      '在指定索引位置插入字串
33       txtOutput.Text = result.Insert(0, str2)
34   End If
```

程·式·解·說

* 第15~34行：以If...ElseIf陳述式，配合選項按鈕的Checked屬性，判斷使用者點選了那一個字串函數的選項按鈕(RadioButton)。

* 第16行：CopyTo()方法；從輸入字串的第一個開始(索引值0)，以Length取得字串長度(表示所有字元數)，複製到字元陣列的索引值6位置(字元陣列的L字元)。

* 第22行：以Concat()方法，將輸入字串和指定字串連接成新的字串。

* 第27行：以Join()方法將指定的字串陣列，加上「-」符號。

* 第33行：使用Insert()方法在指定字串的索引值6，插入一個其他字串。

執行：

【圖 6-16 範例CH0603B執行結果-1】

【圖6-17 範例CH0603B執行結果-2】

6.3.3 字串處理

除了.NET Framework類別庫以String類別所提供的方法之外，Visual Basic 2013還有保留一些函數來作為字串的處理，例如：將字串做英文大、小寫轉換，或者去除字串的空白，列於表6-4做參考。

【表6-4 VB提供的字串函式】

函式	說明
Len()	回傳字串長度
UCase()	將英文字串轉為大寫字母
LCase()	將英文字串轉為小寫字母
Trim()	去除字串前後的空白字元
LTrim()	去除字串開頭的空白字元
RTrim()	去除字串結尾的空白字元
InStr(start, str1, str2[, compare])	指定字串str1的start位置，取部份字串str2
Mid(str, start[, length])	指定字串str的start位置，取出length長度的子字串

6.4 | MessageBox類別

MessageBox就是用來顯示訊息，先前的範例皆是利用VB原有的**MsgBox()**函式，單純地產生訊息對話方塊來顯示訊息。利用本節內容來介紹它更多的用法。一個完整的訊息對話方塊會如圖6-18所示。❶訊息內容(text)；❷標題列(caption)；❸按鈕(buttons)；❹圖示(icon)。

【圖6-18 MessageBox產生的訊息方塊】

6.4.1 顯示訊息

MessageBox的Show()方法提供訊息的顯示，大概分成二種。第一種就是單純地顯示訊息，只要顯示「我知道了」，所以訊息對話方塊只有一個，可能是「確定」或「是」鈕；第二種是「知道了之後還要有進一步的動作」，所以按鈕會有二種以上，按不同的按鈕要有不同的回應方式。MessageBox的Show()方法，語法如下：

```
MessageBox.Show(text, [, caption[, buttons[, icon]]])
```

- text(訊息)：在訊息方塊顯示的文字，為必要參數。

- caption(標題)：位於訊息方塊標題列的文字。

- 按鈕(buttons)：它會呼叫System.Windows.Forms命名空間，使用MessageBoxButtons列舉類型常數值，提供按鈕與使用者進行不同的訊息回應。

- icon(圖示)：同樣會呼叫System.Windows.Forms命名空間，使用
  MessageBoxIcon列舉類型常數值，表明訊息方塊的用途。

  舉個簡例來說明MessageBox類別配合Show()方法所產生的訊息對話方塊。

```
MessageBox.Show("你猜中了", "CH0604A", _
    MessageBoxButtons.OKCancel, _
    MessageBoxIcon.Information)
```

6.4.2 按鈕的列舉成員

訊息方塊的Show()方法，先以簡單的敘述來說明它的基本用法，也可以參考圖6-19來了解。

```
MessageBox.Show("你猜中了")
MessageBox.Show("你猜中了", "第六章")
```

【圖6-19 簡單的訊息方塊】

訊息方塊的回應按鈕

訊息對話方塊的回應按鈕能與使用者進行不同的訊息反應，透過Buttons，用來指定在訊息方塊中要顯示哪些按鈕。以下表6-5來說明MessageBoxButtons列舉類型的成員。

【表6-5 MessageBoxButtons成員】

按鈕成員	回應按鈕
OK	確定
OKCancel	確定　取消
YesNo	是(Y)　否(N)
YesNoCancel	是(Y)　否(N)　取消
RetryCancel	重試(R)　取消
AboutRetryIgnore	中止(A)　重試(R)　略過(I)

6.4.3　圖示列舉成員

Icon表示要在訊息方塊中加入圖示，常見圖示以下表6-6說明MessageBoxIcon的常用成員。

【表6-6 MessageBoxIcon成員】

圖示成員	圖示意義
None	沒有圖示
Information	資訊、消息
Error	錯誤
Warning	警告
Question	

6.4.4　DialogResult接收訊息

使用者按下訊息方塊的按鈕作為訊息回應時，由於每個按鈕都有自己的回傳值，可以在程式碼中使用If...Else敘述做判斷，依據按下的按鈕來產生回應動作！其回傳值以下表6-7來說明DialogResult列舉類型的成員。

【表6-7 訊息對話方塊的回傳值】

按鈕	回傳值
Abort	中止(A)
OK	確定
Cancel	取消
Ignore	略過(I)
Retry	重試(R)
Yes	是(Y)
No	否(N)
None	表示訊息對話方塊會繼續執行

回應訊息對話的按鈕是MessageBoxDefaultButton列舉類型常數值，由表6-8說明。

【表6-8 預設按鈕常數值】

MessageBoxDefaultButton	說明
Button1	訊息方塊上的第一個按鈕為預設按鈕
Button2	訊息方塊上的第二個按鈕為預設按鈕
Button3	訊息方塊上的第三個按鈕為預設按鈕

範例 《CH0604A》 MessageBox類別的Show()方法

STEP 1 範本Windows Form，名稱「CH0604A.vbproj」，控制項屬性設定如下表。

控制項	Name	Text	控制項	屬性	值
Button	btnCheck	查驗	Label	Text	輸入姓名：
TextBox	txtName				

> **2** 滑鼠雙按「查驗」按鈕，進入Click事件，撰寫下列程式碼。

```
                     btnCheck_Click()事件--部份程式碼
10  Dim btns As MessageBoxButtons = _
11      MessageBoxButtons.RetryCancel
12  '儲存MessageBox圖示
13  Dim icons As MessageBoxIcon = MessageBoxIcon.Warning
14  '設定MessageBox按鈕第一個是預設按鈕
15  Dim defbtn As MessageBoxDefaultButton = _
16      MessageBoxDefaultButton.Button1
17  name = txtName.Text
18  '使用者輸入名稱須在5~8個字元
19  If (name.Length < 5 Or name.Length > 8) Then
20      outcome = MessageBox.Show(input, title, _
21          btns, icons, defbtn)
22      '使用者按「否」鈕
23      If outcome = DialogResult.Cancel Then
24          Me.Close() '關閉表單
25      Else
26          txtName.Clear()
27          txtName.Focus()
28      End If
29  Else
30      MessageBox.Show("你輸入名稱：" & name, "使用者名稱")
31      Me.Close()
32  End If
```

程·式·解·說

* 第10~16行：設定MessageBox的按鈕、圖示和預設按鈕的常數值。

* 第19~28行：If陳述式判斷使用者輸入名稱的字元數是否5~8個字元；如果不是，則以MessageBox類別的Show()方法提示使用者。

* 第23~28行：If陳述式。使用者按「取消」鈕則關閉表單；如果按「重試」鈕，則清除文字方塊，並重新取得輸入焦點。

執行、編譯程式

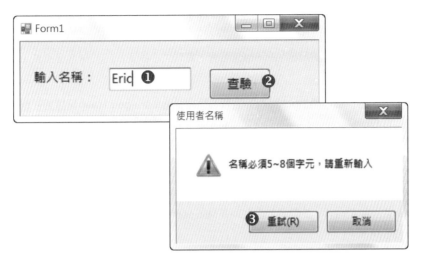

【圖6-20 範例CH0604A執行結果-1】

【圖6-21 範例CH0604A執行結果-2】

重點整理

○ 資料型別依據記憶體的配置位置，分「實值型別」(Value Type)和「參考型別」二種。

○ 實值型別將變數存放於記憶體的**Stack**區塊，資料大小固定。由於採堆疊方式，所以變數會有生命週期。

○ 使用參考型別，記憶體**Stack**區塊的變數名稱記錄著**Managed Heap**配置的記憶體位址，變數值存放於**Managed Heap**內，所以資料大小並非固定。

○ 變數與陣列最大差別，一個變數只能儲存一個資料，而一個陣列卻可以連續儲存資料型別相同的多個資料。陣列只有一個索引，維度以『1』表示，是「一維陣列」(One-Dimensional Array)。在程式設計需求上，也會使用維度為2的「二維陣列」(Two-Dimensional Array)，最簡單的例子就是Microsoft Office軟體中的Excel試算表，由欄、列組成表格。

○ 要讀取陣列元素，除了For...Next迴圈之外，Visual Basic 2013也提供For Each...Next迴圈，它會走訪陣列的每一個元素，直到讀完為止。

○ Array類別提供的Length屬性，取得陣列長度(或陣列大小)，Rank屬性能回傳陣列維度；若要進一步獲得某一維度的陣列長度，使用GetLength方法。

○ 使用ReDim陳述式能將已宣告的陣列重設大小，不過陣列的元素會被清空，若要保留陣列內容，可在ReDim之後加入Preserve來保留陣列原有的內容。

○ 對於Visual Basic來說，字串是「不變」；建立字串後就不能改變其值。由於字串資料型別屬於參考型別，字串變數儲存字串值時，已有執行個體，若重新指定另一個字串值，是指向新的執行個體而不是取代原來的字串內容。

○ String類別提供的方法中，CopyTo()是將指定字元複製到字元陣列的指定位置；Concat()串接兩個以上字串；Join()將字串重新組合為新字串；Insert()則是在字串中指定位置來插入其他字串。

課後習題

一、選擇題

( ) 1. 下列何者不屬於實值型別？(A)Integer (B)陣列 (C)結構 (D)列舉型別。

( ) 2. 下列對於陣列的描述，何者有誤？(A)屬於參考型別 (B)以索引值指定元素 (C) 一連串不同資料型別的變數 (D)Preserve清除陣列元素。

( ) 3. 下列對於動態陣列的描述，何者有誤？(A)以ReDim陳述式直接宣告陣列大小 (B)ReDim陳述式會清除陣列元素 (C)不能改變陣列維度 (D)Managed Heap存 放著陣列元素。

( ) 4. 宣告一個3*2的多維陣列，總共存放幾個元素？(A)4個 (B)6個 (C)12個 (D)8 個。

( ) 5. 下列對於字串的描述，何者正確？(A)字串值不用加上雙引號 (B)能以新的字串 值取代原有字串值(C)為實值型別 (D)可視為一系列字元的常數值。

( ) 6. Array類別提供的方法中，要把陣列排序時，要使用那一個方法？(A)Copy()(B) Sort()(C)IndexOf()(D)Reverse()。

( ) 7. Visual Basic提供的字串函數中，想要取得字串長度時，要使用那一個函數？ (A)Len (B)Length (C)UCase (D)Trim。

( ) 8. Array類別提供的方法中，要把陣列元素反轉，要使用那一個方法？(A)Copy() (B)Sort()(C)IndexOf()(D)Reverse()。

( ) 9. 想要取得陣列的最大索引值，VB的那一個函數可以使用？(A)LBound (B) UBound (C)Length (D)Rank。

( ) 10. 想要去除字元前後的空白字元，要使用VB那一個函數？(A)Len (B)UCase (C) Trim (D)RTim。

二、填充題

1. 宣告陣列後，＿＿＿＿＿＿區塊會儲存記憶體位址，＿＿＿＿＿＿＿＿區塊會儲存陣列元素。

2. 填入下列陣列元素：宣告陣列如下：

```
im ary() As Integer = {56, 78, 32, 65, 43}
```

ary(1)=_____ 、ary(2)=_____；ary.Length = _____。

3. 陣列維度為「1」時，稱為_____，維度為「2」時，稱為_____
   或_____。

4. 宣告陣列如下：

```
Dim num(,) As Integer = {{11, 12, 13}, {21, 22, 23}, {31, 32, 33}}
```

   屬性Length：_____，Rank：_____，GetLength(2)：_____。

5. 字串函數中，用來串接兩個以上的字串，使用_____：在字串中指定位置來
   插入其他字串，使用_____：以組合方式產生新字串，使用_____。

6. 字串「keyword」，使用UCase函數，結果為_____，使用Len函數，結果
   為_____。

7. 下列敘述中，請指明所代表的參數：

```
InputBox("請輸入名稱", "使用者名稱", "Eric")
```

   ❶請輸入名稱：_____、❷使用者名稱：_____、❸Eric：____
   _____。

8. 依下圖MessageBox類別中，使用的參數和列舉常數：❶_____、❷_____
   _____、❸_____、❹_____。

9. MessageBox類別是.NET Framework類別庫所提供，呼叫時須配合_____方
   法，來傳遞不同的參數值：參數中的MessageBoxButtons用來設定_____，設定
   圖示使用_____：回應按鈕使用_____。

三、問答與實作題

1. 請分別以For...Next和For Each...Next讀取下列陣列元素,並說明二者有何不同?宣告
    陣列如下:

    ```
    Dim Name() As String = {"Eric", "Mary", "Tom", "Andy", "Peter"}
    ```

2. 延續範例《CH0601C》,如果要加入每個人的平均分數,如何修改程式碼?

3. 建立主控台應用程式,以MsgBox顯示下列結果(測試時按Ctrl + F5執行)。

NOTE

07

建立模組與程序

- 認識**Visual Basic**程序。

- 產生無須回傳值的**Sub**。

- 建立要有回傳值的**Function**,以**Return**回傳其結果。

- 認識傳遞機制中,傳值呼叫、傳址呼叫、選擇性參數和參數陣列。

- 了解變數的適用範圍,模組、區塊和區域三者之不同。

- 介紹**.NET Framework**類別庫的**Math**和**DateTime**結構。

Visual Basic提供多項程序，本章節著重於一般程序的Sub(副程式)和Function(函式)。程式執行時「呼叫程式碼」會去呼叫Sub或Function所傳入的引數，稱為「參數清單」。傳遞參數的方式，稱為「傳遞機制」，包含傳值、傳址、選擇性參數和參數陣列。有了程序概念，進一步認識變數的適用範圍(scope)，包含模組、區塊和區域三種範圍。Microsoft.VisualBasic命名空間提供VB原有的內建函數和.NET Framework類別庫提供的Math和DateTime也在本章節的探討範圍。

7.1 | 一般程序

章節《4.2》討論過結構化程式設計，將複雜的應用程式分解成小而簡單的程式。當我們以Sub或Function來作為撰寫「程序」(Procedure)的開始，以End Sub或End Function作為程序的結束，再依據需求放入可執行的陳述式；再給予名稱形成獨立的單元。例如，學生管理系統，有選課、計算成績的程序或函式：想要計算學生成績，只要呼叫計算成績的函式即可，它提高程式的可用性和重複性，減少程式重覆撰寫的困擾。

從程式碼的其他位置叫用(Invoke)程序，稱為「程序呼叫」(Procedure Call)。程序執行完成時，會將控制權傳回給叫用它的程式碼(即「呼叫程式碼」(Calling Code))。呼叫程式碼是一種陳述式(Statement)或是陳述式中的運算式，可依照名稱指定程序並轉換控制權給它。

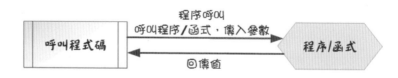

【圖7-1 程序/函數運作模式】

副程式/函式如何運作？例如，要計算學生成績，學生管理系統會以「呼叫程式碼」的相關敘述做「程序呼叫」，呼叫計算成績的「程序/函數」。此時，程式碼的控制權會移轉到「程序/函數」，「傳入引數」將相關的資料傳給程序或函

數，計算後的結果，把「回傳值」會回傳給「呼叫程式碼」。函式(Function)以 Return陳述式回傳結果，而副程式(Sub)則不會有回傳值，此時，程式碼的控制權才會回到「呼叫程式碼」身上。

7.1.1　認識VB程序

程序用來組合相關陳述式，它包含了一般程序的Sub(副程式)、Function(函式)，並以End陳述式組成程式區塊。Visual Basic 2013的程序包含下列：

- Sub程序，可以傳入參數，但不會有回傳值。

- Function程序，傳入參數值後，要有回傳值回傳給呼叫的程式碼。

- 事件處理程序(Event-Handling Procedure)，它屬於Sub程序，依據開發者來決定事件處理常式的參數列，例如前述範例最常見的在按鈕上按一下(Click)滑鼠。

- Property程序會傳回並指派物件或模組的屬性值。

- 運算子程序(Visual Basic)：在一或兩個運算元是最新定義的類別或結構時，定義標準運算子的行為。

- 泛型(Generic)程序 ：除了定義一般參數外，還會定義一或多個「型別參數」(Type Parameter)，因此呼叫程式碼時再指定所需要的資料型別。

7.1.2　產生副程式

Sub是程式碼片段，所以無法單獨執行。它可以有參數，但不能有回傳值，由Sub開始程式區塊，以End Sub陳述式結束程式區塊，語法如下。

```
[Public/Private] Sub 副程式名稱(參數串列...)
    程式區塊
End Sub
```

- Public/Private：存取修飾詞，用來指定存取等級，若沒有指定，預設是Public，表示專案底下的所有模組皆適用。

- 副程式名稱要遵守識別名稱的規範。

- 參數串列的每一個參數宣告方式與宣告變數類似，皆要指定參數名稱和資料型別。

例如，一個顯示字串的簡單副程式。

```
Sub Display()
    textBox1.Text = "Good day"
End Sub
```

• Display副程式並沒有參數傳入參數。

　　建立Sub程序後，可以從程式碼其他位置做「呼叫程式碼」動作，取得程式碼控制權，呼叫Sub程序，語法如下：

```
[Call] 副程式名稱(引數串列)
```

　　例如，呼叫上述建立的Display程序，要注意是Display之後左、右括號不能省略。

```
Call Display()
```

參數串列

　　Sub程序中也能加入參數串列，每個參數的語法如下：

```
[Optional] [ByVal | ByRef] [ParamArray] _
    parametername As datatype
```

• 參數的傳遞機制請參閱章節《7.2》，先以ByVal修飾詞來說明參數串列。

• parametername：參數名稱

　　繼續以Display副程式做說明，如何加入參數！

```
Sub Display(ByVal Name As String) '傳入參數Name
    textBox1.Text = "Good day" & Name
End Sub
```

　　「呼叫程式碼」中，呼叫有參數的Display副程式。

```
Display("Michelle")    '可以將call省略，直接呼叫副程式
```

範例《CH0701A》

說明：為減少程式的重覆性，表單選擇輸入項目後，都會去呼叫模組中的副程式。此外，專案原只有表單，本範例會以「加入新項目」來加入模組，用來撰寫副程式。

STEP 1　範本Windows Form，名稱「CH0701A.vbproj」，控制項屬性設定如下表。

控制項	Name	Text	ReadOnly	Multiline
GroupBox1		新增項目		
RadioButton1	rabStud	學生		
RadioButton2	rabTech	教師		
Button	btnAdd	新增		
TextBox1	txtStud		True	True
TextBox2	txtTech		True	True

STEP 2　完成的表單介面，如下所示。

STEP 3　展開「專案」功能表，執行「加入新項目」指令。進入其交談窗：❶ 選模組；❷名稱變更「Append.vb」；❸按「新增」鈕。

STEP 4 在Module Append和End Module之間撰寫如下程式碼。

```
                         Module Append()
02   REM 1.建立Sub：傳入str和result參數
03   Sub AddPeople(ByVal str As String, _
04       ByRef result As String)
05     'str：取得學生或教師；result取得輸入名稱
06     Dim prompt, show As String
07     'InputBox的提示字串
08     prompt = "請輸入" & str & "名稱："
09     show = InputBox(prompt, "輸入項目")
10
11     '當InputBox有輸入字串時才繼續程式
12     If show <> "" Then
13        result = show & vbCrLf
14     Else
15        'InputBox輸入空字串時結束應用程式
16        MsgBox("結束程式", MsgBoxStyle. Critical, "新增項目")
17        End
18     End If
19   End Sub
```

STEP 5 切換表單，滑鼠雙按「新增」鈕，進入btnAdd_Click事件。

```
                      btnAdd_Click()事件
03   Dim itemName As String = ""
04   'PracticeCode：2.呼叫Sub
05   '按選項按鈕的學生
06   If rabStud.Checked Then
07      '呼叫AddPeople程序
08      Call AddPeople("學生", itemName)
09      txtStud.Text &= itemName
10   ElseIf rabTech.Checked Then
11      '呼叫AddPeople程序，省略Call
12      AddPeople("教師", itemName)
13      txtTech.Text &= itemName
14   End If
```

Append.vb 程·式·解·說

* 第3~19行：建立AddPeople副程式，並傳入兩個參數值：str和result。

* 第12~18行：If陳述式判斷InputBox有輸入字串情況下，以result儲存。當InputBox沒有取得輸入字串，以MsgBox顯示「結束程式」，並以End結束應用程式。

＊ 有關於引數的傳遞，請參閱章節《7.2》。

btnAdd_Click()事件程·式·解·說

＊ 第6～9行：If陳述式，若是選項按鈕的「學生」被點選，則會呼叫 AppPeople程序，並傳入參數值。

＊ 第10～14行：若是選項按鈕的「教師」被點選，也會呼叫AppPeople程序。

＊ 第12行：呼叫AddPeople程序時，能將Call省略，直接呼叫。

🔖 執行、編譯程式

<1> 選擇「學生」按「新增」鈕時，會顯示InputBox交談窗，表示要輸入學生名稱。

<2> 選擇「教師」時，可以輸入教師名稱。

<3> InputBox輸入空字串時，會以MsgBox顯示結束應用程式。

【圖7-2 範例CH0701A執行結果-1】

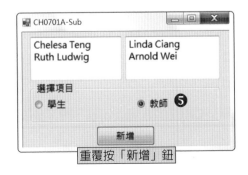 

【圖7-3 範例CH0701A執行結果-2】

7.1.3 建立函式

同樣地，Function(函式)能不具參數或者接受傳遞的引數，偏重於計算工作，它必須要有回傳值(Return value)，語法如下。

```
[Public/Private] Function 函式名稱(參數串列 ...)As 型別
    程式區塊
    Return 值 | 函式名稱 = 值
End Function
```

- 函式名稱要遵守識別名稱的規範，不管有無參數，函式名稱之後都要有指明資料型別。

- Return：用來回傳其值，才能完成呼叫程式碼，因此位於Return之後的敘述則不會被執行。

由上述語法中，會發現函式和副程式很相似，最大不同處在於Function要有回傳值；使用Return來回傳其值，或是以函式名稱指定要回傳的值。

```
'使用函式，有參數
Function Display(ByVal Name As String)As String
    Display = "Good day" & Name
End Function
'使用函式，有參數，Return回傳結果
Function Display(ByVal Name As String)As String
    Return "Good day" & Name
End Function
textBox1.Text = Display("Tomas")   '呼叫程式碼
```

- Return陳述式回傳其值。

- 由於建立函式時定義了參數，呼叫函式也必須傳入資料型別相符的引數。

範例《CH0701B》

說明：輸入分數後，以Function計算總分並回傳結果；本範例的Function是建立在表單類別(public class Form1)之下。

STEP 1 範本Windows Form，名稱「CH0701B.vbproj」，控制項屬性設定如下表。

控制項	屬性	值	控制項	屬性	值
Label1	Text	國文：	TextBox2	Name	txtEng
Label2	Text	英文：	TextBox3	Name	txtMath
Label3	Text	數學：	TextBox4	Name	txtResult
Label4	Text	總分：	Button	Name	btnCalc
TextBox1	Name	txtChin		Text	計算

STEP **2** 滑鼠雙擊「計算」按鈕之後，進入程式碼編輯器，在Public Class Form1和End Class之間撰寫函式程式碼。

Public Class Form1
04　Function score(ByVal chin As Integer, ByVal eng As _
05　　　Integer, ByVal math As Integer) As Integer
06　　Return (chin + eng + math) '加總3科分數並回傳
07　End Function

STEP **3** 「計算」按鈕的程式碼。

btnCalc_Click ()事件
09　Dim ch, eg, mh As Integer
10　'取得輸入分數
11　ch = CInt(txtChin.Text)
12　eg = CInt(txtEng.Text)
13　mh = CInt(txtMath.Text)
14　'呼叫score函式並回傳計算後的總分
15　txtResult.Text = score(ch, eg, mh).ToString

程·式·解·說

＊ 第4~7行：自行定義的函式score，接收文字方塊輸入的分數為參數值，再以Return回傳計算結果。

* 第11~13行：分別以ch、eg、mh變數取得文字方塊所輸入的分數。

* 第15行：程式執行時，「呼叫程式碼」呼叫score函式，並將文字方塊輸入的分數，傳遞給score函式。

執行、編譯程式

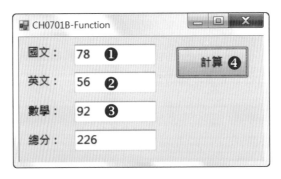

【圖7-4 範例CH0701B執行結果】

★ **Tips | 二種建立程序的方式**

◆ 範例《CH0701A》是將Sub撰寫於新增的模組內

◆ 範例《CH0701B》是將Function撰寫於表單類別之下

無論是那一種，都是用來撰寫一般程序常用的方式。

7.2 | 參數傳遞機制

無論是Sub或Function，在應用情形下，可以具有參數或不具參數。所謂「參數」是使用程序時，能重複執行的不同資料，由變數、常數和運算式所組成。定義程序時，對於每個參數，都要有名稱、資料型別，並指定傳遞機制(ByVal或ByRef)。

「引數」和「參數」並不相同，引數不具名稱；使用引數時，可以是運算式、變數、常數。程式碼呼叫程式碼時可將一個「引數」或多個引數傳給同一個參數，表示引數(Argument)具有傳遞動作。將範例《0701B》Function的參數傳遞以圖7-5說明。

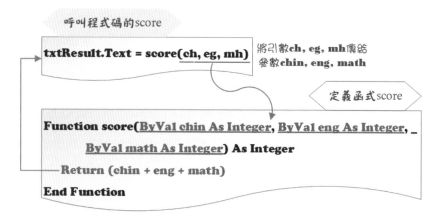

呼叫程式碼的score

txtResult.Text = score(ch, eg, mh)　將引數ch, eg, mh傳給參數chin, eng, math

定義函式score

Function score(ByVal chin As Integer, ByVal eng As Integer, _
　　　ByVal math As Integer) As Integer
　　Return (chin + eng + math)
End Function

【圖7-5 參數傳遞機制】

引數傳遞給score函式，稱為「傳遞機制」(Passing Mechanism)，Visual Basic提供的傳遞機制有「傳值」(ByVal)、或「傳址」(ByRef)，透過Optional關鍵字，將參數指定為選擇項。若無法確定引數的個數，還能以ParamArray關鍵字來作為「參數陣列」進行傳遞，不同參數有不同的傳遞機制。

7.2.1 傳值參數

「程序呼叫」時會以傳遞機制將變數(引數)複製一份給副程式/函式，並不會改變原來的變數值，稱為「傳值呼叫」。使用傳值參數時，要加入ByVal修飾詞，這也是Visual Basic 2013參數傳遞的預設方式，語法如下。

```
[Public/Private] Sub SubName(ByVal 參數1 As 資料型別, ...)
    程式區塊
End Sub
```

一般來說，使用「傳值呼叫」時較佔記憶體空間，適用於傳送資料量較小的參數。例如，範例《CH0701A》以ByVal來傳遞變數值。

```
Call AddPeople("學生")      '執行「程式碼呼叫」陳述式
Sub AddPeople(ByVal str As String)
    Dim prompt, show As String
    prompt = "請輸入" & str & "名稱："
    show = InputBox(prompt, "輸入項目")
End Sub
```

- 「呼叫AddPeople」副程式時，將"學生"字串傳遞給AddPeople程序，所以透過InputBox()函式的提示字串「請輸入學生名稱」，將輸入字串做為參數值。

範例《CH0702A》

說明：以等差級數和公式：「項數(首項+末項)/2」來取代原有數值的累加。

STEP 1 範本Windows Form，名稱「CH0702A.vbproj」，控制項屬性設定如下表。

控制項	Name	Text	控制項	屬性	值
Button	btnCalc	計算	TextBox2	Name	txtFinish
Label1		起始值：	TextBox3	Name	txtDiff
Label2		終止值：		Name	txtResult
Label3		差值	TextBox4	Multiline	
TextBox1	txtStart	txtStart		ReadOnly	

STEP 2 撰寫如下程式碼。

```
                        Public Class Form1
04  Function calcProgression(ByVal one As Integer, ByVal _
05      last As Integer, ByVal diff As Integer) As Integer
06     Dim sum, tmp, num As Integer
07
08     '判斷首項是否小於末項，如果有就將兩個互換
09     If (one < last) Then
10         tmp = one
11         one = last
12         last = tmp
13     End If
14
```

```
15        num = CInt((one - last) / diff) + 1      '取得項數
16        sum = CInt((num * (one + last)) / 2)     '計算差數和
17        Return sum      '回傳結果
18    End Function
```

btnCalc_Click ()事件--部份程式碼

```
32    txtResult.Text = "首項：" & start & vbCrLf & _
33        "末項：" & finish & vbCrLf & _
34        "差值：" & divar & vbCrLf & _
35        "總計：" & calcProgression( _
36        start, finish, divar).ToString
```

程·式·解·說

* 第4~5行：calcProgression()函式；引數的傳遞機制是ByVal。

* 第9~13行：判斷首項是否小於末項，如果有，將二數互換；如此才能避免有負值的項數。

* 第15、16行：先取得項數，再計算差數和。

* 第17行：再以Return陳述式回傳計算結果。

* 第32~36行：將文字方塊輸入的數值，呼叫calcProgression()自訂函式做傳遞引數。

執行、編譯程式

【圖7-6 範例CH0702A執行結果】

進一步探討！

由範例《CH0702A》執行結果得知：輸入的起始值、終止值和差值，經過ByVal的傳遞機制，並沒有被改變，那麼「呼叫程式碼」究竟是如何進行引數傳遞！

◆ 「呼叫程式碼」呼叫calcProgression()函式calcValue時，會將要傳遞的這些變數複製一份給calcValue。

◆ calcProgression()函式計算時，並不會影響「呼叫程式碼」的變數值。

這就好像將某一份資料拿去影印，當使用者在影印的文件加註內容，對於原有文件並不會有影響。

7.2.2 傳址參數

「程序呼叫」將變數(引數)以傳遞機制傳給副程式/函式，由於傳入的是變數的記憶體位址，表示「呼叫程式碼」的變數和副程式/函式共用相同的記憶體位址；當副程式/函式的參數值被改變時，「呼叫程式碼」變數值也跟著改變，稱為「傳址呼叫」，使用傳址參數時，要加入ByRef關鍵字，語法如下。

```
[Public/Private] Function 函式名稱( _
        ByRef 參數1 As 資料型別, ...)As 型別
    程式區塊
End Function
```

一般來說，使用「傳址呼叫」時，較節省記憶體空間，適用於傳送資料量較大的參數。例如，範例《CH0701A》以ByRef做傳遞參數。

```
Call AddPeople(itemName) '執行「呼叫程式碼」陳述式
txtStud.Text &= itemName
Sub AddPeople(ByRef result As String)
    ...
    If show <> "" Then
        result = show & vbCrLf
        ...
    End If
End Sub
```

• 「呼叫程式碼」將引數itemName的記憶體位址傳遞給副程式AddPeople。

• 表示「itemName」和副程式AddPeople的參數「result」共用相同的記憶體位址，透過InpubBox輸入的名稱會直接顯示於文字方塊。

• 就好像一份文件由兩個人共用，只要其中一個人在文件上加註文字就會改變文件原有的內容。

範例《CH0702B》

說明：延續範例《CH0702A》架構，說明傳址參數的運作方式。

STEP 1 程式碼撰寫如下。

```
                   btnCalc_Click ()事件--部份程式碼
05  REM 1.呼叫calcValue，並將相關引數進行傳遞
06  calcProgression(start, finish, divar, item, sum)
07
08  '回傳結果值
09  txtResult.Text = "首項：" & finish & vbCrLf & _
10     "末項：" & start & vbCrLf & "差值：" & divar & _
11     vbCrLf & "總計：" & sum
                        Public Class Form1
15  Sub calcProgression(ByRef one As Integer, ByRef last _
16      As Integer, ByRef diff As Integer, _
17      ByRef num As Integer, ByRef total As Integer)
18     Dim tmp As Integer
19
20     one = CInt(txtStart.Text)
21     last = CInt(txtFinish.Text)
22     diff = CInt(txtDiff.Text)
23
24     '判斷首項是否小於末項，如果有就將兩個互換
25     If (one < last) Then
26        tmp = one : one = last
27        last = tmp
28     End If
29
30     num = CInt((one - last) / diff) + 1 '取得項數
31     total = CInt((num * (one + last)) / 2) '計算差數和
32  End Sub
```

程·式·解·說

* 第6行：進行程序呼叫傳遞相關引數。

* 第15行：副程式calcProgression處理累加數值，使用**ByRef**關鍵字，所以接收的是相關引數的記憶體位址。

* 由於「呼叫程式碼」的引數和「程序」之參數共用相同的記憶體位址，副程式calcProgression計算結果所得的值，也會改變「程序呼叫」的變數值。

7.2.3 選擇性參數

將引數傳遞給程序或函式時，是依據宣告內容依序傳遞，若要省略中間某一個引數，可在參數之前加上Optional關鍵字，表示參數具有選擇性，稱為「選擇性參數」，使用時有下列規則：

- 程序中定義的選擇性參數必須指定資料型別和預設值，預設值以常數值為主。

- 選擇性參數之後所宣告的參數也必須是選擇性參數。

  使用選擇性參數的語法如下：

```
Sub SubName(ByVal 參數1 As 資料型別, _
    Optional 參數2 As 資料型別 = 預設值)
   程式區塊
End Sub
```

使用選擇性參數，若要省略選項中的某一個選項，可使用逗號「,」替代，或使用具名參數，藉由MsgBox來了解逗號的作用。

```
MsgBox("密碼正確", , "密碼")
```

- 由於參數是依序傳遞，第二個Buttons參數被省略，必須多加一個逗號。

```
MsgBox(Title :="密碼", Prompt := "密碼正確")
```

- 使用具名參數，可以不用依據其順序性，只要標明參數名稱，以冒號、等號「:=」字元來具名。

範例《CH0702C》

說明：以簡單的參數傳遞，說明選擇性參數的運作方式。

STEP 1 範本Windows Form，名稱「CH0702C.vbproj」，控制項屬性設定如下表。

控制項	Name	Text	控制項	屬性	值
Label1		員工編號：	TextBox	Name	txtDept
Label2		部門名稱：	TextBox3	Name	txtShow

控制項	Name	Text	控制項	屬性	值
Button	btnShow	顯示		Multiline	True
TextBox1		txtEmpNo		ReadOnly	True

▶STEP 2　撰寫如下的程式碼。

```
                    btnShow_Click()事件--部份程式碼
09   showMsg(Acct) '只有傳遞員工編號
10   'showMsg(Acct, Dept)
11   '使用具名參數
12   'showMsg(user:="ACD0093", emp:="管理部")
                         Sub 副程式
16   Sub showMsg(ByVal user As String, _
17           Optional ByRef emp As String = "Sales")
18     txtShow.Text = "員工編號：" & user & vbCrLf _
19     & "部門名稱：" & emp
20   End Sub
```

程·式·解·說

* 第9~12行：程序showMsg雖然定義了2個參數，由於使用選擇性參數，所以能傳入一個參數，二個參數，或是使用具名參數。

* 第16~20行：定義程序showMsg，將第二個參數定義為選擇性參數，並設定預設值。

📌 執行、編譯程式

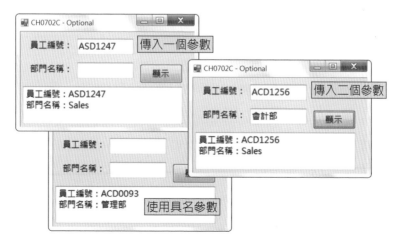

【圖7-7 範例CH0702C執行結果】

7.2.4 參數陣列

定義副程式/函數,參數為陣列或字串,由於二者皆是參考型別,使用傳值呼叫或傳址呼叫會有其差異性。使用傳值呼叫時,只能變更程序中的成員,無法改變變數;這意味著陣列元素的值可以被改變,但無法改變陣列的名稱。若是傳址呼叫,則變數和成員皆能變更。

如何在副程式/函式傳遞陣列,只需要在陣列名稱加上()即可,其陣列大小取決於程序的每一個呼叫。例如,以陣列來傳遞參數值。

```
Dim num() As Integer = {11, 12, 13, 14}
display(num)
...
Function display(ByRef ary() As Integer)As Integer
    ...
    For index = 0 To 3
        ...
    Next
End Function
```

若「呼叫程式碼」要傳送的引數是不確定的個數,可加入ParamArray關鍵字,而且要遵守下列規則:

- 參數陣列只能在副程式/函式中定義一個,而且是最後一個參數。

- 參數陣列必須以傳值傳遞;通常也是選擇性參數,它的預設值是空白的一維陣列。

- 參數陣列之前的所有參數為必要性參數。

範例《CH0702D》

說明:以InputBox輸入名稱和分數,將分數以參數陣列來定義,因此可輸入不同陣列元素。

STEP 1 範本Windows Form,名稱「CH0702D.vbproj」,控制項屬性設定如下表。

控制項	Name	Text	Multiline	ReadOnly
Button	btnShow	顯示		
TextBox	txtShow		True	True

STEP 2 程式碼撰寫如下。

```
                    btnShow_Click()事件--部份程式碼
21   REM 1.呼叫display程序，並傳入2個引數，第2個為陣列
22   display(name, score)
23   '重設陣列並清空其元素
24   ReDim score(4)
                        Public Class Form1
29   Sub display(ByVal name As String, ByVal ParamArray _
30             score() As String)
31      Dim index As Integer
32      Dim result As String = ""
33      '讀取傳入的陣列元素
34      For index = 0 To UBound(score, 1)
35         result &= score(index) & " "
36      Next
37      '以文字方塊顯示結果
38      txtShow.Text &= name & ", 分數: " & result & vbCrLf
39   End Sub
```

程·式·解·說

* 第22行：呼叫display程序，並傳入2個引數：第1個是必要引數，第2個是參數陣列。

* 第29行：以ParamArray關鍵字定義參數為參數陣列，所以可以輸入長度不一的陣列元素。

* 第34~36行：以For...Next迴圈讀取陣列元素。

🖈 **執行、編譯程式**

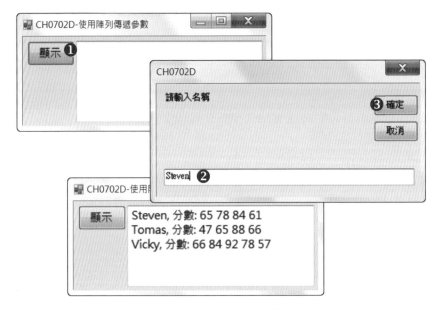

【圖7-8 範例CH0702D執行結果】

7.3 | 探討變數適用範圍

變數的適用範圍(Scope)是指程式執行時，變數能讓程式區塊存取的範圍。依據變數的適用範圍，可分為模組、區塊和區域範圍，簡介如下：

- 模組範圍：包含了模組、類別或結構；所宣告的變數，若以Public宣告，適用於整個應用程式；若是Dim/Private宣告，則適用於所宣告的模組/類別。

- 區塊範圍：以流程控制為主，包含了If、Do、For...等；以Dim陳述式來作為變數宣告，所宣告的變數只能在此範圍內適用。

- 區域範圍：包含了Sub和Function；以Dim陳述式作為變數宣告，所宣告的變數只能在此範圍內適用。

7.3.1 模組內宣告變數

宣告變數時，可在變數名稱加上存取修飾詞(modifiers)，前面章節皆在程序範圍中，以「Dim」陳述式來宣告變數，所以它是一個區域變數。而加上存取修飾詞的變數，它的「存取層級」(Access Level)會影響它的範圍。在Module、Class和Structure之中，使用Public存取修飾詞所宣告的變數，適用整個專案，它的生命週期會等到應用程式結束才會停止。例如，在模組下以publice存取修飾詞宣告一個計算成績的變數。

```
Module 模組名稱
    Public g_calcScore As Integer
End Module
```

範例《CH0703A》

說明：透過全域變數來進行溫度轉換。

STEP 1 範本「主控台應用程式」，名稱「CH0703A.vbproj」。

STEP 2 在Module Module1之下，宣告全域變數。

```
Public fah, cels As Single
```

STEP 3 程式碼撰寫如下。

```
                        Sub Main()
05   Dim result As Single
06   Do
07      'Dim cels As Single    '區段變數若有宣告，會以區段為主
08      '取得輸入攝氏溫度
09      cels = CSng(InputBox("請輸入攝式溫度："))
10      '輸入0值就離開Do迴圈
11      'cels = 78    '指定變數初值，會以此初值為主
12      If cels = 0 Then
13         Exit Do
14      End If
15      '呼叫轉換溫度函數
16      result = converTmp(cels)
17      Console.WriteLine( _
18         "攝式溫度= {0}，轉換後華氏溫度 = {1}", cels, result)
19   Loop
```

```
                    Function converTmp()
25   Function converTmp(ByVal cels As Single) As Single
26      '將攝氏轉換為華氏
27      fah = CSng(((9 * cels) / 5) + 32.0)
28      Return fah
29   End Function
```

程・式・解・說

＊ 直接在Module之下宣告全域變數fah，cels來儲存華氏和攝氏溫度。

＊ 第6~19行：以Do...Loop迴圈來讀取InputBox函數輸入的攝氏溫度數值，直到輸入0才會離開迴圈。

＊ 第16行：呼叫converTmp()函式，並傳入攝氏溫度值。

＊ 第25~29行：函式converTmp，將攝式溫度進行轉換，並以Return陳述式回傳轉換後結果。

執行、編譯程式

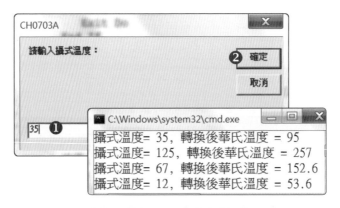

【圖7-9 範例CH0703A執行結果】

進一步探討！

討論(一)：範例《CH0703A》使用的變數涵蓋了模組、區域二個範圍，如下圖所示。

```
 1 ⊟Module Module1
 2     REM 1.宣告全域變數，儲存華氏、攝氏
 3     Public fah, cels As Single ◄── 適用模組範圍
 4
 5 ⊟   Sub Main()
 6         Dim result As Single ◄------ 適用區域範圍
 7         Do
 8             'Dim cels As Single    '區段變數若有宣告，會以區段為主
 9             '取得輸入攝氏溫度
10             cels = CSng(InputBox("請輸入攝式溫度："))
11             '輸入0值就離開Do迴圈
12             'cels = 78    '指定變數初值，會以此初值為主
13             If cels = 0 Then
14                 Exit Do
15             End If
16             '呼叫轉換溫度函數
17             result = converTmp(cels)
18             Console.WriteLine( _
19                 "攝式溫度= {0}，轉換後華氏溫度 = {1}", cels, result)
20         Loop
21         Console.ReadLine()
22     End Sub
```

【圖7-10 不同變數的適用範圍】

討論(二)：如果在Do...Loop迴圈宣告一個同名稱的cels變數，並在InputBox之後指定其
　　　　初值，執行結果會如何？

　　當模組和區段宣告同名稱的變數，程式執行時，會以區段的變數為主，此時透過InputBox輸入的溫度數值就不會發生作用。

7.3.2　私用變數

　　模組或類別中，如果以Private或Dim陳述式，表示變數的適用範圍是所宣告的模組或類別。例如，在模組中宣告一個私用變數。

```
Module 模組名稱
    Private m_number As Integer
End Module
```

範例《CH0703B》

說明：說明模組中使用私有變數，並進一步了解公有變數和私有變數的差異性。

STEP 1 範本Windows Form，名稱「CH0703B.vbproj」，控制項屬性設定如下表。

控制項	Name	Text	控制項	屬性	值
Label1		原始字串：	TextBox2	Name	txtSeek
Label2		搜尋字串：	TextBox3	Name	txtReplace
Label3		取代字串：		Name	txtResult
Button	btnReplace	取代	TextBox4	Multilien	True
TextBox1	txtSource			ReadOnly	True

STEP 2 展開「專案」功能表，執行「加入新項目」指令，範本選擇「模組」，模組名稱「strChange.vb」按「加入」鈕，宣告私有變數如下。

```
Private fah, cels As Single
```

STEP 3 其他程式碼如下。

```
                        btnReplace_Click ()事件
07   source = txtSource.Text
08   '呼叫change函式，並將取代後的字串顯示於文字方塊
09   txtResult.Text = (change(source, txtSeek.Text, _
10               txtReplace.Text))
                        Form1_Load ()
14   txtSource.Text = source
                        Function change()
18   Function change(ByVal source As String, ByVal _
19       find As String, ByVal reps As String) As String
20     Dim result, leng As Integer
21     Dim begin As String = ""
22     Dim finish As String = ""
23
24     'InStr函數：從原始第一個字開始，傳回尋找字串的位置
25     result = InStr(1, source, find)
26     '尋找字串的位置必須大於0
27     If result > 0 Then
28       '計算欲取代字串長度
29       leng = reps.Length
30       'Mid函數：取得原始字串中不做變更的部份字串
```

```
31        begin = Mid(source, 1, result - 1)
32        'Mid函數：取得欲被取代的部份字串
33        finish = Mid(source, result + leng)
34     End If
35     Return begin & reps & finish
36  End Function
```

程·式·解·說

* 由於source變數已設定初值，執行時直接由表單載入。

* 第9~10行：呼叫函式change，並傳入3個引數：原始(Visual Basic Design)、尋找(Design)、取代字串(程式設計入門)。

* 第18~36行：函式change，將傳入的字串，取得尋找字串的位置，並代換新的字串。

* 第25行：使用InStr函數，從原始字串中，取得欲尋找子字串的位置並回傳給result變數。

* 第27~34行：If陳述式，回傳的子字串位置必須大於0，才能進行字串代換。

* 第29行：以String類別的Length屬性取得欲代換字串的長度。

* 第31~33行：第一個Mid函數先取得不做變更的部份字串，再以第二個Mid函數取得欲被取代的部份字串。

* 第35行：以Return回傳完成取代後的完整字串。

執行、編譯程式

問題一：執行就發生編譯錯誤：顯示的錯誤訊息是source變數未做宣告，可是變數source已經在模組中宣告，因為使用Private存取修飾詞，只適用於所宣告的模組，所以同一個專案底下的Form1類別並無法讀取，編譯就會發生錯誤！

解決方式：將模組下的source變數以Public宣告，或者在Form1類別下，以Private來宣告source變數。

【圖7-11 範例CH0703B執行結果-1】

【圖7-12 範例CH0703B執行結果-2】

⭐ Tips | 進一步了解字串的運作過程

下圖說明字串的位置

◆ 從原始字串的第1個字開始，回傳find字串的位置

```
result = InStr(1, source, find) = 14(程式碼25行)
leng = reps.Length = (程式設計入門) = 6(程式碼29行)
```

◆ 取得原始字串中第1~13個字元

```
begin = Mid(source, 1, result - 1) = Visual Basic(程式碼31行)
```

◆ 第20個並無字元

```
finish = Mid(source, result + leng) = (source, 20)(程式碼33行)
```

◆ 回傳Visual Basic程式設計入門

```
Return begin & reps & finish
```

7.3.3 靜態變數

　　一般而言，變數的生命週期會隨程序的停止而消失。如果想要保留區域變數的值，可使用靜態變數來保留其值。當程式碼呼叫程式碼時，會從保存的值開始，直到定義靜態變數的類別或模組不存在，靜態變數才會結束。定義靜態變數必須使用Static關鍵字，適用範圍則是所在的區域或區塊中。例如，在函式中宣告一個靜態變數。

```
Function 函式名稱()As 資料型別
    Static total As Integer = 0
End Function
```

範例 《CH0703C》 使用靜態變數

STEP 1 範本Windows Form，名稱「CH0703C.vbproj」，控制項屬性設定如下表。

控制項	Name	Text	Multiline	ReadOnly	ScrollBars
TextBox	txtShow		True	True	Vertical
Button	btnShow	顯示			

STEP 2 滑鼠雙按「顯示」鈕進入Click事件，撰寫下列程式碼。

```
btnShow_Click ()事件--部份程式碼
07  Static count As Integer = 0
08  Dim numb As Integer
09  name = InputBox("請輸入名稱")
10
11  count += 1 : numb += 1 '將數值遞增
```

```
12  show = "Hi！" & name & "，第" & count & _
13    "個進入系統" & vbCrLf & "時間：" & Now & vbCrLf & _
14    "共有：" & numb & "人" & vbCrLf
15  txtShow.Text &= show
```

程·式·解·說

＊ 第7~8行：將變數count宣告為靜態變數，用來統計進入系統人次，變數 numb為區域變數，用來統計系統上有多少人。

＊ 第11行：分別將變數count、numb做遞增。

🐾 **執行、編譯程式**

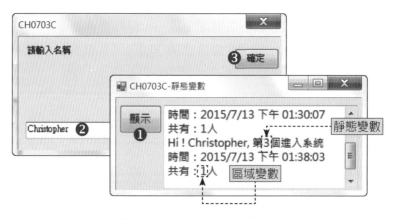

【圖7-13 範例CH0703C執行結果】

🖐 **執行結果**：宣告為靜態變數的count，會不斷累計其值，可是區域變數並不 會累加。只要再按「顯示」鈕，生命週期就會重新開始，而靜態變數會保留 上一次執行後的結果，所以就會不斷累加，而區域變數只會顯示「1」。

7.4 常用函數

　　Visual Basic 2013提供許多內建函數，可以用來處理日期/時間、數學運算、 字串處理和資料型別轉換。除此之外，.NET Framework類別庫也提供相當多的處 理函數，一同來認識。

7.4.1 Math類別

當數值需要運算時，Visual Basic提供的數學函數已由.NET Framework類別庫的System.Math類別來取代，可以幫我們省卻程式碼的撰寫，以下表7-1簡介Math類別的常用方法。

【表7-1 Math類別提供的方法】

VB原有函數	Math類別方法	說明
Abs(Double)	Abs(Double)	傳回指定數字的絕對值
Sin(Double)	Asin(Double)	指定角度的正弦函數
Cos(Double)	Acos(Double)	指定角度的餘弦函數(Cosine)
Tan(Double)	Atan(Double)	包含角度的正切函數
Atn(Double)	Atn(Double)	正切函數(Tangent)是指定數字的角度
Exp (Double)	Exp (Double)	指定乘冪數的e(自然對數的底數)
Log(Double)	Log(Double)	指定數字的對數
Round(Double)	Round(Double)	將數值以最接近指定值的方式捨入
	Pow(Double, Double)	傳回參數一為底，參數二為次方根之值
Sqr(Double)	Sqr(Double)	傳回指定數字平方根

例如，宣告一個number變數的資料型別為Double，分別以Sqrt、Pow方法計算的簡例。

```
Dim numb As Double = 57.0
Dim result As Double = Math.Round(Math.Sqrt(numb), 3)
Dim show As Double = Math.Pow(numb, 4)
```

使用亂數

要撰寫一個樂透程式，通常它的數值是隨機產生，而Visual Basic提供的亂數函數能隨機產生單精度浮點數的數值序列，以表7-2說明。

【表7-2 VB內建的亂數函式】

VB函數	說明
Rnd(Single)	亂數函數，會產生0~1之間的單精度浮點數的數值
Randomize(Single)	亂數產生器，初始化Rnd函式所產生的亂數，如此才能產生不同的亂數序列，如果省略了Single參數，會使用系統計時器傳回的值
Int(Number)	取得正數中整數部份，小數無條件捨去；若為負數會回傳比數值更小的負整數，例如Int(-99.2)，回傳-100
Fix(Number)	不考慮數值為正數或負數，只取數值的整數部份，將小數無條件捨去

　　使用Rnd函數，會因參數Single的值不同，而產生不同的結果。

- 參數值小於零：以Single參數作為產生亂數的種子，會產生相同的值。

- 參數值大於零：傳回序列中的下一個亂數值。

- 參數值等於零：傳回最近產生的亂數值。

- 參數值未提供：傳回序列中的下一個亂數值。

　　要產生亂數，要實施二個步驟。

STEP 1 先以Randomize()函數來初始化Rnd函數。

STEP 2 再使用Rnd()函數來取得序列亂數，由於它是0~1之間的單精度浮點數，會配合Int函數取得整數部份，敘述如下：

```
Rnadomize()
number = Int(Rnd()*10)
```

　　若是取用.NET Framework類別庫，以System.Random類別來建立物件變數，語法如下：

```
Dim 變數 As New Random()
```

- 必須以New關鍵字來實體化物件。

- Random類別若未傳入參數，同樣地會以時間為亂數種子。

　　使用Random類別，可透過本身的方法來取得亂數值，以下表7-3說明。

【表7-3 Random類別常用方法】

方法	說明
Next()	不含參數時，回傳的亂數序列不含負數
Next(m)	含有參數m時，回傳亂數序列的最大值
Next(n, m)	含有參數n時，回傳亂數序列的最小值
NextBytes(Btye陣列)	取得Byte型別的亂數陣列
NextDouble()	取得0.0~1.0的Double型別亂數

範例《CH0704A》

說明：利用Random類別來產生一組亂數，共有40個，再以Rnd函數從這組亂數中取出6個值來作為樂透開獎的兌現號碼。

STEP 1 範本Windows Form，名稱「CH0704A.vbproj」，控制項屬性設定如下表。

控制項	屬性	值	控制項	屬性	值
Label	Text	開出的樂透獎	TextBox1	Name	txtShow
TextBox2	Name	txtReward		BackColor	White
Button	Name	btnLotto		Multiline	True
	Text	樂透		ReadOnly	True

STEP 2 滑鼠雙按表單空白處，進入Form1_Load事件，撰寫如下程式碼。

```
                      Form1_Load()事件
04  Randomize()  '將Rnd函數產生的亂數序列初始化
05  '1.以With陳述式設定文字方塊屬性
06  With txtReward
07      .BackColor = Color.DarkRed  '設定背景顏色
08      .ForeColor = Color.White    '設定前景顏色
09      .ReadOnly = True            '設成唯讀
10  End With
                btnLotto_Click ()事件--部份程式碼
24  Dim lotto As New System.Random()
25  For count = 0 To 39
```

```
26        maxPlot(count) = lotto.Next(1, 99)
27        txtShow.Text &= maxPlot(count) & vbTab
28    Next
29
30    '讀取6個樂透獎
31    For count = 0 To 5
32        '以Rnd函數取得陣列索引值，並以CInt函數轉換為整數
33        index = CInt(Rnd() * 37)
34        result = maxPlot(index) '取得原有陣列的值
35        minPlot(count) = result '放入另一個樂透陣列中
36        txtReward.Text &= minPlot(count) & vbTab
37    Next
```

程・式・解・說

* 第4行：使用Rnd函數產生亂數序列時，可加入Randomize函數進行初始化，才不會產生有重覆性的亂數。

* 第6~10行：以With...End With陳述式來設定文字方塊的屬性。

* 第24行：使用.NET Framework類別庫提供的Random類別，必須使用New關鍵字來宣告物件變數lotto。

* 第25~28行：以For...Next陳述式來讀取lotto產生的數值，以Next方法，將lotto數值限於1~99之間，並儲存於maxPlot陣列中。

* 第31~37行：以另一個For...Next迴圈來讀取lotto數值中的6個隨機數值。

* 第33~35行：使用Rnd函數來取機取得maxPlot陣列的索引值，再進一步取得陣列元素的值，最後轉存於minPlot陣列中。

執行、編譯程式

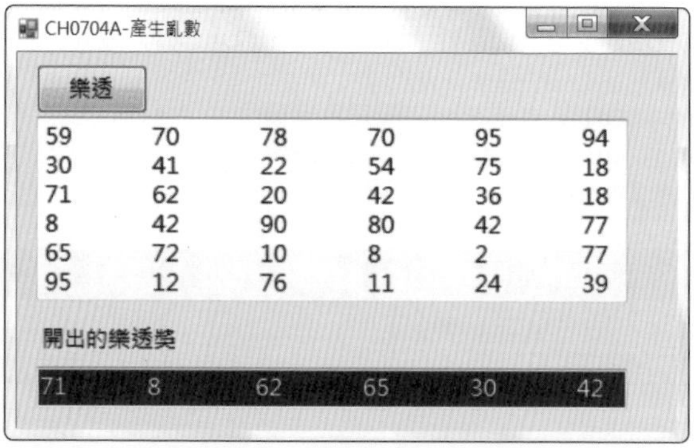

【圖7-14 範例CH0704A執行結果】

Tips｜ **使用With…End With陳述式**

語法如下：

```
With 物件
    .屬性1 = 屬性值
    .屬性2 = 屬性值
    ...
End With
```

當某一個控制項要設定多個屬性時，可以在With陳述式之後加上控制項名稱，並在
With…End With之間指定屬性及屬性值。

7.4.2　處理日期/時間

　　應用程式中避免不了日期/時間的資料處理，例如：個人生日、就職日期、
登入某一個系統的時間…等，原來Visual Basic提供的內建函數轉換為Microsoft.
VisualBasic命名空間的DateAndTime類別，而.NET Framework類別庫的DateTime
結構亦提供的相關的屬性和方法，亦能協助大家來處理日期和時間，以下表7-4
介紹。

【表7-4 日期和時間】

DateAndTime	DateTime結構	回傳值	說明
Now	DateTime.Now	2015/6/1 上午 08:03:25	取得系統目前的日期和時間
Today	DateTiem.Today	2015/6/1	取得今天日期
Month(Now)	DateTiem.Now.Month	6	取得系統目前月份
Year(Now)	DateTiem.Now.Year	2015	取得系統目前年份
Hour(Now)	DateTiem.Now.Hour	8	取得系統目前時值
Minute(Now)	DateTiem.Now.Minute	3	取得系統目前分值
Second(Now)	DateTiem.Now.Second	25	取得系統目前秒數

日期異動

　　Visual Basic的DateAndTime類別提供DateAdd()方法和DateTime結構提供的AddDays方法，皆能將日期/時間進行運算，語法如下。

```
DateAdd(Interval, Number, date)    'DateAndTime類別
AddDays(天數)'DateTime提供的方法
```

- Interval：日期/時間單位，DateInterval.Month為月份；DateInterval列舉型別透過表7-5說明。

- Number：日期/時間的間隔值，資料型別為Double，正數表示取得未來的日期/時間值，負數則表示取得過去日期/時間值。

- date：使用Date資料型別，提供間隔值的依據。

　　DateInterval列舉型別使用的列舉型別常數值以表7-5做介紹。

【表7-5 Interval列舉型別常數值】

型別列舉常數值	字串	時間間隔(整數)
DateInterval.Day	d	日
DateInterval.DayOfYear	y	日
DateInterval.Hour	h	時
DateInterval.Minute	n	分
DateInterval.Month	m	月
DateInterval.Second	s	秒
DateInterval.Weekday	w	日
DateInterval.WeekOfYear	ww	週
DateInterval.Year	yyyy	年

　　使用AddDays方法的簡例。

```
Dim today, infer As System.DateTime
today = System.DateTime.Now    '2015/3/12
infer = today.AddDays(-36)      '負值表示取得過去日期
Console.WriteLine("向前推36天是{0:d}", infer) '2015/2/4
```

範例《CH0704B》使用DateAdd()方法

STEP 1 範本「主控台應用程式」，名稱「CH0704B.vbproj」。

STEP 2 在Sub Main()和End Sub之間輸入下列程式碼。

Sub Main()

```
04  '使用DateAdnTiem類別DateAdd()方法
05  Dim interval As DateInterval   '儲存時間單位
06  Dim show As Date
07  Dim number As Double
08  Dim startDate As Date
09
10  interval = DateInterval.Day   '以日為單位
11  startDate = CDate(InputBox("輸入查詢日期", _
12     DefaultResponse:=Date.Now.ToShortDateString))
13  number = Val(InputBox("輸入天數")) '時間間隔值
14  show = DateAdd(interval, number, startDate)
15  MsgBox("新日期: " & show)
```

程·式·解·說

* 第10行：interval變數儲存DataInterval列舉型別，日為單位。

* 第11~12行：startDate變數儲存InputBox函數輸入的日期間隔依據。

* 第13行：number儲存欲間隔的天數。

* 第14行：使用DateAdd函數來計算變動天數後的日期，由於輸入負值，表示會向前推移天數。

📌 **執行、編譯程式**：按Ctrl+F5執行

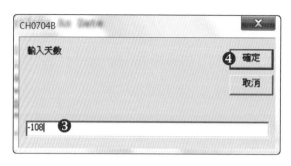 

【圖7-15 範例CH0704B執行結果】

計算時間差

想要取得兩個日期的時間差，DateAndTime類別提供的DateDiff()方法和DateTime結構提供的Subtract()方法皆能使用，語法如下：

```
DateDiff(interval, d1, d2, DayOfWeek, WeekOfYear)
value = 日期.Subtract(日期)    'DateTime結構的方法
```

- Interval：日期單位，使用DateInterval列舉值。

- Date1：Date資料型別，比較的第一個日期/時間值。

- Date2：Date資料型別，比較的第二個日期/時間值。

- DayOfWeek：使用FirstDayOfWeek列舉型別的值，用來指定一週的星期，預設值是FirstDayOfWeek.Sunday。

- WeekOfYear：使用FirstWeekOfYear列舉型別，指定一年的週數，預設值FirstWeekOfYear.Jan1。

- 計算後的時間差會以TimSpan結構做回傳，能計算出日、時、分、秒。

  例如，計算2007/1/4~2008/2/9的月份。

```
Dim start As Date = #1/4/2007# '「月/日/年」表示，前後以#區隔
Dim finish As Date = #2/9/2008#
Dim wY As Long = DateDiff(DateInterval.Month, start, finish)
```

以Subtract()方法取得兩個日期區間的天數。

```
Dim start, finish As New System.DateTime
Dim workday As System.TimeSpan
Console.Write("請輸入開始日期：")
start = CDate(Console.ReadLine())
Console.Write("請輸入結束日期：")
finish = CDate(Console.ReadLine())
workday = finish.Subtract(start)
Console.WriteLine("總共工作了{0:dd}天", workday)
```

其他的日期方法列表7-6。

【表7-6 其他的日期方法】

DateAndTime類別	DateTime結構	說明
DateSerial(yy, mm, dd) DateValue(日期字串)	DateTime(yy, mm, dd)	指定日期
N/A	DaysInMonth(年, 月)	判別某月天數
N/A	IsLeap(yyyy)	判別是否為閏年

7.4.3　檢查資料型別

位於Microsoft.VisualBasic命名空間底下的Information類別提供了檢查資料型別的相關方法，下表7-7說明。

【表7-7 Information類別方法檢查型別】

方法	說明
IsArray(var)	判斷是否為陣列，是陣列會回傳True，不是陣列回傳False
IsDate(運算式)	若運算式為Date資料型別就回傳True，否則就回傳False
IsNumeric(運算式)	若運算式為數值就回傳True，否則就回傳False
InNothing(運算式)	若運算式沒有指派物件就回傳True，否則就回傳False

範例《CH0704C》 檢查型別

STEP 1 範本Windows Form，名稱「CH0704C.vbproj」，控制項屬性設定如下表。

控制項	Name	Text	控制項	Name	Text
Label		輸入資料	RadioButton1	rabDate	日期
Button	btnCheck	判斷	RadioButton2	rabValue	數值
TextBox	txtInput		RadioButton3	rabObj	物件
GroupBox		判斷型別			

STEP 2 滑鼠雙按「判斷」鈕進入**Click**事件，程式碼如下。

```
                    btnCheck_Click--部份程式碼
08   If rabDate.Checked Then
09      If IsDate(check) Then  '是否為日期型別
10         '轉換為日期型別並以MsgBox顯示訊息
11         MsgBox("日期：" & Convert.ToDateTime(check), _
12              MsgBoxStyle.Information)
13      Else
14         MsgBox("格式不正確", MsgBoxStyle.Exclamation)
15      End If
16   Een If
```

程·式·解·說

* 第8行：先判斷RadioButton控制項的Checked屬性是否被選取，如果有才會繼續執行。

* 第9~12行：將輸入文字方塊的資料以IsDate函數檢查，如果是日期資料則轉換為日期格式；如果不是日期，就以MsgBox告知。

執行、編譯程式

【圖7-16 範例CH0704C執行結果】

重點整理

↻ 程序用來組合相關陳述式，Visual Basic 2013的程序包含：❶Sub程序、❷Function程序、❸事件處理程序(Event-Handling Procedure)、❹Property程序。

↻ 副程式由Sub開始程式區塊，以End Sub陳述式結束程式區塊，副程式可以有參數，但不能有回傳值。

↻ 建立的Function能接受引數，一般用來執行計算工作，以回傳值(Return value)回傳結果。

↻ 「傳值呼叫」時要加入ByVal修飾詞，這也是Visual Basic 2013參數傳遞的預設方式。「程序呼叫」時，其傳遞機制是將變數(引數)值複製一份給副程式/函式，不會改變原有變數值。

↻ 「傳址呼叫」時要加入ByRef關鍵字，「程序呼叫」將變數(引數)以傳遞機制傳給程序或函數，傳入是變數的記憶體位址，當程序或函式的參數值被改變時，「呼叫程式碼」變數值也會被改變。

↻ 將引數傳遞給程序或函式時，是依據宣告內容依序傳遞，若要省略中間某一個引數，可在參數之前加上Optional關鍵字，表示參數具有選擇性，稱為「選擇性參數」。

↻ 「呼叫程式碼」要送的引數是不確定的個數，可加入ParamArray關鍵字，稱為「參數陣列」，遵守的規則：❶參數陣列只能在程序中定義一個，而且是最後一個參數；❷參數陣列須以傳值傳遞；通常也是選擇性參數，它的預設值是空白的一維陣列。❸參數陣列之前的所有參數為必要性參數。

↻ 變數的適用範圍，分為三種：❶模組：包含模組、類別或結構所宣告的變數，以Public宣告，適用於整個應用程式；Dim/Private宣告，適用於所宣告的模組/類別。❷區塊：以流程控制為主，Dim陳述式宣告變數，所宣告的變數只適用此範圍內。❸區域：包含Sub和Function：以Dim陳述式來作為變數宣告，宣告的變數只能在此範圍內適用。

↻ 模組或類別中，如果以Private或Dim陳述式，為「私用變數」，表示變數的適用範圍是所宣告的模組或類別。

↻ 變數的生命週期會隨程序的停止而消失。想要保留區域變數的值，可使用靜態變數，並加入Static關鍵字；當程式碼呼叫程式碼時，會從保存的值開始，直到定義靜態變數的類別或模組不存在，靜態變數才會結束。

↻ .NET Framework類別庫的System.Math類別提供數值運算方法，包含三角函數及計算平方根的Sqrt函數，能讓數值四捨五入的Round函數。

↻ VB提供Rnd函數產生亂數，**Randomize**函數則用來初始化Rnd函數產生的亂數序列：**.NET Framework**則以**Random**類別來處理，以**Next**方法取得亂數值。

↻ **DateAdd**方法和**DateTime**結構的**AddDays**方法皆能來加減日期，而**DateDiff**函數和**DateTime**結構的**Substract**方法則用來取得時間差。

課後習題

一、選擇題

( ) 1. 要呼叫副程式/函式，要使用那一個關鍵字？(A)Call (B)Return (C)ByVal (D) Optional。

( ) 2. 下列對於副程式的描述，何者有誤？(A)呼叫副程式，可以使用Call，亦可以省略 (B)副程式不能有回傳值 (C)副程式能擁有參數 (D)副程式不能有參數。

( ) 3. 使用函式時，要使用那一個關鍵字回傳運算後結果？(A)使用Call (B) ParamArray (C)ByRef (D)Return陳述式。

( ) 4. 對於參數傳遞機制，下列描述何者正確？(A)透過Optional關鍵字，表示參數為必要參數 (B)使用ByVal，表示參數使用傳值方式 (C)確定引數狀態下，使用 ParamArray關鍵字 (D)使用ByRef，表示參數不會做傳遞。

( ) 5. 對於「傳址呼叫」描述中，下列何者正確？(A)呼叫程式碼會將參數先複製，再傳遞給程序 (B)當程序或函式的參數值被改變時，「呼叫程式碼」變數值不會被改變 (C)使用ByRef關鍵字 (D)使用ParamArray關鍵字。

( ) 6. 參數傳遞機制中，若要使用「選擇性參數」，要使用那一個關鍵字？(A) Optional (B)ByVal (C)ByRef (D)ParamArray。

( ) 7. 對於參數陣列的描述，何者有誤？(A)參數陣列只能在程序中定義一個，而且是程序的最後一個參數 (B)參數陣列必須以傳址傳遞；通常也是選擇性參數 (C)參數陣列之前的所有參數為必要性參數 (D)以上皆錯誤。

( ) 8. 下列對於靜態變數的描述，何者有誤？(A)變數值隨程序停止而消失 (B)能在函式中宣告靜態變數 (C)要加入Static關鍵字 (D)以上皆是。

( ) 9. 要將數值運算時，要使用.NET Framework那一個類別庫？(A)System (B) Random (C)DateTime (D)Math。

( ) 10. NET Framework提供的Random類別，要取亂數值，要使用那一個方法？(A) NextBytes (B)Next (C)NextDouble (D)Pow。

( ) 11. 要取得系統目前的日期和時間，VB提供那一個內建函數？(A)Year (B)Now (C) Today (D)Month。

(　) 12. 程式碼中，要檢查所取得的資料是否為日期，要使用VB那一個內建函數？(A) IsNumeric (B)IsArray (C)IsDate (D)IsNothing。

二、填充題

1. 使用一般程序時，對於每個參數，都要有＿＿＿＿＿＿＿＿＿　、　＿＿＿＿＿＿＿＿＿，並 指定＿＿＿＿＿＿＿＿＿。

2. 在參數傳遞機制下，參數和引數並不相同，引數＿＿＿＿＿＿＿＿＿，並具有＿＿＿＿＿＿ ＿＿＿＿＿。

3. 說明下列程式碼中，引數＿＿＿＿＿＿＿、＿＿＿＿＿＿＿、＿＿＿＿＿＿＿；參數＿＿＿＿＿＿＿、 ＿＿＿＿＿＿＿、＿＿＿＿＿＿＿。

```
textBox1.Text = score(ch、eg、mh)
...
Function score(ByVal chin As Integer, ByVal eng As Integer, _
            ByVal math As Integer) As Integer
    Return (chin + eng + math)
End Function
```

4. 引數傳遞給函式，稱為「傳遞機制」，Visual Basic提供的參數傳遞有：＿＿＿＿＿＿＿、 ＿＿＿＿＿＿＿、＿＿＿＿＿＿＿＿＿＿、＿＿＿＿＿＿＿＿＿＿＿＿。

5. 「程序呼叫」以傳遞機制將變數(引數)傳給程序或函數，並不會改變原來變數的值，稱 為＿＿＿＿＿＿＿＿＿＿＿。

6. 使用選擇性參數，也必須指定＿＿＿＿＿＿＿＿＿＿＿、＿＿＿＿＿＿＿＿＿＿＿。

7. 使用參數陣列，必須加入＿＿＿＿＿＿＿＿＿＿關鍵字。

8. 依據變數的適用範圍，可分為＿＿＿＿＿＿＿＿＿、＿＿＿＿＿＿＿＿＿、＿＿＿＿＿＿ 三種。

9. 所謂私用變數，是表示變數是宣告於模組或類別，要使用＿＿＿＿＿＿＿存取修飾詞或 ＿＿＿＿＿＿陳述式。

10. 要產生亂數，可使用VB內建函數＿＿＿＿＿＿，而Randomize用來＿＿＿＿＿＿＿＿＿ ＿＿＿＿＿＿＿＿，.NET Framework則提供＿＿＿＿＿＿＿＿＿＿＿。

三、問答與實作題

1.　Visual Basic提供那些程序，請簡單說明。

2.　請說明「傳值呼叫」和「傳址呼叫」有何不同。

3.　請以實例說明Sub和Function的不同。

4.　請參考範例《CH0701A》，將原來的Sub副程式，以Function改寫。

5.　請完成下列程式碼並說明其作用及運算結果。

```
Dim numb As Double = 83.56
Dim result As Double = Math.Round(Math.Sqrt(numb), 4)
Dim show As Double = Math.Pow(numb, 5)
```

6.　有一個專案的開始日期是「2008/5/6」，至「2014/12/3」才結束，請以程式碼來計算
　　這個專案的工作天數。

NOTE

偵錯與例外處理

- 程式碼可能出錯的原因。

- **Visual Basic**編輯器提供的修正功能：自動修正**End**建構、啓用錯誤修正建議。

- 設定中斷點，讓程式進入偵錯模式。

- 認識**Exception**類別及衍生類別。

- **Try...Catch**處理結構化例外狀況，配合**Finally**執行最終任務。

- **On Error**陳述式配合列標籤，處理非結構化例外狀況。

撰寫程式難免會有錯誤發生，如何修正錯誤！ Visual Basic提供良好的修正器。不過邏輯上的錯誤，就得藉助偵錯模式，設定中斷點，邊看邊找出錯誤所在。而執行階段發生的錯誤，以Try...Catch陳述式為捕捉器捕捉結構化例外狀況；On Error陳述式則是處理非結構化例外狀況。

8.1 | 更正程式錯誤

程式中「Bug」的形成原因有很多種！雖然Visual Studio 2013提供了許多的追蹤與修正工具，但是無法避免錯誤的發生。

8.1.1 那裡出了錯

撰寫程式時，會發生那些錯誤？大致上可歸納三種：語法、邏輯和執行階段錯誤。

- 錯誤語法：以程式觀點來看，會產生語法錯誤，基本上是違反了Visual Basic的語言規則。簡單的語法錯誤能在設計階段(編譯過程)中被找出來，複雜的錯誤就得透過偵錯模式進行除錯。以初學者來說，比較容易疏忽的地方就是打錯了字！例如將字母小寫「l」打成數字「1」，將數字「0」打成英文字母「o」；或者使用了變數卻未宣告，使用If陳述式，卻忘了以End陳述式做結尾。

- 邏輯錯誤：編譯時期看似無誤，不過執行時卻無法產生正確結果，必須在中斷模式下進行一步一步的偵測。比方說，使用InputBox()函數讀取輸入資料，卻忘記指定變數，當然無法讀取。

- 執行階段錯誤：在執行過程中產生不可預期的例外狀況；例如，去讀取沒有放入光碟片的光碟機，程式無法繼續執行，就會擲出例外狀況。

8.1.2 以設定值修正錯誤

Visual Studio 2013開發工具提供兩個預設修正功能：「自動插入End建構」和「啟用錯誤修正建議」，展開「工具」功能表，執行「選項」指令，❶展開「文

字編輯器」的❷「Basic」項目中❸『VB專用』，從圖8-1的檢視中得知，確認視窗右側已將這兩個項目勾選。

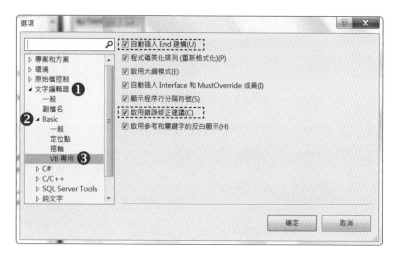

【圖8-1 修正錯誤的兩個選項】

自動插入End建構

「自動插入End建構」功能，其實大家已經非常熟悉，在程式碼輸入Sub或Function，按下Enter鍵會自動加入End陳述式；或者輸入Do關鍵字，按下Enter之後，自動以Loop關鍵字做為對應；藉由圖8-2複習一下。

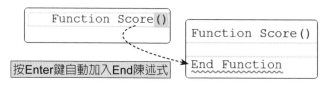

【圖8-2 自動插入End建構】

以初學者而言，有了「自動插入End建構」，不會因為程式語言的不熟悉度而提高了出錯機率。

啟用錯誤修正建議

透過Visual Basic 2013的「啟用錯誤修正建議」功能，具有語法修正的提示。例如，在強制型別檢查之下(將「Option Strict」設為『On』)，當變數的資

料型別不正確時，其下方會產生藍色鋸齒狀並列示「錯誤清單」，滑鼠移向此處，會以紅色的x表明有「錯誤修正選項」，如下圖8-3所示。

【圖8-3 變數未做型別轉換】

錯誤清單					▼ □ ✕
▼ ▾ ❌ 1 項錯誤	ⓘ 0 項警告	ⓘ 0 項訊息	搜尋錯誤清單		🔎 ▾
描述		檔案 ▲	行 ▲	欄 ▲	專案 ▲
❌ 1 Option Strict On 不允許從 'Date' 到 'String' 的隱含轉換。		Module1.vb	12	27	CH0704B

【圖8-4 錯誤清單列示錯誤】

要如何修正錯誤？❶滑鼠按紅色「X」旁的▼鈕會展開「錯誤修正選項」選單，再按❷「以'CStr(Date.Now)'取代'Date.Now'」，會自動修正錯誤的程式碼，如下圖8-5。

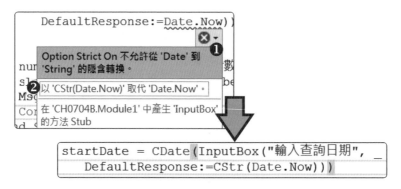

【圖8-5 提供語法修正】

由於啟用了錯誤修正建議，撰寫程式碼時，藍色鋸齒狀是表示編譯錯誤，綠色鋸齒狀用於警告，紅色鋸齒狀說明目前程式碼語法有誤，紫色鋸齒狀為其他錯誤。

8.2 程式中抓蟲

　　如何找出程式碼錯誤？善用Visual Studio 2013偵錯工具。在中斷模式(Break Mode)下，逐行檢視在執行階段(Run Time)，變數如何運算，控制項的屬性值如何改變！流程控制中的判斷式及迴圈是否依據使用者在設計階段(Design Time)的想法正確地執行程序。

- 設計階段：在表單中加入控制項，撰寫程式碼...等。
- 執行階段：按【F5】鍵，會將專案進行編譯，並在專案目錄下的「Bin」資料夾，產生EXE或DLL檔案並執行之。
- 中斷模式或偵錯模式：按【F10】鍵，或者在程式碼中設定中斷點，專案會進入偵錯模式。它介於設計階段和執行階段之間，此模式中，能觀察變數的變化，程序有無依流程控制來執行。

8.2.1　設定中斷點

　　「中斷點」會暫停執行程式，讓程式進入中斷模式。如何進入中斷模式？有二種方式：

- 按【F5】鍵開始偵錯，再按工具列的「全部中斷 ❚❚ 」鈕或展開「偵錯」功能表，執行「全部中斷」指令，表示程式執行處會顯示綠底黑字。
- 設定程式碼的中斷點。

```
Module1.vb  -|  X
Module1                              ▼  Main
    6        Do
    7            Console.Write("請輸入西元紀年：")
    8            year = CInt(Console.ReadLine())
    9        If year = 0 Then
   10            Exit Do
   11        Else
```

【圖8-6 全部中斷的初始畫面】

如何設定中斷點？以下列方法實施：

- 滑鼠移向程式碼編輯器左側邊界(行號左側)，欲中斷的程式碼處按一下滑鼠。

- 將插入點移向欲中斷的程式碼，按【F9】鍵或展開「偵錯」功能表，執行「切換中斷點」指令。

設成中斷點的程式碼，會在中斷處形成紅底白字，程式碼編輯視窗的左邊界會產生紅色圓點，如圖8-7。

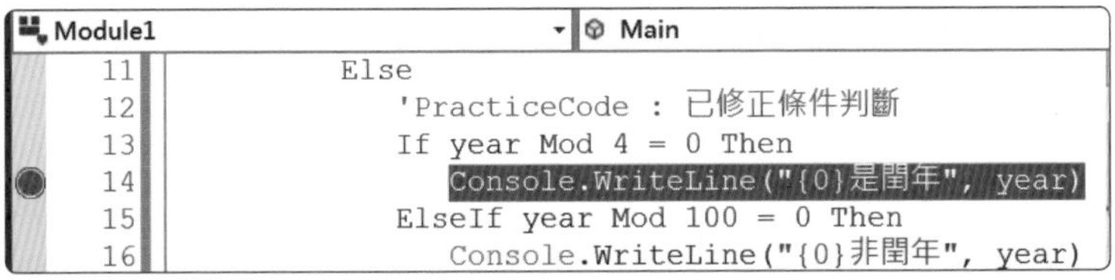

```
Module1                          Main
    11              Else
    12                  'PracticeCode : 已修正條件判斷
    13                  If year Mod 4 = 0 Then
    14                      Console.WriteLine("{0}是閏年", year)
    15                  ElseIf year Mod 100 = 0 Then
    16                      Console.WriteLine("{0}非閏年", year)
```

【圖8-7 設定中斷點】

同樣地，若要取消中斷點也是以相同方式處理，將插入點停留在已設定中斷點的程式碼，再按【F9】鍵或者在視窗左側行號前，再按一下滑鼠即可。

暫停中斷點

經過設定的中斷點，也能暫停/啟用中斷點，執行方式如下。

- 展開「偵錯」功能表，執行「停用所有中斷點」指令。原來的紅底白色，改變成紅框，程式碼行號之前的紅色圓點，也只會變成紅色圓框，如圖8-8。

- 展開「偵錯」功能表，執行「啟用所有中斷點」指令，恢復中斷點的設定。

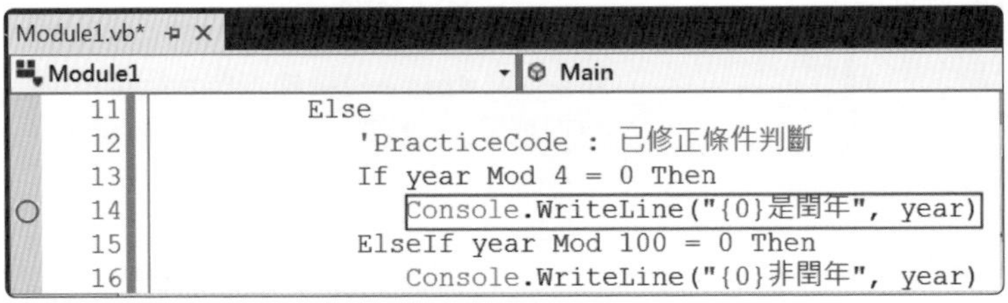

```
Module1.vb*
Module1                          Main
    11              Else
    12                  'PracticeCode : 已修正條件判斷
    13                  If year Mod 4 = 0 Then
    14                      Console.WriteLine("{0}是閏年", year)
    15                  ElseIf year Mod 100 = 0 Then
    16                      Console.WriteLine("{0}非閏年", year)
```

【圖8-8 停用中斷點】

範例《CH0802A》

說明：輸入西元紀年，判斷是否為閏年！閏年的條件是能被4或400整除是閏年，被100整除並非閏年，利用If...ElseIf敘述進行多重條件判斷。

STEP 1 請開啟專案名稱「CH0802A.vbproj」，程式碼內容如下。

```
Sub Main()--部份程式碼
06  Do
07     Console.Write("請輸入西元紀年：")
08     year = CInt(Console.ReadLine())
09     If year = 0 Then
10        Exit Do
11     Else
12        ' 已修正條件判斷
13        If year Mod 4 = 0 Then
14           Console.WriteLine("{0}是閏年", year)
15        ElseIf year Mod 100 = 0 Then
16           Console.WriteLine("{0}非閏年", year)
17        ElseIf year Mod 400 = 0 Then
18           Console.WriteLine("{0}為閏年", year)
19        Else
20           Console.WriteLine("{0}不是閏年", year)
21        End If
22     End If
23  Loop
```

程·式·解·說

* 第13~21行：使用If...ElseIf陳述式來判斷輸入的西元年數是否為閏年，如果餘數為0表示整除之意，被4整除者為閏年，像西元2004、2008年；能被100整除者非閏年，例如1800、1900年；能被400整除者亦是閏年，例如1600、2000年。

執行、編譯程式

【圖8-9 範例CH0802A執行結果】

西元1700年並非閏年？很顯然，邏輯判斷發生了問題。因此在程式碼第13行設定中斷點，查看程式的運作，究竟是那裡出了問題！

進入中斷模式

STEP 1 插入點移向程式碼第13行，按【F9】鍵來設定中斷點，按【F5】鍵進入偵錯模式，在執行視窗輸入「1700」並按下Enter鍵。

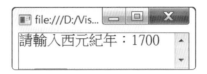

STEP 2 在中斷模式下，插入點會移向程式碼第13行，由於設定中斷點，第13行程式碼會以黃底黑字呈現，如圖8-10。

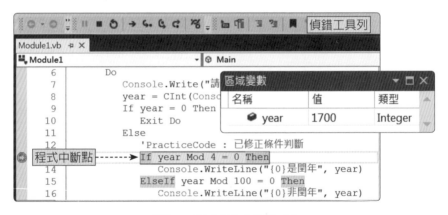

【圖8-10 程式進入中斷模式】

在中斷模式下，會自動啟動「偵錯工具列」，並在視窗下方加入區域變數視窗，可以看到變數名稱為year、值1700、型別是Integer。

8.2.2 使用偵錯模式

程式碼設定中斷點，配合偵錯功能表的使用，進入最基本的偵錯程序；最常見的偵錯程序就是「逐步執行」：一次執行一行程式碼。進入偵錯模式(或中斷模式)後，會使用「偵錯」功能表部份指令：停止偵錯、逐步執行、不進入函式、跳離函式。

- ■ 停止偵錯：按【Shift + F5】鍵亦可；會停止偵錯模式，回到程式原來的設計階段。

- 逐步執行：按【F11】鍵亦可；進入偵錯模式後，會一行行檢視程式碼執行狀況，若有函式，會進入函式逐行執行。

- 不進入函數：按【F10】鍵也能執行。偵錯模式下，也會一行行檢視程式碼執行狀況；遇見函式時不會進入但會顯示執行結果。

- 跳離函式：按【Shift + F11】鍵亦可以。偵錯模式中進入函式後，會執行整個函式，再跳回呼叫函式位置。

　　程式碼中若設定了中斷點，會快速執行到設定中斷點的程式碼而進入偵錯模式，不會一行行逐步執行，繼續以範例《CH0802A》說明。

範例《CH0802A》

說明：延續前一個範例，在偵錯模式中找出邏輯錯誤。

STEP 1 由於程式碼已進入中斷模式，繼續按【F10】鍵，讓程式碼從第13行跳到下一行敘述(第14行)，繼續按【F10】鍵以「逐步執行」方式觀看If判斷式的執行程序。

```
Module1.vb ⊅ ×
🖳 Module1                    ▾  ⓞ Main
     8          year = CInt(Console.ReadLine())
     9          If year = 0 Then
    10              Exit Do
    11          Else
    12              '修改程式碼
●   13              If year Mod 4 = 0 Then
    14                  Console.WriteLine("{0}是閏年", year)
⇨  15   ┄┄┄┄▶ ElseIf year Mod 100 = 0 Then
    16                  Console.WriteLine("{0}非閏年", year)
    17              ElseIf year Mod 400 = 0 Then
```

按F10鍵移到此行

STEP 2 繼續按【F10】鍵直到再一次進入「Do...Loop」迴圈，會切回「命令提示字元」視窗，此時會顯示「1700是閏年」的訊息。

```
Module1.vb  ⊞ ×
■ Module1                                    ▼  ⊕ Main
     3 ⊟        Sub Main()
     4              Dim year As Integer
     5              '判斷輸入的西元紀年是否為閏年
     6              Do
  ⇨  7                  Console.Write("請輸入西元紀年：")
     8                  year = CInt(Console.ReadLine())
     9                  If year = 0 Then
    10                      Exit Do
    11                  Else
```

按F10鍵移向此行

> **STEP 3** 插入點停留「請輸入一個西元紀年」之處，輸入「0」來停止程式執行並按【Shift+F5】鍵結束偵錯模式。

> **STEP 4** 修改部份程式碼如下。

修改程式碼

```
13  If year Mod 400 = 0 Then
14     Console.WriteLine("{0}是閏年", year)
15  ElseIf year Mod 100 = 0 Then
16     Console.WriteLine("{0}非閏年", year)
17  ElseIf year Mod 4 = 0 Then
18     Console.WriteLine("{0}為閏年", year)
19  Else
20     Console.WriteLine("{0}不是閏年", year)
21  End If
```

程·式·解·說

* 程式碼未修改前，有無發現在If...ElseIf條件判斷中，1700符合第一個條件判斷，所以顯示第14行的敘述「是閏年」之後，就不會再繼續做條件判斷。

* 第13~17行：將If...ElseIf陳述式的判斷條件先從400整除開始判斷，然後再以除以100及被4整除做後續的條件判斷。

🚩 執行、編譯程式

<1> 保留中斷點，按【F5】鍵進入偵錯模式，同樣地在執行視窗輸入「1700」，在中斷點(程式碼第13行)中斷程式的執行，並進入偵錯模式。

<2> 持續按【F10】鍵，以「逐步執行」方式觀看If判斷式的執行程序。

<3> 繼續按【F10】鍵直到回到「Do...Loop」迴圈，此時命令提示字元會顯示「1700非閏年」的訊息，輸入0來結束程式。

<4> 取消程式碼第13行的中斷點。

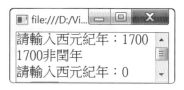

【圖8-11 範例CH0802A正確執行】

Tips| **使用IsLeapYear函數來判斷閏年**

範例《CH08-0201》以If...ElseIf陳述式來說明易產生的邏輯錯誤。若要判斷閏年，更好方式是使用DateTime結構提供的IsLeapYear方法。

```
Dim year As Integer
If DateTime.IsLeapYear(year) Then
    Console.WriteLine("{0}是閏年", year)
Else
    Console.WriteLine("{0}不是閏年", year)
End If
```

8.2.3　追蹤變數「監看式」

　　如果程式中有更複雜的資料型別，想要針對其中的變數了解它的執行狀況，進入偵錯工具列「視窗」鈕底下的「即時運算」、「區域變數」和「監看式」視窗。

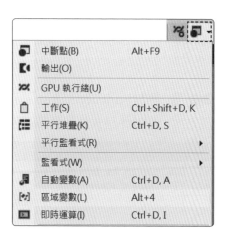

- 區域變數：會顯示目前內容或範圍的區域變數。通常是目前正在執行的程序或函式，偵錯工具會自動填入這個視窗。
- 監看式：可以加入想要監看的變數值變化。
- 快速監看式：進入偵錯模式後，偵錯功能表才會顯示「快速監看式」指令，使用方式和監看式類似，但是一次只能顯示一個變數或運算式。

即時運算視窗

它能在設計階段和偵錯模式下使用，使用「?」表示print，會在螢幕上輸出運算結果，使用「=」指定變數或屬性值。

STEP 1 如何叫出即時運算視窗？展開❶偵錯功能表，執行❷「視窗」的❸『即時運算』指令。

STEP 2 以即時運算視窗來計算溫度換算，按下Enter鍵就會輸出結果。

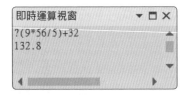

STEP 3 測試Function或Sub。利用Function計算圓面積，透過即時運算視窗呼叫此函式並回傳圓面積的值。

```
                        Sub Main()
01   Dim number As Integer
02   circleArea(number)
```

Function
10　Function circleArea(ByVal input As Integer) As Double
11　　　Return input * input * 3.14159
12　End Function

即時運算視窗
? circleArea(12)
452.38896

範例《CH0802B》

說明：進入偵錯模式，以偵錯功能表的「逐步執行」、「不進入函式」、「跳
　　　離函式」指令來說明不同處，透過監看式觀察變數的變化。範例中的
　　　Do...Loop後測試條件有誤，只會執行一次迴圈。

STEP 1　專案範本「主控台應用程式」，名稱「CH0802B.vbproj」。

STEP 2　撰寫程式碼如下。

Sub Main()--部份程式碼
06　Do
07　　　'取得輸入攝氏溫度
08　　　cels = CSng(InputBox("請輸入攝式溫度："))
09　　　'呼叫轉換溫度函數
10　　　result = converTmp(cels)
11　　　Console.WriteLine("攝式溫度= {0}, 換後華氏溫度 = " & _
12　　　　　"{1}", cels, result)
13　Loop While cels < 0

按Ctrl + F5執行：

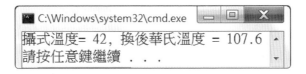

C:\Windows\system32\cmd.exe

攝式溫度= 42, 換後華氏溫度 = 107.6
請按任意鍵繼續 . . .

STEP 3　Do...Loop迴圈為什麼不會持續執行！利用偵錯模式檢視迴圈的變
　　　化。直接按【F11】鍵進入偵錯模式，以逐步執行(顯示黃底黑字)，
　　　可以觀看視窗下方區域變數的變化。

```
  6         Do
  7              '取得輸入攝氏溫度
⇨ 8              cels = CSng(InputBox("請輸入攝式溫度："))
  9              '呼叫轉換溫度函數
  10             result = converTmp(cels)
```

區域變數		▼ ☐ ✕
名稱	值	類型
⬤ cels	0.0	Single
⬤ result	0.0	Single

STEP 4 出現InputBox交談窗，輸入攝式溫度，按「確定」鈕，會發現區域變數視窗的cels變數值已改變為「56」。

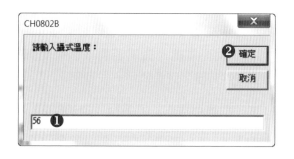

STEP 5 回到程式碼編輯視窗再按【F11】鍵移向第17行，呼叫converTmp函數，並傳入參數值56。滑鼠移向Function的參數cels時，會顯示參數值，如圖8-12。

```
⇨ 17 □    Function converTmp(ByVal cels As Single)
  18           Dim fah As Single          ⬤ cels 56.0 ⇨
  19           fah = CSng(((9 * cels) / 5) + 32.0)
```

【圖8-12 中斷模式下的參數檢視】

STEP 6 按工具列的「跳離函式」(或Shift + F11鍵)鈕，由於並未進入函數，所以會回到呼叫函式的第10行程式碼，再按【F10】鍵(不進入函式)移向第11行程式碼，觀看區域變數視窗的result，已產生換算結果「132.8」，滑鼠移向result變數亦有相同結果。

```
  10             result = converTmp(cels)
⇨ 11             Cor ⬤ result 132.8 ⇨ ne("攝式溫度= {0}
  12                       "{1}", cels,
```

STEP 7 再按【F11】鍵會移向第13行，❶在cels變數並按下滑鼠右鍵，❷執行「加入監看式」，如圖8-13。

【圖8-13 選取變數加入監看式】

STEP 8 再選取程式碼第13行的「cels < 0」並按滑鼠右鍵，再執行一次「快速監看式」。透過「監看式」視窗得知「cels < 0」會產生False布林值，表示此處的條件判斷有誤，所以迴圈只會執行一次。

STEP 9 將選取的「cels < 0」按滑鼠右鍵，執行「快速監看式」指令。❶運算式變更「cels > 0」；❷按「重新評做」鈕；❸再按「加入監看式」鈕，再按❹關閉鈕。

STEP 10 由「監看式」視窗得知「cels > 0」時，Do...Loop迴圈才會持續進行；所以將程式碼第13行條件判斷修改為「cels > 0」，程式碼就能重覆輸入攝式溫度，直到輸入0才會結束迴圈。

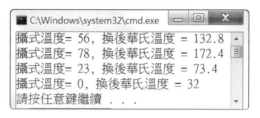

【圖8-14 範例CH0802B修改後的執行結果】

8.3 | 捕捉錯誤

瞭解偵錯模式的處理程序後，進一步認識「執行階段錯誤」(Run Time Error)。發生的原因並非應用程式發生問題，而是使用者不當的操作，例如：光碟機忘記放光碟片；或者操作環境發生問題，例如：透過網路下載檔案，連線卻中斷！由於都是不可預期發生的狀況，稱為「結構化例外狀況」。

處理結構化例外狀況，稱為「結構化例外處理」(Structured exception handling)。它包含例外狀況的控制項結構、隔離的程式碼區塊及篩選條件來建立例外處理機制，它可以區別不同錯誤類型並且視情況作出反應。Visual Basic 舊版本提供非結構化例外處理，使用On Error陳述式處理所有例外狀況。

8.3.1 認識Exception類別

.NET Framework提供Exception類別，發生錯誤時，系統或目前正在執行的應用程式會藉由擲回的例外狀況來告知，透過例外處理常式(Exception Handler)處理例外狀況。Exception類別是所有例外狀況的基底類別，依據例外狀況又可分成兩大類。

- SystemException類別：用來處理Common Language Runtime所產生的例外狀況；其中的ArithmeticException類別用來處理數學運算產生的例外狀況，共有三個衍生類別，以下表8-1說明。

【表8-1 SystemException類別的衍生類別】

類別	說明
DivideByZeroException	整數或小數除以零時
NotFiniteNumberException	浮點數無限大、負無限大或非數字(NaN)時
OverflowException	產生溢位狀況

- ApplicationException類別：應用程式產生例外狀況，使用者可自行定義例外狀況。

處理例外狀況時，可進一步透過Exception類別的屬性做處理，下表8-2說明。

【表8-2 Exception類別常用的屬性】

屬性	說明
HelpLink	取得例外狀況相關說明檔的連結
Message	取得目前例外狀況的錯誤描述及更正訊息
Source	取得造成應用程式錯誤或物件名稱
StackTrace	追蹤目前所擲回的例外狀況，呼叫堆疊程序
TargetSite	取得目前擲回例外狀況的方法

8.3.2　設定捕捉器

Visual Basic提供功能強大的Try...Catch陳述式，用來捕捉例外狀況產生的錯誤。什麼情形下會發生例外狀況？例如，數學運算時，產生了被除數為0的情形。此時，執行程式的過程中就會擲出OverflowException(參考圖8-15)。為了避免類似的情形發生，必須在程式碼加入錯誤捕捉器Try...Catch陳述式，捕捉例外狀況，語法如下：

```
Try
    可能發生執行錯誤的例外狀況
Catch ex1 As xxException
    針對特定範圍的例外狀況
Catch ex2 As Exception
    針對一般範圍的例外狀況
    [Exit Try]
End Try
```

- Try...Catch區塊：依據例外狀況，分別將程式碼和例外處理程式碼分隔為Try區塊和Catch區塊。Catch區塊能一個或多個，由特定範圍到一般範圍，每個Catch區塊攔截不同的例外狀況。

- ex1、ex2：為例外處理物件，使用者可自訂名稱，不過必須遵守識別名稱的規則。

- xxException：用來篩選特定範圍錯誤的例外類型。

- Exit Try：離開Try...Catch陳述式。

範例《CH0803A》

說明：相同問題，將兩數相除，若被除數為0，透過Try...Catch陳述式來捕捉例外狀況。

STEP 1 專案範本「主控台應用程式」，名稱「CH0803A.vbproj」。

STEP 2 撰寫程式碼如下。

```
                     Sub Main()--程式碼有誤
04  Dim num1, num2, result As Integer
05  Console.Write("輸入第一個數：")
06  num1 = CInt(Console.ReadLine)
07  Console.Write("輸入第二數：")
08  num2 = CInt(Console.ReadLine)
09  result = CInt(num1 / num2)
10  Console.WriteLine("相除結果 = {0:F5}", result)
11  Console.ReadLine()
```

執行、編譯程式

正常情形下取得相除結果

被除數為0擲出例外情形

【圖8-15 擲出例外狀況】

執行時，如果第二個數值輸入「0」就會擲出圖8-15例外狀況。因此必須將程式碼修改，加入Try...Catch陳述式來捕捉錯誤。

範例《CH0803AM》

STEP 1 修改程式碼，撰寫如下。

```
Sub Main()
04  Dim num1, num2, result As Integer
05  Dim btns As MsgBoxStyle = MsgBoxStyle.Exclamation _
06     Or MsgBoxStyle.OkOnly
07  Console.Write("輸入第一個數：")
08  num1 = CInt(Console.ReadLine)
09  Console.Write("輸入第二數：")
10  num2 = CInt(Console.ReadLine)
11
```

```
12   Try
13       result = CInt((num1 / num2))   '可能會發生錯誤
14       '發生例外狀況的處理
15   Catch ex As OverflowException
16       MsgBox(ex.Message, btns, "錯誤")
17   End Try
18   Console.WriteLine("相除結果={0}", result
```

程·式·解·說

* 第12~17行：設定捕捉器Try...End Try來捕捉第13行有可能發生的錯誤。

* 第15~16行：Catch陳述式必須配合處理的Exception類別，再以MsgBox顯示錯誤訊息。

執行、編譯程式

<1> 發生例外狀況時就會透過MsgBox函數擲出錯誤訊息。

Tips | 例外狀況的觀點

方法一：自訂錯誤訊息

如果不使用Exception類別，也能以MsgBox自訂錯誤訊息，將範例《CH0803AM》的Try...Catch陳述式修改如下：

```
Try
    result = CInt(num1 / num2)
Catch
    MsgBox("被除數不能為0", btns, "錯誤")
End Try
```

方法二：事先預防

被除數為0，對於有經驗的設計者是可以預知，使用If陳述式的條件判斷會比使用Try...Catch更有效率，程式碼可做如下修改：

```
If num2 = 0 Then
    MsgBox("第二個數值不能為0")
Else
    result = CInt(num1 / num2)
End If
```

8.3.3　完成清理任務

Finally區塊是Try...Catch...Finally陳述式最後執行的區塊，也是一個具有選擇性的區塊。使用Finally區塊時，無論Catch區塊中的程式碼是否已執行，在錯誤處理區塊範圍結束之前，最後一定呼叫Finally區塊。什麼情形下會使用Finally區塊，例如：讀取檔案發生例外狀，透過Finally區塊會讓檔案讀取完畢並進行使用資源的釋放。語法如下：

```
Try
    可能發生執行錯誤的例外狀況
Catch ex1 As xxException
    針對使用範圍的例外狀況處理
Finally
    有無錯誤發生，區塊一定會被執行
End Try
```

範例《CH0803B》

說明：讀取陣列元素，使用Finally陳述式來處理陣列索引值超出界限之外。

STEP 1 範本Windows Form應用程式，名稱「CH0803B.vbproj」，控制項屬性設定如下表。

控制項	Name	BorderStyle	控制項	Name	Text
Label	lblShow	Fixed3D	Button	btnShow	顯示

STEP 2 程式碼如下。

```
                    btnShow_Click ()--部份程式碼
09   For count = 0 To 5
10      '設定捕捉器
11      Try
12         lblShow.Text &= CStr(num(count)).PadRight(4)
13      Catch ex As IndexOutOfRangeException
14         MessageBox.Show("錯誤訊息：" & ex.Message & _
15            vbCrLf & "例外處理類型：" & ex.GetType.ToString, _
16            "錯誤", MessageBoxButtons.OK, _
17            MessageBoxIcon.Error)
18         REM 錯誤有無發生，Finally區塊會把陣列讀取完畢
19      Finally
20         MsgBox("陣列元素 " & count & vbCrLf, , _
21            "Finally區塊")
22      End Try
23   Next
```

程·式·解·說

* 第9~23行：宣告的陣列只有5個元素，For...Next迴圈卻要讀取6個元素，所以會擲出例外狀況。

* 第13行：Catch陳述式使用了IndexOutOfRangeException類別，當陣列元素超出界限之外，就會擲出此例外類別。

* 第14~17行：透過MessageBox.Show方法，取得錯誤訊息和例外處理類型。

* 第19~21行：Finally區塊，顯示陣列索引值，即使已經擲出例外狀況，也會將陣列讀取完畢。

執行、編譯程式

【圖8-16 範例CH0803B執行結果】

8.3.4　自訂例外處理

　　Throw陳述式能指定例外處理類別，或使用者自行定義例外類別，配合結構化例外處理(Try...Catch...Finally)或未結構化例外處理(On Error GoTo)來擲回例外狀況。語法如下：

```
Throw expression
```

- Throw陳述式不含運算式時，只能用於Catch陳述式內。

範例《CH0803C》

說明：使用Throw陳述式來處理輸入月份，若輸入月份不對會顯示訊息。

STEP 1 範本「主控台應用程式」，名稱「CH0803C.vbproj」，程式碼撰寫如下。

```
                        Sub Main()
04  Dim month As Integer
05  Do While (True)
06     Try
07        checkMonth(month) '呼叫函數
08        Exit Do
09        '當引數值超出了所定義的容許範圍
10     Catch ex1 As ArgumentOutOfRangeException
11        Console.WriteLine("輸入月份不對")
12        '一般範圍
13     Catch ex2 As Exception
14        Console.WriteLine("請重新輸入")
15     End Try
16  Loop
17     Console.ReadLine()
```

```
                        Function
21  Function checkMonth(ByVal value As Integer) As Integer
22     Console.Write("請輸入月份：")
23     value = CInt(Console.ReadLine())
24     '當月份不在1~12之間，以Throw擲出例外狀況
25     If (value > 12 Or value < 1) Then
26        Throw New ArgumentOutOfRangeException
27     Else
28        Select Case value
```

```
29          Case 2
30              Console.WriteLine("{0} 月只有28天", value)
31          Case 4, 6, 9, 11
32              Console.WriteLine("{0} 月有30天", value)
33          Case Else
34              Console.WriteLine("{0} 月有31天", value)
35        End Select
36      End If
37      Return value
38  End Function
```

程·式·解·說

* 第6~15行：設定捕捉器來捕捉錯誤。使用了兩個Catch區塊，第一個Catch區塊用來處理特定範圍的錯誤，通常是Exception的衍生類別；第二個則是一般範圍的錯誤，以Exception類別為主。

* 第21~38行：checkMonth函數，將輸入的月份數值進行檢查，並回傳月份的天數。

* 第25~26行：檢查月份數是否為1~12；如果不是，就以Throw陳述式擲出數值超出容許範圍的例外狀況。

* 第28~35行：Select...Case陳述式，判別依據輸入月份數來顯示天數。

📌 **執行、編譯程式**

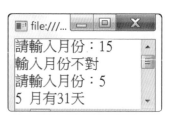

【圖8-17 範例CH0803C執行結果】

8.3.5　非結構化例外處理

　　一般來說，結構化例外處理會比非結構化例外處理具有多用途、穩固且更具彈性。不過某些情況下會使用「非結構化例外處理」(Unstructured Exception Handling)。

- 升級較早的Visual Basic版本。

- 明確預知什麼情況會造成例外狀況。

- 程式碼很瑣碎或非常短，需要測試會產生的例外狀況。

　　使用「非結構化例外處理」，會以On Error陳述式作為程式碼區塊的開頭，它會處理任何發生在這個區塊中的錯誤。配合錯誤處理物件Err，藉由屬性Number指出錯誤編號，屬性Description描述錯誤情形。

On Error Goto 列標籤

　　發生錯誤時，使用「On Error Goto列標籤」陳述式會指向特定的錯誤處理程序來執行，所以通常會將此陳述式放在會發生錯誤的敘述之前。語法如下：

```
On Error Goto 標籤名稱
'可能會產生錯誤的程式碼
...
標籤名稱：
     '錯誤處理程序
```

- 錯誤處理程序之前的標籤名稱，會置於行的開頭，而且要加上冒號字元「:」。

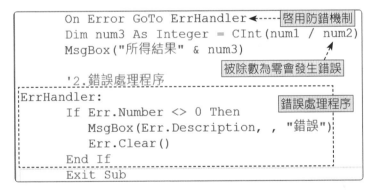

【圖8-18 On Error陳述式配合列標籤的執行程序】

　　圖8-18中，ErrHandle為標籤名稱，當運算式「num3=CInt(num1/num2)」發生錯誤時，就會跳到標籤處，進行錯誤處理程序。

範例《CH0803D》

說明：還是以數學運算式中，被除數為0情形下，如何以On Error陳述式進行非
結構化例外處理。

STEP 1 範本「Windows Form應用程式」，名稱「CH0803D.vbproj」，控
制項屬性設定如下表。

控制項	Name	Text		控制項	Text
Button	btnResult	結果		Label1	除數
TextBox1	txtNum1			Label2	被除數
TextBox2	txtNum2				

STEP 2 程式碼撰寫如下。

```
btnResult_Click()事件
04    Dim num1 As Integer = CInt(txtNum1.Text)
05    Dim num2 As Integer = CInt(txtNum2.Text)
06
07    REM 1.啟用錯誤機制：發生錯誤時會跳到第12行
08    On Error GoTo ErrHandler
09    Dim num3 As Integer = CInt(num1 / num2) '發生錯誤
10    MsgBox("所得結果" & num3)
11
12    '2.錯誤處理程序
13  ErrHandler:
14    If Err.Number <> 0 Then
15       MsgBox(Err.Description, , "錯誤")
16       Err.Clear()
17    End If
18    Exit Sub
```

程·式·解·說

* 第8行：On Error Goto之後的「ErrHandler」為標籤名稱，用來啟用錯誤機制。

* 第9行：當運算式發生錯誤時，就會跳到第13行標籤，進行錯誤處理程序。

* 第14~15行：以Err物件的Number屬性表示錯誤代碼，Description屬性用來描述錯誤。

＊ 第16行：取得錯誤代碼後，必須以Clear方法清除所有屬性值。

🐾 執行、編譯程式

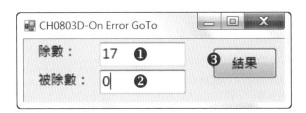

【圖8-19 範例CH0803D執行結果】

On Error Resume Next

表示發生錯誤時，On Error Resume Next陳述式會忽略錯誤，並且把控制權交給下一個陳述式。簡單來講，就是忽略錯誤，讓程式持續進行。

範例《CH0803E》

說明：使用Throw陳述式來處理輸入月份，若輸入月份不對會顯示訊息。

STEP 1 範本「Windows Form應用程式」，名稱「CH0803E.vbproj」，控制項屬性設定如下表。

控制項	Name	Text	控制項	屬性	屬性值
Button	btnCalc	計算階乘	Label2	Name	lblResult
TextBox1	txtNum			BorderStyle	Fixed3D
Label1		數值			

STEP 2 程式碼撰寫如下。

```
                    btnCalc_Click()--部份程式碼
10   On Error Resume Next
11   Do
12      num = CInt(txtNum.Text)
```

```
13
14     fac = 1 '計算階乘
15     For count = 1 To num
16        fac *= count
17     Next
18
19     Select Case Err.Number '2.取得錯誤訊息
20        Case 6    '數學運算溢位
21           MsgBox(str1 & Err.Number & vbCrLf & _
22                  str2 & Err.Description, , title)
23        Case 13
24           MsgBox(str1 & Err.Number & vbCrLf & _
25                  str2 & "資料型別不正確", , title)
26        Case Else
27           MsgBox("資料正確，可以運算")
28     End Select
29     Err.Clear() '清除Err物件屬性值
30     txtNum.Clear()
31  Loop Until (True)
32  lblResult.Text = num & " 階乘 = " & fac
```

程‧式‧解‧說

* 第10~31行：由於使用On Error Resume Next陳述式，第3行文字方塊若輸入了錯誤資料會予以忽略，讓Do...Loop迴圈繼續執行，並輸出第24行的結果。

* 第15~17行：For...Next迴圈會依據輸入數值來計算階乘。

* 第19~28行：Select...Case陳述式判斷Err物件的錯誤代碼。

📌 執行、編譯程式

【圖8-20 範例CH0803E執行結果-1】

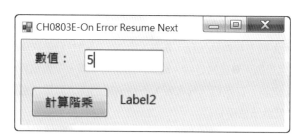

【圖8-21 範例CH0803E執行結果-2】

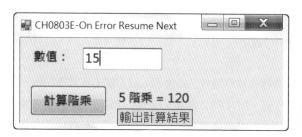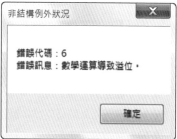

【圖8-22 範例CH0803E執行結果-3】

重點整理

↻ 撰寫程式時，會發生那些錯誤？大致上可歸納三種：❶錯誤語法：以程式觀點來看，基本上是違反了Visual Basic的語言規則。❷邏輯錯誤：編譯時期看似無誤，不過執行時卻無法產生正確結果。❸執行階段錯誤：在執行過程中產生不可預期的例外狀況；例如，去讀取一部不存在的磁碟機，程式無法繼續執行。

↻ Visual Studio 2013開發工具提供兩個預設修正功能：❶「自動插入End建構」，在程式碼中輸入Sub或Function，按下Enter鍵會自動加入End陳述式。❷「啓用錯誤修正建議」功能，用來提示語法修正。

↻ 「中斷點」會暫停執行程式，程式進入中斷模式，有二種設定值：❶按【F5】鍵開始偵錯，按工具列的「全部中斷」鈕，或「偵錯」功能表，執行「全部中斷」指令。❷設定程式碼的中斷點。

↻ 設定中斷點有二種方法：❶滑鼠移向程式碼編輯器左側邊界，欲中斷的程式碼處按一下滑鼠。❷將插入點移向欲中斷的程式碼，按【F9】鍵或「偵錯」功能表，執行「切換中斷點」。設成中斷點的程式碼，中斷處形成紅底白字，程式碼編輯視窗的左邊界會有紅色圓點。

↻ 進入偵錯模式(或中斷模式)後，會使用「偵錯」功能表部份指令：❶停止偵錯：按【Shift + F5】鍵亦可，程式回復原來的設計階段。❷逐步執行或按【F11】鍵，進入偵錯模式後，一行行檢視程式執行狀況，若有函式，會進入函式逐行執行。❸不進入函式或按【F10】鍵，在偵錯模式中，也是一行行檢視程式，若有函式會有執行動作，但不會進入函式中。❹跳離函式或按【Shift + F11】鍵，偵錯模式中進入函式後，會執行函式後，再跳回呼叫函式的位置。

↻ 「執行階段錯誤」(Run Time Error)發生的原因並非應用程式發生問題，而是使用者不當的操作，這種錯誤處理稱為「結構化例外處理」(Structured exception handling)。

↻ .NET Framework提供Exception類別，發生錯誤時，系統或目前正在執行的應用程式會藉由擲回的例外狀況來告知，依據例外狀況又可分成兩大類：❶SystemException類別：用來處理Common Language Runtime所產生的例外狀況；❷ApplicationException類別：應用程式產生例外狀況，使用者可自行定義例外狀況。

↻ Visual Basic提供Try...Catch陳述式，用來捕捉例外狀況產生的錯誤。

↻ Finally區塊是Try...Catch...Finally陳述式最後執行的區塊，是具有選擇性的區塊。無論Catch區塊中的程式碼是否已執行，在錯誤處理區塊範圍結束之前，最後一定會呼叫Finally區塊。

↻ Throw陳述式能指定例外處理類別，或使用者自行定義例外類別，配合結構化例外處理 (Try...Catch...Finally)或未結構化例外處理(On Error GoTo)來擲回例外狀況。

↻ 使用「非結構化例外處理」，**On Error**陳述式作為程式碼區塊的開頭，它會處理任何發生在這個區塊中的錯誤。配合錯誤處理物件**Err**，藉由屬性**Number**指出錯誤編號，屬性**Description**描述錯誤情形。

↻ 處理非結構化例外狀況時，「**On Error Goto**列標籤」陳述式會指向特定的錯誤處理程序來執行；**On Error Resume Next**陳述式則會忽略錯誤，並且把控制權交給下一個陳述式，讓程式繼續執行。

課後習題

一、選擇題

(   ) 1. 撰寫程式時，若在程式碼下方顯示藍色鋸齒狀，表示什麼作用？(A)警告設計者 (B)語法錯誤 (C)編譯會產生錯誤 (D)沒有特別意義。

(   ) 2. 專案處於那一個階段下，會將程式碼進行編譯，並在專案目錄下的「Bin」資料夾，產生EXE或DLL檔案並執行之。(A)設計階段 (B)執行階段 (C)編譯時期 (D)中斷模式。

(   ) 3. 下列對於中斷點的描述，何者有誤？(A)設成中斷點的程式碼會形成黃底黑字 (B)暫停程式的執行 (C)設定的中斷點可以暫停 (D)中斷點會讓程式進入偵錯模式。

(   ) 4. 對於執行階段錯誤，何者描述有誤？(A)發生於使用者操作不當 (B)使用On Error陳述式產生錯誤 (C)稱為結構化例外處理 (D)透過Exception類別擲回例外狀況。

(   ) 5. 用來處理數學運算產生溢位的例外狀況，是ArithmeticException的那一個衍生類別？(A)DivideByZeroException (B)NotFiniteNumberException (C)OverFlowException (D)以上皆可。

(   ) 6. 用來取得例外狀況的錯誤描述及更正訊息，是Exception類別的那一個屬性？(A)HelpLink (B)Source (C)StackTrace (D)Message。

(   ) 7. 對於Try...Catch陳述式，下列敘述何者正確？(A)將例外狀況放在Try區塊 (B)Catch區塊不用設定例外處理物件 (C)Catch區塊只能使用一個 (D)用來捕捉例外處理狀況。

(   ) 8. 對於Try...Catch...Finally陳述式，對於Finally區塊敘述何者不正確？(A)最後執行的區塊 (B)產生例外狀況時，Finally區塊才會被執行 (C)執行Finally區塊，會釋放資源 (D)用來處理例外狀況。

(   ) 9. 對於On Error Resume Next陳述式，何者描述正確？(A)必須配合列標籤來使用 (B)用來處理結構化例外狀況 (C)發生錯誤時，忽略錯誤並且把控制權交給下一個陳述式 (D)發生錯誤時會進行處理程序。

(   ) 10. Err物件中，那一個屬性可以取得錯誤代碼？(A)Number (B)Description (C)Message (D)HelpLink。

二、填充題

1. Visual Studio 2013開發工具提供兩個預設修正功能：❶＿＿＿＿＿＿＿＿＿＿＿＿＿、
   ❷＿＿＿＿＿＿＿＿＿＿＿＿＿＿，能讓使用者修正語法上的較粗淺的錯誤。

2. 如何進入中斷模式？有下列二種方式：❶按【F5】鍵開始偵錯，再按工具列的＿＿＿＿＿
   ＿＿＿＿＿鈕或執行＿＿＿＿＿＿＿＿＿/＿＿＿＿＿＿＿＿；❷設定程式碼的＿＿＿＿＿＿＿＿。

3. 請填入下列指令按鈕的作用：❶ ⤵ ＿＿＿＿＿＿＿＿＿、❷ ⤴ ＿＿＿＿＿＿＿＿＿、
   ❸ ⤹ ＿＿＿＿＿＿＿＿＿、❹ ■ ＿＿＿＿＿＿＿＿＿。

4. Exception類別是所有例外狀況的基底類別，依據例外狀況又可分為：❶＿＿＿＿＿＿＿
   ＿＿＿＿＿＿＿＿＿＿＿類別、❷＿＿＿＿＿＿＿＿＿＿＿＿＿＿＿＿＿＿＿＿類別。

5. 處理結構化例外狀況，會使用＿＿＿＿＿＿＿＿＿＿敘述；處理非結構化例外狀況，使用
   ＿＿＿＿＿＿＿＿＿陳述式。

三、問答與實作題

1 請說明撰寫程式時，會發生那些錯誤？

2 請說明下列程式碼的作用。

```
Try
    checkmonth(month)
    Exit Do
Catch ex1 As ArgumentOutOfRangeException
    Console.WriteLine("輸入月份不對")
Catch ex2 As Exception
    Console.WriteLine("請重新輸入")
End Try
```

3 將範例《CH0803E》改以**Try...Catch**陳述式來捕捉錯誤。

NOTE

事件處理機制

- 了解事件處理常式的引數：**sender**提供引發事件的物件，**EventArge**的**e**物件，傳遞事件相關訊息。

- 使用共用事件處理程序，配合**CType**函數將控制項轉換。

- **AddHandler**設定事件程序，**RemoveHandler**移除事件。

- 表單的屬性、方法和事件處理常式。

- 滑鼠事件：**Click**、**DoubleClick**，以滑鼠拖曳物件引發的事件。

- 鍵盤的**KeyPress**、**KeyDown**和**KeyUp**事件。

　　Windows應用程式以「事件驅動」來引發事件，事件引發後，要透過事件處理常式來處理。若有多個相同控制項，「共用事件處理程序」能避免使用多個事件處理程序。隨著章節的脈動，一起認識表單、滑鼠和鍵盤的事件處理常式。

9.1 | 認識事件

　　Windows應用程式以「圖形使用者介面」(GUI，Graphical User Interface)為基本架構，使用者要與GUI介面互動時，得透過「事件驅動」(Event Driven)來引發「事件」(Event)。事件通常是由物件傳送，表示發生某種動作的訊息。例如，學校裡聽到上課鐘響，「通知」大家要準備上課；以程式設計的觀點來看，鐘聲是預設好，時間一到就會播放，這就是「事件」。操作視窗時，可能是使用者按一下滑鼠、選取指令或關閉視窗等，或者由其他程式所引發。

　　事件發生後，針對事件採取行動，稱為「事件處理常式」(Event Handler)。例如，聽到上課鐘聲後，大家進教室準備上課。Visual Basic對於事件處理採用委託事件處理模型，引發事件的物件為「事件發送者」，也稱為「事件來源」(Event Source)，捕捉事件並且回應它的物件稱為「事件接收者」。

9.1.1 事件處理程序

　　前述章節範例的操作模式，都是使用者透過表單的按鈕控制項，按一下滑鼠。Visual Basic事件處理常式，會結合事件發送者的名稱、底線和事件名稱。例如，按鈕button1的Click事件會命名為Sub button1_Click。其中的按鈕控制項是「事件來源」；事件處理常式為「button1_Click」，事件接收者則為「表單」。將事件處理常式的方法加入「button1_Click」中，稱為「事件驅動設計」。Windows應用程式中，按鈕控制項主要的事件處理程序為Click，其他控制項的處理事件以表9-1說明。

【表9-1 控制項的預設事件】

控制項類別	主要事件	事件處理程序
Form1(表單)	Load	Form1_Load()
Label1(標籤)	Click	Label1_Click()
TextBox1(文字方塊)	TextChanged	TextBox1_TextChanged()
Button1(按鈕)	Click	Button1_Click()
CheckBox1(核取方塊)	CheckedChanged	CheckBox1_CheckedChanged()
ComboBox1(下拉清單方塊)	SelectedIndexChanged	ComboBox1_SelectedIndexChanged

如何取得控制項的事件處理程序?利用下列三種方法來執行。

- 直接在控制項上雙按滑鼠,就會帶出控制項的主要事件程序。

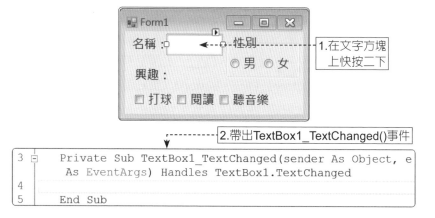

```
3 ⊟    Private Sub TextBox1_TextChanged(sender As Object, e
         As EventArgs) Handles TextBox1.TextChanged
4
5      End Sub
```

- 透過方案總管「檢視程式碼」鈕,進入程式碼編輯器,在「類別名稱」下拉選項中找出控制項;再配合「方法名稱」下拉選項中找出對應事件(參考章節 2.1.4方法一)。

- 在屬性視窗中,滑鼠雙按事件圖示(參考章節2.1.4方法二)。

事件處理常式參數列

Visual Basic事件處理常式不會有回傳值,事件引發時,會執行事件處理常式內的程式碼。每個「事件處理常式」都提供兩個參數,透過Button控制項的Click事件來了解。

```
Private Sub button1_Click(ByVal sender As System.Object, _
    ByVal e As System.EventArgs) Handles button1.Click
    '撰寫的程式碼
End Sub
```

- 第一個參數sender：提供引發事件的物件，資料型別是Object，上述簡例使用了按鈕，就是Button物件。

- 第二個參數e：為EventArgs事件物件，提供事件的資訊，針對欲處理事件的物件做傳遞。不過，不同事件使用不同的物件來傳遞，例如，滑鼠事件(Mouse Event)會使用MouseEventArgs物件來取得滑鼠位置。

- Handles button1.Click：處理的事件，表示某個事件被引發時，可以執行的事件處理常式，例如，Handles button1.Click代表Button的Click事件。

9.1.2　共用事件處理程序

　　Windows應用程式在某些時候，多個控制項所執行的事件可能相同；此時，多個事件需要共用事件處理常式。例如，表單上有2個按鈕控制項，依據前面範例的用法，要建立button1_Click，button2_Click...等多個事件處理常式。實際上，只須透過button1_Click事件處理常式，藉由Handles加入要處理的物件名稱，語法如下：

```
Sub button1_Click(sender As Object, _
    e As System.EventArgs)Handles 物件.事件, 物件.事件
```

　　當button1和button2的Click事件都要執行相同的事件處理常式，只需在Handles加入button1和button2的Click事件，簡例如下。

```
Private Sub Button1_Click(ByVal sender As System.Object, _
    ByVal e As System.EventArgs) _
    Handles Button1.Click, Button2.Click
    '撰寫的程式碼
End Sub
```

- 在Handles之後，使用逗號來分開多個事件，讓事件處理常式能同時處理Button1.Click和Button2.Click事件。

　　為了知道事件是由那一個控制項產生，必須以CType函數將參數Sender轉換為控制項物件，簡述如下。

```
Dim buttons As Button
buttons = CType(sender, Button)
```

- 先宣告一個Button物件變數button1，再以CType函數將參數sender轉換為Button物件。

- CType函數第二個參數用來指定欲轉換的型別，包含資料型別或類別名稱。

範例 《CH0901A》

說明：加入3個按鈕並建立共用事件程序，利用If陳述式來判斷那一個按鈕被按下並執行相關動作。

STEP 1 範本Windows Form應用程式，專案「CH0901A.vbproj」，控制項屬性設定如下。

控制項	Name	Text	控制項	Name	Text
Label1		數值1：	Button1	btnAdd	加
Label2		數值2：	Button2	btnDecr	減
TextBox1	txtNum1		Button3	btnMult	乘
TextBox2	txtNum2				

STEP 2 滑鼠雙按「加」按鈕，加入共用事件處理程序的程式碼。

```
                        btnAdd_Click ()事件
04   Private Sub btnAdd_Click(sender As System.Object, e As _
05          System.EventArgs) Handles btnAdd.Click, _
06          btnDecr.Click, btnMult.Click
07     Dim btnCalc As Button    '宣告按鈕的物件變數btnCalc
08     Dim Num1, Num2, result As Integer
09     Num1 = CInt(txtNum1.Text)
10     Num2 = CInt(txtNum2.Text)
11     '使用CType函數將參數sender轉為Button物件
12     btnCalc = CType(sender, Button)
13
14     '以按鈕控制項名稱來判斷是共用事件程序的那一個按鈕被按下
15     If btnCalc.Name = "btnAdd" Then
16        result = Num1 + Num2
17        '以MsgBox函數顯示訊息
```

```
18          MsgBox("兩數相加結果= " & result)
19      ElseIf btnCalc.Name = "btnDecr" Then
20          result = Num1 - Num2
21          MsgBox("兩數相減結果= " & result)
22      Else
23          result = Num1 * Num2
24          MsgBox("兩數相乘結果= " & result)
25      End If
26  End Sub
```

程・式・解・說

* 第4~6行：在Hnadles之後加入3個按鈕的共用事件。

* 第7行：宣告按鈕的物件變數btnCalc。

* 第12行：以CType函數將Sender參數轉成物件。

* 第15~18行：使用If...ElseIf陳述式，藉由物件變數btnCalc屬性Name來判斷使用者按下共享事件的那一個按鈕，如果是「加」按鈕就將兩數相加。其餘的條件判斷不再贅述。

執行：

【圖9-1 範例CH0901A執行結果】

9.1.3 撰寫事件程序

　　Visual Basic 2013提供二種方法來動態啟動和停止事件處理程序：使用AddHandler陳述式來設定物件的事件程序，使用RemoveHandler移除事件。語法如下：

```
AddHandler | RemoveHandler Obj.XEvent, _
    AddressOf Me.XEventHandler
```

- obj.XEvent：準備處理的事件。

- AddressOf：運算子，用來指定啟動函式。

- XEventHandler：要處理事件的程序名稱。

範例 《CH0901B》

說明：在文字方塊輸入文字，若核取方塊有被核取，新增一個事件程序來計算
　　　文字長度；沒有被核取時，則清除事件程序。

STEP 1 範本Windows Form應用程式，專案「CH0901B.vbproj」，控制項屬
　　　性設定如下。

控制項	屬性	值	控制項	屬性	值
Label	Name	lblLength	TextBox	Name	txtWord
	AutoSize	False		Multiline	True
	BorderStyle	FixedSingle	CheckBox	Name	chkLength
				Text	計算字元數

STEP 2 按方案總管「檢視程式碼」鈕，進入程式碼編輯器，在Public Class
　　　Form1之下，撰寫如下程式碼。

```
                        自訂事件處理常式
04   Public Sub wordLength(ByVal sender As System.Object, _
05           ByVal e As System.EventArgs)
06      lblLength.Text = "字元數 = " & _
07         txtWord.TextLength.ToString
08   End Sub
```

```
                  chkLength_CheckedChanged ()事件
12   '當核取方塊被核取時，新增計算字元數的事件程序
13   If chkLength.Checked = True Then
14     AddHandler txtWord.TextChanged, _
15        AddressOf wordLength
16   Else
17     txtWord.Clear()
18     lblLength.Text = "字元已清除"
```

```
19      '當核取方塊未核取，刪除計算字元數的事件程序
20      RemoveHandler txtWord.TextChanged, _
21          AddressOf wordLength
22  End If
```

程‧式‧解‧說

* 第4~8行：自訂一個事件處理常式，透過文字方塊TextLength屬性來取得文字方塊的字元數。

* 第13~14行：當核取方塊被核取時，啟動wordLength事件處理常式，若文字方塊有輸入字元則計算字元數。

* 第17~21行：核取方塊未被核取情形下，清除wordLength事件處理常式，並同時清除文字方塊內容。

執行、編譯程式

【圖9-2 範例CH0901B執行結果】

9.2 | Windows表單

Windows應用程式上演的故事，基本上就是圍繞在表單身上，視窗的基本操作，以表單為媒介，這說明一件事，視窗的程式設計就從表單開始。

9.2.1 表單常用的屬性、方法

　　屬性Name提供表單類別的名稱，使用者透過專案產生Windows Form時，預設名稱是「Form1」；Text屬性則是表單的標題列文字。表單還有那些常用屬性，下表9-2列舉之。

【表9-2 常見的表單屬性】

屬性	說明
BackColor	表單的背景顏色
BackgroundImage	表單中顯示的背景影像
BackgroundImageLayout	表單背景影像的版面設定
FormBorderStyle	設定表單的框線樣式
MaximizeBox	表單標題列是否要顯示最大化鈕
MdiParent	表單是否為多重介面表單
MinimizeBox	表單標題列是否顯示最小化鈕
Size(Width, Height)	設定表單大小
ShowIcom	表單標題列是否顯示圖示
StartPosition	決定表單的起始位置
WindowState	表單的視窗狀態

FormBorderStyle

　　FormBorderStyle屬性能決定表單在執行時，是否具有框線，使用者能否調整表單大小！而視窗的標題列的右側會有功能表，左側則顯示最大化、最小化鈕，圖9-3說明。

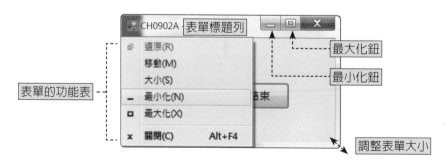

【圖9-3 FormBorderStyle屬性有關的設定】

表單在執行時，表單及標題列顯示的狀態，其列舉常數及顯示狀態，列表9-3說明。

【表9-3 FormBorderStyle屬性】

列舉常數	顯示標題列	能否調整大小	最大化、最小化鈕	表單功能表
Sizable(預設值，可調整)	●	●	●	●
None(無框線)				
Fixed3D(立體框線)	●		●	●
FixedSingle(單一框線)	●		●	●
FixedDialog(對話方塊)	●		●	●
FixedToolWindow (工具視窗框線)	●			
SizableToolWindow (可調整工具視窗框線)	●	●		

Size

Size屬性以寬度和高度來表示表單的大小，透過屬性視窗，展開Size屬性之後，能見到寬度(Width)和高度(Height)設定值。

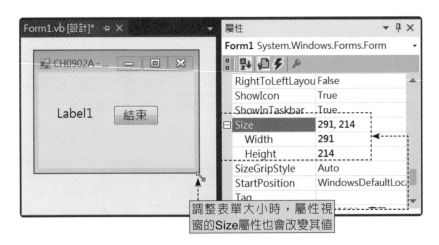

【圖9-4 表單的Size屬性】

　　如果要以程式碼改變表單大小，必須使用New呼叫Size結構的建構函式重做設定。

```
Me.Size = New Size(150, 150)  '表單大小以像素為單位
Me.Height = 150   '以Higth、Width也能設定
Me.Width = 150
```

StartPosition

　　StartPosition屬性用來指定表單的起始位置。

* Manual：啟動表單時，其位置由Location屬性決定。

* CenterScreen：啟動時，表單會顯示於螢幕中央，由Size屬性決定表單大小。

* WindowsDefaultLocation：預設值，由Windows系統決定起始位置，通常是螢幕左上角。

* WindowsDefaultBounds：表單位置由Windows系統決定，並且決定其界限。

* CenterParent：表單會依據父表單界限值，顯示於中央。

WindowState

　　WindowState屬性可讓使用者來決定表單的初始狀態。

* Normal：預設值，配合Size屬性來顯示表單大小。

* Minimized：啟動表單時最小化，會顯示於工作列。

* Maximized：啟動表單時最大化，會佔用整個視窗；此外，透過MaximumSize屬性(也是Width和Height)能調整表單執行時的最大範圍。

範例 《CH0902A》

說明：加入2個按鈕(Button)控制項，並以程式碼建立新表單並修改表單屬性。

STEP 1 範本Windows Form應用程式，專案「CH0902A.vbproj」，控制項屬性設定如下。

控制項	Name	Text	控制項	Name	Text
Button1	btnCreat	建立新表單	Button2	btnEnd	結束

STEP 2 相關程式碼撰寫如下。

```
                    btnCreat_Click ()事件
05   Dim newForm As New Form '新建立一個表單
06   newForm.Text = "這是新建表單"
07   '設定表單的框線樣式
08   newForm.FormBorderStyle _
09      = Windows.Forms.FormBorderStyle.FixedSingle
10   '設定表單的起始位置為螢幕中央
11   newForm.StartPosition = FormStartPosition.CenterScreen
12   newForm.Size = New Size(220, 180)    '設定表單大小
13   newForm.Show() '以Show方法顯示表單
```

程·式·解·說

* 第5行：在原來表單之外，使用New運算子新建第二個表單。

* 第8~9行：FormBorderStyle屬性值「FixedSingle」，新建表單具有單線框線，使用者無法調整大小。

* 第11行：StartPosition屬性值「CenterScreen」，新建表單執行後會顯示於螢幕中央位置。

* 第13行：使用Show()方法才能讓表單執行時顯示於畫面上。

執行、編譯程式

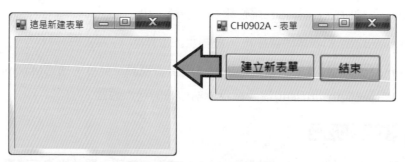

【圖9-5 範例CH0902A執行結果】

　　討論：若將程式碼第9行變成註解，再去執行程式，結果如何？有無看到「新建表單」？

表單的常用方法

表單使用的方法中，最為常用的有三種。

- Show()：顯示表單。

- ShowDialog()：將表單以「強制對話方塊」顯示。

- Close()：關閉表單，相當於啟動表單後，再按表單右上角「×」關閉鈕。

9.2.2 探討表單事件

在Windows應用程式中，將表單載入或關閉時時，會引發下列一些常見的事件。

- Activated：當表單為「作用中」表單，就會引發此事件。

- Deactivate：表單不是「作用中」表單。

- FormClosed：關閉表單後所引發的事件，取代原來的Closed事件。

- FormClosing：當使用者按下表單右側「×」鈕，或是呼叫Close方法所引發的事件，取代原來的Closing事件。

- Load：當視窗應用程式第一次載入表單時，就會觸發此事件；因此，設定控制項的初始狀態，或是變數的初值，都能在Load事件先行處理。

- Paint：繪圖時，在表單上進行重繪動作引發的事件。

- Resize：表單的大小被改變時，引發的事件。

第一次顯示表單時，會引發Load、Activated、Shown事件；而關閉表單時，則會引發FormClosing、FormClosed、Deactivate事件。

範例 《CH0902B》

說明：配合標籤(Label)控制項，了解表單事件執行的順序。

STEP 1 範本Windows Form應用程式，專案「CH0902B.vbproj」。

STEP 2 表單加入一個Label控制項，Name屬性值「lblShow」，BorderStyle屬性值「FixedSingle」。

STEP 3 滑鼠雙按表單空白處，自動進入Form1_Load事件，撰寫相關程式碼。

Form1_Activated ()事件--作用表單
03　Dim msg As String
06　Private Sub Form1_Activated(sender As Object, e As　_   07　　　　EventArgs) Handles Me.Activated   08　　msg &= "Activated: 作用中表單" & vbNewLine   09　　lblShow.Text = msg   10　End Sub
Form1_Load()事件--表單最大化
16　Me.WindowState = FormWindowState.Maximized   17　msg &= "表單最大化" & vbNewLine   18　lblShow.Text = msg
Form1_Resize ()事件--改變表單
23　msg &= vbCrLf & "改變後表單寬度：" & Me.Size.Width & _   24　　vbCrLf & "表單高度：" & Me.Size.Height & vbCrLf   25　lblShow.Text = msg

程·式·解·說

* 第16行：載入表單後，以WindowsState屬性，將表單最大化。

* 第23~25行：取得表單寬度「Me.Size.Width」，表單高度「Me.Size.Height」，再以標籤控制項的Text屬性顯示。

執行、編譯程式

　　討論1：按F5執行程式，觀察表單是否最大化？

　　討論2：表單事件共有三個：Load、Activated、Resize，是同時執行？還是有先後順序！

　　討論3：按表單右上角「往下還原」鈕(三個按鈕中，中間的按鈕)，表單的寬度和高度是多少？設定值從何處取得？

　　討論4：以滑鼠改變表單大小時，會引發表單那一個事件！

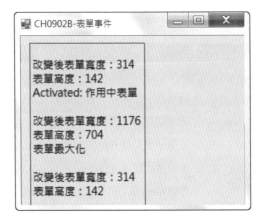

【圖9-6 範例CH0902B執行結果】

關閉表單

已經知道關閉表單時引發事件順序為：先有FormClosing，其次FormClosed事件。FormClosing事件發生於表單正要關閉，關閉表單時，會釋放與表單有關的所有資源。認識其事件處理常式。

```
Private Sub Form1_FormClosing(ByVal sender As Object, _
    ByVal e As System.Windows.Forms.FormClosingEventArgs) _
    Handles Me.FormClosing
    . . .
End Sub
```

- 取消此事件，表單將持續開啟。

- FormClosing第2個參數FormClosingEventArgs，具有二個屬性：Cancel及CloseReason。

- Cancel屬性：預設值為False，若要取消表單的關閉，可設為True，而FormClosing事件就不會引發。

- CloseReason屬性：回傳表單關閉的原因。而CloseReason為列舉類別，表9-4簡介它的成員。

【表9-4 CloseReason列舉類別】

CloseReason列舉類別成員	說明
None	關閉原因無法取得或可能未定義
WindowsShutDown	關機前，作業系統會強迫關閉正在開啟的應用程式
FormOwnerClosing	正在關閉主控表單
MdiFormClosing	關閉多重文件介面(MDI)的父表單
UserClosing	使用者按表單X(關閉)鈕、或按ALT+F4鍵關閉表單
TaskManagerClosing	透過Windows系統的工作管理員來關閉應用程式
ApplicationExitCall	呼叫Application類別的Exit方法

FormClosed事件發生在使用者關閉表單之後，事件處理常式如下。

```
Private Sub Form1_FormClosed(ByVal sender As Object, _
     ByVal e As System.Windows.Forms.FormClosedEventArgs) _
     Handles Me.FormClosed
   . . .
End Sub
```

* FormClosed第2個參數FormClosedEventArgs，只有一個屬性：CloseReason，為列舉型別常數(參考表9-4)，回傳表單關閉原因。

範例 《CH0902C》

說明：了解表單關閉時事件的順序。按表單右上角「關閉」鈕引發FormClosing事件，按「確定」鈕，引發FormClosed事件

STEP 1 範本Windows Form應用程式，專案「CH0902C.vbproj」。

STEP 2 沒有控制項，切換程式碼編輯視窗，選取表單對應事件，程式碼如下。

Form1_FormClosed()事件--2.關閉表單
05   MessageBox.Show("表單要關閉了..." & vbCrLf & _
06   "關閉原因：" & e.CloseReason.ToString, "表單要關閉")
Form1_FormClosing()事件--1.是否關閉表單
12   Dim outcome As MsgBoxStyle = MsgBoxStyle.Exclamation _
13   Or MsgBoxStyle.OkCancel _

```
14      Or MsgBoxStyle.DefaultButton2
15   Dim result As Integer
16   result = MsgBox("確定要關閉表單？", outcome, _
17      "表單正在關閉")
18   If result = MsgBoxResult.Cancel Then
19      e.Cancel = True    '表示表單會持續開啓
20   End If
```

程·式·解·說

* 第5~6行：若按下MsgBox的「確定」鈕，表示會引發FormClosed事件處理常式，利用FormClosingEventArgs引數的屬性CloseReason來顯示表單關閉原因。

* 第16行：當使用者按表單右上方的X鈕會引發FormClosing事件，透過MsgBox函數來取得按鈕訊息。

* 第18~19行：若按下MsgBox的「取消」鈕，表示將事件處理常式FormClosingEventArgs引數的屬性Cancel設為True，表單則保持開啓狀態。

執行、編譯程式

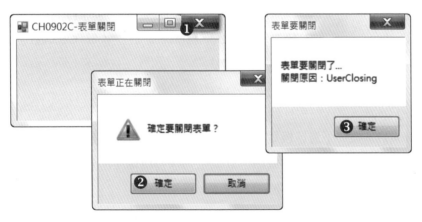

【圖9-7 範例CH0902C執行結果】

9.3 滑鼠事件

操作表單或控制項時，按一下滑鼠、移動滑鼠所引發的事件，皆屬於滑鼠事件。只不過前面章節都以Click事件為主！對於Windows應用程式來說，透過滑鼠來接收並以事件處理常式進行相關程序是非常普遍的動作。滑鼠引發的事件不可能只有Click事件，引發的事件先以下表9-5簡介。

【表9-5 滑鼠事件】

滑鼠事件	引發時機	接收引數類型
Click	控制項按一下滑鼠左鍵	EventArgs
DoubleClick	在控制項上雙擊滑鼠	EventArgs
MouseEnter	滑鼠進入控制項範圍	EventArgs
MouseLeave	滑鼠離開控制項時	EventArgs
MouseMove	移動滑鼠	Mouse EventArgs
MouseDown	在控制項按住滑鼠按鍵被偵測到	Mouse EventArgs
MouseClick	偵測到滑鼠按一下控制項	Mouse EventArgs
MouseUp	偵測到控制項上放開滑鼠按鍵	Mouse EventArgs
MouseWheel	焦點控制項轉動滑鼠滾輪被偵測到	Mouse EventArgs

由表9-5得知滑鼠的事件處理常式共有二種。

- EventArgs：按一下滑鼠按鍵、移動滑鼠有關的事件處理常式。

- MouseEventArgs：取得滑鼠目前狀態，包括滑鼠指標位置、按下哪個滑鼠按鍵以及滑鼠滾輪是否有捲動。

9.3.1 Click、DoubleClick

滑鼠在表單或控制項按一下滑鼠，引發Click事件，雙擊滑鼠則是DoubleClick事件。當使用者將滑鼠指標移向某個控制項再按下滑鼠按鍵，所引發事件的順序如下。

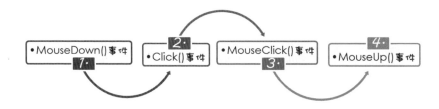

一般來說，控制項都有支援Click事件，使用的時機有下列三種：

- 選取物件：將滑鼠指標移到某個圖示，例如點選工具列按鈕圖示，按下滑鼠後就會反白；選取下拉選項中某一個選項。

- 取得物件控制權：例如在文字方塊按一下滑鼠，取得輸入焦點才能輸入文字。

- 執行指令：例如按一下按鈕執行某一個動作。

DoubleClick事件使用的時機對於表單或控制項而言，較不常見，例如TextBox、ListBox、ComboBox控制項才有支援DoubleClick事件。而在Windows作業系統下，例如：在Word文件執行「開啟舊檔」動作，進入交談窗後，可以針對某一個欲開啟的檔案，雙按滑鼠就能直接開啟，而不用藉助「開啟」鈕。

範例《CH0903A》

說明：在按鈕按一下滑鼠改變表單的背景顏色，滑鼠雙按文字方塊來改變其位置。

STEP 1 範本Windows Form應用程式，專案「CH0903A.vbproj」，控制項屬性設定如下。

控制項	Name	Text	控制項	Name	Multiline
Button	btnCheck	改變	TextBox	txtChange	True

STEP 2 相關程式碼如下。

```
                    btnCheck_Click ()事件
04   Me.BackColor = Color.Cyan
```

txtChange_DoubleClick()事件--部份程式碼

```
13   With txtChange
14      '改變文字方塊框級為單線框
15      .BorderStyle = BorderStyle.Fixed3D
16      '與表單繫結的位置
17      .Dock = DockStyle.Bottom
18      .BackColor = Color.Pink
19      .Text = str1 & vbCrLf & str2
20   End With
```

程·式·解·說

＊ 第4行：按一下「改變」按鈕，會改變表單的背景顏色。

＊ 第13~20行：使用With陳述式來設定文字方塊的相關屬性。

執行、編譯程式

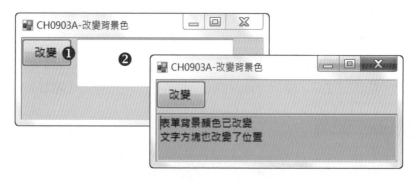

【圖9-8 範例CH0903A執行結果】

9.3.2　取得滑鼠訊息

滑鼠指標移向控制項，按下滑鼠按鍵會引發MouseDown事件，放開滑鼠按鍵則有MouseUp事件發生。當使用者將滑鼠指標移向控制項會發生MouseMove事件。事件處理常式的MouseEventArgs，提供下列作用。

* 判別那一個滑鼠按鍵按下、按鍵次數。

* 滑鼠滾輪移動的距離。

* 移動滑鼠時，滑鼠指標位置和按鈕狀態。

如何取得滑鼠按鍵的目前狀態或滑鼠指標位置？透過Control類別的 MouseButtons屬性來得知目前是滑鼠的那個按鈕被按下，透過下表9-6說明滑鼠按鍵的常數值。

【表9-6 滑鼠按鍵值】

滑鼠按鍵值	說明
Left	滑鼠左鍵
Middle	滑鼠中間鍵
Right	滑鼠右鍵
None	不按任何滑鼠按鍵
XButton1	具有五個按鍵的Microsoft IntelliMouse，能向後瀏覽
XButton2	具有五個按鈕的Microsoft IntelliMouse，能向前瀏覽

MousePosition屬性則可以取得滑鼠指標在螢幕座標(Screen Coordinate)上的位置。

範例 《CH0903B》

說明：認識滑鼠的MouseDown、MouseMove、MouseUp事件。

STEP 1 範本Windows Form應用程式，專案「CH0903B.vbproj」。

STEP 2 加入文字方塊控制項，Name屬性值「txtShow」，程式碼如下。

```
                      Form1_MouseDown ()事件
06   Select Case e.Button
07      '按下滑鼠左鍵
08      Case MouseButtons.Left
09         Dim str1 As String = _
10            "Doing your best in a team sport"
11         txtShow.Text = str1 '選取文字方塊文字
12         txtShow.Select(0, txtShow.Text.Length)
13
14      Case MouseButtons.Right
15         '參數e取得滑鼠座標X、Y位置
16         txtShow.Text = "按下滑鼠右鍵" & vbCrLf & _
17            "滑鼠座標：" & "X =" & e.X & ", Y =" & e.Y
```

```
18
19    Case MouseButtons.None
20        txtShow.Text = "沒有按下滑鼠任何按鍵"
21    End Select
```

Form1_MouseMove()事件
26 Dim str As String = "滑鼠移動中"
27 txtShow.Text = str & vbCrLf & _
28   "滑鼠座標：" & "X =" & e.X & ", Y =" & e.Y

Form1_MouseUp()事件
33 txtShow.Text = "放開了滑鼠"

程・式・解・說

* 第6~21行：利用MouseEventArgs的e物件，配合Select...Case陳述式來判斷使用者是按下滑鼠的那一個按鍵。

* 第8~12行：按下滑鼠左鍵，會選取文字方塊的文字。

* 第14~17行：按下滑鼠右鍵，配合XY座標，以文字方塊顯示滑鼠座標。

執行、編譯程式

<1> 先將Form1_MouseMove事件的程式碼形成註解，在表單空白處按下滑鼠(MouseDown)，放開滑鼠(MouseUp)。

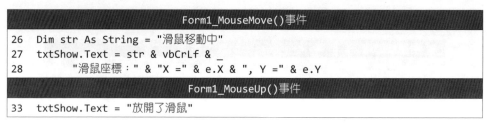
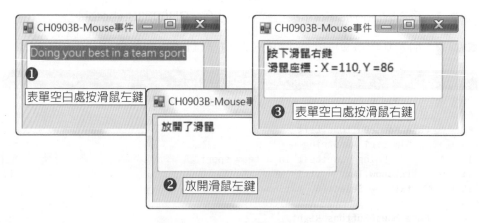

【圖9-9 範例CH0903B執行結果-1】

<2>　將Form1_MouseMove事件的程式碼取消註解，執行時會取得滑鼠移動時
　　的座標位置。

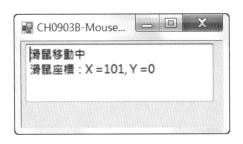

【圖9-10 範例CH0903B執行結果-2】

討論：MouseDown、MouseUp、MouseMove三個事件同時執行，那一個事
件無法取得！

9.3.3　滑鼠的拖曳事件

滑鼠的「拖放作業」是把物件拖曳越過其它控制項。在Windows系統中以
滑鼠進行拖曳動作時，依據拖曳對象分為：以目標為主的拖放作業和以來源為
主的拖放作業。

以目標為主

拖曳對象若是以目標為主，其事件處理常式以下表9-7說明。

【表9-7 以目標為主的滑鼠拖曳事件】

滑鼠事件	引數類型	引發時機
DragEnter	DragEventArgs	以滑鼠拖曳物件
DragOver	DragEventArgs	滑鼠拖曳物件時，指標移向另一個控制項
DragDrop	DragEventArgs	將某物件拖曳到另一個控制項並放開滑鼠
DragLeave	EventArgs	拖曳物件時超出控制項界限

以DragDrop而言，其事件處理常式如下。

```
Private Sub rtxtShow_DragDrop(ByVal sender As Object, _
    ByVal e As System.Windows.Forms.DragEventArgs) _
    Handles rtxtShow.DragDrop
  '撰寫的程式碼
End Sub
```

引數以**DragEventArgs**類別為主者，提供滑鼠指標的位置、滑鼠按鈕和鍵盤輔助按鍵的目前狀態、正在拖曳的資料。如果要指定拖曳效果，**DragDropEffects**列舉型別提供相關設定值，介紹如下表9-8。

【表9-8 DragDropEffects列舉常數值】

常數值	說明
All	組合Copy、Link、Move和Scroll
Copy	拖曳來源資料並複製到存放目標
Link	拖曳來源資料並和存放目標連結
Move	拖曳來源資料搬移至存放目標
Scroll	目標捲動情形下，找出隱藏的存放位置
None	存放目標不接受資料

以來源為主

如果拖放作業是以來源為主，得進一步取得目前滑鼠按鍵和鍵盤輔助按鍵狀態，例如，使用者是否有按下鍵盤【ESC】鍵，事件處理常式整理列表9-9。

【表9-9 以來源為主的滑鼠拖曳事件】

事件處理常式	引發時機
GiveFeedback	引發滑鼠拖曳行為時，決定滑鼠指標形狀；事件處理常式為GiveFeedbackEventArgs類型的引數
QueryContinueDrag	拖曳作業所引發，由拖曳來源決定作業是否取消；事件處理常式接收QueryContinueDragEventArgs類型的引數

- 引數GiveFeedbackEventArgs：指定拖放作業類型，是否使用預設指標。

- 引數QueryContinueDragEventArgs：拖放作業是否要繼續！如何進行！有無輔助按鍵(Modifier Key)，使用者有無按下ESC鍵。透過DragAction的設定值來決

定其行為，下表9-10說明。

【表9-10 DragAction常數值】

DragAction常數值	說明
Cancle	取消無卸除訊息的作業
Continue	作業將會繼續
Drop	作業會因為卸除而停止

範例 《CH0903C》

說明：將WrodPad的內容以滑鼠拖曳到TextBox控制項。

STEP 1 範本Windows Form應用程式，專案「CH0903C.vbproj」。

STEP 2 加入TextBox控制項，屬性Name為「txtShow」，Dock為「Fill」，
Multiline為「True」，相關程式碼如下。

```
                        Form1_Load()事件
05   txtShow.AllowDrop = True
                      txtShow_DragDrop ()事件
10   Dim locate As Integer
11   Dim result, str As String
12
13   '取得要拖曳文字的起始位置.
14   locate = txtShow.SelectionStart
15   result = txtShow.Text.Substring(locate)
16   'Substring方法：從第1個字開始，擷取所有文字
17   txtShow.Text = txtShow.Text.Substring(0, locate)
18
19   '拖曳到文字方塊，以Concat方法串接字串
20   'GetData方法：指定回傳資料為字串
21   'DataFormats類別：用來識別剪貼簿的資料格式
22   '剪貼簿為文字資料，由DataFormats識別，再以GetData方法回傳
23   str = String.Concat(txtShow.Text, _
24       e.Data.GetData(DataFormats.Text))
25   txtShow.Text = String.Concat(str, result)
                      txtShow_DragEnter()事件
31   If (e.Data.GetDataPresent("Text")) Then
32       '如果是文字則把拖曳的內容複製到文字方塊上
33       e.Effect = DragDropEffects.Copy
34   End If
```

程·式·解·說

* 第5行：將TextBox控制項的AllDrop屬性設為True，才能以滑鼠拖曳文字。

* 第14~17行：SelectionStart屬性將文字方塊選取的起始位置，透過Substring方法取得後，再擷取選取的文字。

* 第23~24行：反覆拖曳到文字方塊的內容，以Concat方法串接字串；當剪貼簿為文字資料時，透過DataFormats來識別，再以GetData方法回傳。

* 第31~34行：先以GetDataPresent方法配合If陳述式判斷是否為文字，如果是文字資料，則以DragDropEffects的Copy，將拖曳內容複製到TextBox控制項。

📌 執行、編譯程式

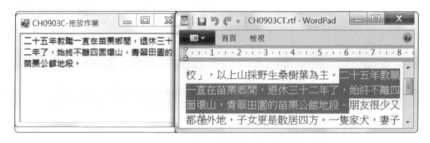

【圖9-11 範例CH0903C執行結果】

9.4 鍵盤事件

　　在視窗作業系統中要取得輸入的訊息，除了滑鼠之外，另一個就是鍵盤的輸入。從程式設計的觀點來看，Windows Form若要取得鍵盤輸入的訊息，必須經由鍵盤事件處理常式處理鍵盤輸入。為了提高執行效率，在預設情形下Visual Basic不會引發鍵盤事件，必須將表單的KeyPreview屬性值變更為「True」。一般來說，在鍵盤按下某個按鍵，事件處理程序為「KeyDown」→「KeyPress」→「KeyUp」。

* KeyPress：經由鍵盤接收按鍵的字元來回應其動作。

- KeyDown：偵測到鍵盤的按鍵被按住，只會發生一次。

- KeyUp：偵測到鍵盤被按住的按鍵已放開，只會發生一次。

9.4.1　KeyPress事件

　　KeyPress事件是使用者按下鍵盤按鍵，可用來偵測組合按鍵的某一個字元。Windows Form運作時會經由識別碼，透過Keys列舉型別將鍵盤輸入轉為虛擬按鍵碼(Virtual Key Code)，並組合一系列按鍵來產生一個值。KeyDown或KeyUp事件，則會偵測大部分的鍵盤按鍵，經由字元鍵(Keys列舉型別的子集)，來對應WM_CHAR和WM_SYSCHAR值。KeyPress事件處理常式如下：

```
Private Sub txtCalc_KeyPress(ByVal sender As _
     System.Object, ByVal e As _
     System.Windows.Forms.KeyPressEventArgs) _
     Handles txtCalc.KeyPress
   '撰寫程式碼
End Sub
```

- 參數KeyPressEventArgs類別可透過KeyChar屬性來指定按鍵的組合字元。例如，使用者按下【SHIFT】+【K】，KeyChar屬性就傳回大寫的「K」。

- 此外，要限定控制項接收範圍，可以將KeyPressEventArgs的Handled屬性值設為「True」。例如，限定控制項只能輸入A~Z英文字元，敘述如下：

```
If str < "A" Or str > "Z" Then
   e.Handled = True
End If
```

範例 《CH0904A》

說明：限定文字方塊只能輸入10字元，第1個字元必須是大寫的英文字母，其餘是數字。

STEP 1 範本Windows Form應用程式，專案「CH0904A.vbproj」，控制項屬性設定如下。

STEP 2 加入TextBox控制項，Name屬性值「txtWord」，MaxLength屬性值「10」；Label控制項，Text屬性值「名稱」，相關程式碼如下。

txtWord_KeyPress()事件

```
10   If txtWord.TextLength < 10 Then
11     '2. 第1個字元必須是英文字母,其餘是數字
12     If txtWord.SelectionStart = 0 Then
13       '第1一個字元轉為大寫字母
14       str = e.KeyChar.ToString.ToUpper
15       '3. 只能輸入A~Z英文字元,不接受其他字元
16       If str < "A" Or str > "Z" Then
17         e.Handled = True
18       End If
19     Else
20       '只能輸入0~9數字,其餘字元不接受
21       If (e.KeyChar < "0" Or e.KeyChar > "9") _
22           And (e.KeyChar <> vbBack) Then
23         e.Handled = True
24       End If
25     End If
26   Else
27     '使用者按Enter鍵表示輸入完成
28     If e.KeyChar = Microsoft.VisualBasic.ChrW( _
29         Keys.Return) Then
30       e.Handled = True
31       MsgBox("輸入完成")
32     End If
33   End If
```

程·式·解·說

*   第10~25行:先判斷只能輸入10個字元,藉助TextLenght屬性來判斷字元長度。

*   第12~18行:從第1個輸入字元開始判斷,必須輸入A~Z英文字母,再以ToUpper方法轉成大寫,將Handled屬性設為「True」,所以文字方塊不會接受其他字元。

*   第21~24行:第2~10個字元只能輸入0~9的數字。

*   第28~32行:完成輸入後,按下Enter鍵來表示輸入完成。

📌 **執行、編譯程式**

【圖9-12 範例CH0904A執行結果】

9.4.2　KeyDown和KeyUp事件

使用者按住鍵盤的某一個「按鍵」不放時引發「KeyDown」事件，放開鍵盤按鍵後，會伴隨「KeyUp」事件。一般而言，KeyPress事件無法處理的按鍵，可配合KeyDown和KeyUp事件，例如功能鍵、組合鍵。雖然KeyPress可以傳回某個字元的ASCII值，但是無法得知按鍵是持續按住，還是按一下就放開。但是透過KeyDown或KeyUp事件的偵測，能取得鍵盤掃描碼(KeyCode)；其事件處理常式如下：

```
Private Sub Form1_KeyDown(ByVal sender As Object, _
     ByVal e As System.Windows.Forms.KeyEventArgs) _
     Handles Me.KeyDown
   '撰寫程式碼
End Sub
```

參數KeyEventArgs具有的屬性，以下表9-11簡介。

【表9-11 DragAction常數值】

KeyEventArgs屬性	說明
Alt	是否按ALT鍵，按Alt鍵回傳True，否則回傳False
Control	是否按Ctrl鍵，有按Ctrl鍵回傳True，否則回傳False
Shift	是否按下Shift鍵，如果有按「Shift」鍵回傳True，否則回傳False
KeyCode	取得鍵盤掃描碼
KeyData	結合按鍵和輔助鍵

KeyEventArgs屬性	說明
KeyValue	取得鍵盤值
Modifiers	是否配合其他按鍵，例如SHIFT、CTRL或ALT
Handled	設定控制項是否要提供按鍵的基本接收
SuppressKeyPress	用來隱藏該按鍵動作的KeyPress和KeyUp事件

屬性KeyCode來取得鍵盤掃描碼，以下表9-12列舉之。

【表9-12 鍵盤按鍵的KeyCode值】

按鍵	掃描碼	按鍵	掃描碼	按鍵	掃描碼	按鍵	掃描碼
A~Z	65~70	0~9	48~57	1	35	2	40
3	34	4	37	5	12	6	39
7	36	8	38	9	33		
F1	112	F2	113	F3	114	F4	115
Shift	16	Ctrl	17	Alt	18	CapsLock	20
BackSpace	8	Enter	13	空白鍵	32		

加入PictureBox控制項

　　PictureBox控制項用來顯示圖片，可以使用的圖片格式包含：BMP、JPG、GIF和WMF(中繼檔)。載入的圖片大小不一，可以透過「SizeMode」屬性做調整，屬性值簡介如下。

- Normal：不做調整。

- StretchImage：圖片依據圖框大小來調整。

- AutoSize：圖框隨圖片大小調整。

- CenterImage：將圖片置中。

- Zoom：將圖片調小。

　　PictureBox控制項的圖片如何載入，如何清除！透過下面步驟說明。

STEP 1 加入PictureBox控制項，點選屬性視窗的「Image」節省鈕。

STEP 2 載入的圖片要清除時，再一次進入「選取資源」交談窗，按「清除」鈕即可。

STEP 3 將屬性視窗SizeMode屬性值變更為「StretchImage」，圖片隨圖框大小做調整。

範例《CH0904B》

說明：了解鍵盤KeyDown事件的運作，按上、下、左、右方向鍵來移動圖片控制項，F1配合Ctr1、Shift和Alt鍵，來認識KeyUp事件。

STEP 1 範本Windows Form應用程式，專案「CH0904B.vbproj」，控制項屬性設定如下。

控制項	Name	Image	SizeMode
Label	lblShow		
PictureBox	picMove	載入圖片	StretchImage

STEP 2 相關程式碼如下。

```
                        Public Class Form1
03    Dim nonDire As Boolean = False
                 Form1_KeyDown()事件--部份程式碼
08    If e.KeyCode = Keys.Up Then
09        '是否超出表單最上邊界
10        If (picMove.Top + picMove.Height) <= 0 Then
11            picMove.Top = Me.Height
12        Else
13            '未超出表單上邊界，以目前位置向上移動
14            picMove.Top -= 15
15        End If
16    //省略程式碼
17    Else
18        nonDire = True
19    End If
20    lblShow.Text = "X座標= " & picMove.Top & vbCrLf & _
21        "Y座標= " & picMove.Left & vbCrLf & _
22        "現在按下 " & e.KeyCode.ToString & " 鍵" & _
23        vbCrLf & "鍵值 = " & Str(e.KeyCode)
                        Form1_KeyUp()事件
57    If e.KeyCode = Keys.F1 AndAlso (e.Alt OrElse _
58        e.Control OrElse e.Shift) Then
59        '在標籤位置，顯示說明的快顯視窗
60        Help.ShowPopup(lblShow, "需要什麼幫助嗎？", _
61            New Point(lblShow.Bottom, Me.lblShow.Right))
62    End If
```

程·式·解·說

* 第3行：程式執行時，變數nonDire為旗標，用來檢查是否使用了上、下、左、右方向鍵，若使用鍵盤其他按鍵，會將布林值變更為「True」。

* 第8~15行：判斷是否按「向上」方向鍵。

* 第10~11行：進一步判斷圖片是否有超出表單的上邊界，如果有超出表單的上邊界，會從表單下方向上移動。

* 第14行：如果沒有超出表單上邊界，會從目前位置向上移動。其他向下、左、右運作方式相同，不再贅述。

* 第57~58行：判斷使用者是否使用組合鍵：「Ctrl + F1」或「Alt + F1」或「Shift + F1」。

* 第60~61行：若有使用組合鍵，「Help.ShowPopup」會顯示一個快顯視窗，並顯示「需要什麼幫助」的訊息。由於「e.Alt」等組合鍵只會回傳布林值，所以只會顯示F1按鍵及鍵值。

執行、編譯程式

【圖9-13 範例CH0904B執行結果】

討論：如果KeyUp事件加入一行程式碼「lblShow.Text = "放開按鍵"」(第23行位置)，執行時會如何！

Tips | Help類別提供說明視窗

Help類別為.NET Framework類別庫，提供說明視窗，配合ShopPopup方法提供快顯視窗，語法如下：

```
ShowPopup(parent, caption, location)
```

◆ parent：指定欲顯示「說明」交談窗的控制項

◆ caption：顯示於「說明」交談窗的訊息

◆ location：顯示交談窗的位置。

重點整理

↺ 事件由物件傳送，傳送某個動作的訊息。事件發生後，針對事件採取行動，稱為「事件處理常式」(Event Handler)。

↺ Visual Basic對於事件處理採用委託事件處理模型，引發事件的物件為「事件發送者」，也稱為「事件來源」(Event Source)，捕捉事件並且回應它的物件稱為「事件接收者」。

↺ Visual Basic事件處理常式，會結合事件發送者名稱、底線和事件名稱。例如，按鈕button1的Click事件會命名為Sub button1_Click。按鈕控制項是「事件來源」；事件處理常式為「button1_Click」，事件接收者則為「表單」。將事件處理常式的方法加入「button1_Click」中，稱為「事件驅動設計」。

↺ 每個「事件處理常式」都有兩個參數：❶sender：引發事件的物件，資料型別是Object；❷e：EventArgs事件物件，針對欲處理事件，提供事件資訊並做傳遞。

↺ Windows應用程式若有多個控制項執行相同事件，需要共用事件處理常式。透過控制項的某一個事件處理常式，藉由Handles加入要處理的物件名稱。

↺ 表單屬性中，FormBorderStyle決定表單是否有框線；Size用來設定表單大小；而WindowState則讓使用者決定表單的初始狀態。

↺ 表單事件處理常式中，第一次顯示表單，會引發Load、Activated、Shown事件；關閉表單時，則會引發FormClosing、FormClosed、Deactivate事件。

↺ 滑鼠在表單或控制項按一下滑鼠，引發Click事件，雙擊滑鼠則是DoubleClick事件。使用者將滑鼠指標移向某個控制項再按下滑鼠按鍵，所引發事件的順序：MouseDown、Click、MouseClick、MouseUp。

↺ 滑鼠指標移向控制項，按下滑鼠按鍵會引發MouseDown事件，放開滑鼠按鍵則有MouseUp事件發生。當使用者將滑鼠指標移向控制項會發生MouseMove事件。

↺ 滑鼠的「拖放作業」是把物件將拖曳越過其它控制項。在Windwos系統中以滑鼠進行拖曳動作時，依據拖曳對象分為：以目標為主的拖放作業和以來源為主的拖放作業。

↺ 從程式設計觀點來看，Windows Form若要取得鍵盤輸入的訊息，必須經由鍵盤事件處理常式處理鍵盤輸入。在鍵盤按下某個按鍵，事件處理程序為KeyDown→KeyPress→KeyUp。

↻ 按下鍵盤按鍵,引發**KeyPress**事件來偵測組合按鍵的某一個字元。Windows Form運作時會經由識別碼,透過**Keys**列舉型別將鍵盤輸入轉為虛擬按鍵碼(Virtual Key Code),並組合一系列按鍵來產生一個值。

↻ 使用者按住鍵盤的某一個「按鍵」不放時會引發「KeyDown」事件,放開鍵盤按鍵後,會伴隨「KeyUp」事件。

↻ KeyPress事件無法處理按鍵,但配合KeyDown和KeyUp事件,例如功能鍵、組合鍵。雖然**KeyPress**可以傳回某個字元的ASCII值,但是無法得知按鍵是持續按住,還是按一下就放開。但是透過KeyDown或KeyUp事件的偵測,能取得鍵盤掃描碼(KeyCode)。

課後習題

一、選擇題

( ) 1. 每種控制項皆有預設的事件處理程序，下列何者配對錯誤？(A)Form1_Load (B)Button1_Click (C)TextBox1_Click (D)Label1_Click。

( ) 2. 要取得控制項事件處理程序，下列方法中那一個有誤？(A)直接在控制項雙按滑鼠 (B)透過方案總管的「設計工具檢視」鈕 (C)透過「屬性視窗」，切換「事件」鈕來找到所需事件 (D)透過方案總管的「檢視程式碼」鈕。

( ) 3. 下列程式碼的描述中，何種有誤？(A)兩個按鈕共用相同的事件程序 (B)Handles之後的事件，要使用逗號隔開 (C)可藉由CType函數來確認使用的控制項 (D)以上皆非。

```
Private Sub Button1_Click(ByVal sender As System.Object, _
            ByVal e As System.EventArgs) _
            Handles Button1.Click, Button2.Click
    '撰寫的程式碼
End Sub
```

( ) 4. 表單屬性的FormBorderStyle，屬性值設為「FixedSingle」不包含下列？(A)調整視窗大小 (B)最大化、最小化鈕 (C)表單功能表 (D)標題列。

( ) 5. 下列事件中，那一個是表單預設事件？(A)Activated (B)Load (C)Paint (D)FormClosed。

( ) 6. 按表單視窗右上角X鈕關閉表單時，先會引發那一個事件？(A)Decativated (B)Load (C)FormClosed (D)FormClosing。

( ) 7. 如何取得滑鼠按鍵的狀態，須透過Control類別的那一個屬性？(A)MouseButtons (B) MouseWheel (C)MouseEnter (D)XButton2。

( ) 8. 以滑鼠拖曳物件時，會引發那一個事件？(A)DragDrop (B)DragLeave (C)DragEnter (D)DragOver。

( ) 9. 在鍵盤按下某一個按鍵，會先引發那一個事件？(A)KeyDown (B)KeyPress (C)DragEnter (D)KeyUp。

( ) 10. 說明下列程式碼的作用？(A)任何字元都能接受 (B)只接受0~9數字 (C)不接受A~Z的英文字元DragEnter (D)只接受A~Z的英文字元。

```
Dim str As String
If str < "A" Or str > "Z" Then
    e.Handled = True
End If
```

二、填充題

1. 每個「事件處理常式」都提供兩個參數：❶＿＿＿＿＿＿＿＿＿；❷＿＿＿＿＿＿＿＿＿。

2. 共用事件處理程序中，CType函數會將函數sender轉為＿＿＿＿＿＿＿＿＿。

3. Visual Basic 2013提供二種方法來動態啟動和停止事件處理程序：使用＿＿＿＿＿＿＿＿陳述式來設定物件的事件程序，使用＿＿＿＿＿＿＿＿＿陳述式移除事件。

4. 表單屬性中，設定表單大小的屬性是＿＿＿＿＿＿＿＿＿，決定表單的初始狀態的屬性是＿＿＿＿＿＿＿＿＿，要顯示表單，要使用＿＿＿＿＿＿＿＿方法。

5. 第一次顯示表單時，會引發＿＿＿＿＿＿＿＿、＿＿＿＿＿＿＿＿、＿＿＿＿＿＿＿＿事件。

6. 表單的FormClosing事件處理常式中，引數FormClosingEventArgs有二個屬性：❶＿＿＿＿＿＿＿＿＿＿＿＿＿＿＿、❷＿＿＿＿＿＿＿＿＿。

7. 滑鼠進入控制項範圍，會引發＿＿＿＿＿＿＿＿＿事件，滑鼠離開控制項範圍，又會引發＿＿＿＿＿＿＿＿＿事件。

8. 在Windows系統中，以滑鼠進行拖曳，依據拖曳對象可分為：❶＿＿＿＿＿＿＿＿＿、❷＿＿＿＿＿＿＿＿＿。

9. KeyPress事件處理常式中，要透過＿＿＿＿＿＿＿＿＿列舉型別將鍵盤輸入轉為虛擬按鍵碼。

10. KeyDown或KeyUp事件處理常式中，引數KeyEventArgs，屬性＿＿＿＿＿＿＿＿取得鍵盤掃描碼，屬性＿＿＿＿＿＿＿＿取得鍵盤值。

三、問答與實作題

1. 依據範例《CH0901A》的架構，讓「加」、「減」、「乘」、「除」按鈕共用事件處理程序，程式碼要如何修改？

2. 滑鼠事件處理常式中，EventArgs和MouseEventArgs有何不同？

3. 以程式碼撰寫滑鼠的MouseDown事件處理常式，透過MouseEventArgs的「e.Button」，按滑鼠左鍵會顯示文字方塊，按右鍵隱藏文字方塊，放開滑鼠(KeyUp)則文字方塊會跟表單大小相同。

4. 參考範例《CH0904B》，使用者在文字方塊設定名稱，長度不能超過8個字元，前3碼必須是英文字元，第3碼必須大寫字母，後5碼則為數字。

10

妙用控制項

- 建立類別，產生標準模組。

- 了解**Application**類別，配合表單、**Sub Main**
  來管理應用程式。

- 提供計時功能的**Timer**控制項。

- 使用於文字編輯的**RichTextBox**、具有遮罩的
  MaskedTextBox。

- 日期選擇的**DateTimePicker**和設定月份的
  MonthCalender。

- 具有選取功能**RadioButton**、**CheckBox**控制
  項。

雖然前面章節以Windows Form建立很多的應用程式，但對於Windows Form
應用程式的運作模式並未著墨太多。如何使用類別、標準模組，如何配合
Application來管理應用程式？此外，本章內容介紹Windows Form通用控制項：
比TextBox更豐富的RichTextBox，提供遮罩功能的MaskedTextBox；讓選擇日期
更具親和力的MonthCalender、DateTimePicker；能配合GroupBox組成群組的
RadioButton和CheckBox。

10.1 管理應用程式

不知大家有無發現，學習Visual Basic程式語言目前有兩大項：類別(Class)
和標準模組(Module)。如何建立類別？選擇專案範本是「Windows Form應用程
式」，進入程式碼編輯器，編寫Windows應用程式，一定是這樣：

```
Public Class Form1
    '程式碼
End Class
```

* 表示在Form1類別下撰寫所需的應用程式。

為了方便於管理Windows應用程式，.NET Framework提供Application類別，
配合Visual Studio 2013提供的My Project操作介面，開發應用程式時以更簡單的
方法來管理。滑鼠雙擊方案總管的「My Project」就能開啟My Project，針對目
前開發的專案做更多的設定。

【圖10-1 My Project的操作介面】

10.1.1 建立類別

撰寫Visual Basic會將程式碼儲存於副檔名為「*.vb」檔案中，若是「Windows Form應用程式」，則儲存於「Form1.vb」檔案中。設計程式時，可以依據實際需求建立多個類別，語法如下：

```
[存取修飾詞] Class 類別名稱
    '宣告屬性
    '宣告方法
End Class
```

- 在Class 類別名稱...End Class組成的區段中，宣告類別的屬性(或者是變數)和方法(Sub或Function皆可)。

開發Windows Form，即使是空白表單，Form1也是最常接觸的類別。

```
Public Class Form1
    '控制項的事件程序或Sub、Function
End Class
```

由於類別只提供物件的樣版，建立類別後必須以New關鍵字來實體化物件，才能進一步呼叫類別的屬性和方法(更多討論請參考第15章)。語法如下：

```
Dim obj As New ClassName
obj.屬性
obj.方法
```

例如，範例《CH0902A》新建的表單物件newForm宣告時須配合New關鍵字，才能呼叫Form類別的Show方法來顯示表單，敘述如下。

```
Dim newForm As New Form    '宣告newForm物件
newForm.Show()             '顯示表單
```

Timer控制項

Timer控制項提供計時功能，可用來存取系統時間，執行程式時，表單並不會顯示，只會在背景運作；相關屬性、方法和事件簡介如下。

- Interval屬性：用來設定間隔時間，單位為毫秒，「1秒 = 1000」。

- Enable屬性：預設值「False」，相當於呼叫Stop方法；若為「True」表示計時器在啟用狀態，相當於呼叫Start方法。

- Start、Stop方法：Start方法用來啓動計時器，Stop方法停止計時器。
- Tick事件：指定Interval毫秒後表示計時器被啓用，會引發Tick事件。

  如何在表單加入Timer控制項，步驟如下：

STEP 1 將位於工具箱「元件」的**Timer**控制項，雙擊或拖曳到表單。

STEP 2 Timer元件會顯示於表單視窗下方的匣。

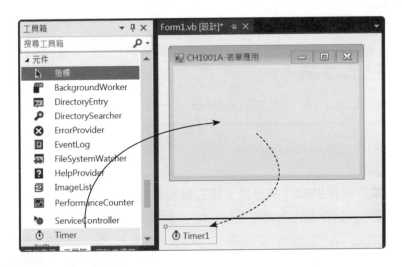

範例《CH1001A》

說明：表單加入Timer控制項，藉由表單的Opacity屬性來產生淡出/淡入表單，Opacity預設屬性值「1.0」是不透明表單，Opacity為「0.0」則是完全透明的表單。

STEP 3 Windows Form應用程式，專案「**CH1001A.vbproj**」，控制項屬性設定如下表。

控制項	屬性	屬性值
Button1	Name	btnAdd
	Text	建立新表單
Timer	Name	tmrShow

控制項	屬性	屬性值
	BackgroundImage	載入圖片
Form1	BackgroundImageLayout	Stretch
	StartPosition	CenterScreen

STEP 4 滑鼠雙按「建立新表單」按鈕，程式碼內容如下。

```
                    btnAdd_Click()事件
06  Dim frmSecond As New Form
07  frmSecond.Text = "產生第二個表單"
08  frmSecond.Size = New Size(220, 180) '設定表單大小
09  frmSecond.Show()   '顯示表單
```

```
                   Form1_Activated()事件
14  tmrShow.Start()
15  Me.Opacity = 0.2   '透明表單
16  count = 0.1
```

```
                  Form1_Deactivate()事件
21  tmrShow.Start()
22  Me.Opacity = 1.0   '不透明表單
23  count = -0.1
```

```
                   tmrShow_Tick()事件
28  '表單屬性Opacity介於0.2~1.0之間
29  If Me.Opacity >= 0.2 And Me.Opacity <= 1.0 Then
30      '透過count來累加
31      Me.Opacity += count
32  End If
```

程·式·解·說

* 第6~9行：按下按鈕後會產生一個220*180大小的表單。

* 第14~16行：Activated事件，表示表單為作用中表單，配合計時器，表單會從透明狀態變成不透明狀態。Opacity的值愈接近「0」表單透明感愈大。

* 第21~23行：Deactivate事件，表單為作用中表單，會由不透明變成透明狀。Opacity的值為「1」表單是不透明狀態。

* 第29~32行：透過count來累加，讓表單在一定毫秒下改變表單狀態。

執行、編譯程式

<1> 執行時，主表單是「作用中表單」(含背景圖)，由透明變成不透明。

<2> 按「建立新表單」鈕產生第二個表單，主表單處於「非作用中」，由不透明變成透明。

<3> 以滑鼠按一下主表單，形成「作用中」，藉由主表單「作用中」和「非作用中」，主表單的透明狀態就會有循環變化。

【圖10-2 範例CH1001A執行結果】

10.1.2　產生模組

傳統的Visual Basic會使用標準模組來設立應用程式的公用變數及程序，語法如下：

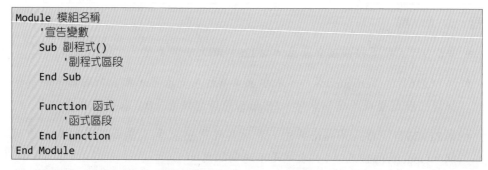

```
Module 模組名稱
    '宣告變數
    Sub 副程式()
        '副程式區段
    End Sub

    Function 函式
        '函式區段
    End Function
End Module
```

標準模組通常是以「主控台應用程式」為專案範本；以Sub Main()為應用程式入口。

```
Module Module1
    Sub Main()
        '程式碼
    End Sub
End Module
```

範例 《CH1001B》

說明：以Windows Form建立專案，再加入標準模組來建立函式，函式用來處理
　　　數值大小。

STEP 1 Windows Form應用程式，專案「CH1001B.vbproj」，控制項屬性設
　　　定如下表。

控制項	Name	Text		控制項	Name
Label1		數值一：		TextBox1	txtNum1
Label2		數值二：		TextBox2	txtNum2
Button	btnMax	比較大小			

STEP 2 加入模組：展開「專案」功能表，執行「加入模組」指令。

STEP 3 滑鼠雙按「建立新表單」按鈕，程式碼內容如下。

btnMax_Click()事件
05   Dim num1 As Integer = CInt(txtNum1.Text)
06   Dim num2 As Integer = CInt(txtNum2.Text)
07   '呼叫函式並回傳比較結果
08   MsgBox("較大的數：" & getMax(num1, num2))

Module maxNum
04   Function getMax(ByVal num1 As Integer, ByVal num2 _
05   As Integer) As Integer
06   '若num1大於num2，就是num1是較大值
07   If num1 > num2 Then
08   getMax = num1
09   Else
10   getMax = num2
11   End If
12   Return getMax
13   End Function

程·式·解·說

* 第5~8行：取得文字方塊輸入的數值，轉成Integer型別後，作為getMax函式欲傳遞的引數。

Module maxNum·程·式·解·說

* 第4~13行：函式getMax()來比較二個數值的大小，所得結果以Return陳述式回傳。

* 第7~11行：透過If...Else陳述式來判斷二個數值大小；若num1大於num2，就將較大值設給num1；若是num2大於num1，就指定num2。

執行、編譯程式

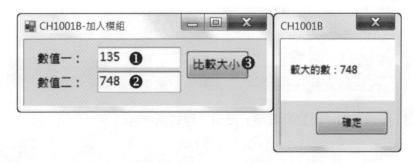

【圖10-3 範例CH1001B執行結果】

Tips | 類別和標準模組並不相同

乍看之下，類別和標準模組好像相同！其實二者之間有很大差異，標準模組底下的函式可以直接呼叫，而類別建立後，必須以New關鍵字將物件實體化，才能使用。類別能依據需求建立多份物件，而標準模組無法以實體化方式產生多份。

10.1.3 特殊的Sub Main()

在標準模組中若加入Sub Main，表示執行的程式會從Sub Main開始，所以它是應用程式的入口。

範例《CH1001C》

說明：表單中有文字方塊控制項，而標準模組加入Sub Main，了解表單及Sub Main如何一起運作。

STEP 1 Windows Form應用程式，專案「CH1001C.vbproj」，控制項屬性設定如下表。

控制項	Name	Text	BackColor	ReadOnly
TextBox	txtLogin		White	True
Button	btnEnd	結束		

STEP 2 表單空白處按滑鼠右鍵，執行「檢視程式碼」指令，在「Public Class Form1」之下，撰寫如下程式碼。

```
                    Public Class Form1
04   Sub modAdmin()
05      txtLogin.Text = "管理者模式"
06      Me.Show()
07   End Sub
08
09   Sub modNormal()
10      txtLogin.Text = "一般使用者"
11      Me.Show()
12   End Sub
```

STEP 3 展開「專案」功能表，執行「加入模組」指令，將名稱儲存為「Login.vb」，在Module Login和End Module輸入「Sub Main()...End Sub」。

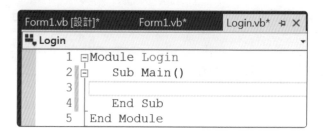

STEP 4 Module Login輸入下列程式碼。

Module Login
03   Dim tmrCount As New Timer'宣告計時器物件tmrCount並實體化
04   Dim check As String
05   Dim frmLog As New Form1

STEP 5 在Sub Main()底下輸入下列程式碼。

Sub Main()部份程式碼
10   AddHandler tmrCount.Tick, AddressOf TimerEvent
11   '設定計時器的時間為10秒
12   tmrCount.Interval = 10000
13   tmrCount.Start()   '啟動計時器
14   check = InputBox("請在10秒內輸入通關密碼...")
15   tmrCount.Stop()   '停止計時器
16
17   If check <> "" Then
18   frmLog.modNormal()
19   If check = "helloword" Then
20   frmLog.modAdmin()
21   frmLog.BackColor = Color.Bisque
22   End If
23   Else
24   MsgBox("無法進入系統")
25   End   '結束程式
26   End If
27
28   '3.變成註解，執行程式會如何？
29   '當frmLog並非Nothing物件()

```
30  If frmLog IsNot Nothing Then
31      Application.Run(frmLog)  '啟動應用程式並指定開啟視窗
32  End If
```

```
                        TimerEvent()事件
36  Private Sub TimerEvent(ByVal sender As Object, _
37      ByVal e As EventArgs)
38      tmrCount.Stop()
39      ' 超過限定時間顯示訊息
40      If MessageBox.Show("已超過時間，要繼續嗎?", "輸入密碼", _
41          MessageBoxButtons.YesNo) = _
42          DialogResult.Yes Then
43          '重新設定時間
44          tmrCount.Enabled = True
45      Else
46          Application.Exit()
47      End If
48  End Sub
```

程·式·解·說

* 第4~12行：使用者輸入正確的通關密話，會進入管理者模式，要不然就是一般的使用者模式。

Module·程·式·解·說

* 第3~4行：宣告二個物件變數：trmCount、frmLog。tmrCount為計時器，輸入通關密語時，限定使用者的秒數；frmLog讓使用者切換不同的模式。

* 第10~26行：主程式Sub Main()為應用程式進入點。

* 第10行：以AddHandler陳述式新增tmrCount的Tick事件，AddressOf陳述式指定事件處理常式；只要使用者輸入通關密語，就會引發Tick事件，開始計時。

* 第17~26行：判斷使用者是否輸入通關密碼，只要輸入字元就進入一般使用者模式，否則就結束應用程式。

* 第19~22行：輸入正確的通關密語才會進入管理者模式。

* 第30~32行：判斷frmLog表單物件確實有，才透過Application類別的Run方法，指定以frmLog表單開啟表單視窗。

* 第36~48行：tmrCount計時器的事件處理常式，使用者須在限定時間輸入通關密語，如果超過限定時間，會詢問使用者是否要繼續；繼續的話就以

「tmrCount.Enabled = True」來重新啟動計時器的計時。

* 第46行：如果不想繼續，就透過Application類別的Exit方法離開應用程式。

執行、編譯程式

<1> 按F5執行程式，是直接進入表單，而非透過Sub Main()來執行，必須修改啟動物件，滑鼠雙擊「方案總管」的『My Project』，進入其交談窗。

<2> 做如下設定：❶確認是「應用程式」標籤。❷取消「啟用應用程式架構」的勾選：預設值有勾選，未取消的話會看不到Sub Main。❸從「啟始物件」展開下拉選單選取❹Sub Main()。

<3> 重新按F5鍵，啟動模組內的InputBox交談窗。

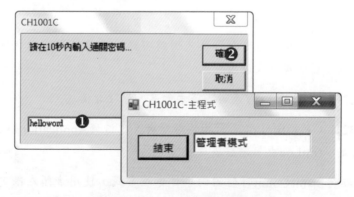

【圖10-4 範例CH1001C執行結果-1】

<4> 輸入字元超過限定時間時彈出訊息方塊，表明時間已超過！

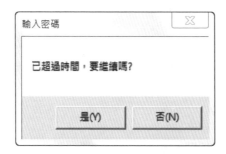

【圖10-5 範例CH1001C執行結果-2】

<5> 只要輸入字元就可以進入一般使用者模式。

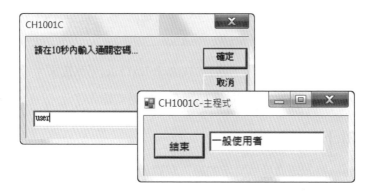

【圖10-6 範例CH1001C執行結果-3】

10.1.4 認識Application類別

在.NET Framework類別庫底下，System.Windows.Forms名稱空間下提供 Application類別來管理應用程式及Windows的相關訊息。常用的方法就是Run()和 Exit()。

- Run(Form)方法：開始執行應用程式的訊息迴圈；如果傳入表單引數，表示開始執行目前應用程式訊息迴圈，顯示指定表單。

- Exit()方法：離開應用程式。

Windows Forms應用程式中，訊息迴圈是程式碼中的常式：處理使用者事件，例如滑鼠點選和鍵盤按鍵。執行Windows應用程式都會有作用中的訊息迴

圈，稱為「主訊息迴圈」。直到呼叫Exit方法，關閉主訊息迴圈，而應用程式也會結束。

範例《CH1001C》第30~32行變成註解後，就會發現呼叫顯示視窗方法時，只會讓畫面一閃而過，而加入Application類別Run方法來執行，直到程式呼叫Exit方法才會結束應用程式。

10.2 文字編輯

執行應用程式時，文字編輯控制項提供使用者輸入文字，也能依據程式需求來顯示訊息。大家比較熟悉部份是文字方塊(請參考章節《5.1.2》)。除此之外，一起來認識RichTextBox和MaskedTextBox二個比較不一樣的控制項。

* RichTextBox：配合檔案運作，建立RTF(Rich Text File)格式檔案。

* MaskedTextBox：具有遮罩功能，使用者依據格式輸入字元。

10.2.1 RichTextBox

RichTextBox控制項亦提供文字的輸入和編輯。有了「Rich」為開頭，表示它比TextBox控制項提供更多格式化功能。舉例來說，TextBox只能輸入純文字，不能變化文字格式，而RichTextBox就不同了，文字能設成粗體或是改變字型顏色；文字多行時會自動加入垂直捲軸。依據操作習慣，在RichTextBox控制項輸入內容，要改變文字格式前必須先做選取，表10-1先介紹與文字選取有關的屬性。

【表10-1 RichTextBox與選取有關屬性】

屬性	說明
SelectionFont	改變文字成為粗體或斜體
SelectionColor	改變文字顏色
SelectionBullet	文字前加入項目符號清單
SelectionIndent	文字具有縮排效果
SelectionBackColor	選取文字時所設定的文字顏色

例句一，選取文字並改變字型大小及顏色，使用的字型必須以New運算子建立Font類別的建構函式，而「ControlChars.Cr」為換行字元。

```
RichTextBox1.SelectionFont = New Font("Arial", 16)
RichTextBox1.SelectionColor = Color.Orange
RichTextBox1.SelectedText = "Visual Basic 2013" + _
    ControlChars.Cr
```

例句二，藉由SelectionBullet屬性將選取文字加入項目符號；此時，要先將屬性值設為True才會啓用，然後再將屬性值設回False，關閉項目清單符號功能。

```
With RichTextBox1
    .SelectionBullet = True    '啓動項目清單符號的設定
        .SelectedText = "lemon" + ControlChars.Cr
        .SelectedText = "strawberry" + ControlChars.Cr
        .SelectedText = "carnberry" + ControlChars.Cr
        .SelectionFont = New Font("Arial", 12)
    .SelectionBullet = False '關閉項目清單符號的設定
End With
```

常用方法

RichTextBox控制項提供更方便的檔案操作，簡介其有關方法。

- LoadFile方法：將檔案內容存放到RichTextBox控制項，並支援RTF格式或標準的ASCII文字檔。

- SaveFile方法：將RichTextBox控制項的內容以檔案方式儲存，包含RTF格式或標準ASCII文字檔。

LoadFile(path)	'path：要載入的檔案名稱和位置
SaveFile(path)	'path：指定儲存的檔案名稱和位置

無論是以LoadFile()或SaveFile()方法，皆須進一步指定資料流，利用RichTextBoxStreamType列舉型別來指定輸入/輸出的檔案類型，語法如下：

LoadFile | SaveFile(data, fileType)

上述語法中，❶data用來指定儲存檔案的資料流；❷fileType則是RichTextBoxStreamType列舉型別，成員列表10-2。

【表10-2 RichTextBoxSreamType列舉類別成員】

相關成員	說明
RichText	RTF格式的資料流
PlainText	OLE物件的純文字資料流，文字中允許有空格
RichNoOleObjs	OLE物件的Rich Text格式(RTF)資料流，文字中能含空格
TextTextOleObjs	OLE物件的純文字資料流
UnicodePlainText	Unicode編碼為主，含有空字串的OLE物件文字資料流

- Find()函數：找尋RichTextBox文字方塊中特定字串，語法如下：

```
Find(str, Options)
```

語法中❶str表示欲搜尋字串；❷Options為指定搜尋字串方式，為RichTextBoxFinds是列舉型別，共有5個成員，表10-3說明。

【表10-3 RichTextBoxFinds列舉型別成員】

相關成員	說明
None	搜尋出相近文字
MatchCase	找出大小寫相同之文字
NoHighlight	找到的字串不會反白顯示
Reverse	從文件結尾至文件開頭進行搜尋
WholeWord	只找出整句拼寫完全相符的文字

認識系統剪貼簿

操作Windows系統，對於剪貼簿一定不陌生吧，可視為資料的暫存區。以Visual Basic 程式觀點來看，Clipboard類別所提供的方法再配合Windows系統的剪貼簿。放入剪貼簿的資料，可以指明資料格式，以便於應用程式能夠識別！當然，也可以將不同格式的資料放入剪貼簿中，方便於其它應用程式的處理。

使用文字編輯器時，複製和搬移是避免不了的操作，此時IDataObject介面能提供不受資料格式影響的傳送介面。所有Windows應用程式都共用「系統剪貼簿」，配合Clipboard類別，提供二個方法：

- SetDataObject()方法將資料存放於剪貼簿。

- 透過GetDataObject()方法來擷取剪貼簿的資料。

　　操作過程，要保存原有的資料格式，Clipboard類別可搭配DataFormats類別，用來識別儲存於IDataObject介面的資料格式。標準的ANSI格式以「DataFormats.Text」表示，若為Unicode字元，則是使用「DataFormats.UnicodeText」屬性；相關類別及常用方法列於表10-4做更多的了解。

【表10-4 與系統剪貼簿有關的類別】

系統剪貼簿使用類別	說明
IDataObject介面	擷取資料並保留，不受介面格式的影響
GetData()	擷取指定格式的資料
GetDataPresent()	檢查擷取的資料，是否為原有格式
Clipboard類別	提供資料的存放，從系統剪貼簿擷取資料
GetDataObject()	擷取目前存放於系統剪貼簿的資料
DataFormats類別	用來識別存放IDataObject的資料格式

　　所以將資料複製或剪下時，利用Clipboard類別的GetDataObject()方法，再配合IDataObject介面存放在系統剪貼簿。如果要取出資料並保持格式就得使用IDataObject介面的GetData()方法並指定DataFormats類別來保有資料格式。

範例 《CH1002A》

說明：透過RichTextBox和TextBox提供的複製、剪下和還原法方法來了解剪貼簿的作用。

STEP 1 Windows Form應用程式，專案「CH1002A.vbproj」，控制項屬性設定如下表。

控制項	Name	Text	控制項	Name	Text
Button1	btnOpen	開啟檔案	Button5	btnPaste	貼上
Button2	btnUndo	復原	TextBox	txtBuffer	
Button3	btnClear	清除	RichTextBox	rtxtFile	
Button4	btnCopy	複製			

STEP 2 相關程式碼內容如下。

btnOpen_Click()事件

```
07   rtxtFile.Dock = DockStyle.Bottom '讓文字方塊填滿底部
08   '開啟檔案
09   rtxtFile.LoadFile("D:\Visual Basic 2013範例" & _
10       "\CH10\DemoA.rtf")
11   '找尋「德國」字串
12   rtxtFile.Find("德國", RichTextBoxFinds.MatchCase)
13   rtxtFile.SelectionFont = New Font( _
14      "標楷體", 12, FontStyle.Bold)
15   rtxtFile.SelectionColor = Color.Red
16   '以RTF格式將檔案儲存為movie.rtf
17   rtxtFile.SaveFile("D:\ D:\Visual Basic 2013範例" & _
18       "\CH10\movie.rtf", RichTextBoxStreamType.RichText)
19   btnClear.Enabled = False
20   btnUndo.Enabled = False
```

btnCopy_Click()事件

```
28   If rtxtFile.SelectionLength > 0 Then
29      rtxtFile.Copy() '將資料複製至剪貼簿
30      buff = Clipboard.GetDataObject    '取得剪貼簿資料
31
32      '從系統剪貼簿擷取資料，以原有格式儲存
33      If (buff.GetDataPresent(DataFormats.Text)) Then
34         '擷取後顯示在文字方塊(緩衝區)
35         txtBuffer.Text = CStr(( _
36             buff.GetData(DataFormats.Text)))
37      End If
38      btnClear.Enabled = True
39      btnUndo.Enabled = True
40   Else
41      MessageBox.Show("沒有選取文字範圍", "進行複製", _
42          MessageBoxButtons.OK, MessageBoxIcon.Warning)
43   End If
```

btnPaste_Click()事件

```
61   If Clipboard.GetDataObject.GetDataPresent( _
62       DataFormats.Text) = True Then
63
64      '如果文字方塊內有字元
65      If rtxtFile.SelectionLength > 0 Then
66
67         '利用訊息對話方塊來顯示相關訊息
```

```
68        If MessageBox.Show("你確定要從目前的位置貼上文字嗎？", _
69              "貼上訊息", MessageBoxButtons.YesNo) _
70              = Windows.Forms.DialogResult.Yes Then
71            '設定字元的起點來貼上文字
72            rtxtFile.SelectionStart += _
73                rtxtFile.SelectionLength
74        End If
75
76      Else
77          '如果按下訊息對話方塊的「否」按鈕時，清除剪貼簿內容
78          Clipboard.Clear()
79      End If
80
81      rtxtFile.Paste()
82      btnClear.Enabled = True
83  End If
```

程·式·解·說

* 第7~20行：btnOpen_Click()事件用來處理開啟檔案的相關事宜。

* 第9行：LoadFile()方法來開啟RFT格式的檔案。

* 第12~14行：Find方法尋找檔案中「德國」字串，將找到的第一個字串選取並變更字型和顏色。

* 第17~18行：以SaveFile方法將文字方塊內容，以RTF格式儲存成另一個檔案。

* 第28~43行：btnCopy_Click()事件用來處理檔案複製到系統剪貼簿的相關事宜。進行複製時，先判斷是否有選取文字。若有選取，將選取內容以Copy方法複製到剪貼簿並指定給buff變數，未選取的話MessageBox顯示訊息。

* 第33~37行：是否從剪貼簿擷取資料，如果有顯示於TextBox文字方塊上。

* 第61~83行：貼上動作。先判斷是否從剪貼簿擷取了資料。

* 第65~79行：確認從RichTextBox文字方塊選取了文字，若選取了文字就以Paste方法將剪貼簿內容進行貼上；如果沒有選取動作則以Clear方法清除剪貼簿的內容。

* 第68~74行：以MessageBox顯示從游標所在處進行貼上動作。

📌 **執行、編譯程式**

<1> 按「開啟舊檔」鈕，開啟RTF格式檔案，並將第一個找到「德國」字串以紅色標楷體標示。

<2> 以滑鼠選取文字方塊某一段文字，按「複製」鈕後，會顯示於藍底的文字方塊。

<3> 按「貼上」鈕，會先有提示訊息，再從游標所在處貼上選取文字。

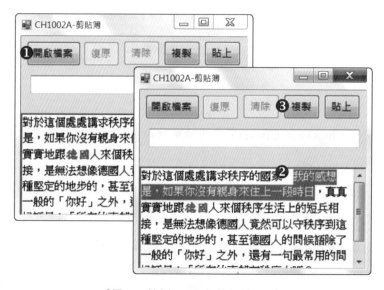

【圖10-7 範例CH1002A執行結果-1】

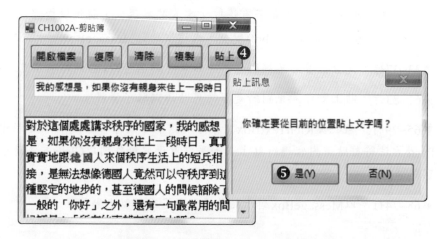

【圖10-8 範例CH1002A執行結果-2】

10.2.2　MaskedTextBox

　　RichTextBox控制項提供比原有文字方塊更豐富的文字格式設定，而MaskedTextBox控制項則是強化了文字方塊的功能，其中的Mask屬性，輸入字元時能依據需求設定格式，編寫程式碼時就能簡化驗證程序。例如，想要限定使用者輸入正確的日期格式，就可以透過MaskedTextBox的Mask屬性，步驟如下：

STEP 1　加入MaskedTextBox控制項，透過控制項本身右上角的◀展開選單，點選「設定遮罩」，或者利用屬性視窗的「Mask」屬性做設定。

STEP 2　進入輸入遮罩交談窗，選取要設定的遮罩格式。

MaskTextBox控制項的Mask屬性提供遮罩字元，表10-5說明常用的遮罩字元。

【表10-5 MaskedTextBox提供的遮罩字元】

遮罩字元	說明
0	只接受0和9之間的任何數字，不允許空格
9	輸入0~9數字，允許空格
#	輸入0~9數字，允許空格，並使用加號「+」和減號「-」
L	只能輸入字母，不能有空白
?	限制輸入字母，僅能允許空白
&	能輸入任何字元，但不能有空白
C	能輸入任何字元，但允許有空白
a	可輸入字元和數字，接受空白
:	時間分隔符號
/	日期分隔符號
$	貨幣符號
<	設定以下的所有字元轉換成小寫
>	設定以上的所有字元轉換成大寫

MaskedTextBox常用成員

MaskedTextBox有那些常用屬性，列舉如下文。

- BeepOnError：預設值「False」，若變更為「True」，使用者輸入錯誤格式時會發出警告聲。

- MaskFull：判斷使用者是否輸入所有欄位值，完成輸入會回傳True，反之回傳False。

- ValidatingType：驗證使用者輸入的資料是否在正確範圍內。

MaskedTextBox最常用的方法是Clear()，用來清除控制項內容。當輸入字元不正確或驗證資料內容會引發MaskInputRejected、TypeValidationCompleted事件，簡單說明如下。

- MaskInputRejected事件：使用者的輸入字元不符合輸入遮罩格式時。

- TypeValidationCompleted事件：在控制項完成輸入，驗證輸入格式，藉由引發的事件來偵測資料是否驗證成功。

ToolTip控制項

ToolTip控制項提供工具提示。使用應用軟體時，移到工具列的某一個圖示按鈕，工具提示會顯示其作用或用途。ToolTip控制項也是背景運作，所以放到表單之後，不會放在表單上方而是表單下方的匣；常用屬性或方法以下表10-6說明。

【表10-6 MaskedTextBox提供的遮罩字元】

屬性、方法	說明
AutomaticDelay	設定工具提示的自動延遲時間，以毫秒為單位
InitialDelay	顯示工具提示的時間，以毫秒為單位
ShowAlways	非作用中控制項，工具提示是否顯示，預設值「False」不顯示
ToolTipTitle	設定工具提示的標題
SetToolTip()	設定控制項要顯示的工具提示標題 語法：SetToolTip(控制項, 標題)

屬性、方法	說明
Show()	顯示工具提示內容
	語法：Show(提示字, 顯示提示的控制項, 持續時間-毫秒)

MaskedTextBox控制項配合ToolTip的Show()方法做工具提示。

```
ToolTip1.SetToolTip(Me.MaskedTextBox1, "請輸入日期")
ToolTip1.Show("日期格式：mm/dd/yyyy.", _
    Me.MaskedTextBox1, 5000)
```

範例《CH1002B》

說明：使用MaskedTextBox來驗證使用者輸入的日期是否正確，並配合ToolTip控
制項顯示工具提示。

STEP 1 Windows Form應用程式，專案「CH1002B.vbproj」，控制項屬性設
定如下表。

控制項	Name	Text	控制項	Name
Button	btnShow	顯示	MaskedTextBox	mtxtExpn
Label		到職日：	ToolTip	ttlCheck

STEP 2 相關程式碼內容如下。

```
                     Form1_Load()事件--部份程式碼
11   ttlCheck.ShowAlways = True
12   ttlCheck.SetToolTip(Me.mtxtExpn, "請輸入日期")
13   '將輸入遮罩設為日期格式
14   Me.mtxtExpn.Mask = "00/00/0000"
15   '設定驗證格式為DateTime日期/時間
16   Me.mtxtExpn.ValidatingType = GetType(System.DateTime)
```

```
                     mtxtExpn_MaskInputRejected()事件
24   If (Me.mtxtExpn.MaskFull) Then
25       '屬性ToolTipTitle設定「標題」，方法Show顯示工具提示內容
26       ttlCheck.ToolTipTitle = "拒絕輸入 -- 太多字元"
27       ttlCheck.Show("不能輸入太多資料", Me.mtxtExpn, 5000)
28   Else
29       ttlCheck.ToolTipTitle = "拒絕輸入--格式不正確"
```

```
30    ttlCheck.Show("只能輸入0-9數字", Me.mtxtExpn, _
31        0, -20, 5000)
32  End If
```

```
                              Sub ()
38  Dim hire As DateTime
39  '輸入資料無法轉換為欲驗證的日期格式
40  If (Not e.IsValidInput) Then
41     Me.ttlCheck.ToolTipTitle = "無效日期"
42     Me.ttlCheck.Show("日期格式：mm/dd/yyyy.", _
43        Me.mtxtExpn, 5000)
44  Else
45     'ReturnValue屬性：將輸入字串轉換為日期
46     hire = CDate(e.ReturnValue)
47     '如果雇用日期大於今天日期，以工具提示
48     If (hire > DateTime.Now) Then
49        Me.ttlCheck.ToolTipTitle = "無效日期"
50        Me.ttlCheck.Show("輸入日期必須大於今天日期.", _
51           Me.mtxtExpn, 5000)
52        e.Cancel = True     '取消此事件
53     End If
54  End If
```

程·式·解·說

* 第11~16行：設定MaskedTextBox的輸入遮罩為日期，並驗證是否為日期格式。

* 第24~32行：判斷輸入資料是否為數字，是否有輸入太多字元，如果有，工具提示會顯示其訊息。

* 第40~43行：判斷控制項輸入字元是否能轉換為日期格式，無法轉換時以工具提示顯示其訊息。

* 第48~53行：轉換為日期格式後，進一步判斷是否有大於今天日期。

執行、編譯程式

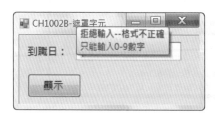

【圖10-9 範例CH1002B執行結果】

10.3 處理日期

要取得日期資料，除了「文字方塊」之外，或許MaskedTextBox控制項也是一個不錯選擇，Mask屬性設定日期格式，雖然減少出錯機率，但仍然不是很方便！所以.NET Framework提供二個圖形化控制項：DateTimePicker控制項能選擇日期，MonthCalendar控制項可設定月份。

10.3.1 MonthCalendar

MonthCalendar控制項提供一個視覺化介面來選取日期。在行事曆中，會將某個特定日期加入備忘錄中，或者將它標示出來，MonthCalendar控制項提供AnnuallyBoldedDates、BoldedDates、MonthlyDoldedDates來設定每年固定的日期、特定日期和每月循環的日期，屬性說明如下：

● AnnuallyBoldedDates：DateTime物件陣列，一年之中有那些日期要以粗體顯示。

● BoldedDates：DateTime物件陣列，以粗體顯示特定日期。

● MonthlyBoldeDates：DateTime物件陣列，以粗體顯示每月的循環日期。

例如要將「2014/3/12」設成每年的特定日期，操作步驟如下。

STEP 1 表單中加入MonthCalendar控制項後，從屬性視窗找到「AnnuallyBoldedDates」屬性。

STEP 2 進入「DateTime集合編輯器」畫面。❶按「加入鈕」會在視窗右側
加入DateTime物件；移向Value屬性，可直接輸入日期或者❷點選右
側▼鈕來選取所需日期；點選的日期會顯示於左側視窗，再按❸「確
定」鈕結束設定。

設定日期區期

限定日期時，MinDate設定最小值，預設屬性值為「1753/1/1」，MaxDate屬
性能用來設定最大日期，屬性值為「9998/12/31」；可透過程式碼調整這兩個屬
性值。

```
MonthCalendar1.MinDate = _
        New System.DateTime(2002, 4, 20, 0, 0, 0, 0)
MonthCalender1.MaxDate = _
        New System.DateTime(2014, 12, 31, 0, 0, 0, 0)
```

- MaxSelectionCount屬性：預設屬性值為「7」，配合SelectionRange屬性的
  Start和End可用來選取某個日期區間。SelectionRange屬性值（預設都以今天
  日期為主）Start和End之間不能大於7。

變更控制項外觀

利用TitleBackColor、TitleForeColor、TrailingForeColor屬性能變更控制項月曆
部分的外觀。

- TitleBackColor：顯示日曆標題區的背景色彩。

- TitelForeColor：設定日曆標題區的前景色彩。

- TrailingForeColor：控制項中非本月份範圍內的日期色彩。

此外，CalendarDimensions屬性用來設定MonthCalendar控制項的要顯示月份的欄列數目，屬性預設值為「1, 1」表示只有顯示單月份，如果將屬性值設為「2, 1」表示會以水平方向展現雙月內容，如下圖所示。

【圖10-10 以CalendarDimensions屬性顯示2個月份】

選取日期引發的事件

使用MonthCalendar控制項以滑鼠點選日期時會引發DateSelected事件，而透過鍵盤、滑鼠點選日期時會引發DateChanged()事件。

10.3.2　DateTimePicker

若要顯示特定的日期和時間，DateTimePicker控制項是一個不錯的選擇！提供一個下拉式清單來讓使用者選擇日期！基本上它的功能和MonthCalendar控制項極相似！在屬性方面，外觀，設定日期的最小值(MinDate)和最大值(MaxDate)都有，不過不提供日期區間的設定，例如：SelectionRange、MaxSelectionCount屬性等。常用屬性介紹如下。

- ShowUpDown：預設屬性值為「False」，DateTimePicker以下拉清單提供使用者點選；屬性值設為「True」，選擇日期時以上下按鈕做微調，藉由下圖了解。

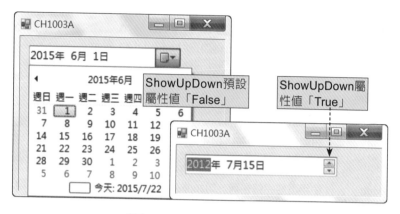

【圖10-11 ShowUpDown屬性】

- ShowCheckBox：預設屬性值「False」，變更為「True」，日期前方會有核取方塊。通常是ShowUpDown屬性為「True」的情況下，ShowCheckBox的屬性值才能發揮作用。

- Format：提供日期格式，預設為Long(長日期)，還有short(短日期)、Time(時間)和Custom(自訂)四種。程式碼撰寫如下：

```
DateTimePicker1.Format = DateTimePickerFormat.Short
```

要自訂格式時，須透過CustomFormat定義格式內容，再執行Format屬性。格式字串代表的意義，以下表10-7簡介。

【表10-7 日期時間的格式字串】

格式字串	說明
y	年份只顯示1位數，例如2009，只以「9」表示
yy	年份只顯示2位數，例如2009，只以「09」表示
yyy	年份顯示4位數，例如2009，以「2009」表示

格式字串	說明
M	月份只顯示1位數，例如三月，只以「3」表示
MM	月份只顯示2位數，例如三月，會以「03」表示
MMMM	完整月份，例如7月會以「July」表示，中文表示「七月」
d	日期只顯示1位數，例如2009/2/5，只以「5」表示
dd	日期只顯示2位數，例如2009/2/5，只以「05」表示
ddd	「星期」縮寫，例如2008/6/6為星期五，會以「FRI」表示
dddd	使用星期完整名稱，如2006/6/7，表「Friday」，中文「星期五」
H	24小時表示，例如16點以一或二位數表示「16」
HH	24小時表示，例如2點以二位數表示「02」
h	12小時表示，例如11點以一或二位數表示「11」
hh	12小時表示，例如2點以二位數表示「02」
m	表示「分」，以一或二位數表示
mm	表示「分」，以二位數表示
s	表示「秒」，以一或二位數表示
ss	表示「秒」，以二位數表示
t	顯示AM或PM縮寫，如「A」或「P」
tt	顯示AM或PM縮寫

10.4 選項控制項

要在表單中填入像性別這樣的資料，雖然文字方塊也能使用，為了取得更有用的資料，具有選取功能的控制項時能大大提高輸入效能，簡介如下。

- RadioButton：具有選項功能，使用者一定要做選取。

- CheckBox：具有選項功能，使用者能自由選取。

10.4.1　選項按鈕

　　RadioButton（選項按鈕）控制項可建立多個選項，由於具有互斥性(Mutually Exclusive)只能從中選取一個。它可以用來顯示文字、圖片。一般來說，表單容器中的RadioButton控制項會組成一個群組。將數個選項按鈕搭配在一起使用時，透過控制項「容器」將控制項設成群組來代表某個特定值(Container)更能發揮群組效用。

STEP 1 使用時先從工具箱「容器」分類找到GroupBox控制項，拖曳到表單。

STEP 2 變更GroupBox控制項的Text屬性來作為群組標題，再加入RadioButton或是CheckBox控制項。

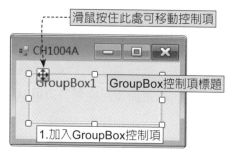

STEP 3 產生群組控制項，若要調整群組位置，以滑鼠按住GroupBox左上角十字箭頭，就能移動群組。

　　RadioButton有那些常見的屬性和方法，分述如下表10-8。

【表10-8 項按鈕常見屬性】

選項按鈕屬性	預設值	說明
Text	32767	設定文字方塊輸入的最大字元數
Apperance	Normal	設定選項按鈕的外觀
Checked	False	檢查選項按鈕是否被選取
TextAlign	MiddleLeft	設定選項按鈕文字欲顯示的位置
AutoCheck	True	判斷選項按鈕是否能變更Checked狀態

Appearance呈現選項按鈕外觀，共分二種：❶Normal：為一般選項按鈕。❷Button：原來的選項按鈕會變成按鈕的樣子！不過，可別誤會它和其它的Button控制項並無關聯，例如，圖10-12中，「高雄」是一般選項按鈕，「台中」變更為按鈕。

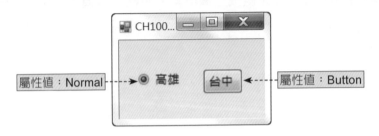

【圖10-12 Apperance屬性】

若要以程式碼變更Appearance屬性，敘述如下：

```
RadioButton2.Appearance = Appearance.Button
```

Checked屬性用來判斷選項按鈕是否被選取，預設屬性值「False」表示未選取；選取了選項按鈕，屬性值會變成「True」。將選項按鈕變更為選取狀態，程式碼敘述如下：

```
RadioButton1.Checked = True    '選項按鈕已被選取
```

AutoCheck用來判斷選項按鈕的狀態，並同時維持只有一個選項按鈕被選取；若把屬性改為false，則選項鈕的選取功能會失效。屬性值是「True」按下選項按鈕後，Checekd屬性值能自動變更。

選項按鈕常用事件

當Checked屬性被改變時會引發CheckedChanged()事件處理常式。另一個是Click()事件，只要選項按鈕被滑鼠點選時皆會引發此事件處理常式。

範例《CH1004A》

說明：使用RadioButton和DateTimePicker控制項來填滿資料。

STEP 1 Windows Form應用程式，專案「CH1004A.vbproj」，控制項屬性設定如下表。

控制項	Name	Text	控制項	Name	Text
Label1		名稱：	GroupBox		婚姻狀況
Label2		生日：	RadioButton1	rabMarried	已婚
Label3	lblResult		RadioButton2	rabSingle	未婚
Button	btnShow	結果	DateTimePicker	dtpBirth	
TextBox	txtName				

STEP 2 滑鼠雙按表單空白處，相關程式碼如下。

```
                        btnShow_Click()事件
18   Dim Name As String = txtName.Text
19   Dim Result As String = ""
20   REM 取得DateTimePicker的值
21   Dim birth As DateTime = _
22      CDate(dtpBirth.Value.ToShortDateString)
23
24   '如果「已婚」選鈕被選取
25   If rabMarried.Checked = True Then
26      Result = "姓名：" & Name & vbCrLf & _
27         "婚姻狀況：已婚" & vbCrLf & "生日：" & birth
28   Else   '「已婚」選鈕未選取
29      Result = "姓名：" & Name & vbCrLf & _
30         "婚姻狀況：未婚" & vbCrLf & "生日：" & birth
31   End If
32
33   lblResult.Text = Result
```

程·式·解·說

* 第21~22行：取得DateTimePicker的Value屬性值(輸入的日期)，再以CDate()函式轉換為完整日期。

* 第25~31行：判斷使用者選取那一個選項按鈕；若是「已婚」選鈕，則顯示填入的姓名、婚姻狀況和生日。

📌 **執行、編譯程式**

【圖10-13 範例CH1004A執行結果】

10.4.2 核取方塊

　　CheckBox(核取方塊)控制項也提供選取功能，和RadioButton控制項的功能極為類似，不同的地方在於核取方塊彼此不互斥，使用者能同時選取多個核取方塊。常見的屬性介紹如下表10-9。

【表10-9 核取方塊常見的屬性】

核取方塊屬性	預設值	說明
Text	32767	設定文字方塊輸入的最大字元數
Checked	False	檢查核取方塊是否被選取
ThreeState	False	設定核取方塊是二種或三種狀態
ChecState	Unchecked	配合ThreeState設定核取方塊的狀態

　　ThreeState屬性有三種變化！ ❶勾選；❷未勾選；❸不確定。不過此項屬性必須與CheckState屬性配合才能產生作用。

- ThreeState預設屬性值為「False」，核取方塊的CheckState屬性值有二種：「Unchecked」表示未勾選；「Checked」表示已勾選。

- ThreeState屬性值為「True」，核取方塊的CheckState屬性值會加入第三種：「Indeterminate」來表示不確定勾選。以下圖10-14說明；「旅行」未勾選，「音樂」表示有勾選，而「閱讀」則表示不確定勾選。

【圖10-14 核取方塊的屬性CheckState有三種】

範例《CH1004B》

說明：以RadioButton、CheckBox控制項組合一個訂單，選取後計算金額。

STEP 1 Windows Form應用程式，專案「CH1004B.vbproj」，控制項屬性設定如下表。

控制項	Name	Text	控制項	Name	Text
RadioButton1	rabDesktop	桌上型電腦	GroupBox1		電腦種類
RadioButton2	rabLaptop	筆記型電腦	GroupBox2		加購週邊
RadioButton3	rabEpc	小筆電EPC	GroupBox3		付款方法
RadioButton4	rabPay	貨到付款	CheckBox1	chkPrint	印表機
RadioButton5	rabAtm	ATM轉帳	CheckBox2	chkMouse	滑鼠
RadioButton6	rabCredit	信用卡	CheckBox3	chkMonitor	螢幕
MaskedTextBox	mtxtOtDate		Label1		訂購日期
Button1	btnCalc	付款金額	Label2		訂單編號
Button2	btnClear	重新選取	TextBox	txtOrderNo	

STEP 2 相關程式碼如下。

```
                          Form1_Load()事件
06  Dim count As Integer = 1
07  '輸入遮罩設為日期格式，取得目前日期
08  mtxtOtDate.Mask = "0000/00/00"
09  mtxtOtDate.Text = ToShortDateString
10  txtOrderNo.Text = Now.Year.ToString & "-" & count
```

btnCalc_Click()事件--部份程式碼

```
20  If rabDesktop.Checked Then
21      desktop = 16800
22  ElseIf rabLaptop.Checked Then
23      nBook = 36000
24  ElseIf rabEpc.Checked Then
25      sEPC = 22500
26  End If
27  total = desktop + nBook + sEPC
28  REM 省略程式碼
39  other = oPrt + oMus + oLcd '統計週邊金額
40  orderList(total, other) '呼叫副程式
```

Sub orderList

```
44  Sub orderList(ByVal total As Long, ByVal other As Long)
45      REM 省略程式碼
49      total += other
50
51      '確認付款方式並統計訂單金額
52      If rabPay.Checked Then
53          result &= vbCrLf & prmpt & total & vbCrLf & prmpt2
54          MsgBox(result & rabPay.Text, , title)
55      ElseIf rabAtm.Checked Then
56          result &= vbCrLf & prmpt & total & vbCrLf & prmpt2
57          MsgBox(result & rabAtm.Text, , title)
58      Else
59          result &= vbCrLf & prmpt & total & vbCrLf & prmpt2
60          MsgBox(result & rabCredit.Text, , title)
61      End If
62  End Sub
```

RadioButton共用事件()

```
65  Private Sub rabDesktop_CheckedChanged(sender As _
66      Object, e As EventArgs) Handles _
67      rabDesktop.CheckedChanged, _
68      rabLaptop.CheckedChanged, _
69      rabEpc.CheckedChanged
70
71      Dim rabMain As RadioButton
72      rabMain = CType(sender, RadioButton)
73      Dim str1 As String = "訂購商品 = "
74      Dim str2 As String = "週邊 = "
75      '判斷那一個選項按鈕被選取
76      If rabMain.Name = "rabDesktop" Then
77          result = str1 & "桌上型電腦" & vbNewLine & str2
```

```
78      ElseIf rabMain.Name = "rabLaptop" Then
79          result = str1 & "筆記型電腦" & vbNewLine & str2
80      Else
81          result = str1 & "EPC--小筆電" & vbNewLine & str2
82      End If
83
84  End Sub
```

程·式·解·說

* 第8~10行：取得目前日期作爲控制項顯示的結果。

* 第20~26行：判斷那一個選項被選取，並進一步做金額的計算。

* 第44~62行：副程式OrderList配合付款方式，將選取的商品計算其金額。

* 第65~84行：透過RadioButton控制項的共用事件處理常式，判斷使用者選取那一個商品後並進一步取得商品名稱。

⚑ 執行、編譯程式

【圖10-15 範例CH1004B執行結果】

重點整理

↺ 專案範本「Windows Form應用程式」是表單類別(Class)，建立的類別只是物件的樣版，建立類別後，須以New關鍵字來實體化物件。

↺ 傳統的Visual Basic會使用標準模組來設立應用程式的公用變數，選擇的專案範本是「主控台應用程式」。標準模組中若加入Sub Main，執行的程式會從Sub Main開始，所以它是應用程式的入口。

↺ .NET Framework類別庫的System.Windows.Forms名稱空間，提供Application類別管理應用程式及顯示Windows的相關訊息。Run(Form)方法，傳入表單引數，表示開始執行目前應用程式訊息迴圈，並顯示指定的表單。離開應用程式透過Exit方法。

↺ Timer控制項提供計時，執行程式時只會在背景運作；設定間隔時間的Interval屬性，單位為毫秒，「1秒 = 1000」。指定Interval毫秒後表示計時器被啟用，引發Tick事件。

↺ RichTextBox控制項提供文字的輸入和編輯。以「Rich」開頭，表示它比TextBox控制項提供更多格式化功能。

↺ RichTextBox控制項使用LoadFile方法載入檔案，以SaveFile方法儲存檔案，配合RichTextBoxStreamType列舉型別來指定檔案類型；Find方法則能搜尋特定字串。

↺ Windows應用程式都共用「系統剪貼簿」。此時IDataObject介面能提供不受資料格式影響的傳送介面，基本上提供二個函數：❶SetDataObject函數：將資料存放於剪貼簿。❷GetDataObject()函數：擷取剪貼簿資料。

↺ MaskedTextBox控制項強化了文字方塊功能，Mask屬性能在輸入字元時，依據需求設定格式，編寫程式碼時就能簡化驗證程序。

↺ ToolTip控制項提供工具提示，ToolTipTitle屬性用來設定標題，Show方法設定工具提示內容。

↺ MonthCalendar控制項設定月份，屬性AnnuallyBoldedDates、BoldedDates、MonthlyDoldedDates設定每年固定的日期、特定日期和每月循環的日期。MinDate、MaxDate來設定日期的最小、最大值。

↺ DateTimePicker控制項顯示特定的日期和時間！ShowUpDown屬性能依據設定值提供下拉式清單或上下按鈕做微調！要在日期前方產生核取方塊，ShowCheckBox能提供；Format則用來設定日期格式。

↺ 多個RadioButton(選項按鈕)控制項在表單容器中會組成一個群組，本身具有互斥性

(Mutually Exclusive)，只能從中選取一個；用來顯示文字、圖片。若要建立多個群組，可加入具有群組功能的容器，例如GroupBox控制項。

↻ RadioButton(選項按鈕)控制項的Checked屬性能判斷控制項有無選取，其屬性被改變時會引發CheckedChanged事件。

↻ 核取方塊(CheckBox)控制項同樣具有選取功能，與RadioButton控制項最大不同處在於核取方塊彼此不互斥，使用者能依據操作狀況，同時選取或不做選取多個核取方塊。

↻ 核取方塊(CheckBox)控制項以Checked屬性來判斷核取方塊是否已被核取。ThreeState屬性配合CheckState屬性，核取方塊會由雙態改變成三態，ThreeState屬性值False，屬性值二種：❶Unchecked不勾選、❷Checked表示已勾選。屬性值True，CheckState有加入第三種：Indeterminate表示不確定狀態。

課後習題

一、選擇題

( ) 1. 對於Timer控制項，下列描述何者不正確？(A)具有計時功能 (B)Interval以秒為單位 (C)啟動Timer為「Start」方法 (D)屬性Enable為True表示在啟用狀態。

( ) 2. 對於標準模組，下列描述何者正確？(A)能在標準模組中建立Sub或Function (B)公用變數不能放在標準模組(C)標準模組中的Sub或Function不能直接呼叫 (D)依據程式需求，將標準模組實體化產生多份。

( ) 3. 專案中如果有表單、標準模組，而標準模組中又有Sub Main()，執行程式時，應從那裡開始？(A)Sub Main() (B)表單 (C)依程式來決定 (D)以上皆非。

( ) 4. 要在RichTextBox控制項中加入項目符號，要設定那一個屬性？(A)SelectionFont (B)SelectionIndent (C)SelectionColor (D)SelectionBullet。

( ) 5. MaskedTextBox控制項中具有遮罩功能是那一個屬性？(A)MaskFull (B)BeepOnError (C)Mask (D)ValidatingType。

( ) 6. ToolTip控制項具有什麼功能？(A)提供遮罩格式 (B)項目符號 (C)工具提示 (D)圖示按鈕。

( ) 7. 設定月份時，可使用那一種控制項？(A)MonthCalendar (B)MaskedTextBox (C)DateTimePicker (D)ToolTip。

( ) 8. DateTimePicker控制項提供什麼功能？(A)設定月份 (B)進行日期擇定 (C)工具提示 (D)提供遮罩格式。

( ) 9. 多個CheckBox控制項要組成群組控制項，可加入那一個容器控制項？(A)表單 (B)Panel (C)ToolTip (D)GroupBox。

( ) 10. 使用剪貼簿時，可使用那一個類別來配合程式碼撰寫？(A)Form (B)Clipboard (C)IDataObject (D)DataFormats。

二、填充題

1. 開發Windows Form，程式碼會儲存於_____副檔名中。

2. Application類別中，執行應用程式是_____方法，離開應用程式是_____方法。

3. 使用RichTextBox控制項,載入檔案的方法:＿＿＿＿＿＿＿＿＿＿,儲存檔案方法:＿＿＿
＿＿＿＿＿＿＿＿,搜尋特定字元為＿＿＿＿＿＿＿＿＿＿方法。

4. Windows應用程式都會共用「系統剪貼簿」,IDataObject介面有二個函數:❶＿＿＿＿＿
＿＿＿＿＿＿;❷＿＿＿＿＿＿＿＿＿＿。

5. 使用MaskedTextBox控制項,若輸入字元不正確,引發＿＿＿＿＿＿＿＿＿＿＿＿＿＿事
件,驗證資料時會引發＿＿＿＿＿＿＿＿＿＿＿＿＿＿事件。

6. MonthCalendar控制項,＿＿＿＿＿＿＿＿＿＿＿＿＿＿＿屬性改變背景色彩,＿＿＿＿＿＿
＿＿＿＿＿＿屬性改變前景色彩,＿＿＿＿＿＿＿＿＿＿＿＿＿＿屬性設定非本月份日期顏
色。

7. DateTimePicker控制項的Format屬性提供四種設定值:❶＿＿＿＿＿＿＿＿＿、❷＿＿＿＿
＿＿＿＿＿＿、❸＿＿＿＿＿＿＿＿＿＿、❹＿＿＿＿＿＿＿＿＿＿。

8. RadioButton控制項要判斷有無選取,使用＿＿＿＿＿＿＿＿＿＿屬性,此屬性被改變時,
會引發＿＿＿＿＿＿＿＿＿＿＿＿＿事件。

9. 核取方塊將CheckState和ThreeState屬性配合會有三種狀態:❶不勾選:＿＿＿＿＿＿＿＿
＿＿＿、❷已勾選:＿＿＿＿＿＿＿＿＿＿、❸不確定狀態＿＿＿＿＿＿＿＿＿＿。

三、問答與實作題

1. 請說明TextBox和RichTextBox控制項的不同處。

2. 建立一個專案,表單加入標籤、文字方塊控制項,配合標準模組的Function來計算總
分、平均,完成下列的執行結果。

3. 利用MaskedTextBox控制項來驗證使用者輸入的身分證字號是否第1碼為英文字母2~9 碼為數字。

4. 設計一個簡易系統,從下拉清單方塊選取高雄市,會從ListBox顯示相關行政區域。

11

版面控制和清單檢視

■■ 具有流向的**FlowLayoutPanel**版面配置，以格線產生欄列分布的**TableLayoutPanel**。

■■ **TabControl**控制項利用多個索引標籤頁來管理屬性不同的控制項。

■■ 如何以**Items**來編輯**ListBox**控制項，擴充功能的**CheckedListBox**控制項。

■■ 介紹**ComboBox**控制項的下拉式清單。

■■ 以**ListView**控制項配合**ImageLIst**來顯示不同的檢視圖示。

■■ **TreeView**控制項能以節點**(Nodes)**建立樹狀結構。

版面配置美化了操作介面，增加與使用者互動頻率。想要進一步選取項目時，ListBox以列示窗顯示所有內容，ComboBox則透過下拉式選單，讓使用者來選擇；CheckedListBox則在選擇項目的同時增加了核取動作。使用Windows檔案總管，左側窗格使用TreeView控制項來展開項目，右側視窗使用ListView可進行不同檢視。

11.1 │ 版面控制

撰寫某些應用程式需要表單配置時，版面配置提供了表單大小的調整或是內容大小變更時能適當地排列。Windows應用程式提供三種版面配置，簡介如下：

- FlowLayoutPanel：以水平或垂直流向來排列控制項。
- TableLayoutPanel：以格線排列，版面大小由欄、列做決定。
- TabControl：以索引標籤頁來製作多個頁面管理控制項。

11.1.1 FlowLayoutPanel

FlowLayoutPanel控制項決定表單上的控制項要以水平或垂直流向做排列，讓控制項在執行階段動態配置。例如，圖11-1是由兩個FlowLayoutPanel所構成，版面內的控制項依據版面屬性來配置，在設計階段無法決定控制項的位置，當父版面有所變更時，會自動調整子控制項的大小及位置。

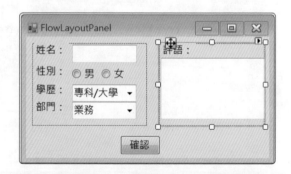

【圖11-1 多個FlowLayoutPanel構成的版面】

表11-1介紹FlowLayoutPanel一些常用屬性。

【表11- 1 FlowLayoutPanel常用屬性】

屬性	預設值	說明
WrapContents	True	決定版面上的控制項是要裁剪大小或是控制項換行
FlowDirection	LeftToRight	設定控制項的流向
FlowBreak	False	是否中斷原有版面的行或列

在表單上加入FlowLayoutPanel控制項之後，按右上角的▶鈕會有「FlowLayoutPanel工作」只有一個選項「停駐於父容器中」；它使用「Dock」屬性來決定它是否要填滿整個版面。

FlowLayoutPanel控制項會依據水平或垂直流向做排列。當WrapContents的屬性值為「True」時控制項能從此資料列或資料行更換到下一列或下一行，屬性值為「False」則不會換行並裁剪控制項！

設定FlowLayoutPanel版面上控制項的流向則要以FlowDirection屬性來決定，共有四種屬性值。❶LeftToRight(預設)，控制項從版面左邊流向右邊；❷TopDown，控制項從版面頂端流向底端；❸RightToLeft，控制項從版面右邊流向左邊；❹BottomUp，控制項從版面底部流向頂端。

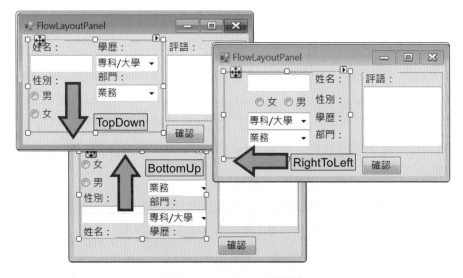

【圖11-2 FlowDirection屬性】

屬性「FlowBreak」是控制項放入FlowLayoutPanel版面時繼承所得。它能用來中斷原有版面的行或列，將屬性值設定為「True」時會導致FlowLayoutPanel版面上的控制項會停止目前的排列配置，並從中斷點開始換行到至下一個資料列或資料行。

11.1.2 TableLayoutPanel

TableLayoutPanel控制項也是能加入其他控制項來控制版面的容器。它會以儲存格來排列控制項，同樣它可以利用右上角的「TableLayoutPanel工作」來編輯資料行或列，如圖11-3所示。

【圖11-3 TableLayoutPane提供的版面】

控制項會依據儲存格的預設位置向左、向下對齊，改變TableLayoutPanel面板的大小，納入版面的控制項也會跟著調整位置。

TableLayoutPanel的版面大小由RowCount、ColumnCount和GrowStyle屬性值產生變化。RowCount屬性用來增加、減少列，ColumnCount屬性值改變時會讓欄數增加或減少。GrowStyle屬性：決定是否增加儲存格，共有三種：❶FixedSize不會增加儲存格；❷AddRows(預設值)增加列儲存格；❸AddColumns增加欄儲存格。

如何以TableLayoutPanel來調配版面？圖11-4是一個透過此控制項所完成的版面：

【圖11-4 TableLayoutPanel能管理版面】

STEP 1 TableLayoutPanel控制項拖曳至表單，會加入一個2欄*2列的格線：
❶按◀鈕可展開/關閉「TableLayoutPanel」工作；❷點選「編輯
資料列與資料行」可進入交談窗；❸屬性視窗的「ColumnCount」
或「RowCount」可直接輸入數值來改變欄、列，「Columns」或
「Rows」會直接進入『資料行或資料列樣式』交談窗。

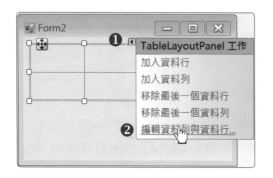

STEP 2 點選「編輯資料行和資料列」進入其交談窗；❶按「加入」鈕新增
2欄；❷選取資料行的成員；調整大小類型，例如：先選❸絕對，再
調為❹「60」像素。將第1、3欄設為「絕對：60」，第2、4欄設為
「百分比：50%」。

「資料行和資料列樣式」交談窗能新增、刪除資料行或是資料列，也能針對資料行或資料列進行欄寬、列高的調整。要注意的是，必須先選取資料行或資料列才能編輯，以「資料行」來說，先選取成員「Column1」，再設定大小類型。

* 絕對：以像素為單位，為固定值，表示在加入控制項後不會自動調整大小。

* 百分比：如果有四個欄位表示是**100%**，可依據百分比值來調配。

* 自訂調整：會隨控制項的大小來自動調整。

STEP 3 加入四個標籤，一個文字方塊、一個**DateTimePick**控制項和一個**ComboBox**控制項，然後將這些控制項的**Anchor**屬性設為「**Left, Right**」。

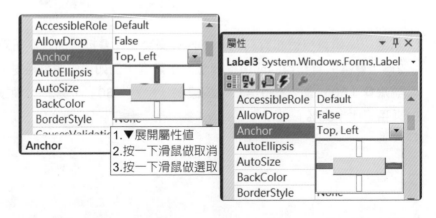

Anchor屬性，用來設定容器(表單)和控制項之間的距離，配合Dock屬性能讓控制項在設計階段選取停駐的邊緣；預設屬性「Top, Left」

STEP 4 然後，再加入一個2欄2列的TableLayoutPanel控制項，列高設為「百分比，80%」，第一個欄寬「百分比：20%」，加入二個標籤和二個文字方塊。

範例 《CH1101A》

說明：依據前面的操作程序，加入TableLayoutPanel控制項，再加入各種控制項。

STEP 1 範本Windows Form應用程式，專案名稱「CH1101A.vbproj」，控制項屬性設定如下表。

控制項	Name	Text	控制項	Name	Text
Label1		名稱：	TextBox1	txtName	
Label2		性別：	TextBox2	txtAddress	
Label3		生日：	LinkLabel	lnblEmail	

控制項	Name	Text	控制項	Name	Text
Label4		學歷：	GroupBox		""
Label5		電子郵件：	RadioButton1	rabMale	男
Label6		住址：	RadioButton2	rabFemale	女
Button1	btnResult	確認	ComboBox	cobEdua	大學
Button2	btnClear	取消	DateTimePicker	dtpBirth	

STEP 2 相關程式碼如下。

```
                    btnResult_Click()事件--部份程式碼
26  If rabMale.Checked = True Then
27    MsgBox("姓名：" & name & vbCrLf & "性別：男" & _
28      vbCrLf & "生日：" & birth & vbCrLf & "學歷：" _
29      & edua & vbCrLf & "E-mail：" & email & _
30      vbCrLf & "住址：" & address)
31  Else
32    MsgBox("姓名：" & name & vbCrLf & "性別：女" & _
33      vbCrLf & "生日：" & birth & vbCrLf & "學歷：" _
34      & edua & vbCrLf & "E-mail：" & email & vbCrLf _
35      & "住址：" & address)
36  End If
```

程‧式‧解‧說

＊ 第26~30行：若選取男性，依據輸入訊息以MsgBox顯示內容。

執行、編譯程式

【圖11-5 範例CH1101A執行結果】

11.1.3　TabControl

　　TabControl控制項可以用來產生多個索引標籤頁，最簡單就是使用Word文書處理，進行版面設定時，透過TabControl控制項，將不同功能的指令分類置放。

【圖11-6 TabControl分類功能】

　　所以由圖11-6得知，它有4個TabPages：邊界、紙張、版面配置和文件格線；而顯示「紙張」正是TabPages的『Text』屬性。標籤位置位於上方，所以「Alignment: Top」，用來切換不同TabPages的標籤，由ItemSize來決定的寬度和高度。常見的TabControl屬性列於表11-2。

【表11-2 TabControl控制項的屬性】

屬性	預設值	說明
Alignment	Top	取得或設定索引標籤顯示的位置
Appearance	Normal	設定索引標籤的外觀
DrawMode	Normal	取得或設定控制項索引標籤的繪製方式
ItemSize		取得或設定索引標籤的大小
ShowToolTips	False	當滑鼠移至索引標籤上方時，是否顯示索引標籤的工具提示
SizeMode	Normal	取得或設定整個控制項的調整方式
TabCount		取得索引標籤區域中的索引標籤數目
TabPages		取得這個索引標籤控制項中的索引標籤頁集合

加入TabControl控制項之後，會有兩個預設索引標籤，它包含兩個成員：TabPage1和TabPage2；如何新增索引標籤或設定TabPage的屬性？

STEP 1 按**TabControl**控制項右上角◀來展開其工作，按「加入索引標籤」鈕直接加入或者屬性視窗的「**TabPages**」右側的 ⋯ 鈕進入其交談窗。

 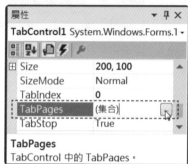

STEP 2 變更某一個索引標籤的屬性值，例如：以**Text**屬性變更索引標籤名稱。

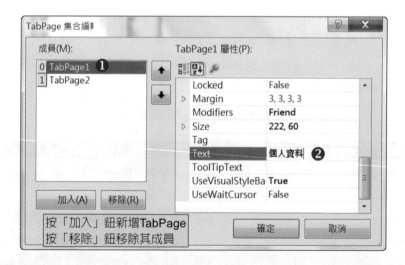

STEP 3 如果要切換**TabPage**成員，❶先按索引標籤標，❷再按標籤本身；或者由屬性視窗上方的下拉選單直接選取。

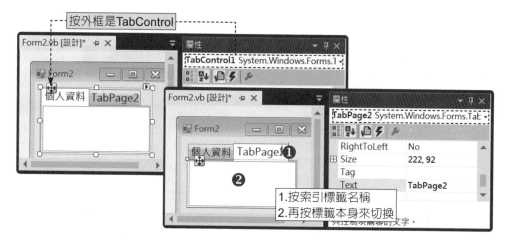

透過程式碼來加入索引標籤時，須產生一個TabPage物件，再以Add()方法加到TabContrl控制項中，敘述如下：

```
'利用New運算子新增一個含有名稱的標籤
Dim TabPage3 As New TabPage("我是標籤3")
'以Add()方法將標籤加到TabControl的TabPages成員中
TabControl1.TabPages.Add(TabPage3)
```

標籤的索引位置和外觀

屬性Alignment有4個屬性值，由TabAlignment列舉類型為其常數值，先以表11-3說明。

【表11-3 TabAlignment列舉類型常數值】

常數值	說明
Top	預設值，索引標籤位於控制項頂端
Bottom	索引標籤位於控制項底部
Left	索引標籤位於控制項左邊緣
Right	索引標籤位於控制項右邊緣

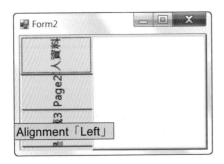
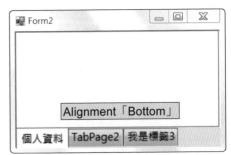

【圖11-7 Alignment屬性改變標籤位置】

Appearance設定標籤的外觀，由TabAppearance列舉類型常數值來決定，表11-4列示其成員。

【表11-4 TabAppearance列舉類型常數值】

常數值	說明
Normal	索引標籤具有索引標籤的標準外觀
Buttons	索引標籤具有3d按鈕的外觀
FlatButtons	索引標籤具有平面按鈕的外觀

【圖11-8 Apperance屬性值】

決定TabControl控制項所有TabPages大小由SizeMode屬性負責，它透過TabSizeMode列舉類型三個常數值，說明如下表11-5。

【表11-5 TabSizeMode列舉常數值】

常數值	說明
Normal	每個TabPage的寬度依原來設定值
FillToRight	每列控制項填滿容器的寬度
Fixed	每個TabPage的寬度相同

TabControl常用方法和事件

下表11-6介紹TabControl控制項的方法和事件。

【表11-6 TabControl常用方法和事件】

方法、事件	說明
Add()方法	將指定的物件加到索引標籤中
Insert()方法	指定index編號來加入TabPage物件
Remove()方法	指定物件從索引標籤中移除
Hide()方法	隱藏索引標籤控制項
Show()方法	顯示索引標籤控制項
SelectedIndexChanged()事件	索引標籤的SelectedIndex值改變時
Selected()事件	選取索引標籤頁會引發
DrawItem()事件	DrawMode屬性設OwnerDrawFixed，繪製每個索引標籤引發

範例《CH1101B》

說明：TabControl控制項再配合PictureBox放入照片，變更標籤位置並做字型重繪。

STEP 1　範本Windows Form應用程式，專案名稱「CH1101B.vbproj」，控制項屬性設定如下表。

控制項	Name	Dock	Images	SizeMode
TabControl	tbctShow	Fill		
PictureBox1		Fill	Lotus01.jpg	StretchImage
PictureBox2		Fill	Lotus02.jpg	StretchImage

STEP 2 相關程式碼如下。

```
                    tbctShow_DrawItem()事件
18   Dim gr As Graphics = e.Graphics
19   Dim fontBrush As Brush
20
21   '取得TabPages的索引值
22   Dim tagPage As TabPage = tbctShow.TabPages(e.Index)
23   '取得索引標籤的邊框
24   Dim rectBounds As Rectangle = _
25       tbctShow.GetTabRect(e.Index)
26   '標籤重設字型
27   Dim tagFont As New Font("微軟正黑體", 12.0, _
28       FontStyle.Bold, GraphicsUnit.Pixel)
29
30   '當索引標籤被選取時利用新筆刷改變它的顏色
31   If (e.State = DrawItemState.Selected) Then
32       fontBrush = New SolidBrush(Color.Aqua)
33       gr.FillRectangle(Brushes.BurlyWood, e.Bounds)
34   Else
35       fontBrush = New     _
36           System.Drawing.SolidBrush(e.ForeColor)
37       e.DrawBackground()
38   End If
39
40   'New運算子建立新物件，重繪字串
41   Dim strFlags As New StringFormat()
42   strFlags.Alignment = StringAlignment.Center
43   strFlags.LineAlignment = StringAlignment.Center
44   'DrawString()方法將索引標籤的標題文字進行重繪
45   gr.DrawString(tagPage.Text, tagFont, fontBrush, _
46       rectBounds, New StringFormat(strFlags))
```

程·式·解·說

* 第22~25行：依據索引標籤回傳的索引值來取得它的邊框。

* 第27~28行：建立新字型，字級12，粗體。

＊ 第31~38行：判斷索引標籤是否被選取，被選取時以筆刷重新上色；未被選取就回復原有的設定值。

＊ 第45~46行：呼叫DrawString()方法將選取的標籤的標題，依新字型配合筆刷重新繪製。

執行、編譯程式

【圖11-9 範例CH1101B執行結果】

11.2 ｜ 提供清單功能

　　當選單的項目較多時，使用RadioButton或CheckBox控制項，會佔用表單更多版面，而具有清單功能的控制項能提供較簡潔的版面。

- CheckedListBox：顯示可捲動的項目清單，每個項目旁都有核取方塊。
- ComboBox：顯示下拉式清單讓使用者選取。
- ListBox：顯示文字和圖形項目。

11.2.1　清單方塊

　　清單方塊(ListBox)控制項會將項目清單顯示於列示窗，提供使用者從中選取一個或多個項目。當清單方塊的項目大於控制項本身的高度時，會自動加入垂直捲軸。依據預設樣式，ListBox只提供項目選取、無法進行編輯動作。有那些常見屬性和方法，簡介如下表11-7。

【表11-7 ListBox常用成員】

LixtBox成員	預設值	說明
SelectionMode	one	設定清單項目的選取方式
MultiColumn	False	清單方塊是否顯示多欄
Sorted	False	清單項目是否依字母排序
Items		用來編輯清單項目
Items.Count		取得清單項目的總數
SelectedIndex		清單中項目的索引編號，以0為開始
SelectedItem		執行時用來取得清單中被選取的項目
SelectedItems		執行時取得清單中被選取項目集合
Text		執行階段存放選取的項目
SetSelected()方法		指定清單項目的對應狀態
GetSelected( )方法		用來判斷是否為選取的項目
ClearSelected()方法		取消被選取項目的狀態

屬性SelectionMode用來設定清單項目的選取方式，有四種屬性值。

- None表示無法選取。

- 預設值One一次只能選取一個項目。

- MultiSimple利用滑鼠選取多個項目。

- MultiExtended選取多個項目，必須以滑鼠配合Shift或Ctrl鍵來進行連續或不連續選取。

製作清單項目

如何在設計階段將項目加入清單方塊中，配合「Items」屬性做說明。

STEP 1 加入List控制項後，❶◀按展開ListBox工作，選取「編輯項目」或者屬性視窗的「Items」右側的 ⋯ 鈕。

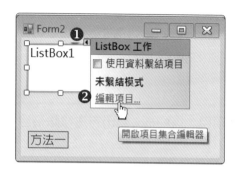

➤ **STEP 2** 進入「字串集合編輯器」畫面，❶每輸入一個項目並按Enter鍵換行，❷按「確定」鈕關閉視窗；清單方塊會顯示新增的項目。

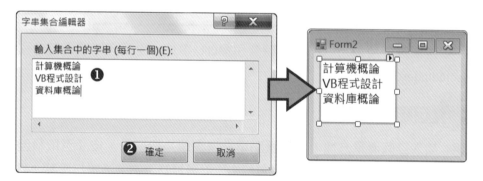

新增、移除清單的項目

當清單方塊要新增、移除項目，或是利用索引編號取得項目值，配合ObjectCollection類別提供的成員。

- Add()方法在清單中新增一個項目；AddRange()將陣列項目加到清單裡。

```
ListBox1.Items.Add(新項目)
ListBox1.Items.AddRange(items)
```

使用AddRange()方法時，參數items是指物件陣列；所以不是透過「字串集合編輯器」來輸入清單項目，以程式碼處理時敘述如下：

```
REM 1.先宣告一個陣列
Dim city() As String = { _
    "台北", "新竹", "台中", "台南", "高雄"}
REM 2.以AddRange()將陣列配合Items屬性加入
ListBox1.Items.AddRange(city)
REM 將步驟1, 2合述成一行
ListBox1.Items.AddRange(New Object() _
    {"台北", "台中", "台南", "高雄"})
```

- Remove()方法在清單方塊中刪除一個項目；以RemoveAt()方法移除項目時須指定清單項目中的索引值。

```
ListBox1.Items.Remove("高雄")
ListBox1.Items.RemoveAt(2)
```

- Clear方法：清除清單方塊所有項目。

```
ListBox1.Items.Clear()
```

以滑鼠選取清單方塊的項目時會引發Click事件，變更選取項目時會引發SelectedIndexChanged事件。

範例《CH1102A》

說明：加入二個清單方塊，以滑鼠點選左邊清單方塊項目，按「選取科目」
鈕，會將項目加入右邊清單方塊中，以滑鼠點選右邊清單方塊某一個項
目會被清除。

STEP 1 範本Windows Form應用程式，專案名稱「CH1102A.vbproj」，控制
項屬性設定如下表。

控制項	Name	Text	控制項	Name
Button1	btnChoice	選取科目	ListBox1	lsbChoice
Button2	btnReset	重新選取	ListBox2	lsbShow

STEP 2 相關程式碼如下。

Form1_Load()事件

```
06   lsbChoice.Items.AddRange(New Object() {"計算機概論", _
07     "網際網路", "辦公室應用軟體", "資料庫理論與設計", _
08     "VB程式語言", "Java程式設計", "多媒體概論", _
09     "影音串流實務"})
```

btnChoice_Click()事件

```
14   lsbShow.Items.Add(lsbChoice.Text)
```

Sub Main()部份程式碼

```
18   lsbShow.Items.Clear()     '清除所有項目
```

lsbShow_SelectedIndexChanged()事件

```
24   If lsbShow.SelectedIndex > 0 Then
25     '移除所選取項目
26     lsbShow.Items.Remove(lsbShow.SelectedItem)
27   End If
```

程·式·解·說

* 第6~9行：表單載入時，以AddRange()方法將項目陣列新增到清單方塊中。

* 第14行：按「選取科目」鈕，以Add方法新增項目到另一個清單方塊(lsbShow)中。

* 第18行：按「重新選取」鈕會清除清單方塊(lsbShow)所有項目。

* 第24~27行：SelectedIndex屬性判斷清單方塊(lsbChoice)中是否有項目，以滑鼠選取單一項目時，Remove方法會移除選取項目。

執行、編譯程式

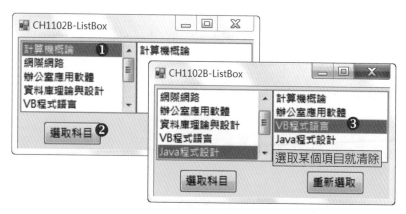

【圖11-10 範例CH1102A執行結果】

11.2.2 下拉式清單方塊

下拉式清單方塊(ComboBox)控制項提供下拉式項目清單，當清單中無項目可供選擇時，使用者還能自行輸入。依據預設樣式，ComboBox控制項會有兩個部分：上層是一個能讓使用者輸入清單項目的「文字欄位」。下層是顯示項目清單的「清單方塊」，提供使用者從中選取一個項目。如果要在ComboBox加入項目，Items屬性提供「字串集合編輯器」，操作方式和ListBox控制項相同；執行時，以Add方法新增一個項目，以Remove方法移除某一個項目，其他屬性、方法介紹如下。

加入清單項目

如何在ComboBox控制項加入清單項目！跟ListBox控制項一樣，利用屬性視窗的Items屬性進行項目的編輯。如果以程式碼撰寫的話，配合ComboBox.ObjectCollection列舉類型的Add()方法將項目加在清單末端，或者產生陣列之後再以AddRange()方法加入；Insert()方法在指定位置插入項目。

```
int Add(NewItem);
Public Sub Insert( index As Integer, item As Object)
```

由於屬性Items是陣列型別，透過ArrayList類別所提供的Insert()方法來指定位置加入項目；如果在清單項目中第二個位置加入「自修」項目，敘述如下：

```
ComboBox1.Items.Insert(1, "自修")
```

移除清單項目

如何移除清單項目，可使用方法Remove()、RemoveAt()和Clear()來達到移除清單項目的目的，說明如下：

- Remove()方法：指定移除項目。
- RemoveAt：指定清單項目中的索引值。
- Clear()方法：用來移除清單中所有項目

```
ComboBox1.Item.Remove("外國學歷")    '指定項目
ComboBox1.Item.Remove(2)    '指定索引編號
ComboBox1.Item.Clear()    '全部清除
```

取得選單的清單項目

選取了ComboBox清單項目中某一個項目時，可利用SelectedIndex和SelectedItem屬性來取得索引值或項目內容，當SelectedIndex屬性被改變時會引發SelectedIndexChanged()事件。

```
Dim result As Integer
result = ComboBox1.SelectedIndex
Dim outcome As Integer
outcome = ComboBox1.SelectedItem
```

DropDownStyle屬性

DropDownStyle屬性提供ComboBox控制項下拉式方塊的外觀和功能，預設屬性「DropDown」，除了能將下拉式清單隱藏之外，還提供欄位編輯的功能。屬性值共有三種：

- Simple只提供文字欄位，能進行編輯，選取項目時必須使用方向鍵，圖11-11左側顯示其樣式。

- DropDown預設的下拉式清單方塊，使用者還可以依據需求進行文字欄位編輯，位於圖11-11中間。

- DropDownList下拉式清單方塊，使用者只能選取項目，無法編輯，位於圖11-11左側。

【圖11-11 DropDownStyle屬性】

Combox Box下拉式清單方塊中其他的常見屬性，以下表11-8說明。

【表11-8 ComboBox控制項其他屬性】

ComboBox屬性	預設值	說明
Text		設定欲選取的項目內容
DropDownWidth		用來設定下拉式清單的寬度
MaxLength	0	設定文字欄位能輸入的字元數
MaxDropDownItems	8	設定下拉式清單方塊能顯示的項目

了解更多的字型

下述範例《CH1102B.vbproj》會以控制項CheckBox和ComboBox所具有的功能，配合核取方塊來設定字型樣式和字型效果，ComboBoxe能選取字型和大小，藉助「System.Drawing」命名空間的Font結構提供字型、大小和字體樣式；呼叫Font的建構函式來初始化物件，語法如下：

```
Font(FontFamily, Single, FontSytle)
```

- FontFamily用來設定其字型。
- Single用來設定字型大小，以single來表示。
- FontStyle用來設定字型樣式，以下表11-9做說明。

【表11-9 FontStyle常數值】

FontStyle成員	說明
Regular	一般文字
Italic	斜體文字
Bold	粗體文字
Strikeout	文字中間有線條劃過
Underline	加上底線的文字

範例《CH1102B》

說明：加入二個ComboBox控制項來變更字型和字型大小。

STEP 1 範本Windows Form應用程式，專案名稱「CH1102B.vbproj」，控制項屬性設定如下表。

控制項	Name	Text	控制項	屬性	屬性值
Label1		字型大小：	Label2	Name	選擇字型：
ComboBox1	cobFontSz	12	Label3	Name	lblShow
ComboBox2	cobFont	微軟正黑體		Text	程式設計
CheckBox1	chkNormal	正常		AutoSize	False
CheckBox2	chkBold	粗體		BackColor	Linen
CheckBox3	chkItalic	斜體	GroupBox	Text	字型樣式

STEP 2 相關程式碼如下。

```
                 cobFontSz_SelectedIndexChanged()共用事件
12   Private Sub cobFontSz_SelectedIndexChanged(sender As _
13            Object, e As EventArgs) Handles _
14            cobFontSz.SelectedIndexChanged, _
15            cobFont.SelectedIndexChanged
16
17       Dim cobStyle As ComboBox
18       Dim index As Integer = cobFontSz.SelectedIndex
19       Dim count As Integer = cobFont.SelectedIndex
20       cobStyle = CType(sender, ComboBox)
21
22       '設定字型大小10~36
23       If cobStyle.Name = "cobFontSz" Then
24          Select Case index '依據項目編號索引來改變字型大小
25             Case 0
26                '「Font.Name」依據現有字型來改變字型大小
27                lblShow.Font = New Font(lblShow.Font.Name, 10.0F)
28             Case 1
29                lblShow.Font = New Font(lblShow.Font.Name, 12.0F)
30             Case 2
31                lblShow.Font = New Font(lblShow.Font.Name, 16.0F)
32             Case 3
33                lblShow.Font = New Font(lblShow.Font.Name, 20.0F)
34             Case 4
35                lblShow.Font = New Font(lblShow.Font.Name, 24.0F)
36             Case 5
37                lblShow.Font = New Font(lblShow.Font.Name, 36.0F)
```

```
38        End Select
39     End If
40
41  '設定字型
42  If cobStyle.Name = "cobFont" Then
43     '依據cobFont所選取字型並取得已設定字型大小，設為選取字型
44     lblShow.Font = New Font(cobFont.Text, _
45        lblShow.Font.Size, FontStyle.Regular)
46  End If
```

chkNormal_CheckedChanged()共用事件--部份程式碼

```
51  Private Sub chkNormal_CheckedChanged(sender As Object, _
52          e As EventArgs) Handles chkNormal.CheckedChanged, _
53          chkBold.CheckedChanged, chkItalic.CheckedChanged
54
55     Dim chkFont As CheckBox
56     chkFont = CType(sender, CheckBox)
57
58     '判斷是否有勾選「字型樣式」的標準
59     If chkFont.Name = "chkNormal" Then
60        chkBold.Checked = False
61        chkItalic.Checked = False
62        'FontFamily類別設一般字型，字型大小12，正常樣式
63        lblShow.Font = New Font( _
64           FontFamily.GenericSansSerif, _
65           12.0F, FontStyle.Regular)
66     End If
67     '省略程式碼
68  End Sub
```

程·式·解·說

* 第18~19行：利用index, count儲存ComboBox儲存選取項目的索引值。

* 第24~38行：Select...Case陳述式；依據使用者在下拉式清單方塊選取的索引編號來改變字型大小。這裡利用Font建構函式依據所選取字型產生新的各級數字體。

* 第59~66行：設定CheckBox控制項共用事件，判斷使用者勾選了「正常」、「粗體」、「斜體」那一種！如果是「正常」樣式被勾選，FontFamily取得一般字型，字型大小12，FontStyle設定字型樣式為正常。

🐾 執行、編譯程式

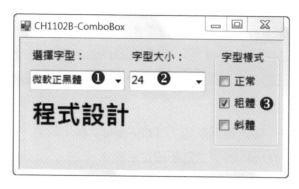

【圖11-12 範例CH1102B執行結果】

11.2.3　CheckedListBox

　　CheckedListBox控制項擴充ListBox控制項的功能。它涵蓋了清單方塊大部份的屬性，在清單項目的左側顯示核取記號。它也具有Items屬性，在設計階段增加、移除項目，而Add()和Remove()方法也適用，所以可視為ListBox和CheckBox的組合。

清單項目的選取

　　建立於ListBox控制項的清單項目時，只需以滑鼠點選，如果要選取CheckedListBox的清單項目時，必須確認核取方塊被勾選，才表示此項目有選取；藉由圖11-13了解。

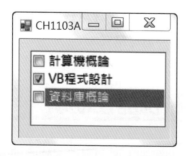

【圖11-13 CheckedListBox的核取】

由圖例中得知，滑鼠點選「資料庫概論」項目時只有選取效果，必須再按一次滑鼠讓左側的核取方塊產生勾選，所以「VB程式語言」才是已選取項目。由於核取方塊本身就具有多選的功能，因此ChcekedListBox控制項雖然擁有SelectionMode屬性卻不支援。只要將CheckOnClick屬性設為「True」(預設為False)，就能讓滑鼠點選就會產生勾選作用。CheckedListBox控制項常用屬性、方法和事件介紹如下。

- CheckState屬性：設定項目狀態，「Checked」表示勾選，「Unchecked」為未勾選，「Indeterminate」則為不確定狀態。

- CheckOnClick屬性：以滑鼠點選時是否有勾選作用，預設屬性值「False」，按第一下滑鼠只會將項目選取，按第二下滑鼠才有勾選作用：「True」的話，按第一下滑鼠就有勾選作用。

- SetItemChecked()方法：指定欲勾選項目的索引編號和核取狀態，如果要設定索引值的勾選狀態。例如，將索引編號「2」項目做勾選，簡述如下：

```
CheckedListBox1.SetItemChecked(2, True)
```

- GetItemChecked()方法：用來逐一檢查那些項目被勾選，語法如下。

```
GetItemChecked(index) As Boolean
'index代表清單項目的索引值
```

如果要設定索引值的勾選狀態，可利用SetItemChecked()方法來指定欲勾選的項目和核取狀態，以True表示勾選，False表示不核取。

常用的事件處理有❶SelectedIndexChanged()事件，使用者以滑鼠來點選清單中任何一個項目時所引發的事件處理常式。❷ItemCheck()事件，清單中的某個項目被勾選時所引發的事件處理常式。

11.3 | 提供檢視的控制項

相信大家都用過檔案總管吧！要瀏覽檔案總管的內容時，其檢視方式共有五種：縮圖、並排、圖示、清單和詳細資料。提供檢視功能的控制項由下表11-10概述。

【表11-10 檢視控制項】

具有檢視功能	說明
ListView	提供四種檢視項目，包含清單、圖示、縮圖和詳細資料
TreeView	透過節點顯示階層式資料，節點含有選擇性核取方塊或圖示組成
ImageList	提供多種圖片格式來存放多張圖檔

11.3.1　ImageList

　　ImageList(影像清單)控制項可以用來存放多張影像，提供其他制項具有ImageList屬性來作為選取圖形的顯示。既然是圖像，表示它可以支援BMP、ICO、GIF、JPG和PNG等多種格式，它的常用屬性、方法以下表11-11來解說。

【表11-11 ImageList控制項常用成員】

ImageList成員	說明
Images	透過ImageCollection存放影像清單
ColorDepth	設定影像清單的色彩位元數(預設Depth8Bit)
ImageSize	在影像清單內取得或設定影像大小
ImageStream	取得ImageListStreamer與此影像清單相關聯
TransparentColor	取得或設定色彩透明度
Draw()方法	依指定位置繪製指定索引編號的Graphics影像

　　Draw()方法用來繪製影像，語法如下：

```
Public Sub Draw(g As Graphics, pt As Point, _
    index As Integer)
```

- g：為Graphics繪製物件。
- pt：指定位置進行影像繪製。
- index：依據ImageList的索引編號做繪製。

　　影像清單本身為元件，處理影像最直接的屬性就是Images，它得藉助ImageCollection類別，它的相關成員列舉如下表11-12。

【表11-12 ImageCollection常用成員】

相關成員	說明
Count	取得清單中的映像數目
Empty	以Boolean值回傳ImageList是否有影像
Item	取得或設定Image集合中的索引值
Add()方法	新增一個影像檔到Images集合編輯器
AddRange()	新增影像陣列到Images集合編輯器
Clear()方法	移除影像集合編輯器的所有影像
RemoveAt()方法	指定索引編號來移除影像

編輯影像

ImageList控制項存放在工具箱的元件裡，加入到表單後只會放在表單底部的「匣」，由圖11-14可以了解。

STEP 1 展開ImageList工作的「選擇影像」或者透過屬性視窗的「images」皆可以進入它的集合編輯器。

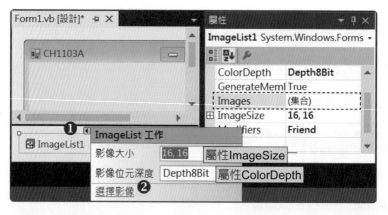

【圖11-14 加入ImageList控制項】

STEP 2 ❶按「加入」鈕會進入開啟舊檔對話方塊，選取所需的影像檔來加入，再按❷「確定」鈕離開。

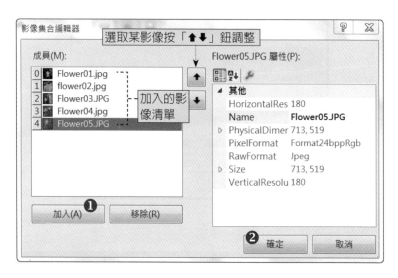

範例《CH1103A》

說明：表單加入1個清單方塊來顯示載入圖片的資訊；利用按鈕配合「開啟檔案」對話方塊來載入多個圖片檔，選取某個影像時利用PictureBox顯示已固定大小的圖片。

STEP 1　範本Windows Form應用程式，專案名稱「CH1103A.vbproj」，控制項屬性設定如下表。

控制項	Name	Text	控制項	屬性	屬性值
Button1	btnOpen	載入圖像	ImageList	Name	imltPicture
Button2	btnShow	顯示圖像		ImageSize	128, 128
Button3	btnRemove	移除圖像	OpenFileDialog	Name	dlgOpenFile
Button4	btnClear	清除圖像	Label1	Name	lblFilePath
ListBox	lstShow		Label2	Name	lblIndexNo
			PictureBox	Name	picLoad

STEP 2　完成的表單如下。

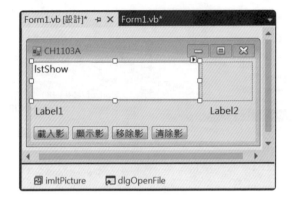

STEP 3 相關程式碼如下。

LoadPicture()副程式

```
08   Private Sub LoadPicture(ByVal loadImage As String)
09
10       If loadImage <> "" Then
11           '從指定檔案建立 Image 物件，再加入ImageList清單內
12           imltPicture.Images.Add(
13               Image.FromFile(loadImage))
14           lstShow.BeginUpdate() '防止重繪
15           lstShow.Items.Add(loadImage)
16           lstShow.EndUpdate() '進行重繪
17       End If
18
19   End Sub
```

btnOpen_Click()事件

```
24   dlgOpenFile.Multiselect = True '選取多個檔案
25   Dim result As DialogResult = DialogResult.OK
26   Dim file As String
27
28   '若按下「確定」鈕
29   If dlgOpenFile.ShowDialog() = result Then
30
31       '有取得檔名
32       If IsNothing(dlgOpenFile.FileNames) = False Then
33           '依選取的檔案數來讀取選取的檔案
34           For Each file In dlgOpenFile.FileNames
35               '呼叫addImage()方法將檔名載入到清單方塊
36               LoadPicture(file)
37           Next
```

```
38      Else
39          LoadPicture(dlgOpenFile.FileName)
40      End If
41  End If
```

```
                         btnShow_Click()事件
48  Dim currentImage As Integer
49  '當影像清單內有載入影像時
50  If imltPicture.Images.Empty <> True Then
51
52      '當影像數有大於目前指定的圖像索引值
53      If imltPicture.Images.Count - 1 > currentImage Then
54          currentImage += 1
55      Else
56          currentImage = 0
57      End If
58      '利用PictureBox控制項來顯示指定位置的圖像
59      picLoad.Image = imltPicture.Images(currentImage)
60      picLoad.SizeMode = PictureBoxSizeMode.StretchImage
61      lblIndexNo.Text = "索引值：" + _
62          currentImage.ToString
63      lstShow.SelectedIndex = currentImage
64      lblFilePath.Text = "圖像位置：" & vbCrLf & lstShow.Text
65  End If
```

程·式·解·說

* 第8~19行：LoadPicture()方法處理載入影像；ListBox儲存載入圖像的相關
  資訊。

* 第10~17行：先判斷是否有載入圖像檔；載入圖像時先以Image類別的
  FromFile()方法取得載入檔案的資訊；再以Add方法將這些圖像配合Images
  屬性放入影像清單內。

* 第14~16行：將圖像加入清單方塊控制項。把大量圖像加到ListBox時會出
  現閃繪情形；所以Add()方法一次加入一個項目前，使用BeginUpdate()方法
  在每次加入項目時，防止重繪ListBox；將項目加入至清單的工作後，呼叫
  EndUpdate()方法重繪ListBox。

* 第24~41行：按一下「載入圖檔」按鈕所引發事件。先判斷使用者是否按
  下「開啟檔案」對話方塊的「確定」鈕；如果有，則進入第二層if敘述，
  是否有取得多個檔案；有的話再以for迴圈來讀取這些圖像檔。

* 第24行：將Multiselect屬性設為「True」，進入「開啟檔案」對話方塊可以選取多個圖像檔。

* 第29~41行：進入開啟檔案對話方塊時，第一層If敘述確認使用者按了「確定」鈕會載入所選取的多個圖像。

* 第32~40行：第二層If...Else敘述判斷確實有載入檔案，依據載入的檔案數，以For Each迴圈逐一讀取。

* 第48~65行：按一下「顯示圖像」鈕所引發的事件處理常式；依據影像清單所取得的索引值，透過PictureBox顯示。

* 第50~65行：第一層If敘述，確認有圖像的情形下，選取清單方塊的圖像；影像清單會依據索引編號值來指定PictureBox顯示圖片，並指派給清單方塊的屬性SelectedIndex來表示某個圖像被選取，再以標籤顯示此圖像的索引編號和儲存路徑、檔名。

* 第53~57行：取得圖像索引值之後再一次判斷影像清單內的影像數。

📌 **執行、編譯程式**

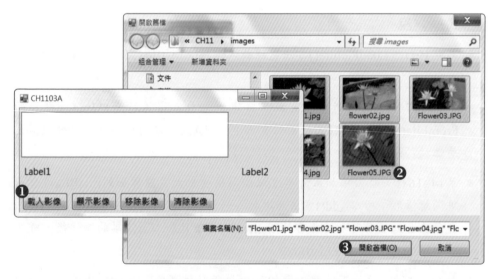

【圖11-15 範例CH1103A執行結果-1】

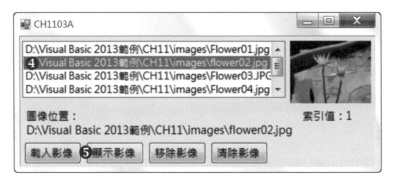

【圖11-16 範例CH1103A執行結果-2】

11.3.2　清單檢視

　　相信大家都用過檔案總管吧！左側窗格提供樹狀排列，可以一層層展開磁碟機或資料夾內容，想要檢視內容時，右側窗格能有不同的檢視方式，例如：縮圖、並排、圖示、清單和詳細資料。清單檢視(ListView)控制項的外觀與ListBox非常相近，因此它也具有和ListBox清單方塊相關的屬性。清單檢視主要提供檢視的功能，就像視窗作業系統中檔案總管視窗右側窗格提供的檢視相同。

決定檢視模式

　　View屬性用來決定「清單檢視」控制項的檢視模式，共有四種屬性：LargeIcon、SmallIcon、List和Details；其預設屬性值是「LargeIcon」。先來看看加入清單檢視之後，如何查看View屬性！由圖11-17得知，展開ListView工作時，檢視的預設值「LargeIcon」。

【圖11-17 ListView展開的工作】

指定圖示

要在清單檢視中顯示大圖示和小圖示時，必須藉助ImageList控制項來分別加入這些要使用的圖示。例如要在清單方塊中設定小圖示，要如何進行？

STEP 1 先加入「清單檢視」控制項，再加入ImageList控制項(置於表單下側的「匣」)。

STEP 2 利用ImageList控制項載入圖片。透過ImageList屬性「Images」(參考圖11-13)，進入『影像集合編輯器』交談窗；❶按「加入」鈕會進入「開啟」交談窗，選取所需圖片；完成圖片的載入之後，❷「確定」鈕結束動作。

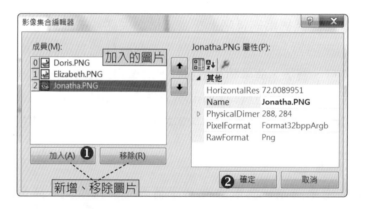

STEP 3 將ImageList控制項載入的圖片與「清單檢視」控制項建立關聯！利用ListView工作的❶小型SmallImageList，透過❷下拉式清單選取❸ImageList控制項(將Nam變更imgtIcon)。

STEP **4** 展開ListView控制項工作，按檢視右側❶▼鈕來拉開選單，設❷
『Details』(詳細檢視)。

STEP **5** 設定圖片的索引值(加入的圖片必須和屬性Items的項目產生對應)。展
開「ListView」工作，點選「編輯項目」或者屬性視窗「Items」屬
性，皆可進入『ListViewItem集合編輯器』交談窗。

STEP **6** ❶按「加入」鈕加入「ListViewItem」成員，❷屬性Text「國文」；
❸ImageKey「B02.png」；按「加入」鈕再加入第二個成員，屬性
Text「計算機概論」；ImageKkey「B01.png」；❹按「確定」鈕結
束設定。

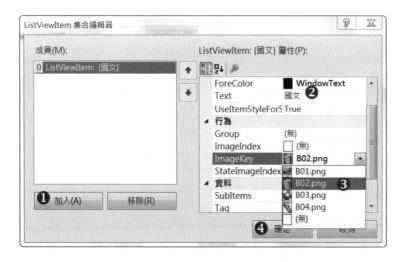

程式碼這樣撰寫，使用**Add()**方法取得圖片時須要有完整路徑，然後再把這些圖片指派給清單檢視的**SmallImageList**屬性。

```
ImageList1.Images.Add(Bitmap.FromFile( _
    "D:\範例\CH11\Icon\B01.png"))
ImageList1.Images.Add(Bitmap.FromFile( _
    "D:\範例\CH11\Icon\B02.png"))
ListView1.SmallImageList = ImageList1
```

編輯資料行首(Columns)

清單檢視較為複雜的地方，在於Columns、Items屬性除了提供顯示項目外，屬性本身又擁有各自的集合物件。以屬性Columns來說，它除了能編輯「清單檢視」控制項的標題列(資料行行首)之外，Columns本身代表ListView. ColumnHeaderCollection的集合物件；先來看看圖11-18利用集合編輯器完成的ListView控制項的情形！

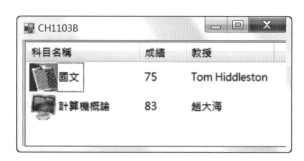

【圖11-18 完成的清單檢視】

❶ 欄位名稱(ColumnHeader)：或稱編輯資料行。科目名稱、成績和教授皆是，利用屬性視窗「Columns」屬性，進入『ColumnHeader集合編輯器』交談窗來編輯。

❷ 編輯項目(ListViewItem)：計算機概論和國文皆是；利用屬性視窗的「Items」屬性，進入『ListViewItem集合編輯器』交談窗做項目的編輯。

❸ 編輯子項目(ListViewSubItem)：「75、Tom Hiddleston」屬於國文的子項目，而「83、趙大海」則是計算機概論的子項目。先以屬性視窗的「Items」屬性，進入『ListViewItem集合編輯器』之後，再以SubItems屬性再進入『ListViewSubItem集合編輯器』做編輯。

如何設定資料行行首，利用下述操作步驟說明。

STEP 1 選取檢視清單控制項，展開「ListView工作」，選取「編輯資料行」；或者利用屬性視窗的屬性「Columns」，進入『ColumnHeader集合編輯器』交談窗。

STEP 2 加入3個成員。❶按「加入」鈕會加入「ColumnHeader」成員，Name「colhName」，Text「科目名稱」；依續加入第二個成員，Name「colhScore」，Text「成績」；第三個ColumnHeader成員，❷Name「colhTeacher」，❸Text「教授」，最後按「確定」鈕關閉交談窗。

完成編輯後會在「清單檢視」控制項的第一列顯示結果如下圖**11-19**所示。

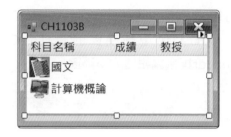

【圖11-19 ListView的Columns屬性】

ListView控制項中會以ColumnHeaderCollection類別來表示資料行行首，利用Add()方法加入指定文字、寬度和對齊方式設定集合中的資料行行首，語法如下：

```
Public Overridable Function Add( text As String, _
    width As Integer, textAlign As HorizontalAlignment _
)As ColumnHeader
```

- text：顯示於清單檢視控制項的標題列。

- width：設定欄寬，以像素為單位。

- textAlign：對齊方式，共分三種：Center表示物件或文字置中；Left表示物件或文字靠左對齊；Right會讓物件或文字靠右對齊。

例如，加入標題列「科目名稱」，欄寬「120」，文字靠左對齊「HorrizontalAlignment.Left」。

```
ListView1.Columns.Add("科目名稱", 120, _
    HorizontalAlignment.Left)
ListView1.Columns.Add("成績", 120, _
    HorizontalAlignment.Left)
ListView1.Columns.Add("教授", 120, _
    HorizontalAlignment.Left)
```

編輯項目

完成了標題列的編輯，才能進一步編輯Items屬性。由於Items本身是ListViewItemCollection的集合物件，在編輯過程中還可以加入子項目，操作過程如下：

STEP 1 藉由屬性視窗的「Items」屬性，進入ListViewItem集合編輯器交談窗。

STEP 2 點選已加入的❶ListViewItem「國文」，❷找到右側屬性窗「SubItems」的『...』鈕，進入「ListViewSubItem」交談窗。

STEP 3 加入2個ListViewSubItem成員。按❶「加入」鈕加入第一個成員；屬性Text「75」；加入第二個成員，❷屬性Text「Tom Hiddleston」，按❸「確定」鈕回到上一層的ListViewItem集合編輯器。

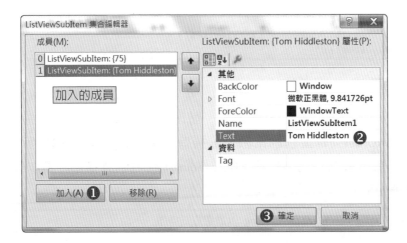

STEP 4 選取ListViewItem成員「國文」之後，再選取「SubItems」進入
ListViewSutItem集合編輯器交談窗，加入二個成員，Text屬性分設
「83、趙大海」，按二次「確定」鈕結束編輯。

若以程式碼方撰寫，還是有順序！先以New運算子配合ListViewItem建構函
式來產生新物件，再以Add()方法加入子項目，最後再以AddRange()方法將整個
陣列加入。

```
'1. 先建立ListViewItem的物件
Dim item1 As New ListViewItem("計算機概論", 0)
Dim item2 As New ListViewItem("國文", 1)

'2. 以Add()方法加入子項目
item1.SubItems.Add("83") '加入item1的子項目
item1.SubItems.Add("趙大海")
item2.SubItems.Add("75") '加入item2子項目
item2.SubItems.Add("Tom Hiddleston")

'3.利用AddRange()方法將陣列內容整個加入
ListView1.Items.AddRange(New ListViewItem() _
    {item1, item2})
```

使用排序

要讓列示的項目產生排序效果，可以利用Sorting屬性來產生排序，屬
性值為SortOrder列舉型別的常數值，共有三種：None(預設值)表示不排序；
Ascending會以遞增方式來排序；Descending則代表遞減排序。若以程式碼撰
寫，敘述如下：

```
ListView1.Sorting = SortOrder.Ascending '以遞增方式排序
```

ListView控制項還有那些常用屬性？由表11-13列舉。

【表11- 13 ListView其他屬性】

ListView成員	預設值	解說
SelectedItems		顯示目前選取的項目集合
MultiSelect	True	是否選取多個項目
CheckBoxes	True	ListView控制項左側是否顯示核取記號
GridLine	False	清單檢視控制項是否要有格線
Bound		取得或設定控制項的相對位置
LabelEdit	False	是否允許使用者原地標籤編輯
AllowColumnReorder	False	是否允許使用者執行時拖曳欄位
FullRowSelect	False	是否允許使用者執行時選取整列
TileSize	0, 0	取得或設定並排顯示時方磚大小

　　清單檢視進入執行狀態時，屬性FullRowSelect為True，按一下滑鼠能選取整列；LabelEdit屬性為True，能編輯「姓名」下的名字，滑鼠移向Steve再按滑鼠形成插入點，就能修改成『Judy』如圖11-20所示；不過其它欄位，如學號、計算機皆屬於子項目，無法進行編輯。

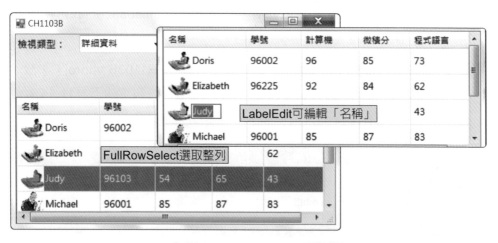

【圖11-20 ListView選取整列、編輯項目】

　　同樣地，清單檢視進入執行狀態時，屬性AllowColumnReorder為True，可以拖曳某個欄位；如圖11-21所示；將欄位「程式設計」拖曳到學號欄位的後方。

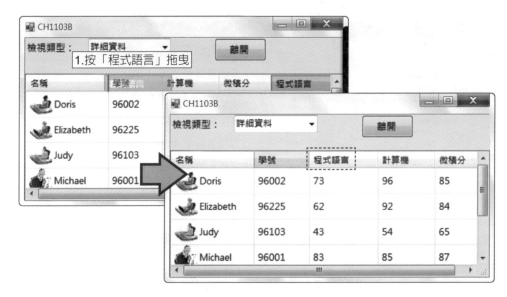

【圖11-21 ListView可改變欄位位置】

範例《CH1103B》

說明：表單上加入ComboBox和ListView控制項，選取ComboBox控制項的檢視項目時，ListView會隨之改變檢視內容！。

STEP 1 範本Windows Form應用程式，專案名稱「CH1103B.vbproj」，設定ListView控制項的資料行(Columns)，它的屬性設定如下表11-14。

【表11-14 範例CH1103B檢視清單資料行的屬性設定】

控制項	Name	Text	Width
ColumnHeader1	colhName	名稱	120
ColumnHeader2	colhID	學號	80
ColumnHeader3	colhComputer	計算機	75
ColumnHeader4	colhMath	微積分	75
ColumnHeader5	colhProgram	程式語言	100

2 ListView項目(Items)和子項目(SubItems)的屬性設定如下表11-15。

【表11-15 範例CH1103B檢視清單項目和子項目屬性設定】

控制項	Name	ImageIndex	ListViewSubItem：Text屬性		
ListViewItem1	Michael	3	96001	85	87	83
ListViewItem2	Doris	0	96002	96	85	73
ListViewItem3	Judy	2	96103	54	65	43
ListViewItem4	Steven	4	96110	82	63	52
ListViewItem5	Elizabeth	1	96225	92	84	62

STEP 3 其他控制項的屬性設定如下表11-16所示。

【表11-16 範例CH1303B其他控制項屬性設定】

控制項	Name	Text	控制項	屬性	值
Label	lblType	檢視類型	ListView	Name	lsvStudent
Button	btnExit	離開		View	Detials
ComboBox	cobType	詳細資料		Dock	Bottom
ImageList	imgIcon		ImageLIst	Name	imgSmall

STEP 4 完成的表單如下。

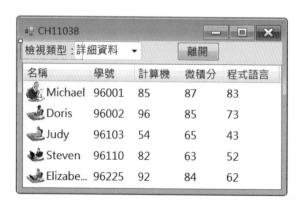

STEP 5 相關程式碼如下。

```
                          Form1_Load()事件
05  Dim view() As String = _
06     {"縮圖", "小圖示", "清單", "詳細資料"}
07  '將陣列內容放入ComboBox的Items
08  cobType.Items.AddRange(view)
09  '1.設定ListView屬性
10  With lsvStudent
11     '定義位置和大小
12     .Bounds = New Rectangle(New Point(10, 50), _
13            New Size(400, 180))
14     .LabelEdit = True        '執行時能編輯項目
15     '標題列可以利用滑鼠拖曳來改變位置
16     .AllowColumnReorder = True
17     .FullRowSelect = True     '能整列選取
18     .GridLines = True         '顯示格線
19     .Sorting = SortOrder.Ascending '以遞增方式排序
20  End With
```

```
                  cobType_SelectedIndexChanged()事件
26  Select Case (cobType.SelectedIndex)
27     Case 0
28        lsvStudent.View = View.LargeIcon     '縮圖
29        BigChart()        '呼叫縮圖的副程式
30     Case 1
31        lsvStudent.View = View.SmallIcon      '小圖示
32        SmallChart()     '呼叫小圖示的副程式
33     Case 2
34        lsvStudent.View = View.List    '清單
35        viewList()
36     Case 3
37        lsvStudent.View = View.Details     '詳細資料
38  End Select
```

```
                       Sub BigChart()副程式
43  Dim imgData As New ImageList
44  imgData.ImageSize = New Size(60, 50)
45  '載入圖片
46  imgData.Images.Add(Image.FromFile( _
47     "D:\Visual Basic 2013範例\CH11\images\Flower01.jpg"))
48  imgData.Images.Add(Image.FromFile( _
49     "D:\Visual Basic 2013範例\CH11\images\Flower02.jpg"))
50  imgData.Images.Add(Image.FromFile( _
51     "D:\Visual Basic 2013範例\CH11\images\Flower03.jpg"))
52  imgData.Images.Add(Image.FromFile( _
53     "D:\Visual Basic 2013範例\CH11\images\Flower04.jpg"))
```

```
54  imgData.Images.Add(Image.FromFile( _
55    "D:\Visual Basic 2013範例\CH11\images\Flower05.jpg"))
56  '指定給ListView的縮圖使用
57  lsvStudent.LargeImageList = imgData
58  Me.Controls.Add(lsvStudent)
```

程·式·解·說

* 第5~20行：表單載入時引發的事件處理常式，針對ComboBox和ListView控制項進行初始化動作。

* 第5~8行：建立ComboBox清單項目，然後呼叫AddRange()方法將清單項目放入Items屬性中。

* 第12~13行：重新定義ListView的位置和大小；利用Rectangle和Size結構的建構函式重設新值。

* 第16~19行：LabelEdit、AllowColumnRecord屬性值為「True」，執行時能直接在項目上進行編輯，拖曳欄位來改變位置。FullRowSelect、GridLines屬性為「True」時，只要以滑鼠點選某個項目就能選取整列資料，執行畫面會有格線。Sorting屬性值為「Ascending」會以遞增方式做排序。

* 第26~38行：Select...Case敘述取得ComboBox項目對應的Index值來判斷使用者選取那個項目。依據選取的項目來呼叫不同的副程式。

* 第27~29行：當「View」屬性值為『LargeIcon』時，選取了「縮圖」項目，會呼叫BigChart()副程式，以LargeIcon(縮圖)顯示。

* 第36~37行：當「View」屬性值為『Details』時，就恢復原有的設定值。

* 第43行：建立ImageList類別的物件imgData來存放圖片。

* 第46~47行：存放圖片時，利用ImageList物件的屬性Images來呼叫Add()方法來加入圖片；使用Image類別來呼叫FromFile()來指明圖片路徑和檔名。

* 第57行：再將圖片物件和ListView控制項利用LargeImageList屬性來建立關聯。

執行、編譯程式

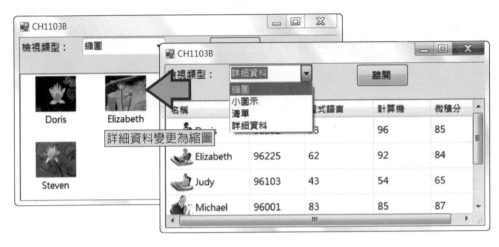

【圖11-22 範例CH1101執行結果】

11.3.3　TreeView

　　如果以檔案總管的結構來看，ListView(清單檢視)控制項提供的是右側窗格的檢視樣式，而TreeView(樹狀檢視)控制項則是顯示左側窗格的階層架構，透過節點來顯示資料夾和檔案。例如要查看硬碟C有那些資料夾，以滑鼠按下節點時，硬碟C的節點會展開樹狀結構底下的每個節點，節點可能包含其他節點，稱為子節點(Child Node)。使用者可以展開或摺疊節點，以顯示父節點(Parent Node)或包含子節點的節點。它的相關屬性透過表11-17做說明。

【表11-17 樹狀檢視的成員】

屬性	說明
Indent	設定子節點的「縮排寬度」以像素為單位
CheckBoxes	是否顯示核取方塊
LineColor	設定子節點的線條顏色
Nodes	指派樹狀檢視控制項的樹狀節點集合
Nodes[N].FullPath	取得從根節點到目前指定節點
Nodes[N].Text	設定第N個節點的顯示名稱

屬性	說明
PathSeparator	取得或設定樹狀節點路徑的分隔符號，預設「\」
SelectedNode	設定目前選取的節點
Nodes.Add(Name)	增加第一層的一個子節點
Nodes[0].Nodes.Add(Name)	增加第二層的一個子節點
EndUpdate()方法	啟用樹狀檢視的重繪作業
ExpandAll()方法	展開所有的樹狀節點
CollapseAll()方法	收合所有的樹狀節點
Sort()方法	對TreeView控制項中的項目進行排序
AfterCheck()事件	選取樹狀節點核取方塊之後

編輯節點

　　TreeView(樹狀檢視)控制項，提供節點的的主要屬性為Nodes和 SelectedNode。Notes是一個樹狀節點的集合(TreeNode)，它指的是根樹狀節點。後續加入至根樹狀節點的任何樹狀節點皆稱為子節點；每個TreeNode都可含有其他TreeNode物件的集合。編輯Nodes屬性時是透過TreeNodeCollection來建立節點；以「學校」為根目錄來建立如下的節點。

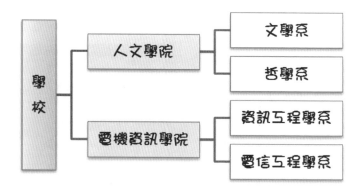

STEP 1 加入TreeView控制項後,利用屬性視窗的「Nodes」屬性進入「TreeNode編輯器」交談窗。或者展開其❶TreeView工作,按❷「編輯節點」也能進入。

STEP 2 完成「學校」根目錄和二個節點。❶按「加入根目錄」鈕,❷在Text屬性輸入「學校」,❸按「加入子系」鈕;❹Text「人文學院」;選❺「學校」根目錄,❻按「加入子系」鈕;❼Text「電機資訊學院」。

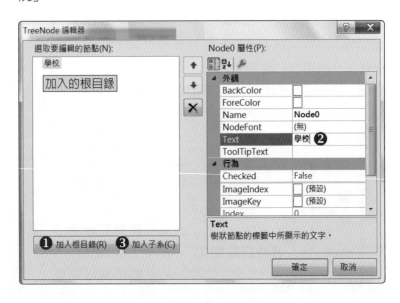

STEP **3** 加入子子節點。❶點選「人文學院」，❷按「加入子系」鈕，Text
「文學系」；同樣地，點選「電機資訊學院」鈕，按「加入子系」
鈕，加入「電機工程學系」；相同地，❸點選「電機資訊學院」鈕，
按「加入子系」鈕，❹選Node7，❺Text「電信工程學系」，❻按
「確定」鈕來結束編輯。

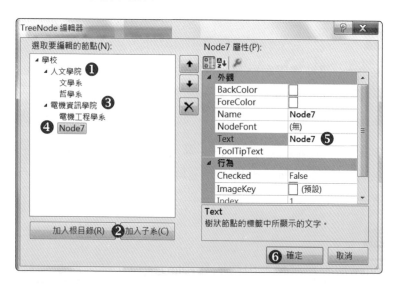

程式碼中，透過**Add()**或**AddRange()**方法加入新的節點。上述的程式碼是表示在「學校」根節點下建立兩個學院子節點，第一層子節點分別建立第二層子節點，**Add()**方法只能加入一個節點；**AddRange()**方法則先建立節點陣列再加入。

```
REM 1.建立根節點並指定名稱，再以Add()方法加入
Dim rootNode As New TreeNode("學校")
trvSchool.Nodes.Add(rootNode)
REM 2.增加第一層兩個子節點，先指定名稱
Dim oneNode As New TreeNode("人文學院")
Dim twoNode As New TreeNode("資訊電機學院")
'2-2.建立節點陣列
Dim firstNode() As TreeNode = {oneNode, twoNode}
'2-3.Add()方法加入一個子節點
rootNode.Nodes.Add(oneNode)
rootNode.Nodes.Add(twoNode)
'3.增加第二層兩個子節點
Dim secondNode1 As New TreeNode("文學系")
Dim secondNode2 As New TreeNode("哲學系")
Dim secondNode3 As New TreeNode("資訊工程系")
Dim secondNode4 As New TreeNode("電信工程系")
Dim department1() As TreeNode = {secondNode1, secondNode2}
Dim department2() As TreeNode = {secondNode3, secondNode4}
'4. AddRange()方法加入節點陣列
rootNode.Nodes(0).Nodes.AddRange(department1)
rootNode.Nodes(1).Nodes.AddRange(department2)
```

移動節點

SelectedNode屬性會設定目前選取的節點。某些時候必須針對節點進行巡覽的動作，屬性「**FirstNode**」代表第一個節點，「**LastNode**」為最後一個節點，「**NextNode**」表示要移至正一個節點，「**PrevNode**」表示要移至上一個節點。

樹狀節點(**TreeNode**)可以使用「**+**」或「**-**」展開/收合樹狀節點。要展開所有樹狀節點層，請呼叫**ExpandAll()**方法。同樣地，呼叫**CollapseAll()**方法，收合所有節點。

顯示圖示

與**ListView**控制項一樣，也可以利用**ImageList**元件來顯示節點旁邊顯示圖示。利用「**ImageList**」屬性來取得**ImageList**元件的圖示影像；然後透過**ImageIndex**屬性為樹狀檢視中的節點設定影像索引值。

範例《CH1103C》

說明：使用TreeView建立簡單學校系統，表單載入時初始化樹狀檢視的節點，再以滑鼠勾選某一個節點時顯示訊息。

STEP 1　範本Windows Form應用程式，專案名稱「CH1103C.vbproj」，表單上只加入TreeView，Name「trvSchool」；Dock「Fill」，CheckBoxes「True」。

STEP 2　相關程式碼如下。

```
                    trvSchool_AfterCheck()事件
35  If(e.Node.Text = "人文學院" And e.Node.Checked) Then
36      MessageBox.Show("目前 -- " + e.Node.Text + " 750 人")
37  ElseIf (e.Node.Text = "資訊電機學院" And _
38        e.Node.Checked) Then
39      MessageBox.Show("目前 -- " + e.Node.Text + " 500 人")
40  End If
```

程 · 式 · 解 · 說

＊ 第35~40行：勾選某個節點時所引發的「AfterCheck」事件處理常式。使用If...ElseIf敘述來判斷那個節點被勾選，判斷此節點的Text屬性值是否等於所設；如果正確就以MessageBox來顯示訊息。

📌 **執行、編譯程式**

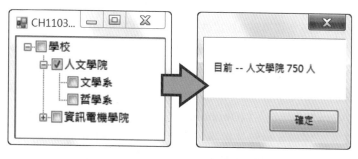

【圖11-23 範例CH1103C執行結果】

重點整理

↻ FlowLayoutPanel控制項，屬性FlowDirection決定控制項的流向，有四種：LeftToRight、TopDown、RigthToLeft、BottomUp。

↻ TableLayoutPanel版面以儲存格排列控制項，版面大小能以RowCount、ColumnCount和GrowStyle屬性值來調整。RowCount屬性用來增加、減少列，ColumnCount屬性值改變時會讓欄增加或減少。

↻ TabControl控制項可以利用頁籤版面來分置控制項，屬性TabPages來決定索引標籤的數量，屬性Alignment決定切換標籤的位置

↻ 清單方塊(ListBox)控制項會顯示清單項目，提供使用者從中選取一個或多個項目：SelectionMode屬性設定清單項目的選取，有None、One、MultiSimple、MultiExtended四種屬性值。Sorted屬性提供項目是否排序。SelectedIndex屬性能取得項目的索引編號，以0為開始。

↻ ComboBox控制項提供下拉式項目清單，它分兩部分：上層是一個能讓使用者輸入清單項目的「文字欄位」，下層是顯示項目清單的「清單方塊」，提供使用者從中選取一個項目。DropDownStyle提供控制項的外觀，有DropDown、Simple和DropDownList三種屬性值。

↻ CheckedLIstBox控制項擴充了ListBox控制項功能，不同處在於CheckedListBox在清單項目的左側顯示核取記號。選取CheckedListBox的清單項目時，必須確認核取方塊被勾選，才表示此項目有選取。

↻ 清單檢視(ListView)控制項的外觀與ListBox非常相近。主要提供檢視的功能，就像視窗作業系統中檔案總管視窗右側提供的檢視相同：常用屬性：❶View屬性：決定「清單檢視」控制項的檢視模式，共有四種屬性：LargeIcon、SmallIcon、List和Details。❷Columns：提供欄位來編輯顯示資料。❸Items：編輯項目。❹Sorting：讓列示項目產生排序效果。

↻ 加入ListView控制項後，以Columns屬性編輯「清單檢視」控制項的標題列（資料行行首），完成了標題列編輯，才能進一步編輯Items屬性。Items本身是ListViewItemCollection的集合物件，必須進一步以「ListViewSubItem」編輯子項目。

↻ 以檔案總管的結構來看，ListView提供的是右側窗格的檢視樣式，而TreeView則是顯示左側窗格的階層架構，透過節點來顯示資料夾和檔案。常見屬性介紹：❶Nodes：取得或指派控制項的樹狀節點集合。❷CheckBoxes：設定核取方塊是否顯示於節點旁。

❸SelectedNode：取得或設定目前控制項中選取的樹狀節點。❹Expand方法：滑鼠點選
樹狀節點，會出現的「+」按鈕來展開下一層子樹狀節點。

課後習題

一、選擇題

(   ) 1.   FlowLayoutPanel控制項，那一個屬性決定版面上的控制項要裁剪或換行？(A)GrowStyle (B)FlowDirection (C)FlowBreak (D)WrapContents。

(   ) 2.   FlowLayoutPanel控制項，那一個屬性決定版面上控制項的流向？(A)GrowStyle (B)FlowDirection (C)FlowBreak (D)WrapContents。

(   ) 3.   下列控制項中，那一個是以儲存格方式來排列版面上的控制項？(A)ToolStrip (B)FlowLayoutPanel (C)TableLayoutPanel (D)SplitContainer。

(   ) 4.   下列控制項中，那一個是以多個頁籤管理版面？(A)TabControl (B)FlowLayoutPanel (C)TableLayoutPanel (D)ToolStrip。

(   ) 5.   ListBox控制項中，那一個屬性可以提供清單項目的編輯？(A)Items (B)SelectedItem (C)SelectionMode (D)Sorted。

(   ) 6.   ComboBox控制項中，那一個屬性可以改變其外觀？(A)DropDownWidth (B)DropDownStyle (C)MaxLength (D)Text。

(   ) 7.   ComboBox或ListBox控制項中，選取項目被改變時，會引發什麼事件？(A)Click (B)CheckedChanged (C)SelectedIndexChanged (D)ItemCheck。

(   ) 8.   ListView控制項中，那一個屬性可以讓列示項目產生排序效果？(A)MultiSelect (B)CheckBoxes (C)Items (D)Sorting。

(   ) 9.   ListView控制項，可以搭配那一個控制項，讓檢視內容具有圖示效果？(A)Image (B)ImageList (C)PictureBox (D)ListBox。

(   ) 10.   對於TreeView控制項的描述，何者有誤？(A)提供節點 (B)能加入影像產生圖示 (C)使用TreeNode編輯器編輯影像 (D)提供檔案總管左側的階層架構。

二、填充題

1.   Windows應用程式提供三種版面配置：❶＿＿＿＿＿＿＿＿＿ 、❷＿＿＿＿＿ ＿＿＿＿＿＿ 、❸＿＿＿＿＿＿＿＿＿＿ 。

2. TableLayoutPanel的版面大小可利用GrowStyle屬性做變更，共有三種：❶_____ _____：不會增加儲存格；❷_____：增加列儲存格；❸_____： 增加欄儲存格。

3. TableLayoutPanel要設定欄位大小，可進入「資料行和資料列樣式」交談窗，其大小類 型共分三種：❶_____、❷_____、❸_____。

4. ListBox控制項的SelectionMode屬性，設定清單項目的選取方式，屬性值有4種：❶__ _____：只能選取一個項目、❷_____：利用滑鼠選取多個項目、 ❸_____：選取多個項目，必須以滑鼠配合Shift或Ctrl鍵、❹None：_____ _____。

5. CheckedListBox控制項的CheckState屬性，用來設定項目狀態，有三種：❶_____ _____為勾選，❷_____為未勾選，❸_____則為不確定狀態。

6. ListView控制項的View屬性，用來決定其檢視模式，共有四種屬性值❶_____、 ❷_____、❸_____、❹_____。

7. TreeView控制項，以_____方法展開所有節點，以_____屬性讓 各節點之間顯示連線。

三、問答與實作題

1. ListBox控制項，以程式碼來新增項目時，可使用Add或AddRange方法，請以程式碼來 說明這二種方法的不同處。

2. 請說明下列程式碼的作用：

```
listView1.Columns.Add("計算機", 150, HorizontalAlignment.Left)
Dim colManager As New ColumnHeader
colManager.Text = "管理學"
colManager.TextAlign = HorizontalAlignment.Center
colManager.Width = 70
listView1.Columns.Add(colManager)
```

3. 請以簡單程式碼說明ListBox或ComboBox的Remove、RemoveAt方法有何不同！

4. 請設計一個簡易菜單，按確認鈕會將選取的結果顯示於ListBox控制項，並計算餐飲費 用，下圖提供設計參考。

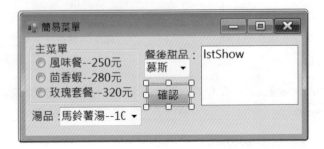

12

功能表與對話方塊

- 產生功能表列的**MenuStrip**，提供功能表項目的**ToolStripMenuItem**。

- 提供工具列的**ToolStrip**和產生狀態列的**StatusStrip**。

- 以**FontDialog**、**ColorDialog**對話方塊為主，進行字型、色彩設定。

- 提供列印文件的**PrintDocument**，展現預覽列印效果的**PrintPreviewDialog**。

- 顯示列印相關內容的**PrintDialog**，配合版面設定的**PageSetupDialog**。

　　一個較為完善的Windows應用程式，會有功能表，與應用程式操作有關的指令都會蘊含其中，工具列的圖示按鈕能讓使用者執行單一指令。視窗底部的狀態列，能快速顯示相關訊息。使用應用程式時，設定字型及顏色，對話方塊簡化了操作程序，列印文件時，能依據版面設定提供的參數設定列印頁面，這通通是本章節的學習內容。

12.1 功能表

　　使用Windows應用程式，只要把滑鼠移向功能表列，就會展開相關指令，非常方便使用者的操作。功能表屬於階層式架構，產生主功能表列，依據設計需求加入其項目，主功能表列包含子功能表，產生子項目，依序延伸出子子功能表。先以Visual Studio 2013的操作介面說明功能表結構，如圖12-1所示。

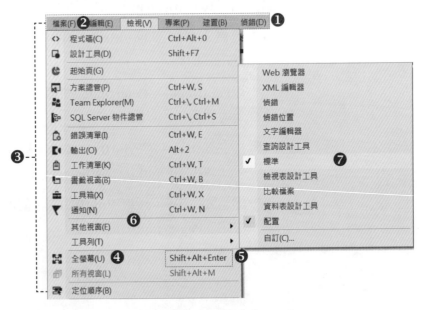

【圖12-1 功能表結構】

1. 主功能表列(MenuStrip)，提供整個功能表的加構。

2. 主功能表項目(ToolStripMenuItem)，例如：檔案、編輯、檢視等。

3. 展開的「檢視」主功能表(ToolStripDropDownMenu)，可以看到子功能表項目 (ToolStripMenuItem)。

4. 子功能表項目，例如：「全螢幕」。

5. 快速鍵設定『Shift + Alt + Enter』，同時按這三個鍵能啟動全螢幕功能。

6. 分隔線(Separator)能區隔不同作用的子功能表項目，例如：「通知」和「其他視窗」之間就以分隔線來分列它們不同的功能。

7. 子功能表項目「工具列」右側有▶符號，表示還可以展開下一層子子功能表，其中「標準」項目顯示核取記號(Checked)，表示正在使用中。

　　由圖例中得知，必須先建立主功能表才能加入主功能表項目，例如：檔案、檢視都是屬於「主功能表」的項目。通常「檔案(F)」表示以滑鼠點選之外，還能以鍵盤的「Alt + F」來展開檔案功能表，稱為「對應鍵」。主功能表之下可以延伸它的子功能表，然後再加入子功能表項目，如畫面中「檢視」主功能表的『程式碼』、『起始頁』都屬於子功能表項目。此外，性質相同的子功能表項目能群聚一起，將不同性質子功能表項目透過「分隔線」隔開。子功能表項目可以視其需求來加入快速鍵(Shortcut key)，或者以核取記號表示。Visual Basic 2013中建立功能表的控制項有那些？利用下表12-1說明。

【表12-1 與功能表有關的控制項】

功能表	說明
MenuStrip	建立主功能表
ToolStrip	產生Windows Forms的使用者介面項目
ToolStripMenuItem	用來建立功能表或快捷功能表的項目
ToolStripDropDown	允許使用者按下滑鼠時，從清單選取單一項目
ToolStripDropDownItem	按一下時會顯示下拉式清單
ContextMenuStrip	用來設定快捷功能表(使用者按下滑鼠右鍵)

12.1.1　MenuStrip

　　MenuStrip控制項基本上是容器，提供表單功能表列結構的功能，依據設計需求透加入快速鍵、核取記號、影像和分隔線。MenuStrip以ToolStripMenuItem物件來作為功能表項目。建立功能表的程序如下：

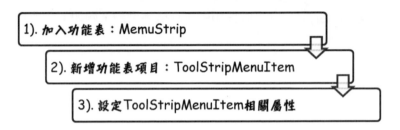

1). **加入功能表**：MemuStrip

2). **新增功能表項目**：ToolStripMenuItem

3). **設定ToolStripMenuItem相關屬性**

建立標準功能表

　　如何在表單中快速產生一個標準功能表，步驟如下：

▶STEP 1　工具箱中「功能表與工具列」分類下，滑鼠雙擊MenuStrip來建立主功能表列。

▶STEP 2　展開表單上❶MenuStrip工作，選❷插入標準項目，就會產生主功能中含有檔案、編輯、工具和說明4個主功能表項目。

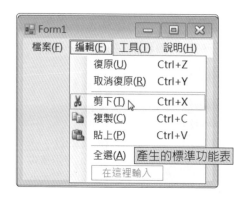

產生的標準功能表

⭐Tips│ **表單上加入MenuStrip控制項**

　　表單上加入MunuStrip控制項之後，會在表單頂部放入欲編輯的功能表列，而控制項本身會放在表單底部的匣。

12.1.2　自訂功能表項目

　　MenuStrip控制項除了產生標準功能表之外，我們也可以把加入的MenuStrip直接編輯功能表項目(作法簡單)，或者展開MenuStrip工作表選取「編輯項目」，或透過屬性視窗的Items皆會進入項目集合編輯器進一步設定。直接編輯功能表功能表項目如何做？先認識它的基本輸入模式。

輸入主功能表項目

輸入子功能表項目

　　建立第一個主功能表項目之後，水平方向可以陸續輸入其他的主功能表項目，垂直方向則是某個主能表項目的子功能表。

編輯功能表項目

▸STEP **1**　以MenuStrip建立主功能表列，直接在表單上編輯主功能表項目。

STEP 2 ❶看到「在這裡輸入」表示可以輸入主功能表項目,如「字型(&F)」(&F表示加入對應鍵);❷移向子功能表,輸入字型樣式、字型大小和設定字型三個項目。

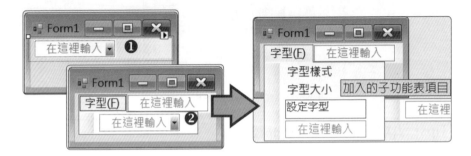

STEP 3 加入分隔線,輸入「-」(減號)並下Enter鍵即可,再輸入「結束」項目。

STEP 4 繼續建立第二層(子)功能表,❶先點選「字型樣式」來展開子子功能表項目,❷「在這裡輸入」加入粗體,按Enter鍵完成,按向下方向鍵再輸入「斜體」。

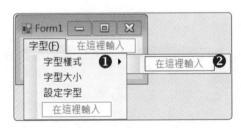
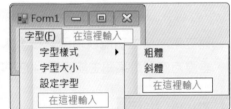

STEP 5 以第二種方式加入分隔線。在「斜體」下方產生分隔線，❶滑鼠點選下方的「在這裡」右側的▼鈕展開選單，❷點選「Separator」來加入。

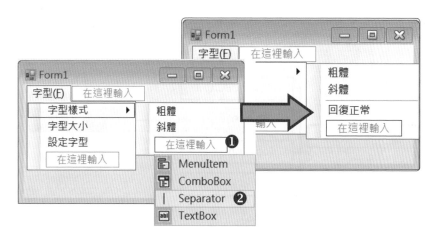

STEP 6 要刪除某個項目，就是選取該項目，按鍵盤的「Delete」鍵刪除；或者在❶欲刪除的項目上按滑鼠右鍵，❷執行「刪除」指令亦可。

使用項目集合編輯器產生項目

MenuStrip控制項亦提供項目集合編輯器來編輯功能表，介紹它之前先認識它的架構。

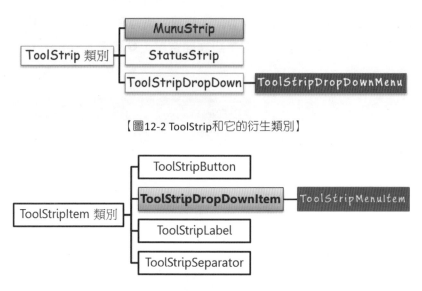

【圖12-2 ToolStrip和它的衍生類別】

【圖12-3 ToolStripItem和它的衍生類別】

- **ToolStrip**控制項：提供工具列的容器，它的衍生類別是包含功能表 (MenuStrip)和狀態列(StatusStrip)，而**ToolStripDropDownMenu**則為子功能的 容器。

- **ToolStripItem**元件：它管理項目的版面配置。一般來說，無論是主功 能表或是子功能項目皆是加入**ToolStripMenuItem**，需要的分隔線則是 ToolStripSaparator。

　　由於新增的項目以**ToolStripMenuItem**類別為主，進一步認識它的相關屬 性，以表12-2簡介。

【表12-2 ToolStripMenuItem常用屬性】

屬性	預設值	說明
Name		控制項名稱
Checked	False	設定控制項是否核取，True為核取
DropDownItems		含有子功能表項目時，用來檢視其集合項目
Enabled	True	True控制項有作用，False無作用
ShortcutKeys	None	設定快速鍵，None未做設定

屬性	預設值	說明
ShowShortcutKeys	True	是否顯示快速鍵，True配合ShortcutKeys屬性來顯示控制項
Text		顯示於控制項的文字
ToolTipText		設定於控制項的提示文字
Visible	True	True顯示控制項，False則隱藏

　　要以ToolStripMenuItem來作為功能表項目，就得進入項目集合編輯器。它會因為功能階層不同而呈現不同成員；先將其功能做簡介。

- 「加入」鈕：按▼展開選單，若新增MenuItem，也就是加入ToolStripMenuItem控制項。

- 「X」鈕：刪除成員清單中被選取的成員。

- ↑、↓鈕：選取某個加入成員，用它們來上移或下移其位置。

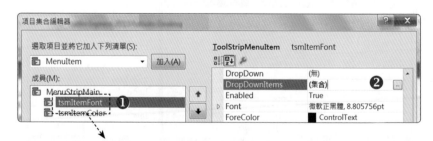

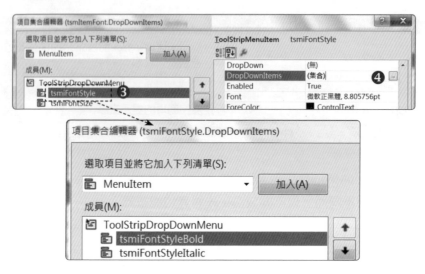

【圖12-4 項目集合編輯器有多層時】

當功能表的編輯多層時，項目集合編輯器的標題列就會有所變更，它可以指明是進入那一個項目。以圖12-4而言，第一層「項目集合編輯器」，選取「tmsiItemFont」項目，進入第二層時，它的標題列就以「tsmiItemFont.DropDownItems」顯示，選取「tsmiFontStyle」項目，進入第三層，它的標題列就以「tsmiFontStyle.DropDownItems」顯示，透過標題列的指引，可以清楚知道那一個功能表編輯項目上。

繼續編輯主功能表的「色彩」，如何加入功能表？透過下列步驟來完成即可

STEP 1 ❶展開「MenuStrip」工作，❷再按「編輯項目」；或者按屬性視窗的屬性「Items」右側『...』鈕，進入「項目集合編輯器」交談窗。

STEP 2 從清單中選取「MenuItem」項目；❶按「加入」鈕，加入「ToolStripMenuItem1」項目，會成為子功能項目；右側屬性視窗，❷變更Text屬性「色彩(&F)」為子功能表項目名稱。

項目集合編輯器

選取項目並將它加入下列清單(S):

MenuItem ▼ 　加入(A)❶

成員(M):

　MenuStrip1
　　字型FToolStripMenuItem
　　ToolStripMenuItem1

加入ToolStripMenuItem

ToolStripMenuItem　ToolStripMenuItem1

ForeColor	ControlText
Image	(無)
ImageAlign	MiddleCenter
ImageScaling	SizeToFit
ImageTransparen	
RightToLeft	No
RightToLeftAuto	False
ShortcutKeyDispl	
Text	色彩(&C) ❷
TextAlign	MiddleCenter
TextDirection	Horizontal
▲ 行為	
AutoSize	True

確定　　取消

加入子功能表項目

要在「色彩」功能表底下加入子功能表及其項目，透過「DropDownItems」屬性進入第二層的「項目集合編輯器」視窗，透過清單中的MenuItem項目來加入ToolStripDropDownMenu控制項，來作為子功能表的項目。所以在「色彩」底下加入子功能表項目有：前景顏色、後景顏色2個子功能表項目，並利用分隔線變成獨立項目。

STEP 1 延續前述的步驟，項目集合編輯器開啟之下，❶確認選取了第二個「toolStripMenuItem1」，❷從右側屬性視窗裡找到「DropDownItems」右側的 ⋯ 鈕，進入子功能表(toolStripMenuItem1.DropDownItems)集合編輯器。

STEP 2 加入子功能表項目。❶選Menultem；❷按「加入」鈕，會加入 toolStripMenuItem2；將Text變更「前景顏色」；❸依相同方式加入 toolStripMenuItem3，❹Text變更「背景顏色」。

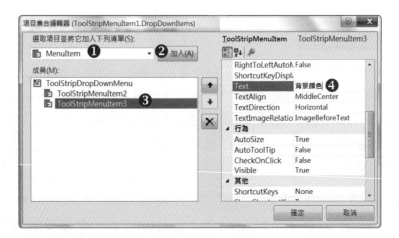

STEP 3 加入分隔線。❶從清單中選取「Separator」項目；❷按「加入」 鈕會以「toolStripSeparator1」項目產生分隔線；❸按⬆鈕移到 「toolStripMenuItem3」；之間。

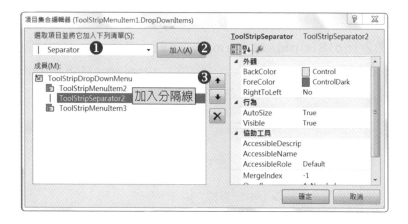

加入子子功能表

　　同樣地要在前景顏色加入紅色、綠色和白色這三個項目時，還是得利用集合編輯器，針對某個ToolStripMenuItem的「DropDownItems」屬性進入第三層的「項目集合編輯器」視窗，再以相同方式加入。

STEP 1 加入功能表項目。❶確認選取了第二個「toolStripMenuItem2」(前景顏色)，❷從右側屬性視窗裡找到「DropDownItems」右側的 ... 鈕，進入子功能表(toolStripMenuItem2.DropDownItems)集合編輯器。

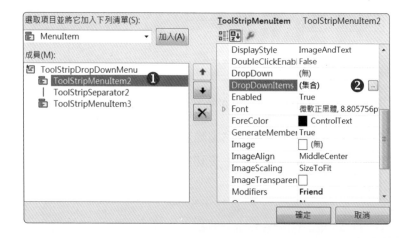

STEP 2 加入子子功能表項目。❶選 MenuItem；❷按「加入」鈕，會
加入 toolStripMenuItem4；Text「紅色」；依相同方式加入
toolStripMenuItem5，Text「綠色」；toolStripMenuItem6，❸Text
「白色」；❹按「確定」鈕回到上一層項目集合編輯器。

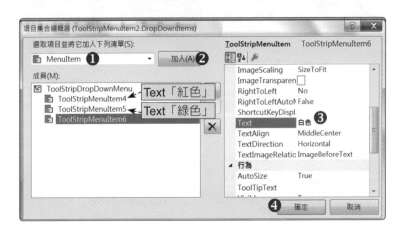

完成的功能表如下圖所示。

【圖12-5 配合ToolStripMenuItem所編輯的功能表】

使用者如果不想透過「項目集合編輯器」或者直接編輯功能表項目，也能
以程式碼撰寫，例如，新增「編輯」主功能表，有三個子項目：複製、剪下和
貼上；簡例如下：

```
'1.建立主功能表項目「編輯」並加入主功能表
Dim tsmItemEdit As New ToolStripMenuItem("編輯")
MenuStripMain.Items.Add(tsmItemEdit)
'2.將ToolStripMenuItem 物件以Addrange()方法加入子功能表
tsmItemEdit.DropDownItems.AddRange( _
```

```
New ToolStripItem() { _
    New ToolStripMenuItem("複製"), _
    New ToolStripMenuItem("剪下"), _
    New ToolStripSeparator, _
    New ToolStripMenuItem("貼上")})
```

12.1.3 使用核取記號

　　核取記號的作用能讓指定的項目處於「使用」或「關閉」狀態。以VS Express 2013「檢視」功能表下的工具列，如果某一個工具列被使，就會在左側產生「✔」核取記號來表示！由於核取記號擁有「多選一」的特性，表示多個項目當中，只能選取一個來執行，和核取方塊控制項並不相同。例如：讓字型的「紅、綠、白」為一組功能，只能選取其中的一個顏色來變更！如何產生核取記號的作用，以下列操作說明。

STEP 1 滑鼠點選子功能表項目❶「紅色」滑鼠，利用屬性視窗，把❷「Checked」屬性值變更為『True』，而功能表項目左側會加入「✔」記號。

STEP 2 或者在某個項目上按滑鼠右鍵，從清單中執行「Checked」指令。

12.1.4 設定快速鍵

常以快速鍵來執行某個功能表的指令，例如：執行複製時，可利用鍵盤的「Ctrl + C」組合鍵來達到同樣動作，這就是快速鍵！一般來說，只有子功能表的項目才能進行快速鍵的設定，在主功能項目加入快速鍵的作用，並不會有任何效果。設定ShortcutKeys屬性，必須結合另一個屬性ShowShortcutKeys屬性(預設為True)才能把快速鍵顯示於功能表項目的右側，如果屬性值設為「False」，即使設定了快速鍵也不會顯示。如何設定？完成下列設定程序。

STEP 1 利用屬性視窗，找到ShortcutKeys屬性，按右側的❶鈕展開，❷勾選修飾詞的任一個；❸拉開選單，選一個「鍵」值。表示紅色的快速鍵就是「Ctrl + R」。

範例《CH1201A》

說明：建立一個簡單記事本，配合前文介紹的功能表。

STEP 1 建立Windows Form，專案名稱「CH1201A.csproj」；功能表規劃如下表所示。

主功能表項目	子功能表項目	第3層項目
字型	字型大小	16, 24
	字型樣式	回復正常
顏色	前景顏色	紅色、綠色、白色
	背景顏色	黃色、藍色、黑色

STEP **2** 功能表屬性設定如下表。

控制項	Name	Text	ShortcutKeys
MenuStrip	MenuStripMain		
ToolStripMenuItem1	tsmItemFont	字型(&F)	
ToolStripMenuItem2	tsmItemColor	顏色(&C)	
ToolStripMenuItem3	tsmiFontStyle	字型樣式	
ToolStripMenuItem4	tsmiFontSize	字型大小	
ToolStripMenuItem5	tsmiBackColor	前景顏色	
ToolStripMenuItem6	tsmiForeColor	背景顏色	
ToolStripMenuItem7	tsmiFontStyleItalic	斜體	Ctrl+Shift+I
ToolStripMenuItem8	tsmiFontStyleNormal	回復正常	
ToolStripMenuItem9	tsmiFontSize16	16	Checked=True
ToolStripMenuItem10	tsmiFontSize24	24	Checked=True
ToolStripMenuItem11	tsmiForeRed	紅色	Ctrl + R
ToolStripMenuItem12	tsmiForeGreen	綠色	Ctrl + G
ToolStripMenuItem13	tsmiForeWhite	白色	Ctrl + W
ToolStripMenuItem14	tsmiBgColorYellow	黃色	
ToolStripMenuItem15	tsmiBgColorBlue	藍色	
ToolStripMenuItem16	tsmiBgColorBlack	黑色	

STEP 3 加入RichTextBox，Name屬性值「rtxtNote」，Dock屬性值「Fill」。

STEP 4 相關程式碼撰寫如下。

tsmiForeRed_Click()共用事件

```
17    Private Sub tsmiForeRed_Click(sender As Object, e As  _
18        EventArgs) Handles tsmiForeRed.Click, _
19        tsmiForeGreen.Click, tsmiForeWhite.Click
20      Dim frColor As ToolStripMenuItem
21      frColor = CType(sender, ToolStripMenuItem)
22      If frColor.Name = "tsmiForeRed" Then      '紅色
23        rtxtNote.SelectionColor = Color.Red
24      ElseIf frColor.Name = "tsmiForeGreen" Then      '綠色
25        rtxtNote.SelectionColor = Color.Green
26      ElseIf frColor.Name = "tsmiForeWhite" Then      '白色
27        rtxtNote.SelectionColor = Color.WhiteSmoke
28      End If
29    End Sub
```

tsmiFontSize16_CheckedChanged ()事件

```
50    If tsmiFontSize16.Checked Then
51      rtxtNote.SelectionFont = New Font( _
52        tsmiFontSize.Text, 16.0F)
53      tsmiFontSize24.Checked = False
54    End If
```

程·式·解·說

* 第17~29行：設定文字方塊的前景顏色，共有三種顏色：紅、綠、白。在Handles陳述式之後建立Click共用事件程序。

* 第22~28行：透過ToolStripMenuItem屬性「Name」來判斷使用者按下那一個子功能的那一個項目並改變文字顏色。

* 第50~54行：讓字型大小16與24彼此互斥，為了讓核取記號產生作用，載入表單時將「CheckOnClick」屬性值設為『True』，當16級字被勾選時，以Font建構函式重建字型。

執行、編譯程式

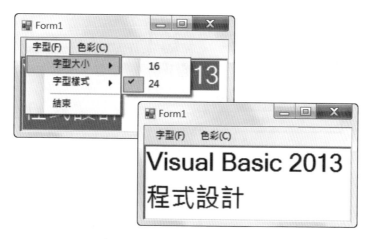

【圖12-6 範例CH1201A執行結果】

12.2 與功能表共舞

操作視窗應用軟體，除了功能表外，按下滑鼠右鍵會顯示快捷功能表及項目，工具列的圖示按鈕能貼近軟體介面，操作過程會以狀態列提供相關訊息。這些相關程序，.NET Framework提供了ContextMenuStrip、ToopStrip和StatusStrip元件來設計相關功能。

12.2.1 快顯功能表

操作視窗介面按下滑鼠右鍵，會顯示快捷功能表，功能表上會有一些設定好的指令供使用者執行。Visual Basic 2013程式設計中，ContextMenuStrip元件(另一個稱呼：內容功能表)提供快捷鍵功能表的設計，讓使用者在表單的控制項或其它區域按下滑鼠右鍵便會顯示此功能表；通常快捷鍵功能表會結合表單中已設定好的功能表項目。

【圖12-7 VS 2013表單的快捷功能表】

ContextMenuStrip元件會建立快捷功能表列，加入項目為ToolStripMenuItem控制項，如何加入ContextMenuStrip元件，程序如下：

範例《CH1201A》

說明：延續範例《CH1201A》，加入ContextMenuStrip元件建立快捷功能表列，然後在控制項中啟動快捷功能表列，讓按下的滑鼠右鍵產生作用！

STEP 1 滑鼠雙擊工具箱的「功能表與工具列」類別中「ContextMenu」元件。❶表單加入「ContextMenu」元件。❷變更Name屬性為「ctmuBgColor」。❸輸入快捷功能表項目：黃色、藍色、黑色。

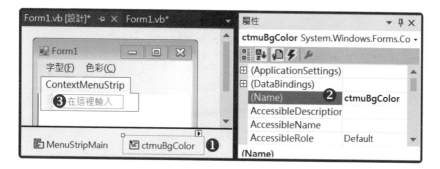

<STEP> **2** 完成輸入項目並變更Name屬性：ctmuBgYellow(黃色)、ctmuBgBlue(藍色)、ctmuBgBlack(黑色)。

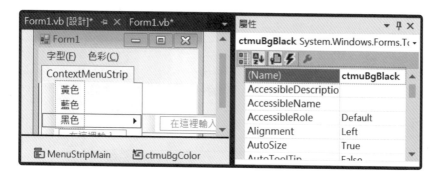

<STEP> **3** 將RichTectBox與快捷功能表建立關聯。❶選取RichTextBox控制項；❷屬性視窗找到ContextMenuStrip屬性，下拉選項中找到「ctmuBgColor」元件。

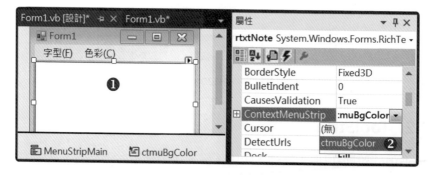

<STEP> **4** 程式碼如下。

```
                    ctmuBgBlack_Click ()共用事件
78   Private Sub ctmuBgBlack_Click(sender As Object, e As  _
79       EventArgs) Handles ctmuBgBlack.Click, _
80       ctmuBgBlue.Click, ctmuBgYellow.Click
81
82    Dim BgColor As ToolStripMenuItem
83    BgColor = CType(sender, ToolStripMenuItem)
84    '依據Name屬性值判斷使用者點選了那一個顏色
85    If BgColor.Name = "ctmuBgBlue" Then
86       rtxtNote.BackColor = Color.Blue
87    ElseIf BgColor.Name = "ctmuBgYellow" Then
88       rtxtNote.BackColor = Color.GreenYellow
89    ElseIf BgColor.Name = "ctmuBgBlack" Then
90       rtxtNote.BackColor = Color.Black
91    End If
92
93   End Sub
```

程 · 式 · 解 · 說

* 利用共用事件處理原則，配合快捷功能表來改變背景顏色。

執行、編譯程式

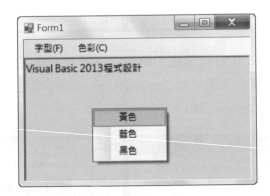

【圖12-8 範例CH1201A執行結果】

12.2.2 ToolStrip

ToolStrip控制項提供工具列，通用架構，可用來組合工具列、狀態列和功能表至操作介面。例如Visual Studio 2013操作介面提供的工具列，內含圖示按鈕，滑鼠移向某一個按鈕會顯示提示說明，圖12-9說明。

【圖12-9 應用程式使用的工具列】

ToolStrip控制項本身也是一個容器，使用時常見的相關控制項有：

- ToolStripButton：工具列按鈕。

- ToolStripLabel：工具列標籤。

- ToolStripComboBox：提供工具列的下拉選項。

- ToolStripTextBox：工具列文字方塊，讓使用者輸入文字。

- ToolStripSeparator：工具列的分隔線。

ToolStrip控制項常用屬性、方法說明表12-3。

【表12-3 ToolStrip控制項常用成員】

ToolStrip成員	說明
Dock	設定控制項要緊靠容器(通常是表單)某一邊
Items	編輯控制項的項目
ImageList	設定ToolStrip圖像
ImageScalingSize	預設值SizeToFit，依據ToolStrip大小調整，None為原圖大小
IsDropDown	設定那一個是ToolStripDropDown控制項
ToolTipText	控制項的提示文字
GetNextItem()	取得下一個ToolStripItem項目

同樣地，加入ToolStrip控制項之後，屬性Items提供項目集合編輯器，配合ToolStripItemCollection類別，能將工具列的項目進行編輯，列於表12-4。

【表12-4 ToolStripItemCollection類別成員】

相關成員	說明
Count	取得集合中的項目數
Add()方法	將指定的物件加到索引標籤中
CopyTo()	將集合複製到指定到陣列
Insert()方法	指定index編號來加入TabPage物件
Remove()方法	指定物件從索引標籤中移除

　　由於ToolStrip控制項本身屬於容器，加入表單之後會放在底部的匣，可以展開它的工作做相關屬性的編輯，如下圖所示。

【圖12-10 ToolStrip控制項】

　　如果要快速產生一個工具列，展開ToolStrip工具之後，直接點選「插入標準項目」就會產生如圖12-11的標準工具列。

【圖12-11 標準工具列】

範例《CH1201A》

說明：延續前一個範例CH1201A加入ToolStrip控制項。

STEP 1 滑鼠雙擊工具箱的「功能表與工具列」類別中「ToolStrip」控制項，變更Name屬性為「tsToolBar」。

STEP 2 加入的ToolStrip控制項。新增一個按鈕物件(ToolStripButton)：由下拉選項中，選取Button，變更Name屬性為「tlbnNormal」，屬性ToolTipText更改為「回復正常」。

STEP 3 利用屬性視窗Items進入項目集合編輯器，新增分隔線ToolStripSeparator。❶由下拉選項中，選取Separator，按❷「加入」鈕。

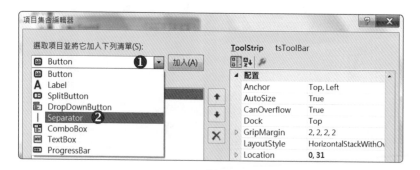

STEP 4 加入第三個物件「ToolStripComboBox」，Name「tlcbFtSize」，Items「16、24」，ToolTipText「選取字型大小」，按「確定」鈕關閉視窗。

STEP 5 點選第一個物件ToolStripButton，找到屬性視窗的「Images」屬性，匯入圖示。

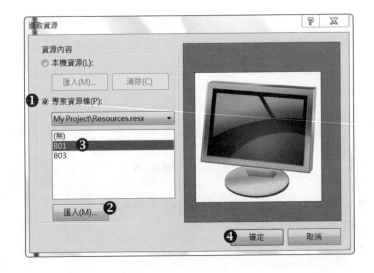

STEP **6** 相關程式碼撰寫如下。

```
                    tscbFtSize_SelectedIndexChanged ()事件
103 Dim index As Integer = tscbFtSize.SelectedIndex
104 Select Case index
105    Case 0
106        rtxtNote.SelectionFont = New Font( _
107            tsmiFontSize16.Name, 16.0F)
108    Case 1
109        rtxtNote.SelectionFont = New Font( _
110            tsmiFontSize24.Name, 24.0F)
111 End Select
```

程·式·解·說

* 第103~111行：工具列的ToolStripComboBox控制項的項目被選取時所引發的事件。判斷使用者選取那一個字型大小，並以Font建構函式來改變字型。

執行、編譯程式

【圖12-12 範例CH1201A執行結果】

12.2.3 StatusStrip

在視窗系統下大部分的應用程式時，通常底部會有狀態列來顯示相關訊息，如圖12-13。

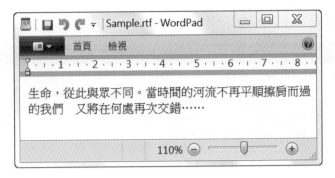

【圖12-13 狀態列位於應用程式底部】

StatusStrip控制項加入表單之後，會放在表單下方，表單底部的匣也可以看到此容器。控制項本身並沒有面板功能，想要顯示訊息，必須加入面板，而ToolStripStatusLabel物件提供面板功能，再依據應用程式的需求來顯示文字或圖示。StatusStrip也包含其他如ToolStripDropDownButton、ToolStripSplitButton和ToolStripProgressBar等控制項。

認識進度列

有機會安裝程式或下載一個檔案，在等待的過程中有時會出現一個訊息畫面，告訴我們目前的狀況，安裝了**50%**，或者還有幾分鐘才能下載完成。這樣的訊息畫面，可利用「進度列」(ProgressBar)控制項透過圖形化介面來提供某些動作的進度。下表12-5介紹一些常見的屬性和方法。

【表12-5 進度列常用成員】

進度列成員	預設值	說明
Minimum	0	設定ProgressBar控制項的最小值
Maximum	100	設定ProgressBar控制項的最大值
Value	0	設定ProgressBar控制項的實際進度
Step	10	設定進度列每次遞增的數量
Style	Block	顯示進度列的樣式
Increment()方法	value	指定值前移進度列的目前位置
PerformStep()方法		以Step屬性值來顯示進度列的刻度

Style屬性共分三種：Block、Continuous和Margree。Block會以數值刻度來表示，Continuous只會顯示進度，並不會有刻度；而Margree會以跑馬燈方式來顯示，並無法使用量化的進度。

範例《CH1202A》

說明：模仿吃角子老虎遊戲，在執行的時間內是否會產生「7」的數字。

STEP 1 範本Windows Form應用程式，專案名稱CH1202A.vbproj」，控制項屬性設定如下表。

控制項	Name	Text
Button1	btnStart	開始計時
Button2	btnEnd	結束
Label1	lblNum1	
Label2	lblNum2	
Label3	lblNum3	

控制項	屬性	屬性值
Label1~3	AutoSize	False
	BorderStyle	Fiexed3D
	Font, Size	28
Timer	Name	tmrReckon
	Interval	200

STEP 2 從工具箱的功能表與工具列找到StatusStrip，雙擊此控制項會加入表單下方，屬性Name「StatusStripApp」。

STEP 3 直接點選會加入ToolStripStatusLabel控制項。❶按▼鈕會有下拉選項，加入❶StatusLabel(本身為ToolStripStatusLabel控制項)。

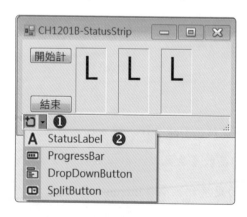

STEP 4 StatusStrip控制項的相關成員如下表所示。

控制項	Name	AutoSize	Size	Text
ToolStripStatusLabel1	tsslDate	False	90	顯示日期
ToolStripStatusLabel2	tsslProgr	False	90	顯示進度
ToolStripProgressBar	tsspROP	False	140	

STEP 5 相關程式碼撰寫如下。

```
                        tmrReckon_Tick()事件
04   Dim num1, num2, num3 As Integer
05   '以Rnd函數產生亂數
06   lblNum1.Text = CStr(Int(Rnd() * 10))
07   lblNum2.Text = CStr(Int(Rnd() * 10))
08   lblNum3.Text = CStr(Int(Rnd() * 10))
09   num1 = CInt(lblNum1.Text)
10   num2 = CInt(lblNum2.Text)
11   num3 = CInt(lblNum3.Text)
12   tsspROP.Increment(1) '顯示進度列的目前位置
13   '在狀態列顯示進度
14   tsslProgr.Text = String.Concat(tsspROP.Value, _
15        "% 已經完成")
16   '顯示今天的日期
17   tsslDate.Text = DateTime.Today
18
19   '判斷最大值和實際進度相等時表示完成
20   If (tsspROP.Value = tsspROP.Maximum) Then
21      tmrReckon.Stop()     '停止計時器
22      btnEnd.Enabled = True
23      If num1 = 7 Or num2 = 7 Or num3 = 7 Then
24         MsgBox("Luck seven day")
25      End If
26   End If
```

程·式·解·說

* 第4~26行：Timer控制項Tick事件，按「開始計時」鈕，會引發此事件。

* 第6~11行：以Rnd函數產生亂數，由標籤控制項來顯示。

* 第12行：狀態列的進度列，屬性Increment會每次加1來顯示其移動位置。

* 第14~15行：ToolStripPrgressBar會依據Value屬性來顯示實際進度。

* 第17行：狀態列的第一個ToolStripStatusLabel，透過Text屬性來顯示今天日期。

* 第20~26行：判斷進度列的Value屬性是否等於最大值(Maximum)，如果相等，就停止計時器的計時。

* 第23~25行：進一步判斷3個標籤是否有出現「7」。

🔖 執行、編譯程式

【圖12-14 範例CH1202A執行結果】

12.3 設定字型與色彩

對話方塊的作用就是提供一個具有親和力的介面，與使用者互動、溝通。而一份完成的文件，如果加入字型的變化和色彩的輔佐，更能豐富文件內容！.NET Framework提供FontDialog、ColorDialog二個元件，簡介如下。

* FontDialog：提供視窗作業系統已安裝字型的相關設定。

* ColorDialog：提供調色盤選取色彩。

12.3.1 FontDialog

FontDialog對話方塊用來顯示Windows系統已安裝的字型，提供設計者使用。這樣的好處是讓設計者不必再自行定義對話方塊，它提供與字型有關的樣式，例如：粗體，或是底線。常見屬性、方法以下表12-6說明。

【表12-6 FontDialog對話方塊常用成員】

FontDialog	預設值	說明
AllowSimulations	True	取得或設定此對話方塊是否允許圖形裝置介面(GDI)的字型模擬
Font		取得或設定對話方塊中所指定的字型
Color		取得或設定對話方塊中所指定的顏色
MaxSize	0	取得或設定使用者可以選取的最大點數
MinSize	0	取得或設定使用者可以選取的最小點數
ShowColor	False	對話方塊是否顯示色彩選擇，True才會顯示
ShowEffecs	True	對話方塊是否包含允許使用者指定刪除線、底線和文字色彩選項的控制項
ShowApply	False	對話方塊是否包含「套用」按鈕
ShowHelp	False	對話方塊是否顯示「說明」按鈕
Reset()方法		將所有的對話方塊選項重設回預設值
ShowDialog()方法		執行通用對話方塊

12.3.2　ColorDialog

　　ColorDialog元件以調色盤提供色彩選取，也能將自訂色彩加入調色盤中。ColorDialog常見屬性，以下表12-7說明。

【表12-7 ColorDialog對話方塊常用成員】

ColorDialog	預設值	說明
Color		取得或設定色彩對話方塊中所指定顏色
AllowFullOpen	True	使用者是否可以透過對話方塊來自訂色彩
FullOpen	False	開啟對話方塊，是否可以用自訂色彩控制項
AnyColor	False	對話方塊是否顯示所有可用的基本色彩
SolidColorOnly		對話方塊是否限制使用者只能選取純色

範例《CH1202B》

說明：加入ToolStrip工具列，配合RichTextBox控制項，了解FontDialog、
ColorDialog的使用。點選「字型」時會開啟「字型」交談窗，設定字
型、字型樣式和大小和設定效果(底線和刪除線)和字型顏色。點選「顏
色」時會開啟「色彩」交談窗，設定文字方塊的背景顏色。

STEP 1 範本Windows Form應用程式，專案名「CH1202B.vbproj」，控制項
屬性設定如下表。

控制項	Name	Text	控制項	Name
ToolStrip	tsMenu		FontDialog	dlgFont
ToolStripLabel1	tslFont	設定字型	ColorDialog	dlgColor
ToolStripLabel2	tslColor	設定顏色	RichTextBox	rtxtShow

STEP 2 相關程式碼撰寫如下。

```
                        tslFont_Click ()事件
11   dlgFont.ShowColor = True    '顯示色彩選擇
12   dlgFont.Font = rtxtShow.Font    '取得系統字型
13   dlgFont.Color = rtxtShow.ForeColor    '取得前景色彩
14
15   If dlgFont.ShowDialog <> DialogResult.Cancel Then
16       '改變文字方塊的字型
17       rtxtShow.Font = dlgFont.Font
18       rtxtShow.ForeColor = dlgFont.Color
19   End If
```

```
                        tslColor_Click()事件
24   dlgColor.AllowFullOpen = False    '無法自訂色彩
25   dlgColor.ShowHelp = True    '顯示說明按鈕
26   dlgColor.AnyColor = True    '顯示所有可用基本色彩
27   dlgColor.Color = rtxtShow.ForeColor
28
29   '使用者如果按下確定鈕變更前景色彩
30   If (dlgColor.ShowDialog = DialogResult.OK) Then
31       rtxtShow.ForeColor = dlgColor.Color
32   End If
```

程·式·解·說

* 第11~13行：設定FontDialog對話方塊屬性，顯示色彩選擇的ShowColor、取得Windows系統字型的Font和字型顏色ForeColor。

* 第15~19行：呼叫ShowDialog方法來判斷使用者是否按下取消按鈕，如果沒有，則把經過設定的字型、字型樣式等指定給文字方塊。

* 第24~27行：設定ColorDialog對話方塊屬性，使用者無法自訂色彩的AllowFullOpen，能提供說明的ShowHelp和顯示所有基本色彩的AnyColor屬性。

* 第30~32行：呼叫ShowDialog方法來判斷使用者是否按下確定按鈕，如果有，則把經過設定的背景顏色用來改變文字方塊背景色。

執行、編譯程式

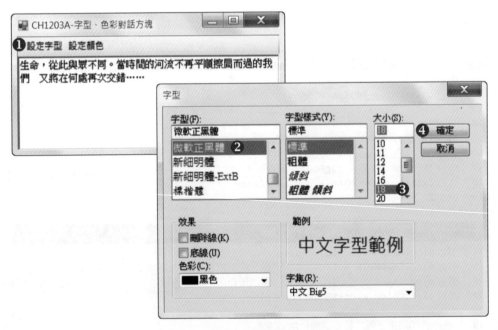

【圖12-15 範例CH1203A執行結果-1】

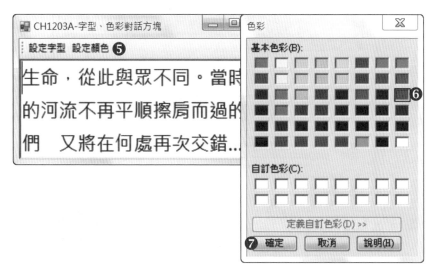

【圖12-16 範例CH1203A執行結果-2】

12.4 | 列印元件

　　先想想看！如果以Word軟體打完一份報告，列印時要考量什麼？當然要有印表機！列印之前要依紙張大小調整版面，可能包含邊界的設定，這份報告列印時要有多少頁(考量多頁的問題)，或者利用預覽列印先查看列印的效果！

　　.NET Framework提供的控制項或元件中也支援文件列印，包含進入列印的「PrintDialog」對話方塊、支援版面設定的「PageSetupDialog」對話方塊和提供預覽列印效果的「PrintPreviewDialog」對話方塊，其中最重要的是處理列印文件PrintDocument！所以先從PrintDocument談起！一般應用程式提供列印功能，完成印表機的驅動程式之後，只要按下應用程式列印按鈕，就會看到如圖12-17。

【圖12-17 印表機的列印交談窗】

12.4.1 PrintDocument

　　PrintDocument控制項主要是提供Windows應用程式列印時，產生列印文件進行參數設定的容器。換句話說，要撰寫列印的應用程式時，首要步驟是透過PrintDocument控制項來建立可傳送到印表機的列印文件；列印物件宣告如下。

```
Dim pdocument As New PrintDocument()
```

　　PrintDocument控制項提供Windows應用程式文件列印容器。先以New運算子實體化一個列印文件物件，然後再以PrintPage()事件來撰寫列印的處理程序。有了列印文件才能執行列印工作，進行版面設定，執行預覽效果。PrintDocument的常見成員以下表12-8來說明。

【表12-8 PrintDocument控制項常見屬性】

PrintDocument成員	說明
DefaultPageSettings	取得或設定頁面的預設值
DocumentName	取得或設定列印文件時要顯示的文件名稱
PrinterSettings	取得或設定欲列印文件的印表機

PrintDocument成員	說明
Print()方法	啟動文件的列印處理
BeginPrint()事件	在第一頁文件之前，呼叫Print()函數時發生
EndPrint()事件	在列印最後一頁文件時發生
PrintPage()事件	列印目前頁面時發生

列印的程序

列印時，大概分成二個步驟：❶準備列印：宣告PrintDocuemnt的物件，執行Print()方法；❷列印輸出時，利用PrintPage()事件將文件列印出來！它包含列印時，繪製文字須呼叫DrawString()方法。列印文件是以StreamReader來讀取檔案，或者利用RichTextBox來載入內容。

STEP 1 建立列印文件，呼叫Print()方法。

列印文件時需要把字或圖片描繪才會印在紙張上，因為PrintDoucment來自於所以與System.Drawing.Printing命名空間。宣告PrintDocument的物件時，要使用「Imports」關鍵字匯入此空間。

```
Imports System.Drawing.Printing
pdDoc.Print()      '欲列印文件呼叫Print()方法
pdDoc.DocumentName = "CH1204A"
```

STEP 2 以PrintPage()做列印輸出！須指定繪圖物件，設定列印文件的字型和色彩。

呼叫Print()方法會引發PrintPage()事件處理常式。列印文件是否有超過一頁？每一頁文件要列印多少行？這些要處理的事項，須配合PrintPage()事件的引數之一PrintPageEventArgs類別來處理，它的屬性列示如下。

- Cancel是否應該取消列印工作。
- Graphics用來繪製頁面的Graphics。
- HasMorePages是否應該列印其他頁面，預設False只列印一頁。
- MarginBounds取得邊界內頁面部分的矩形區域。

- PageBounds取得整個頁面的矩形區域。

- PageSettings取得目前頁面的頁面設定。

```
Private Sub pdDoc_PrintPage(sender As Object, pe _
    As PrintPageEventArgs) Handles pdDoc.PrintPage
  tabulator = New Font("微軟正黑體", 12)
  . . .
End Sub
```

事件處理常式的引數是PrintPageEventArgs類別,它含有Graphics屬性,用來繪製頁面,所以透過它的物件pe來呼叫Graphics類別。

STEP 3 以PrintPage()做列印輸出!以MeasureString()方法測量要輸出的文字。

PrintPageEventArgs類別的Graphics屬性要算出文件內容行的長度與每頁的行數進行每頁內容的描繪,必須利用MeasureString()方法,它的語法如下:

```
Public Function MeasureString(text As String, _
  font As Font, layoutArea As SizeF, _
   stringFormat As StringFormat, _
   <OutAttribute> ByRef charactersFitted As Integer, _
   <OutAttribute> ByRef linesFilled As Integer _
) As SizeF
```

- text:要測量的字串。

- font:定義字串的文字格式。

- layoutArea:指定文字的最大配置區域。

- stringFormat:表示字串的格式化資訊,例如行距。

- charactersFitted:字串中的字元數。

- linesFilled:字串中的文字行數。

STEP 4 以PrintPage()做列印輸出!進一步判斷列印文件是否有超出一頁,如果沒有,呼叫DrwaString()將文字內容繪出。

要將文件列印時必須使用DrawString()方法,它來自於System.Drawing命名空間的Graphics類別,以繪製方法來列印文字;先說明DrawString()方法的語法。

```
Public Sub DrawString(s As String, font As Font, _
   brush As Brush, point As PointF, _
   format As StringFormat
)
```

- s：要繪製的字串：可用來指定載入檔名或文字方塊的文字。

- font：定義字串的文字格式，列印時可呼叫Font結構，建置新的字型。

- brush：決定所繪製文字的色彩和紋理。

- point：指定繪製文字的左上角。

- format：指定套用到所繪製文字的格式化屬性，例如，行距和對齊。

範例《CH1204A》

說明：介紹PrintDocument的用途，範例中未並考量列印多頁問題。

STEP 1 範本Windows Form應用程式，專案名稱CH1204A.vbproj」，控制項屬性設定如下表。

控制項	Name	ToolTipText	控制項	Name
ToolStrip	tsPrint	列印文件	PrintDocument	pdDoc
ToolStripButton1	tsbnPrint	預覽列印	RichTextBox	rtxtShow
ToolStripButton2	tsbnPreview			

STEP 2 相關程式碼撰寫如下。

```
                          tsbnPrint_Click()事件
08   Try
09      AddHandler pdDoc.PrintPage, _
10         AddressOf Me.pdDoc_PrintPage
11      pdDoc.Print()
12      pdDoc.DocumentName = "CH1204A"
13   Catch ex As Exception
14      MessageBox.Show(ex.Message)
15   End Try
```

pdDoc_PrintPage()事件

```
27   tabulator = New Font("微軟正黑體", 12)
28   Dim moreLines As Integer '計算行數
29   Dim OnPageChars As Integer   '計算字元數
30
31   pe.Graphics.MeasureString(rtxtShow.Text, tabulator, _
32      pe.MarginBounds.Size, _
33      StringFormat.GenericTypographic, _
34      OnPageChars, moreLines)
35
36   '繪製邊界內的字型
37   pe.Graphics.DrawString(rtxtShow.Text, tabulator,
38      Brushes.Black, pe.MarginBounds,
39      New StringFormat())
```

程·式·解·說

* 第8~15行：以Try...Catch陳述式來捕捉列印產生的例外情形。

* 第11行：呼叫PrintDocument的Print方法，準備列印。

* 第27~39行：呼叫Print方法進行列印所引發的事件。

* 第31~34行：透過PrintPageEventArgs類別pe做傳遞的引數。使用MeasureString()方法來測量每頁的字元數，再以DrawString()方法將列印文件做繪製。

* 第37~39行：使用DrawString()方法時，它以RichTextBox為列印內容，定義好的tabulator提供字型，筆刷設成黑色(Brushes.Black)，透過PrintPageEventArgs類別的MarginBounds屬性取得文字方塊內矩形區域，最後呼叫StringFormat類別的建構函式來產生新的字串。

執行、編譯程式

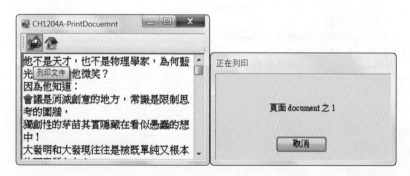

【圖12-18 範例CH1204A執行結果】

12.4.2 PrintDialog

大家一定會感到奇怪！前一個範例怎麼沒有看到「列印」交談窗，這是沒有加入PrintDialog之故。接下來要介紹能進行列印參數設定的PrintDialog。列印文件時，只要執行「列印」指令，PrintDialog對話方塊提供「列印」交談窗，使用者能選擇印表機，並指定列印範圍和列印份數。一般開啟的「列印」交談窗會如下圖12-19所示。

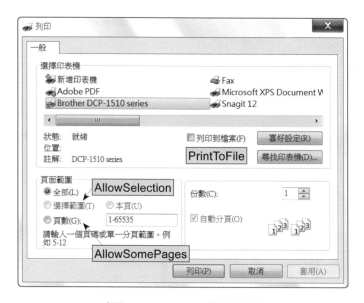

【圖12-19 PrintDialog對話方塊】

所以PrintDialog對話方塊就是提供列印的參數設定，相關屬性、方法如下表12-9所示。

【表12-9 PrintDialog對話方塊成員】

PrintDialog成員	說明
AllowPrintToFile	對話方塊是否啟用「列印到檔案」核取方塊
AllowCurrentPage	對話方塊是否顯示「目前的頁面」選項按鈕
AllowSelection	對話方塊是否啟用「選取範圍」選項按鈕
AllowSomePages	在對話方塊中是否啟用「頁數」選項按鈕
Document	取得或設定PrinterSettings屬性中的PrintDocument

PrintDialog成員	說明
PrinterSettings	取得或設定對話方塊中修改印表機的設定
ShowHelp	在對話方塊中是否顯示「說明」按鈕
ShowNetwork	在對話方塊中是否顯示「網路」按鈕
PrintToFile	取得或設定「列印到檔案」的核取方塊
ShowDialog()方法	顯示通用對話方塊

要使用PrintDialog的版面設定，必須利用Document屬性來取得列印PrintDocument的物件，程式碼如下：

```
PrintDialog1.Document = PrintDocument1
```

或者加入PrintDialog、PrintDoucment之後，利用屬性視窗進行連結。

PrintDocument元件　　PrintDialog元件

範例《CH1204B》

說明：繼續使用工具列的按鈕，加入「版面設定」，加入多頁列印的處理，所以直接讀取文字檔來列印。

STEP 1 相關控制項屬性設定如下表。

控制項	Name	Text	控制項	屬性	值
ToolStrip	Name	tsPrint	PrintDialog	Name	dlgPrint
ToolStripButton3	tsbnPrintSet	版面設定		Document	pdDoc

STEP 2 程式碼撰寫如下。

pdDoc_PrintPage()--部份程式碼
01 Imports System.IO '匯入Systme.IO命名空間
59 getStrLenght = getStrLenght.Substring(OnPageChars)
60 pe.HasMorePages = getStrLenght.Length > 0

tsbnPrintSet_Click ()事件
68 dlgPrintDialog.AllowCurrentPage = True
69 dlgPrintDialog.AllowSelection = True
70
71 If (dlgPrintDialog.ShowDialog = _
72   Windows.Forms.DialogResult.OK) Then
73   pdDoc.Print() '執行列印
74 End If

程·式·解·說

* 第1行：由於要以資料流來讀入檔案，所以程式碼的第一行要以
  「Imports」關鍵字來匯入System.IO命名空間。

* 第59~60行：計算列印文件是否大於一頁，如果事件處理常式
  PrintPageEventArgs的屬性HasMorePages為True，就繼續往一頁列印。

* 第68、69行：設定列印對話方塊是否顯示「AllowCurrentPage」(目前頁
  面)、「AllowSelection」(選取範圍)。

執行、編譯程式

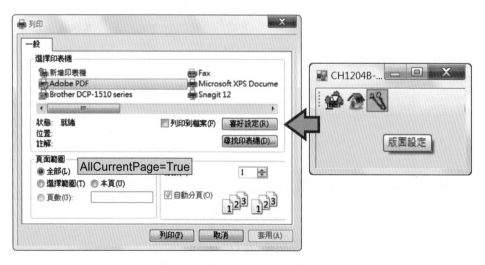

【圖12-20 範例CH1204B執行結果-1】

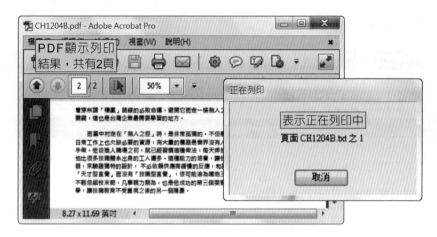

【圖12-21 範例CH1204B執行結果-2】

12.4.3 PageSetupDialog

列印時欲設定列印文件的上、下、左、右邊界，是否要加入頁首或頁尾，文件要直式或是橫印列印，這些通通都在版面設定下進行。PageSetupDialog元件能提供這樣的服務，在設計階段以Windows對話方塊做為基礎，提供使用者設定框線和邊界調整，加入頁首和頁尾及直印或橫印的選擇。例如，Visual Studio 2013的「版面設定」交談窗如圖12-22所示。

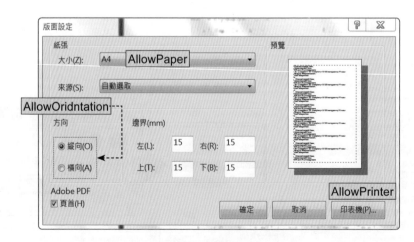

【圖12-22 列印的版面設定交談窗】

PageSetupDialog對話方塊常用屬性以表12-10說明。

【表12-10 PageSeuupDialog常用屬性】

PageSetupDialog成員	說明
AllowMargins	對話方塊中是否啓用對話方塊邊界區段
AllowOrientation	對話方塊中是否啓用方向(橫向和直向)
AllowPaper	對話方塊中是否啓用紙張(紙張大小、來源)
AllowPrinter	在對話方塊中是否啓用「印表機」按鈕
Document	PrintDocument物件從何處取得版面設定
EnableMetric	以公釐顯示邊界設定時，是否要將公釐與1/100英吋間自動轉換
MinMargins	允許使用者能選取的最小邊界，以百分之一英吋為單位
PageSettings	要修改的頁面設定
PrinterSettings	使用者按下「印表機」按鈕時，能修改印表機的設定

範例《CH1204C》

說明：延續範例《CH1204B》架構，進一步認識PageSetupDialog的用法。

STEP 1 範本Windows Form應用程式，專案名稱CH1204C.vbproj」，控制項屬性設定如下表。

控制項	Name	Text	Docuemnt
ToolStripButton4	tsbnPagetSetup	版面設定	
PageSetupDialog	dlgPageSetup		pdDoc

STEP 2 相關程式碼撰寫如下。

```
                        tsbnPageSetup_Click ()事件
75   Dim lblShow As New Label
76   Dim setMarg, setPrt, setRang As String
77   '初始化列印頁面的設定值
78   dlgPageSetup.PageSettings = New Printing.PageSettings
79   dlgPageSetup.PrinterSettings = New _
80       Printing.PrinterSettings
81   dlgPageSetup.ShowDialog()
82   '取得邊界值、印表機名稱、列印範圍
83   setMarg = _
84       dlgPageSetup.PageSettings.Margins.ToString
85   setPrt = _
```

```
86      dlgPageSetup.PrinterSettings.PrinterName
87  setRang = CStr( _
88      dlgPageSetup.PrinterSettings.PrintRange)
89
90  pdDoc.Print()
91
92  With lblShow '設定標籤的相關屬性
93      .AutoSize = True
94      .BorderStyle = BorderStyle.Fixed3D
95      .Font = New Font("標楷體", 11)
96      .Dock = DockStyle.Bottom
97      .Text = "邊 界 值：" & setMarg & vbCrLf & _
98              "印 表 機：" & setPrt & vbCrLf & _
99              "列印範圍：" & setRang
100 End With
101 Me.Controls.Add(lblShow)'將標籤加入表單裡
```

程・式・解・說

* 第76~80行：藉由PageSetupDialog對話方塊將列印頁和版面設定進行初始化。

* 第83~88行：取得列印版面的邊界值(以像素為單位)，印表機名稱和列印範圍。

📌 **執行、編譯程式**

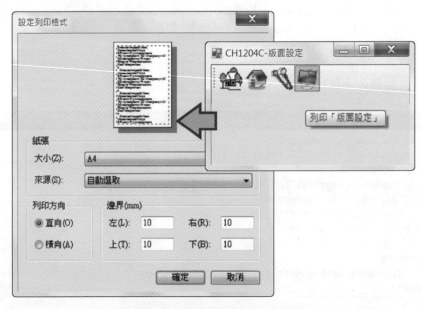

【圖12-23 範例CH1204C執行結果】

12.4.4 預覽列印

　　某一份文件列印前，會將版面設定好，想要進一步確認版面設定效果，通常會透過「預覽列印」來瞭解文件列印的實際情形。PrintPreviewControl用來顯示文件列印外觀，是一種自訂的預覽列印元件，常用屬性介紹如下表12-11。

【表12-11 PrintPreviewDialog對話方塊常用屬性】

PrintPreviewDialog屬性	說明
Document	取得或設定要預覽的文件
PrintPreviewControl	取得表單中含有PrintPreviewControl物件
UseAntiAlias	列印時是否要啓用反鋸齒功能(顯示平滑字)

　　另一個與預覽列印有關的是PrintPreviewControl控制項。使用PrintDocument控制項來處理列印文件時，可藉由PrintPreviewControl顯示預覽列印的外觀。

範例《CH1204E》

說明：利用PrintPreviewDialog產生預覽列印效果。

STEP 1 延續範例《CH1204C》架構；加入PrintPreviewDialog控制項，變更Name「dlgPrtPreview」。

STEP 2 相關程式碼撰寫如下。

```
                    tsbnPreview_Click ()事件
100 dlgPrintPreview.Document = pdDoc
101 '能在預覽視窗啓用多頁檢視
102 dlgPrintPreview.PrintPreviewControl.Document = pdDoc
103 dlgPrintPreview.ShowDialog()
```

程·式·解·說

＊ 第100~103行：將PrintDocument列印文件指定給PrintPreviewDialog，再以PrintPreviewDialog的ShowDialog顯示預覽對話方塊。

執行、編譯程式

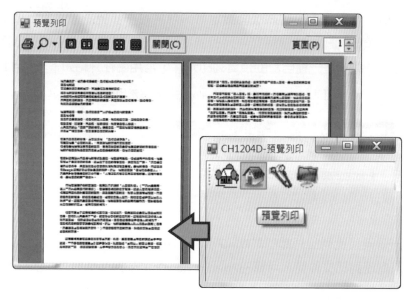

【圖12-24 範例CH1204E執行結果】

重點整理

↻ MenuStrip控制項基本上是容器，提供功能表列功能，ToolStripMenuItem物件來作為功能表項目。建立步驟有：❶加入功能表列：MenuStrip；❷新增功能表項目：以表單編輯項目ToolStripMenuItem名稱；❸設定ToolStripMenuItem相關屬性。

↻ 功能表項目中，還能依據需求加入核取記號和快速鍵。核取記號的作用是讓使用者知道某一個功能是在「使用」或「關閉」狀態；快速鍵的作用能執行某個功能表的指令。

↻ ContextMenuStrip元件(另一個稱呼：內容功能表)提供快捷鍵，使用者在控制項或表單其它區域，按下滑鼠右鍵便會顯示；快捷鍵功能表能結合表單中已設定好的功能表項目，完成子項目編輯後，與控制項的ContextMenuStrip屬性結合。

↻ ToopStrip控制項為工具列，包含：❶ToolStripButton，工具列按鈕。❷ToolStripLabel，工具列標籤。❸ToolStripComboBox，提供工具列的下拉選項。❹ToolStripTextBox，工具列文字方塊提供使用者輸入文字。❺ToolStripSeparator則是工具列分隔線。

↻ StatusStrip(狀態列)控制項，可取得表單上控制項或元件的相關訊息。要顯示訊息，必須加入ToolStripStatusLabel物件來作為面板，依據需求顯示文字或圖示。它包含ToolStripDropDownButton、ToolStripSplitButton和ToolStripProgressBar等控制項。

↻ ProgressBar控制項透過圖形化介面來提供某些動作的進度，屬性Minimum、Maximum設定0~100之值；Value屬性用來顯示ProgressBar控制項的實際進度。

↻ FontDialog對話方塊用來顯示Windows系統已安裝的字型，提供設計者使用；屬性Font用來設定字型，設定顏色得使用Color屬性。

↻ ColorDialog元件以調色盤提供色彩選取，也能將自訂色彩加入調色盤中。屬性AllowFullOpen能決定是否開啟自訂色彩選項，AnyColor是否顯示所有基本色彩。

↻ .NET Framework支援文件列印的控制項或元件，包含提供列印的「PrintDialog」對話方塊、支援版面設定的「PageSetupDialog」對話方塊和提供預覽列印效果的「PrintPreviewDialog」對話方塊。不過這些相關元件都必須使用PrintDocument控制項建立的列印物件才能產生作用。

↻ PrintDocument控制項提供Windows應用程式文件列印的容器。換句話說，透過PrintDocument控制項建立列印文件，其中Print()方法用來啟動列印文件。

↻ 列印文件時，執行「列印」指令，PrintDialog對話方塊提供「列印」交談窗，使用者能選擇印表機，並指定列印範圍和列印份數。但是得透過PrintDocument建立列印物件，才能有進一步列印程序。

↺ 列印時，欲設定列印文件的上、下、左、右邊界，是否要加入頁首或頁尾，文件要直式或是橫印列印，這些通通都在版面設定下進行。**PageSetupDialog**元件能提供這樣的服務。

↺ 文件列印前，將版面設定好，「預覽列印」能進一步確認版面設定，瞭解文件列印的實際情形。**PrintPreviewControl**用來顯示文件列印外觀，是一種自訂的預覽列印元件；而**PrintPreviewDialog**對話方塊，進入預覽列印視窗，將文件放大或縮小，多頁文件還可以調整成整頁或多頁。

課後習題

一、選擇題

( ) 1. 以MenuStrip來建立功能表，要加入功能表項目，要使用何種控制項？(A) ToolStripDropDown (B)ToolStripMenuItem (C)ToolStripDropDownItem (D) ContextMenuStrip。

( ) 2. 要讓功能表的項目，產生核取狀態時，要透過那一個屬性？(A)Checked (B) Enabled (C)ToolTipText (D)Visible。

( ) 3. 功能表的項目，要設定快速鍵，要透過那一個屬性？(A)Checked (B) ShortcutKeys (C)ToolTipText (D)Visible。

( ) 4. ToolStrip控制項提供工具列架構，內含圖示按鈕，當滑鼠移向某一個圖示 會顯示提示文字，要透過那一個屬性？(A)Checked (B)ShortcutKeys (C) ToolTipText (D)ImageList。

( ) 5. 那一個控制項提供狀態列功能？(A)ContextMenuStrip (B)ImageList (C) GroupBox (D)StatusStrip。

( ) 6. ColorDialog控制項要設定其顏色時，要透過什麼屬性？(A)Items (B)AnyColor (C)FullColor (D)Color。

( ) 7. 使用對話方塊元件，要顯示其對話方塊時，要使用什麼方法？(A)ShowDialog (B)Add (C)Copy (D)GetItemNext。

( ) 8. Windows應用程式，提供文件列印的容器，是什麼控制項？(A)PrintDialog (B) PrintPriviewDialog (C)PrintDocument (D)PrintPreviewControl。

( ) 9. 使用什麼對話方塊元件，能提供列印交談窗，選擇印表機，並指定列 印範圍？(A)PrintDialog (B)PageSetupDialog (C)PrintDocument (D) PrintPreviewControl。

( ) 10. 使用什麼對話方塊元件，提供列印時設定列印文件的上、下、左、右 邊界？(A)PrintDialog (B)PrintPriviewDialog (C)PrintDocument (D) PageSetupDialog。

二、填充題

1. 建立功能表，要加入功能表項目，有二種方式：❶＿＿＿＿＿＿＿＿＿＿ 、❷＿＿＿＿＿＿＿＿＿＿
   ＿＿＿＿＿＿＿＿＿＿ 。

2. 若以項目編輯器編輯功能表子項目，要透過＿＿＿＿＿＿＿＿＿＿＿＿＿＿＿屬性，才能進一
   步修改；若要加入分隔線，要加入＿＿＿＿＿＿＿＿＿＿＿＿＿＿＿項目。

3. 按下滑鼠產生快捷功能表，要使用＿＿＿＿＿＿＿＿＿＿＿＿＿＿＿元件，然後配合其他控制
   項的＿＿＿＿＿＿＿＿＿＿＿＿＿＿＿屬性才有作用。

4. ToolStrip控制項，加入圖像做為圖示，要調整圖片大小要使用ImageScalingSize屬性，
   有二個屬性值：預設＿＿＿＿＿＿＿＿＿＿依據ToolStrip大小調整、None則依＿＿＿＿＿＿＿＿＿＿
   ＿＿＿＿＿＿＿＿＿＿ 。

5. 進度列(ProgressBar)控制項透過圖形化介面來提供某些動作的進度，Style屬性顯示進
   度列的樣式，共分三種：❶＿＿＿＿＿＿＿＿＿＿ 、❷＿＿＿＿＿＿＿＿＿＿ 、❸＿＿＿＿＿＿＿＿＿＿
   ＿＿＿＿＿＿＿＿＿＿ 。

6. FontDialog對話方塊用來顯示Windows系統已安裝的字型，屬性＿＿＿＿＿＿＿＿＿＿：設
   定是否顯示色彩選擇；屬性＿＿＿＿＿＿＿＿＿＿＿：是否允許使用者設定特定效果；屬性
   ＿＿＿＿＿＿＿＿＿＿：是否包含「套用」按鈕。

7. 產生列印文件後，呼叫＿＿＿＿＿＿方法來執行列印，會引發事件＿＿＿＿＿＿＿＿＿＿ 。

8. PageSetupDialog對話方塊的PageSettings屬性：＿＿＿＿＿＿＿＿＿＿＿＿，
   PrinterSettings：＿＿＿＿＿＿＿＿＿＿＿＿＿＿＿＿＿＿＿ 。

9. PrintPreviewControl用來顯示文件列印外觀，屬性＿＿＿＿＿＿＿＿＿＿能將文件依比例放
   大或縮小，屬性＿＿＿＿＿＿＿＿＿＿啓用反鋸齒作用。

三、問答與實作題

1. 請說明下列功能表的名稱及用途。

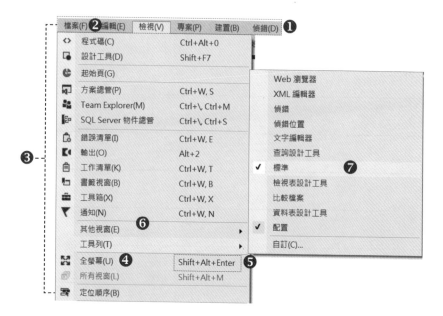

2. 請說明.NET Framework提供的列印元件有那些？

3. 綜合練習：表單上RichTextBox和功能表，

   ❑ 功能表主項目：字型、列印，字型子項目：字型設定、顏色設定；點選「字型設定」開啟FontDialog，點選「顏色設定」開啟ColorDialog。

   ❑ 內容功能表能顯示功能表所有項目。

   ❑ 表單底部加入狀態列，加入2個ToolStripStatusLabel，第1個顯示目前正在執行的對話方塊，第2個顯示系統完整日期。

NOTE

13

多重文件與圖形裝置

- 如何產生、加入**MDI**子表單，多個**MDI**子表單的排列。

- 從表單的座標系統認識畫布的基本運作。

- **Graphics**類別提供繪製功能，包含各式線條和幾何圖形。

- 彩繪要有畫筆**(Pen)**，以**Brush**填滿色彩，**DashStyle**決定線條樣式，**LineJoin**讓接合的兩個線段有不同樣式，而**PenType**能讓色彩是純色或是漸層表示。

- **Font**由字型家族和字型物件組合；**Color**結構在紅、藍、綠之外，以**Alpha**表示色彩透明度。

　　單一文件介面(SDI)和多重文件介面(MDI)差異性如何？透過MDI表單的建立來了解多重文件的運作。Windows「圖形介面裝置」能豐富表單內容，而Graphics類別更讓使用者能彩繪字串、線條、幾何圖形。

13.1 | 多重文件

　　先來解釋兩個名詞「單一文件介面」(SDI，Single Document Interface)和「多重文件介面」(MDI，Multiple Document Interface)。所謂SDI表示一次只能開啟一份文件，例如使用「記事本」；MDI則表示在父視窗下能同時編輯多份文件，例如MS Word。以Word開啟多份文件時，還能利用「檢視」功能區執行「開新視窗」、「並排顯示」及「分割」項目，針對已對開啟的多份文件進行管理。

13.1.1　多重文件介面

　　一般來說，SDI文件可以出現於任何應用程式！如果是MDI文件就不同，所有MDI文件只能在MDI父視窗的工作區域內顯示，接受MDI父視窗的管轄。舉個簡單例子，使用Word軟體時，能關閉某份文件，執行環境(父視窗)並不會關閉。透過MDI父視窗所開啟的視窗稱為「子視窗」(Child Window)，父視窗只會有一個，子視窗也無法改變成父視窗。由於子視窗接受父視窗的管轄，因此沒有「最大化」、「最小化」和視窗大小的調整。MDI父表單常用的屬性以下表13-1說明。

【表13-1 MDI父表單常用屬性】

MDI父表單屬性	說明
ActiveMdiChild	取得目前作用中的MDI子表單
IsMdiContainer	是否要將表單建立為MDI子表單的容器
MdiChildren	傳回以此表單為父表單的MDI子表單陣列

　　前述範例中，專案都是以SDI表單來運作，這意味著一個專案只會開啟一個表單。如何建立MDI父表單？建立一般表單後，將「IsMDIContainer」

的屬性值變更為「True」，就成為MDI父表單，能作為MDI子視窗的容器。當「IsMDIContainer」的屬性值預設為「False」表示它是一般表單。

範例《CH1301A》

說明：建立MDI父表單。

STEP **1** 建立Windows Form，專案名稱「CH1301A.vbproj」。

STEP **2** 將表單的「IsMDIContainer」屬性設定為True即可。完成的表單外觀如下圖所示。

STEP **3** 在MDI父表單加入MenuStrip控制項，建立一個簡單功能表，屬性設定如下表。

控制項	Name	Text	備註
MenuStrip	menuMain		主功能表
ToolStripMenuItem1	tsmiFile	檔案(&F)	主功能表項目
ToolStripMenuItem2	tsmiWindow	視窗(&W)	主功能表項目
ToolStripMenuItem3	tsmiNewFile	新增	「檔案」第二層
ToolStripMenuItem4	tsmiOpenFile	開啓	
ToolStripSeparator			分隔線
ToolStripMenuItem5	tsmiClose	結束	「檔案」第二層
ToolStripMenuItem6	tsmHorizon	水平	「視窗」第三層
ToolStripMenuItem7	tsmVertical	垂直	「視窗」第三層
ToolStripMenuItem8	tsmCascade	重疊	「視窗」第三層

STEP 4 將MenuStrip控制項的MdiWindowListItem屬性指定給「視窗」功能
表（muiWindow），讓產生的MDI子表單都會在MDI父視窗下顯示其
項目。

13.1.2 MDI子表單

產生MDI父表單後，可依據程式需求來加入MDI子表單，表13-2介紹其相關
成員。

【表13-2 MDI子表單屬性】

MDI子表單屬性	說明
IsMdiChild	是否建立MDI表單，true會建立一個MDI子表單
MdiParent	指定子表單的MDI父表單

完成父表單後，要加入MDI子視窗。如何把新增的第二個表單以MDIChild子
表單加到MDI父表單容器中？必須把MDIChild表單的MdiParent屬性透過程式碼
指派給MDI父表單。完成屬性的設定後，就可以在MDI父表單中要求MDI子表單
執行相關動作。

 《CH1301A》 續

說明：加入MDI子表單。

STEP 1 展開專案功能表，執行❶「加入Windows Form」指令，將名稱變更為❷「MDIChild.vb」，按「確定」鈕結束 。

STEP 2 切換視窗中央的「Form1.vb[設計]*」回到第一個表單畫面，把MDIChild表單的MdiParent屬性透過程式碼指派給Form1。滑鼠雙按「檔案」功能表的「新增」按鈕，程式碼內容如下。

tsmuNewFile_Click ()事件
03   Private fmCount As Integer
07   Dim mdiForm As New MDIChild
08   fmCount += 1
09   '為子表單建立編號
10   Dim title As String = "子表單 " + fmCount.ToString()
11   mdiForm.Text = title
12   '將建立的子表單加入MDI父表單
13   mdiForm.MdiParent = Me
14   '顯示MDI子表單
15   mdiForm.Show()

程·式·解·說

* 第7行：以New運算子建立MDI子表單物件。

* 第8~10行：以fmCount變數作為子表單編號，每新增一個子表單就在子表單的標題列遞增一個編號值。

* 第13行：將產生的子表單，透過「MdiParent」屬性指定給父表單。

* 第15行：顯示父表單。

📌 **執行、編譯程式**

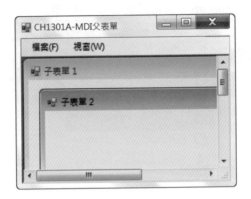

【圖13-1 範例CH1301A執行結果】

13.1.3 排列表單

MDI表單在執行階段可以擁有多個MDI子表單，LayoutMdi方法能指定其排列方式，常數值MdiLayout列舉型別以下表13-3列舉之。

【表13-3 MdiLayout列舉類型常數值】

LayoutMdi常數值	說明
ArrangeIcons	將最小化的MDI子表單以圖示排列
Cascade	所有MDI子視窗重疊(Cascade)於MDI父表單工作區
TileHorizontal	所有MDI子視窗水平並排MDI父表單工作區
TileVertical	所有MDI子視窗垂直並排MDI父表單工作區

範例《CH1301A》續

說明：MDI子表單的排列式。

▶**STEP 1** 滑鼠雙按「檔案」功能表的「水平排列」按鈕，程式碼內容如下。

▶**STEP 2** 相關程式碼撰寫如下。

```
                    tsmuHorizon_Click ()事件
21  Me.LayoutMdi(MdiLayout.TileHorizontal)
```

程·式·解·說

* 第21行：以LayoutMdi()方法指定MdiLayout列舉型別為水平排列。其他的排列方式不再贅述。

執行、編譯程式

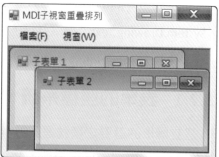
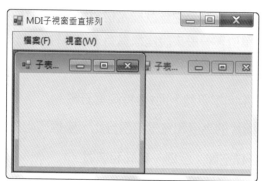

【圖13-2 範例CH1301A執行結果】

13.2 圖形介面裝置

如何在Windows應用程式中繪出色彩和字型，得透過Windows「圖形裝置介面」(GDI，Graphics Device Interface)所提供。位於System.Drawing名稱空間底下的GDI+，為舊有GDI的擴充版本。對於繪圖路徑功能、圖檔格式提供更多支援；GDI+可建立圖形、繪製文字，以及將圖形影像當做物件管理，能在Windows

Form和控制項上呈現圖形影像，其特色是隔離應用程式與圖形硬體，讓程式設計人員能夠建立與裝置無關的應用程式。下列名稱空間提供與繪製有關的功能：

- **System.Drawing**：提供對GDI+基本繪圖功能的存取。
- **System.Drawing.Drawing2D**：提供進階的2D和向量圖形功能。
- **System.Drawing.Imaging**：提供進階的GDI+影像處理功能。
- **System.Drawing.Text**：提供進階的GDI+印刷功能。
- **System.Drawing.Printing**：提供和列印相關的服務。

13.2.1 表單的座標系統

建立圖形的首要之事就是認識表單的版面。對於Visual Basic 2013而言，每一個表單都有自己的座標系統，起始點位於表單的左上角(0, 0)，X軸為水平方向，Y軸為垂直方向，X、Y交叉之處就能定位座標的一個點。繪製圖形時，像素(pixel)是表單的最小單位。一般來說座標具有下述特性。

- 座標系統的原點(0,0)位於圖表圖片左上角。
- (X,Y)座標中，X值指向水平軸，而Y值指向垂直軸。
- 測量單位是圖表圖片的高度和寬度的百分比，座標值必須介於0和100之間。

  GDI+使用三個座標空間：全局、畫面和裝置。

- 全局座標(World Coordinate)：製作特定繪圖自然模型的座標，也就是在.NET Framework中傳遞到方法的座標。
- 畫面座標(Page Coordinate)：代表繪圖介面(例如表單或控制項)使用的座標系統。通常可以利用屬性視窗的Location來了解。

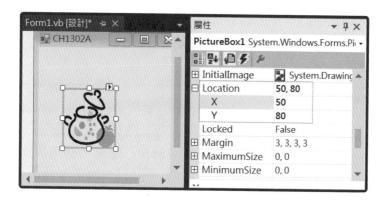

- 裝置座標(Device Coordinate)：在螢幕或紙張進行繪圖的實體裝置所採用的座標。

呼叫myGraphics.DrawLine(myPen, 0, 0, 160, 80)時，傳遞至DrawLine()方法的點((0, 0)和(160, 80))位於全局座標空間。當我們使用Graphics類別的相關方法在螢幕上繪製線條之前，座標會先經過轉換序列；會以「全局轉換」將全局座標轉換為畫面座標，再以「畫面轉換」將畫面座標轉換為裝置座標。

13.2.2 建立畫布

使用GDI+繪製圖形物件時，必須先建立Graphics物件，利用繪圖介面建立圖形影像的物件。使用圖形物件建置的步驟如下：

1. 建立Graphics圖形物件。

2. 將表單或控制項轉換成畫布，透過Graphics物件提供的方法，可繪製線條和形狀、顯示文字或管理影像。

如何建立Graphics圖形物件，有下列三種方式：

- 使用表單或控制項的Paint()事件：透過Paint()事件中的事件處理常式PaintEventArgs來取得圖形物件參考。處理程序如下：

```
Private Sub Form1_Paint(sender As Object, _
        pe As PaintEventArgs) Handles MyBase.Paint
  '宣告並取得Graphics物件
  Dim g As Graphics = pe.Graphics
  '使用g繪圖物件處理繪圖的相關程式碼
End Sub
```

- 呼叫控制項或表單的**CreateGraphics()**方法：要在表單或控制項上進行繪圖，
  呼叫**GreateGraphics()**方法可取得該控制項或表單繪圖介面的**Graphics**物件參
  考。

```
Dim g As Graphics
g = Control.CreateGraphics      '以控制項為畫布，範例CH1303A
'處理繪圖的程式碼
```

- 使用**Image**物件：透過**Image**來建立**Graphics**物件，必須呼叫**Graphics.**
  FromImage方法，提供欲建立**Graphics**物件的**Image**變數。

```
Dim myBitmap As New Bitmap("D:\練習\std006.bmp")
Dim g As Graphics = Graphics.FromImage(myBitmap)
```

範例《CH1302A》

說明：以表單為畫布，配合畫筆，繪製簡單直線。

STEP 1 範本Windows Form應用程式，專案名稱「CH1302A.vbproj」。

STEP 2 選取表單後，利用屬性視窗的「Paint」事件雙擊，程式碼如下。

Form1_Paint ()事件
```
04   Private Sub Form1_Paint(sender As Object, pe As _
05        PaintEventArgs) Handles MyBase.Paint
06      '以表單為畫布
07      Dim gr As Graphics = pe.Graphics   '取得Graphics物件
08      '建立畫筆物件，並以建構函式來設定畫筆顏色和線條寬度
09      Dim bluePen As New Pen(Color.Blue, 8.0F)
10      Dim ptStart As New Point(20, 20) '建立起始點
11      Dim ptEnd As New Point(200, 20)   '建立結束點
12      gr.DrawLine(bluePen, ptStart, ptEnd) '繪製線條
13
14      ' 兩個線條的接合點以斜面處理
15      bluePen.LineJoin = Drawing2D.LineJoin.Bevel
16
17      '繪製矩形
18      gr.DrawRectangle(bluePen, _
19         New Rectangle(40, 40, 150, 100))
20
21      '釋放Pen使用的所有資源
22      bluePen.Dispose()
23   End Sub
```

程·式·解·說

* 第7行：將表單事件處理的pe物件指定給Graphics的gr物件。

* 第9~12行：設定畫筆，畫筆顏色為藍色，線條寬度為8。再設定線條的起點和終點，直接呼叫Graphics類別的DrawLine()方法來繪製線條。

* 第15行：LineJoin處理二個線段接合處，設定畫筆以斜面處理。

* 第18~19行：以Graphics繪圖物件的DrawRectangle()方法來繪製矩形。

* 第22行：釋放Pen使用的所有資源。

執行、編譯程式

【圖13-3 範例CH1302A執行結果】

Tips｜繪製線條和矩形

　　如果繪製線條，就是兩點座標點，利用筆繪製一條線，所以DrawLine()方法，語法如下：

```
Public Sub DrawLine( pen As Pen, pt1 As Point, pt2 As Point)
```

* pen：決定直線的色彩、寬度和樣式
* pt1：要連接的第一個點
* pt2：要連接線條的第二個

　　要畫出矩形，同樣是一支筆，寬和高決定矩形的大小，再以2個點連起來，語法如下：

```
Public Sub DrawRectangle(pen As Pen, x As Integer, _
    y As Integer, width As Integer, height As Integer)
```

◆ x：繪製矩形左上角的X座標

◆ y：繪製矩形左上角的Y座標

◆ width：繪製矩形的寬度

◆ height：繪製矩形的高度

13.3 繪製圖案

如何以表單來進行彩繪？.NET Framework提供Graphics、Pen、Brush、Font 和Color等繪圖類別，簡介如下：

- Graphics：提供畫布，就如同畫圖一般，要有畫布物件才能作畫。

- Pen：畫筆，用來繪製線條或任何幾何圖形。

- Brush：筆刷，用來填滿色彩。

- Font：繪製文字，包含字型樣式、大小和字型效果。

- Color：設定色彩。

13.3.1 Graphics類別

先介紹與Graphics類別有關的繪圖方法：列表13-4。

【表13-4 Graphics類別常用方法】

Graphics類別方法	說明
Blend()	定義LinearGradientBrush物件的漸變圖樣
BeginContainer()	開啟及使用新的圖形容器，儲存Graphics目前狀態
EndContainer()	關閉目前的圖形容器
Clear()	清除整個繪圖介面，並指定背景色彩來填滿
Dispose()	釋放Graphics所使用的資源

Graphics類別方法	說明
DrawArc()	繪製弧形，由X、Y座標、寬度和高度所指定
DrawBezier()	繪製由四個點組成的貝茲曲線
DrawCloseCurve()	繪製封閉的基本曲線
DrawImage()	以原始實體大小，在指定位置繪製指定Image
DrawString()	利用Brush和Font物件，於指定位置指定繪製字串
FillRang()	將Point定義的多邊形內部填滿色彩
Save()	儲存Grahpics目前狀態
SetClip()	設定裁剪區域

DrawImage()方法的語法如下：

```
Public Sub DrawImage(image As Image, point As Point)
```

- image：要繪製的Image。

- point：指定繪製影像的左上角位置。

範例《CH1303A》

說明：將圖片藉由繪圖類別的**DrawImage**方法載入，並顯示於表單中的標籤控制項。

STEP 1 範本Windows Form應用程式，專案名稱「CH1303A.vbproj」。

STEP 2 相關程式碼撰寫如下。

Form1_Paint ()事件
```
03   '透過控制項的CreateGraphics方法取得畫布
04   Dim lblShow As New Label    '建立標籤控制項
05   '建立影像檔
06   Dim newImage As Image = Image.FromFile( _
07       "D:\Visual Basic 2013範例\images\B05.png")
08   lblShow.BorderStyle = BorderStyle.FixedSingle
09   lblShow.Size = newImage.Size    '取得圖片大小
10   lblShow.Image = newImage        '依據圖片小大來顯示
11   '以標籤為畫布
```

```
12  Dim g As Graphics = lblShow.CreateGraphics()
13
14  '圖片放置點,距表單左上角(10, 10)
15  Dim location As New PointF(10.0F, 10.0F)
16  '繪製圖片於畫面上
17  g.DrawImage(newImage, location)
18  Me.Controls.Add(lblShow)
19  g.Dispose()
```

程‧式‧解‧說

* 第6~7行:以FormFile()方法載入Image圖片。

* 第9~10行:將原圖片大小指定給標籤後,讓標籤顯示圖片。

* 第12行:透過標籤的CreateGraphics方法來作為繪圖物件。

* 第17行:以標籤為畫布,使用DrawImage方法將圖片載入並顯示。

📌 **執行、編譯程式**

【圖13-4 範例CH1303A執行結果】

13.3.2　以畫筆繪製線條

有了Graphics類別提供了畫布,當然要有畫筆才能在畫布盡情揮灑。Pen類別能做什麼?繪製線條、幾何圖形;依據需求還能設定畫筆的色彩和粗細。

線條是圖形的基本組成,配合Pen(畫筆)類別能產生簡單線條,也能以多個線條來形成矩形、橢圓形等幾何形狀。Graphics物件提供實際的繪製,而Pen物件則是儲存屬性,例如:線條色彩、寬度和樣式;表13-5說明Pen類別的常用成員。

【表13-5 Pen類別常用成員】

Pen類別常用成員	說明
Brush	設定畫筆以填滿方式來繪製直線或曲線
Color	設定或取得畫筆顏色
DashStyle	設定線條的虛線樣式，列舉型別以表13-6說明
LineJoin	設定接合的兩條線，其末端樣式，列舉類別以表13-7說明
PenType	設定或取得直線樣式，列舉類別以表13-8說明
Width	設定或取得畫筆寬度
Dispose()	釋放Pen所有的使用資源

Pen類別的建構函式可配合Brush設定圖形內部，或是以Color指定色彩，語法如下：

```
Pen(Brush)    '指定筆刷
Pen(Brush brush, float width)    '設定筆刷和畫筆的寬度
Pen(Color)    '指定色彩
Pen(Color color, float width)    '設定色彩和畫筆的寬度
```

建立一個具有顏色的畫筆。

```
Dim myPen As Pen = New Pen(Color.Tomto)
```

以畫筆繪製線條時有可能是實線，或者是虛線，DashStyle用來決定線條的樣式，下表13-6介紹。

【表13-6 DashStyle列舉類型】

DashStyle列舉類型	說明
Custom	使用者自訂虛線樣式
Dash	指定含有虛線的線條
DashDot	指定含有「虛線-點」的線條
DashDoDot	指定含有「虛線-點-點」的線條
Dot	指定含有點的線條
Solid	指定實線

例如：利用畫筆來繪製虛線。

```
Dim dwPen As New Pen(Brushes.DarkOrange, 5.0F)
dwPen.DashStyle = Drawing2D.DashStyle.DashDotDot
```

LineJoin屬性用來決定產生接合的兩條線，設定末端樣式以表13-7說明。

【表13-7 LineJoin列舉類型：設定線條接合】

LinJoin列舉類型	說明
Bevel	以對角來接合，接合處產生斜面
Miter	以產生尖角或銳角來接合
MiterClipped	以產生尖角或斜面角來進行接合
Round	以圓形來接合，接合處產生平滑且圓的弧形

以屬性LineJoin以對角接合時，其接合處產生斜面。

```
Pen1.LineJoin = Drawing2D.LineJoin.Bevel
```

PenType用來決定Pen物件填滿線條色彩類型，以下表13-8說明。

【表13-8 PenType列舉類型】

PenType列舉類型	說明
HatchFill	指定規劃填色
LinearGradient	指定線形漸層填色
PathGradient	指定路徑漸層填色
SolidColor	指定純色填色
TextureFill	指定點陣圖材質填色

繪製線條

介紹過線條的繪製之後，另一個是曲線，表示它是由一連串的點再配合緊縮程度參數組合而成。在Graphics類別中提供DrawCurve方法來繪製基本曲線，語法如下：

```
Public Sub DrawCurve(pen As Pen, points As Point())
```

- pen：決定曲線的色彩、寬度和高度。

- points：定義曲線的Point結構陣列。

範例《CH1303B》

說明：建立2支畫筆，一個繪製直線呼叫DrawLine()方法，另一個繪製曲線呼叫
　　　DrawCurve()方法。

STEP 1 範本Windows Form應用程式，專案名稱CH1303B.vbproj」。

STEP 2 相關程式碼撰寫如下。

Form1_Paint ()事件--部份程式碼

```
04    '1.繪製線條
05    Dim g As Graphics = pe.Graphics
06
07    '建立繪製線條的畫筆
08    Dim dwPen As New Pen(Brushes.DarkOrange, 5.0F)
09    dwPen.DashStyle = Drawing2D.DashStyle.DashDotDot
10    dwPen.LineJoin = Drawing2D.LineJoin.Round
11    '建立多個點
12    Dim lnPts As PointF() = {New PointF(10.0F, 10.0F), _
13        New PointF(10.0F, 100.0F), New PointF(200.0F, _
14        50.0F), New PointF(250.0F, 300.0F)}
15    g.DrawLines(dwPen, lnPts)  '直線
16    dwPen.Dispose()
```

程‧式‧解‧說

* 第8~10行：建立橙色，線寬為5的畫筆。繪製線條時，以虛線中「虛線-點-
　點」為樣式，兩個線條接合處採平滑方式。

* 第12~14行：以陣列方式建立多個點。

* 第15行：直接以Paint事件的e物件取得繪圖物件的DrawLines()方法繪製多
　點線條。由於曲線亦同，省略程式碼。

🐾 執行、編譯程式

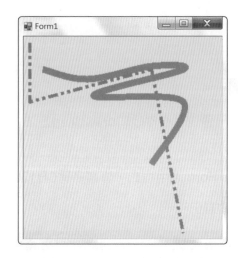

【圖13-5 範例CH1303B執行結果】

13.3.3 繪製幾何形狀

　　繪製幾何形狀時，Graphics類別提供相當多的方法。例如，繪製矩形可呼叫DrawRectangle()方法，若要繪製橢圓形，使用DrawEllipse()方法，它和DrawRetangle()方法很類似，不同的是以矩形產生的4個點框住橢圓形。繪製多邊形，則是使用DrawPolygon()方法，它以畫筆pen並配合Point陣列物件，Point陣列中每一個點都代表一個端點的座標；相關語法簡介如下。

```
Public Sub DrawEllipse(pen As Pen, rect As Rectangle)
Public Sub DrawPolygon(pen As Pen, points As Point())
```

- pen：決定橢圓形、多邊形的色彩、寬度和樣式。
- rect：Rectangle結構，定義橢圓形的邊界。
- points：Point結構的陣列，表示多邊形的頂點。

範例《CH1303C》

說明：分為二個部份：PictureBox執行時繪製矩形，另一個部份以表單為畫布，利用滑鼠繪製橢圓形。

STEP 1　範本Windows Form應用程式，專案名稱CH1303C.vbproj」。

STEP 2　加入PictureBox控制項，Name「picShow」，BackColor「Snow」。

STEP 3　相關程式碼撰寫如下。

picShow_Paint ()事件

```
03   Dim myRect As Rectangle '建立矩形物件
07   Dim g As Graphics = e.Graphics      '取得繪圖物件
08   Dim dwFont As Font = New Font("標楷體", 14)
09   '定義單一色彩筆刷
10   Dim myBrush As SolidBrush = New _
11      SolidBrush(Color.OrangeRed)
12
13   '在PictureBox繪製字串
14   g.DrawString("繪製矩形...", dwFont, myBrush, 20, 10)
15   '在PictureBox繪製矩形，建立畫筆物件並設定畫筆寬度
16   Dim myPen As Pen = New Pen(Brushes.DeepSkyBlue, 6.0F)
17   '建立矩形
18   Dim rect As Rectangle = New Rectangle(20, 40, 200, 60)
19   '設定接合的兩條線，其末端的樣式
20   myPen.LineJoin = Drawing2D.LineJoin.Round
21   '設定畫筆的虛線模式為線-點-點
22   myPen.DashStyle = Drawing2D.DashStyle.DashDot
23   g.DrawRectangle(myPen, rect)    '繪製矩形
24   myPen.Dispose()          '清除畫筆
```

Form1_MouseDown()事件

```
29   '取得矩形初始化的座標
30   myRect.X = e.X
31   myRect.Y = e.Y
```

Form1_MouseUp()事件

```
37   If (e.X < myRect.X) Then
38      myRect.Width = myRect.X - e.X
39      myRect.X = e.X
40   Else
41      myRect.Width = e.X - myRect.X
42   End If
43
44   If (e.Y < myRect.Y) Then
45      myRect.Height = myRect.Y - e.Y
```

```
46       myRect.Y = e.Y
47   Else
48        myRect.Height = e.Y - myRect.Y
49   End If
50   '讓已繪製矩形的區域可以重新繪製矩形
51   Me.Invalidate(myRect)
```

程·式·解·說

* 第7~24行：Paint事件是PictureBox控制項繪製圖形時引發的事件，以參數 PaintEventArgs取得圖形物件的參考，再指定給第7行Graphics類別建立繪圖物件。

* 第10~11行：以SolidBrush類別設定單一色彩筆刷。

* 第14行：利用DrawString()方法在螢幕上繪製字串。

* 第18行：繪製矩形，由X、Y座標(20, 40)和寬度(200)、高度(60)組成。

* 第29~31行：表單上按下滑鼠來取得XY座標值，作為矩形的左上角。

* 第37~51行：在表單上放開滑鼠後，以If陳述式來取得矩形的寬度和高度。

* 第51行：以Invalidate()方法來判斷已繪製矩形的區域可以重新繪製。

執行、編譯程式

【圖13-6 範例CH1303C執行結果】

填滿色彩

Brush類別提供筆刷，能在繪製圖形物件上色，產生填滿效果！使用繪圖物件，畫筆繪製外框，以筆刷填滿內景。筆刷能提供各種不同的填滿效果，但是必須使用Brush的衍生類別，以下表13-9說明。

【表13-9 Brush的衍生類別】

Brush衍生類別	說明
SolidBrush	定義單一色彩的筆刷
HatchBrush	透過規劃樣式、前景色彩和背景色彩來定義矩形筆刷
TexturBrush	填滿圖形的內部
LinearGradienBrush	設定線形漸層
PathGradienBrush	設定路徑漸層

例如，透過單一色彩筆刷建立二個矩形，讓矩形具有陰影效果。

```
Imports System.Drawing.Drawing2D '程式開頭須匯入此名稱空間
'陰影筆刷
Dim shadowBrush As SolidBrush = New _
    SolidBrush(shadowColor)
'填滿筆刷
Dim fillBrush As SolidBrush = New SolidBrush(rectColor)
'繪製矩形
e.Graphics.FillRectangle(fillBrush, rect)
e.Graphics.FillRectangle(shadowBrush, shadowRect)
```

13.3.4 繪製字型

Graphics類別以DrawString()方法來繪製字型。以字型繪製而言，包含二個部份：字型家族和字型物件，簡介如下。

- 字型家族：將字體相同但樣式不同的字型組成字型家族。例如，以Arial字型來說包含了下列字型：Arial Regular(標準)、Arial Bold(粗體)、Arial Italic(斜體)和Arial Bold Italic(粗斜體)。

- 字型物件：繪製文字之前，要先建構FontFamily物件和Font物件。FontFamily物件會指定字體(例如Arial)，而Font物件則會指定大小、樣式和單位。此外，

當Font物件完成建立後,便無法修改其屬性,若需要不同效果的Font物件,可透過建構函式來自訂Font物件。

Font常用屬性

Font類別常用屬性由表13-10說明。

【表13-10 Font類別常用屬性】

Brush衍生類別	說明
Bold	設定Font為粗體
Italic	設定Font為斜體
Strikeout	Font加上刪除線
Underline	Font加上底線
FontFamily	取得與這個Font關聯的FontFamily
Height	取得這個字型的行距
Name	取得Font的字型名稱
Size	取得FontEm大小,以Unit屬性指定的單位來測量
Style	取得Font的樣式資訊
SystemFontName	IsSystemFont屬性傳回True,取得系統字型的名稱

如何繪製文字,利用Graphics類別提供的DrawString()方法,語法如下:

```
Public Sub DrawString(s As String, font As Font, _
    brush As Brush, point As PointF)
```

- String表示要繪製的字串。
- Font用來定義字串的格式。
- Brush:決定繪製文字的色彩和紋理。
- PointF:指定繪製文字的左上角。

另外,還可以配合TextRenderingHint屬性,提供反鋸齒功能,敘述如下:

```
g.TextRenderingHint = _
    Drawing.Text.TextRenderingHint.AntiAlias
```

範例 《CH1303D》

說明：以單一色彩筆刷繪製字串，並建立兩個矩形，另一個矩形提供陰影效果。

STEP 1 範本Windows Form應用程式，專案名稱「CH1303D.vbproj」。

STEP 2 相關程式碼撰寫如下。

```
                    Form1_Paint()事件
04  Dim g As Graphics = e.Graphics      '建立繪圖物件
05  Dim ftNew As Font = New Font("標楷體", 16)
06  Dim pts As Point = New Point(20, 10)
07  Dim dwBrush As New SolidBrush(Color.OrangeRed)
08  Dim cot As UInteger
09
10  '繪製字串
11  g.TextRenderingHint = _
12      Drawing.Text.TextRenderingHint.AntiAlias
13  For cot = 1 To 3
14      g.DrawString("繪製具有陰影的矩形...", ftNew, _
15          dwBrush, pts)
16      g.RotateTransform(10)      '提供自然轉換複本
17  Next
18
19  '建立矩形
20  Dim rect As Rectangle = New    _
21      Rectangle(90, 40, 130, 100)
22  '取得原有矩形為陰影矩形的大小
23  Dim shadowSize As SizeF = rect.Size
24  '取得矩形位置來設定陰影
25  Dim shadowLocation As PointF = rect.Location
26  '變更陰影矩形的座標值
27  shadowLocation = shadowLocation + New Size(7, 7)
28  '建立具有陰影的矩形
29  Dim shadowRect As RectangleF = New    _
30          RectangleF(shadowLocation, shadowSize)
31  '陰影色彩，填滿矩形色彩
32  Dim shadowColor As Color = Color.FromArgb(50, _
33          Color.BlueViolet)
34  Dim rectColor As Color = Color.Bisque()
35  Dim shadowBrush As SolidBrush = New    _
36      SolidBrush(shadowColor) '陰影筆刷
37  Dim fillBrush As SolidBrush = New    _
38      SolidBrush(rectColor)    '填滿筆刷
```

39	'繪製矩形，加入陰影
40	e.Graphics.FillRectangle(fillBrush, rect)
41	e.Graphics.FillRectangle(shadowBrush, shadowRect)
42	shadowBrush.Dispose()
43	fillBrush.Dispose()　'清除筆刷

程·式·解·說

* 第4~8行：建立字型、座標點，單一色彩筆刷，再以DrawString來繪製字串。

* 第11~12行：繪製文字時，透過TextRenderingHint屬性來取得平滑字，並以For...Next迴圈建立複本。

* 第20~30行：建立一個矩形，再依據第一個矩形來產生陰影矩形。

* 第35~38行：產生兩個筆刷，第2個筆刷提供陰影效果。

* 第40~41行：以FillRectangle()方法產生填滿色彩的矩形。

執行、編譯程式

【圖13-7 範例CH1303D執行結果】

填滿色彩的矩形

要讓矩形內部填滿色彩，得使用FillRectangle()，語法如下：

```
Public Sub FillRectangle(brush As Brush, _
    rect As Rectangle)
```

◆ brush：決定填滿的方法

◆ rect：要填滿的矩形

13.3.5 認識color結構

Color結構提供的色彩為ARGB，以32位元值表示，各以8個位元來代表Alpha、Red(紅色)、Green(綠色)和Blue(藍色)。Alpha值表示色彩的透明度，也就是色彩與背景色彩混合的程度。Alpha值的範圍從0到255，0表示完全透明的色彩，255則表示完全不透明的色彩。如何製定這些顏色，呼叫Color結構中的FromArgb方法，語法如下：

```
FromArgb(alpha, red, green, blue)
```

* 代表透明值、和紅、藍、綠的顏色設定，要設不透明色彩，就得把alpha設為255。

漸層色彩

相信大家一定都在圖形中使用過漸層效果！ GDI+提供二種漸層效果：線形漸層和路徑漸層。這裡以線形漸層來簡單說明其概念。LinerGradientBrush類別提供線性漸層，可以依據程式需求來產生雙色漸層(預設)和自訂多色漸層。

所謂的雙色線形漸層是沿著指定線條從開始色彩到結束色彩的平滑水平線形漸變，它能以水平、垂直或與指定斜線來平行移動而變更色彩。繪製方式可以使用Blend類別、或是LinerGradientBrush類別提供的SetSigmaBellShape或SetBlendTriangularShape方法來自訂漸變花紋。藉由指定建構函式的LinearGradientMode列舉型別或角度來自訂漸層的方向。LinerGradientBrush類別的建構函式，其語法如下：

```
LinearGradientBrush(point1, point2, color1, color2)
```

- point1表示線形漸層的開始點。

- point2為線形漸層的結束點。

- color1表示線形漸層的開始色彩。

- color2則為線形漸層的結束色彩。

範例《CH1303E》

說明：繪製三個橢圓形，其中一個具有線性漸層效果。

STEP 1 範本Windows Form應用程式，專案名稱「CH1303E.vbproj」。

STEP 2 相關程式碼撰寫如下。

Form1_Paint ()事件
```
01  Imports System.Drawing.Drawing2D
07  Dim g As Graphics = e.Graphics     '取得繪圖物件
08  '建立單色筆刷
09  Dim sdgrBrush As New SolidBrush(Color.FromArgb( _
10      120, 0, 255, 0))
11  Dim sdredBrush As New SolidBrush(Color.FromArgb( _
12      150, 125, 0, 255))
13
14  '建立線性色彩筆刷
15  Dim cr1 As Color = Color.FromArgb(120, 255, 0, 255)
16  Dim cr2 As Color = Color.FromArgb(150, 125, 255, 0)
17  Dim rect As New Rectangle(20, 20, 120, 70)
18  Dim myLGBrush As LinearGradientBrush = New _
19      LinearGradientBrush(rect, cr1, cr2, 0.0F, True)
20  '以三角形的三個點來作為圓形的中心點，直徑都相同
21  Dim dotBase As Single = 80 '直徑
22  Dim htElli As Single = CSng(Math.Sqrt(( _
23      3 * (dotBase * dotBase) / 4)))
24  '設定第一個圓形的座標
25  Dim x1 As Single = 30
26  Dim y1 As Single = 30
27  '根據鐘型曲線讓漸層減少
28  myLGBrush.SetSigmaBellShape(0.5F, 1.0F)
29  '繪製有填滿效果的橢圓形
30  g.FillEllipse(myLGBrush, x1, y1, 2 * htElli, _
31      2 * htElli)
```

```
32  g.FillEllipse(sdgrBrush, x1 + dotBase / 2, _
33       y1 + htElli, 2 * htElli, 2 * htElli)
34  g.FillEllipse(sdredBrush, x1 + dotBase, y1, _
35       2 * htElli, 2 * htElli)
```

程‧式‧解‧說

* 在程式前端加入Imports System.Drawing.Drawing2D名稱空間。

* 第15~16行：建立2個具有透明效果的色彩給線性漸層筆刷使用。

* 第18~19行：建立第一個線性漸層筆刷物件，透過其建構函式，表示它會受方向角度的影響。

* 第21~23行：產生的3個橢圓要有重疊，以三角形的3個點為橢圓中心點，設定直徑並取得直徑取得三角形高度。

* 第28行：讓線性筆刷依據SetSigmaBellShape方法讓漸層逐漸減少。

* 第30~35行：呼叫FillEllipse()方法來繪製具有線性漸層填滿效果的橢圓形。

執行、編譯程式

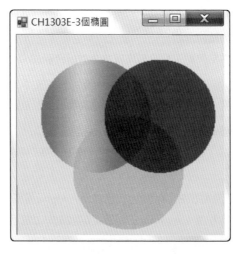

【圖13-8 範例CH1303E執行結果】

重點整理

↻ SDI表示一次只能開啟一份文件，例如使用「記事本」；MDI則表示在父視窗下能同時編輯多份文件，例如MS Word。SDI文件可以出現於任何應用程式！如果是MDI文件就不同，所有MDI文件只能在MDI父視窗的工作區域內顯示，接受MDI父視窗的管轄。

↻ 如何建立MDI父表單？建立一般表單後，將「IsMDIContainer」的屬性值變更為「True」，就成為MDI父表單，能作為MDI子視窗的容器。

↻ 完成父表單後，新增的第二個表單藉由MdiParent屬性指派給MDI父表單來變成MDIChild子表單。

↻ 建立圖形的首要之事就是認識表單版面。每個表單都有自己的座標系統，起始點位於表單的左上角(0, 0)，X軸為水平方向，Y軸為垂直方向，X、Y交叉之處就能定位座標的一個點。繪製圖形時，像素(pixel)是表單的最小單位。

↻ 利用繪圖介面建立圖形影像的物件。使用圖形物件建置的步驟如下：❶建立Graphics圖形物件。❷將表單或控制項轉換成畫布，透過Graphics物件提供的方法，可繪製線條和形狀、顯示文字或管理影像。

↻ 線條是圖形的基本組成，配合Pen(畫筆)類別能產生簡單線條，也能以多個線條來形成矩形、橢圓形等幾何形狀。Graphics類別建立的物件提供實際的繪製，而Pen物件則是儲存屬性，例如線條色彩、寬度和樣式。

↻ Graphics類別提供的DrawLine()方法，能在兩點之間建立直線；DrawCurve()方法來繪製基本曲線，是由一連串的點再配合緊縮程度參數組合而成。

↻ Brush類別提供筆刷，能在繪製圖形物件上色，產生填滿效果！使用繪圖物件，畫筆繪製外框，以筆刷填滿內景，例如，SolidBursh能提供單一色彩筆刷。

↻ Graphics類別以DrawString()方法來繪製字型，包含二個部份：❶字型家族：將字體相同但樣式不同的字型組成字型家族。❷字型物件：繪製文字之前，要先建構FontFamily物件和Font物件。

↻ Color結構提供的色彩為ARGB，以32位元值表示。Alpha值表示色彩的透明度，也就是色彩與背景色彩混合的程度。Alpha值的範圍從0到255，0表示完全透明的色彩，255則表示完全不透明的色彩。

課後習題

一、選擇題

( ) 1. 要讓一般表單變成MDI表單，要改變那一個屬性？(A)ActiveMdiChild (B)IsMdiContainer (C)MdiChildren (D)MdiParent。

( ) 2. 要釋放Graphics物件所佔用的資源，要呼叫什麼方法？(A)Dispose() (B)Clear() (C)DrawString() (D)Blend()。

( ) 3. LineJoin屬性用來決定產生接合的兩條線，要產生斜面接合，使用什麼成員？(A)Round (B)MiterClipped (C)Miter (D)Bevel。

( ) 4. PenType用來決定Pen物件填滿線條色彩類型，要填入純色，使用什麼成員？(A)PathGrandient (B)HatchFill (C)SolidColor (D)TextureFill。

( ) 5. Font類別中，那一個屬性用來設定字型的行距？(A)Bold (B)Height (C)Style (D)Underline。

( ) 6. Color結構中，設定色彩的fromArgb()方法，那一個參數可用來設定顏色成為透明色？(A)Alpha (B)Red (C)Green (D)Blue。

( ) 7. 繪製幾何形狀，Graphics類別那一個方法用來繪製橢圓形？(A)DrawLine() (B)DrawString() (C)DrawEllipse() (D)DrawCurve()。

( ) 8. 繪製幾何形狀，Graphics類別那一個方法用來繪製多邊形？(A)DrawLine() (B)DrawPolygon() (C)DrawEllipse() (D)DrawCurve()。

二、填充題

1. MDI表單在執行階段，使用LayoutMdi方法能指定MDI子表單排列方式：❶＿＿＿＿＿＿＿＿＿＿＿＿＿＿ 、❷＿＿＿＿＿＿＿＿＿＿＿＿＿ 、❸＿＿＿＿＿＿＿＿＿＿＿＿＿ 、❹＿＿＿＿＿＿＿＿＿＿＿＿ 。

2. 有了Graphics類別提供了畫布，配合Pen(畫筆)類別能產生簡單線條，屬性Color設定＿＿＿＿＿＿＿＿ ，屬性＿＿＿＿＿＿＿＿設定線條的虛線樣式，屬性＿＿＿＿＿＿＿＿設定接合的兩條線，其末端的樣式，屬性Width取得＿＿＿＿＿＿＿＿ 。

3. Graphics類別提供的DrawLine()方法＿＿＿＿＿＿＿＿ ，＿＿＿＿＿＿＿＿方法繪製基本曲線。

4. Graphics類別提供的DrawRectangle()方法＿＿＿＿＿＿＿＿＿，＿＿＿＿＿＿＿＿＿方法繪製字型。

5. DashStyle列舉類型常數值中，含有虛線的線條是＿＿＿＿＿＿，含有「虛線-點-點」是＿＿＿＿＿＿＿。

6. 以Graphics繪製文字，要先建構＿＿＿＿＿＿＿＿＿＿物件來指定字體(例如 Arial)，＿＿＿＿＿＿＿物件可用來指定大小、樣式和單位。

7. 繪製圖形要產生漸層效果，以＿＿＿＿＿＿＿＿＿＿類別產生線形漸層，＿＿＿＿＿＿＿＿＿類別會產生路徑漸層。

三、問答與實作題

1. 請解釋SDI和MDI有何不同？

2. 請以簡單程式碼說明Graphics圖形物件建立方法。

3. 建立一個具有藍色的畫筆，程式碼如何撰寫？

4. 以畫筆繪製虛線線條，畫筆顏色：橘色，寬度=5，虛線樣式=虛線-點-點，程式碼如何撰寫？

5. 請說明Color結構中，提供的色彩為ARGB，請說明其意義。

14

檔案與資料流

- ■ **Directory**靜態類別提供目錄的一般性操作：建立、複製、搬移等。**DirectoryInfo**則提供物件的建置。

- ■ **FileInfo**類別能將檔案建立、刪除、複製、搬移和開啓的相關操作；**File**類別則以靜態方法提供檔案讀、寫。

- ■ **StreamWriter**來寫入資料，**StreamReader**讀取資料。

- ■ **FileStream**能讀取、寫入、開啓和關閉檔案

- ■ **OpenFileDialog**元件來開啓檔案，而**SaveFileDialog**提供檔案儲存功能。

Visual Basic當然有提供檔案的處理方法，不過本章節是以.NET Framework提供的System.IO為本章節學習重點。只要在Windows系統下建立檔案，就得要有目錄處理，透過目錄檢視不同類型的檔案。無論是建立、刪除、複製、搬移，目錄和檔案都有相同操作。開啟檔案時，則會使用資料串流(Stream)，而開啟檔案或儲存檔案則以對話方塊處理。

14.1 │ 名稱空間System.IO

如何讓資料寫入檔案或讀取檔案內容，與這些程序息息相關的就是資料流。尚未探討檔案之前，先瞭解什麼是資料流？主控台應用程式下會以Console類別的Read()或ReadLine()方法來讀取資料，或是利用Write()或WriteLine()方法透過命令字元提示視窗輸出資料。在Windows Form中會利用RichTextBox配合OpenFileDialog來讀取文字檔或RTF檔案，利用MessageBox顯示訊息。這些輸入、輸出資料流由.NET Framework的System.IO命名空間提供許多類別成員，透過下圖14-1來了解。

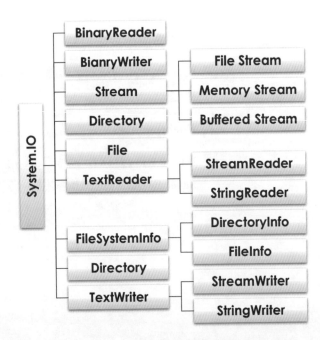

【圖14-1 System.IO命名空間】

System.IO命名空間中以**Stream**為抽象基底類別，它支援讀取和寫入位元組。Stream類別和它的衍生類別提供了資料來源和儲存機制，以處理輸出/輸入為主，通常資料流包含三項基本作業。

- 讀取：從資料流將資料傳送至資料結構，例如位元組陣列。
- 寫入：從資料來源將資料傳送至資料流。
- 搜尋：查詢和修改資料流內的目前位置。

14.2 | 檔案、目錄與磁碟

以資料流的概念來看，檔案可視為是一種具有永續性存放的裝置，也是一種具名排序的名稱位元組集合。使用檔案時，它包含了存放目錄的路徑、磁碟存放裝置，以及檔案和目錄名稱。與檔案、目錄有關的類別，皆存放於「System.IO」命名空間，列表14-1說明。

【表14-1 System.IO命名空間】

檔案、目錄類別	說明
Directory	目錄一般作業，如複製、移動、重新命名、建立和刪除目錄
DirectoryInfo	提供建立、移動目錄和子目錄的執行個體方法
DriveInfo	提供與磁碟機有關的建立方法
File	提供建立、複製、刪除、移動和開啟檔案的靜態方法
FileInfo	提供建立、複製、刪除、移動和開啟檔案的實體化方法
FileSystemInfo	為FileInfo和DirectoryInfo的抽象基底類別
Path	提供處理目錄字串的方法和屬性

14.2.1 磁碟目錄

通常以檔案總管進入某個目錄就是查看此目錄有那些檔案，或者存放那一類型的檔案！也有可能新增一個目錄(資料夾)或把某一個目錄刪除！所以Directory靜態類別提供目錄處理的能力，例如建立、搬移資料夾，由於提供靜態方法，通常可直接使用，列表14-2為常用方法。

【表14-2 Directory靜態類別常用方法】

Directory類別方法	執行動作
CreateDirectory()	產生一個目錄並以DirectoryInfo回傳相關訊息
Delete()	刪除指定的目錄
Exists()	判斷目錄是否存在，回傳True表存在，不存在回傳False
GetDirectories()	取得指定目錄中子目錄的名稱
GetFiles()	取得指定目錄的檔案名稱
GetFileSystemEntries()	取得指定目錄中所有子目錄和檔案名稱
Move()	移動目錄和檔案到指定位置
SetCurrentDirectory()	將應用程式的工作目錄指定為目前的目錄
SetLastWriteTime()	設定目錄上次被寫入的日期和時間

CreateDirectory(string path)方法用來建立目錄，使用時要在前方加上Directory類別名稱，其檔案路徑以字串形式來產生。

```
Directory.CreateDirector("D:\VB 2013 Demo")
```

Exits(string path)方法用來檢查path所指定的檔案路徑是否存在？存在的話會回傳「True」；「False」則是檔案路徑不存在！要刪除檔案的話可以使用Delete()方法，指定刪除檔案的路徑，還可以進一步決定是否連同它底下的子目錄、檔案也要一起刪除！

```
Public Shared Sub Delete(path As String)
Public Shared Sub Delete(path As String,_
    recursive As Boolean)
```

- path：要移除的目錄名稱。

- recursive：是否要移除path中的目錄、子目錄和檔案，True表示一起刪除，False則是不會。

要搬移目錄或到指定位置，可以利用Move()方法，使用時必須以參數來建立目地目錄，完成動作之後會自動刪除來源目錄。

```
Public Shared Sub Move(sourceDirName As String, _
    destDirName As String)
```

- sourceDirName：要移動的檔案或目錄的路徑。

- destDirName：sourceDirName的目地目錄的路徑。

使用GetDirectories()方法要取得指定目錄的所有子目錄名稱，GetFiles()方法取得指定目錄內的所有檔案名稱，所以這兩個方法會以陣列回傳其值。

```
Public Shared Function GetDirectories(path As String) _
    As String()
```
```
Public Shared Function GetFiles(path As String) _
    As String()
```

- path：從中擷取檔案的來源目錄。

- path：以陣列型別回傳子目錄名的路徑

如果要進一步了解某個目錄建立的時間，或者要取得上一層或下一層目錄的名稱時，就得藉助DirectoryInfo類別，它可以用來維護目錄的工作，常用成員以表14-3說明。

【表14-3 DirectionInfo類別】

DirectoryInfo成員	執行動作
Attributes	取得或設定目前檔案或目錄的屬性
CreationTime	取得或設定目前檔案或目錄的建立時間
Exists	布林值，用來判斷資料夾是否存在，True表示存在
Extension	表示檔案的副檔名，字串值
FullName	取得目錄或檔案的完整路徑
LastAccessTime	取得或設定上一次存取目前檔案或目錄的時間
LastWriteTime	取得或設定上次寫入目前檔案或目錄的時間
Name	取得資料夾名稱
Parent	取得指定路徑的上一層目錄
Root	取得目前路徑的根目錄
Create()	新增目錄
CreateSubdirectory()	在指定目錄下新增子目錄
Delete()	刪除目錄
MoveTo()	將目前目錄搬移到指定位置

DirectoryInfo成員	執行動作
GetDirectory()	傳回目前目錄的子目錄
GetFiles()	傳回指定目錄的檔案清單

範例《CH1402A》

說明：透過DirectoryInfo類別來新增或刪除路徑，並取得某一個目錄下的檔案資訊。

STEP 1 範本Windows Form應用程式，專案名稱「CH1402A.vbproj」，控制項屬性設定如下表。

控制項	Name	Text	控制項	Name	Text
Button1	btnDirView	檢視目錄	Button3	btnAdd	新增目錄
Button2	btnDelete	刪除目錄	RichTextBox	rtxtShow	

STEP 2 相關程式碼撰寫如下。

```
                         btnDirView_Click()事件
01   Imports System.IO
05   Dim path As String = _
06       "D:\Visual Basic 2013範例\images\ShowDir"
11   rtxtShow.Clear()
12   '判斷資料夾是否存在，若是不存在會擲出例外情形
13   Try
14      '取得檔案路徑訊息
15      Dim currDir As DirectoryInfo = New        _
16          DirectoryInfo("D:\Visual Basic 2013範例\images")
17      Dim show As String = "檔案清單---<*.png>"
18
19      '從指定路徑傳回指定的檔案類型
20      Dim listFile() As FileInfo = _
21          currDir.GetFiles("*.png")
22      Dim getInfo As FileInfo
23
24      rtxtShow.Text &= show & vbCrLf & _
25          "檔名" & vbTab & vbTab & "檔案長度" & vbTab & _
26          "修改日期" & vbCr & "-".PadLeft(42, "-"c) _
27           & vbCrLf
28
```

```
29      '讀取資料夾：檔名、長度和修改日期
30      For Each getInfo In listFile
31          With getInfo
32              rtxtShow.Text &= .Name & vbTab & _
33              .Length.ToString & vbTab & vbTab & _
34              .LastWriteTime.ToShortDateString & vbCrLf
35          End With
36      Next
37      Catch ex As Exception
38          rtxtShow.Text = "無此資料夾" & vbCrLf & ex.ToString()
39      End Try
```

```
                           btnAdd_Click()事件
43      Try
44          '先判斷資料夾是否存在
45          If Directory.Exists(Path) Then
46              rtxtShow.Text = "資料夾已經存在"
47              Return
48          End If
49
50          '建立新的資料夾
51          Dim dirNew As DirectoryInfo = _
52              Directory.CreateDirectory(Path)
53          rtxtShow.Text = "資料夾建立成功" & vbCrLf & _
54              Directory.GetCreationTime(Path)
55
56      Catch ex As Exception
57          MsgBox("資料夾沒有建置失敗" & vbCrLf & ex.Message)
58      End Try
```

程·式·解·說

* 第1行：必須匯入「System.IO」命名空間。

* 第5~6行：指定欲操作目錄的路徑，新增、刪除目錄會使用。

* 第15~21行：設定欲檢視的檔案路徑「D:\Visual Basic 2013範例\images」，
  並從指定路徑回傳副檔名為「png」的檔案清單。

* 第30~36行：For Each迴圈讀取指定路徑中副檔名「png」的檔案，並回傳
  檔名(Name)、檔案長度(Length)和最後修改日期(LastWriteTime)。

* 第45~48行：判斷資料夾是否存在。

* 第51~54行：以CreateDirectory()方法在指定路徑上建立新的資料夾，以
  GetCreationTime()方法顯示建立時間。

🐛 **執行、編譯程式**

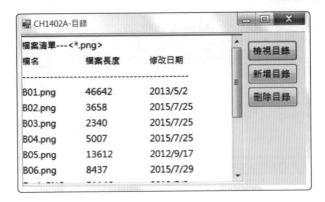

【圖14-2 範例CH1402A執行結果-1】

【圖14-3 範例CH1402A執行結果-2】

⭐Tips| **Directory類別和DirectoryInfo類別不同處**

　　Directory屬靜態類別，使用時必須以加上名稱才能使用，例如「Directory.
CreateDirectory(Path)」。

　　Directory為類別，使用時必須以New運算子來實體化物件。

```
Dim currDir As DirectoryInfo = New
   DirectoryInfo("D:\Visual Basic 2013範例\images")
```

14.2.2 檔案操作

　　以檔案來說，它具有持續性儲存(Persistent Storage)的特性，相關操作不外乎是開啓檔案、讀取或寫入資料，更進一步的話，會進行複製、搬移和刪除檔案的動作，而FileInfo和File類別則能提供相關的服務，先介紹FileInfo類別有關成員，表14-4說明。

【表14-4 FileInfo類別常用成員】

FileInfo成員	說明
Attributes	取得或設定目前檔案或目錄的屬性
CreationTime	取得或設定目前檔案或目錄的建立時間
Exists	偵測檔案物件是否存在(True表示存在)
Directory	取得目前檔案的存放目錄
DirectoryName	取得目前檔案存放的完整路徑
FullName	取得檔案或目錄的完整路徑
Length	取得目前檔案長度
IsReadOnly	判斷目前檔案是否為唯讀
AppendText()	指定字串附加至檔案，若檔案不存在則建立一個檔案
CopyTo()	複製現有的檔案到新的檔案
Create()	建立檔案
CreateText()	建立並開啓指定的檔案物件，配合StreamWriter類別
Delete()	指定檔案做刪除
MoveTo()	將目前檔案搬移到指定位置
Open()	開啓方法

　　使用FileInfo類別包含了檔案的基本操作。以Create()方法來建立檔案時，所指定的資料夾路徑必須存在，否則會發生錯誤！但也要注意，若要建立的檔案已經存在，Crteate()會刪除原來的檔案。此外建立的檔案物件必須以Close()來關閉，佔用的資源才能釋放。Open()方法開啓檔案，須指定開啓模式。

　　屬性Attributes可以取得檔案的屬性，它由FileAttributes列舉類型提供其常數值，列舉如下表14-5。

【表14-5 FileAttribute列舉類型】

FileAttributes	解說
Archive	備份或移除封存檔案
Compressed	檔案已壓縮
Device	保留供將來使用
Directory	檔案是目錄
Encrypted	檔案或目錄已加密
Hidden	隱藏檔案，不會顯示在一般目錄清單內
Normal	檔案無其他屬性設定
Offline	離線檔案，無法立即使用檔案資料
ReadOnly	唯讀檔案
System	系統檔案
Temporary	暫存性檔案

以Open方法來開啓檔案，須指定開啓模式，語法如下：

```
Public Function Open(mode As FileMode) As FileStream
Public Function Open(mode As FileMode, _
    access As FileAccess) As FileStream
Public Function Open(mode As FileMode, _
    access As FileAccess, share As FileShare) As FileStream
```

- mode：指定開啓模式，為FileMode列舉常數值，參考表14-6。

- access：檔案存取方式，為FileAccess列舉常數值，參考表14-7。

- share：決定檔案共享模式，FilesShare參數，參考表14-8。

FileMode用來指定檔案的開啓模式，列表14-6說明。

【表14-6 FileMode列舉類型成員】

FileMode常數	說明
Create	建立新檔案。檔案存在時會覆寫。檔案不存在與CreateNew方法使用相同
CreateNew	建立新檔案：檔案存在時，會擲回IOException
Open	開啓現有的檔案。檔案不存在時，會擲回FileNotFoundException

FileMode常數	說明
OpenOrCreate	開啓已存在檔案，否則就建立新檔案
Truncate	開啓現有檔案並將資料清空
Append	檔案存在時會開啓並搜尋至檔案末端，檔案不存在就建立新檔案

使用FileMode列舉類型會控制檔案的覆寫動作，比較好的作法是以Open開啓現有的檔案，附加至檔案則使用Append；若建立的檔案不存在，則採用Create常數值。

FileAccess為檔案存取方式，決定檔案是否能讀寫，成員列表14-7。

【表14-7 FileAccess列舉類型成員】

FileShare常數	說明
Read	唯讀檔案
Write	只能寫入檔案
ReadWrite	檔案能讀能寫檔案

FileShare為檔案共享方式，決定其他程序是否要開啓相同檔案，成員列表14-8。

【表14-8 FileShare列舉類型成員】

FileShare常數	說明
None	拒絕檔案共享，會造成其他檔案無法開啓成功
Read	允許其他程序可以開啓成唯讀檔案
Write	允許其他程序可以開啓成唯寫檔案
ReadWrite	允許其他程序可以開啓成能讀能寫檔案

複製檔案使用CopyTo()方法，搬移檔案MoveTo()方法，語法如下：

```
Public Function CopyTo(destFileName As String) As FileInfo
Public Function CopyTo(destFileName As String, _
   overwrite As Boolean) As FileInfo
Public Sub MoveTo(destFile As String)
```

- destFileName：要複製或搬移的檔案名稱，它包含完整路徑。

- overwirte：True覆寫現有檔案，False不覆寫。

範例《CH1402B》

說明：將檔案進行新增、複製和刪除的操作程序。

STEP 1 範本Windows Form應用程式，專案名稱「CH1402B.vbproj」，控制項屬性設定如下表。

控制項	Name	Text	控制項	Name	Text
Button1	btnCreate	建立	Button4	btnView	檢視
Button2	btnCopyTo	複製	RichTextBox	rtxtShow	
Button3	btnDelete	刪除			

STEP 2 相關程式碼撰寫如下。

```
                    btnCreate_Click()事件
01   Imports System.IO
07   Dim newFL As New FileInfo( _
08      "D:\Visual Basic 2013範例\Demo\Sample03.txt")
09   '以Create()方法新增一個檔案
10   Dim fs As FileStream = newFL.Create()
11   fs.Close()    '關閉檔案
```

```
                    btnCopyTo_Click()
16   Dim currDir As String = _
17      "D:\Visual Basic 2013範例\Demo\Sample03.txt"
18   '目的檔案形成「Sample.txttmp」"
19   Dim tagPath As String = currDir + "tmp"
20   Dim srcFL As FileInfo = New FileInfo(currDir)
21
22   Try
23      srcFL.CopyTo(tagPath)     '以CopyTo方法複製檔案
24      rtxtShow.Text = currDir & "已複製"
25      srcFL.CopyTo(tagPath, True)
26   Catch ex As Exception
27      MsgBox(e.ToString)
28   End Try
```

```
                        btnDelete_Click ()
33   Dim currDir As String = _
34      "D:\Visual Basic 2013範例\Demo\Sample03.txttmp"
35   Dim srcFL As FileInfo = New FileInfo(currDir)
36   If Not srcFL.Exists Then
37      MsgBox("無此檔案")
38   Else
39      srcFL.Delete()
40   End If
```

程·式·解·說

* 第10~11行：以Create()方法新增一個Sample檔案，再以Close()方法關閉檔案。

* 第16~20行：原來檔案為「Sample02.txt」(srcFL)，經過複製後會產生「Sample02.txttmp」(tagPath)。

* 第23行：以CopyTo()方法將scrFL檔案進行複製，複製的檔案加入tmp字串以識別。

* 第26行：複製後的檔案「Sample02.txttmp」顯示，最後以Delete()方法刪除此檔案。

* 第36~40行：先以Exists屬性來判斷scrFL檔案是否存在，若有檔案才做刪除動作。

🦯 執行、編譯程式

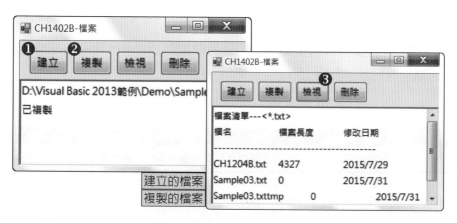

【圖14-4 範例CH1402B執行結果】

File靜態類別

一般來說，File類別和FileInfo類別的功能幾乎相同，File類別提供靜態方法，所以不能利用File類別來實體化物件；而使用FileInfo類別必須將物件實體化。下表14-9為File類別常用的方法。

【表14-9 File靜態類別方法】

File靜態類別方法	執行動作
AppendAllText()	開啟檔案，將指定的字串附加至檔案，然後關閉檔案
AppendText()	會將UTF-8編碼的文字附加至現有檔案，檔案不存在時建立新檔案
CreateText()	建立或開啟編碼方式為UTF-8的文字檔案
Exists()	判斷檔案是否存在，存在回傳True
GetCreationTime()	DateTime物件，回傳檔案產生的時間
OpenRead()	讀取開啟的檔案
OpenText()	讀取已開啟的UTF-8編碼文字檔
OpenWrite()	寫入開啟的檔案

由於File靜態類別，執行檔案的操作都得配合資料流來讀取或寫入；使用File方法時會做安全性檢查，所以一次性動作較適合。如果是一連串操作則以FileInfo類別來建立執行個體(Instance)會更有效率。

14.2.3 磁碟存取

想要獲取磁碟的相關訊息，例如：磁碟空間是否夠？ DriveInfo類別能提供，相關成員列示如表14-10。

【表14-10 DriveInfo類別成員】

DriveInfo成員	說明
AvailableFreeSpace	表示磁碟機上的可用空間量，以位元組為單位
DriveFormat	取得檔案系統的名稱，例如NTFS或FAT32
DriveType	取得磁碟類型，如CD-ROM、卸除式或固定式

DriveInfo成員	說明
IsReady	表示磁碟機是否已就緒
Name	取得磁碟機名稱，例如 C:\
RootDirectory	取得磁碟的根目錄
TotalFreeSpace	取得磁碟機上可用空間的總量，以位元組為單位
TotalSize	取得磁碟機上儲存空間的總大小，以位元組為單位
VolumeLabel	取得或設定磁碟的磁碟區標籤
GetDriver()方法	擷取電腦上所有邏輯磁碟的磁碟名稱

屬性DriveType用來表示磁碟的種類，透週DriveType列舉類型於表14-11簡介。

【表14-11 DriveTye列舉類型成員】

常數值	說明
CDRom(1)	光碟機，CD或DVD-ROM
Fixed(3)	固定或抽取式硬碟
Network(5)	網路磁碟機
NoRootDirectory	此磁碟沒有根目錄
Ram(4)	RAM磁碟
Removable(6)	抽取式存放裝置，例如軟碟機或USB快閃磁碟機
Unknown(0)	磁碟類型不清楚

範例《CH1402C》

說明：利用GetDrive()來讀取電腦上所有磁碟。

STEP 1 範本Windows Form應用程式，專案名稱「CH1402C.vbproj」，控制項屬性設定如下表。

控制項	Name	Text	控制項	Name
Button	btnDrive	選取所有磁碟	RichTextBox	rtxtShow

STEP 2 相關程式碼撰寫如下。

```
                          btnDrive_Click()事件
07  Dim allDrives() As DriveInfo = DriveInfo.GetDrives()
08  Dim result As String = ""
09  Dim disc As DriveInfo
10  '利用For Each讀取所有的磁碟機
11  For Each disc In allDrives
12      result &= "磁碟：" & disc.Name & vbCrLf & _
13        "磁碟類型：" & disc.DriveType & vbTab
14      If disc.IsReady = True Then
15          result &= "檔案系統：" & _
16          disc.DriveFormat & vbCrLf & "可用磁碟空間：" & _
17          disc.AvailableFreeSpace & vbCr _
18          & "總儲存空間：" & disc.TotalFreeSpace & vbCr
19      End If
20  Next
21  rtxtShow.Text = result
```

程·式·解·說

＊ 第7行：宣告一個陣列來儲存GetDrives()方法取得磁碟機的相關訊息。

＊ 第11~20行：以For Each迴圈來讀取磁碟機的DriveType、DriveFormat、AvailableFreeSapce和TotalFreeSpace這些屬性，如果是固定式磁碟，DriveType會回傳數值「3」。

執行、編譯程式

【圖14-5 範例CH1402C執行結果】

14.3 存取資料流

NET Framework把每個檔案視為序列化的「資料串流」(Stream)，處理對象包含字元、位元組及二進位(Binary)等。System.IO下的Stream類別是所有資料流的抽象基底類別。Stream類別和它的衍生類別提供不同型別輸入和輸出。當資料以檔案方式儲存時，為了方便於寫入或讀取，StreamWriter或StreamReader能讀取和寫入各種格式的資料；BufferedStream提供緩衝資料流，以改善讀取和寫入效能。FileStream支援檔案開啓。透過下表14-12說明這些資料流讀取/寫入的類別。

【表14-12 處理資料流的相關類別】

類別名稱	說明
BinaryReader	以二進位方式讀取Stream類別和基本資料型別
BinaryWriter	以二進位寫入Stream類別和基本資料型別
FileStream	可同步和非同步來開啓檔案，利用Seek方法來隨機存取檔案
StreamReader	自訂位元組資料流方式來讀取TextReader的字元
StreamWriter	自訂位元組資料流方式將字元寫入TextWriter
StringReader	讀取TextReader實作的字串
StringWriter	將實作的字串寫入TextWriter
TextReader	StreamReader和StringReader抽象基底類別，輸出Unicode字元
TextWriter	StreamWriter和StringWriter抽象基底類別，輸入Unicode字元

- TextReader是StreamReader和StringReader的抽象基底類別，用來讀取資料流和字串。而衍生類別能用來開啓文字檔，以讀取指定範圍的字元，或根據現有資料流建立讀取器。

- TextWriter則是StreamWriter和StringWriter的抽象基底類別，用來將字元寫入資料流和字串。建立TextWriter的實體物件時，能將物件寫入字串、將字串寫入檔案，或將XML序列化。

14.3.1　檔案處理FileStream

使用FileStream類別能讀取、寫入、開啟和關閉檔案。使用標準資料流處理時，能將讀取和寫入作業指定為同步或非同步。FileStream會緩衝處理輸入和輸出，以獲取較佳的效能，其建構函式的語法如下：

```
Public Sub New FlieStream(path As String, mode As FileMode)
Public Sub New FileStream(path As String, _
   mode As FileMode, access As FileAccess)
Public Sub New FileStream(path As String, _
   mode As FileMode, access As FileAccess, _
   share As FileShare)
```

- path：開啟的檔案目錄位置和檔案名稱，為String型別。

- mode：指定檔案模式，為FileMode常數，參考表14-6。

- access：指定存取方式，為FileAccess常數，參考表14-7。

- share：是否要將檔案與其他檔案共享，參考表14-8。

使用FileStream類別，能以Seek()方法指定目標位置，也能以Read讀取資料流，以Write將資料流寫入，常見屬性、方法，表14-13說明。

【表14-13 FileStream類別常用成員】

FileStream成員	說明
CanRead	目前取得資料流是否支援讀取
CanSeek	目前取得資料流是否支援搜尋
CanWrite	目前取得資料流是否支援寫入
Length	取得資料流的位元組長度
Name	取得傳遞給FileStream的建構函式名稱
Position	取得或設定目前資料流的位置
Close()	關閉資料流
Dispose()	釋放資料流所有資源
Finalize()	確認釋出資源，於再使用FileStream時執行其他清除作業
Flush()	清除資料流的所有緩衝區，並讓資料全部寫入檔案系統
Read()	從資料流讀取位元組區塊，並將資料寫入指定緩衝區

FileStream成員	說明
ReadByte()	從檔案讀取一個位元組，並將讀取位置前移一個位元組
Seek()	指定資料流位置來做為搜尋起點
SetLength()	設定這個資料流長度為指定數值
Write()	使用緩衝區，將位元組區塊寫入這個資料流
WriteByte()	寫入一個位元組到檔案資料流中的目前位置

以Seek()方法處理資料流位置時，語法如下：

```
Public Overrides Function Seek(offset As Long, _
    origin As SeekOrigin)As Long
```

- offset：搜尋起點，以Long為資料型別。

- origin：搜尋位置，為SeekOrigin參數，「Begin」指定資料流開端，「Current」資料流的目前位置，「End」資料流的結尾。

範例《CH1403A》

說明：透過FileStream類別來處理位元組資料，以WriteByte()方法將資料寫入檔案，使用ReadByte()方法來讀取資料。

STEP 1 範本Windows Form應用程式，專案名稱「CH1403A.vbproj」，控制項屬性設定如下表。

控制項	Name	Text	控制項	Name
Button	btnCreate	位元資料	RichTextBox	rtxtShow

STEP 2 相關程式碼撰寫如下。

```
                    btnCreate_Click()事件
06  Dim disorder(4) As Byte '以陣列儲存5個亂數值
07  Dim radNum As New Random() '以Random類別隨機產生亂數
08  radNum.NextBytes(disorder) '將亂數填入指定的位元組陣列
09  Const fileName As String = _
10     "D:\Visual Basic 2013範例\Demo\CH1403.dat"
11  Dim cut As Integer
```

```
12    '建立一個資料串流
13    Dim fsData As FileStream = _
14        New FileStream(fileName, FileMode.Create)
15
16    Try
17        rtxtShow.Text = "產生陣列" & vbCrLf
18        '以位元方式將資料寫入檔案
19        For cut = 0 To disorder.Length - 1
20            fsData.WriteByte(disorder(cut))
21            rtxtShow.Text &= disorder(cut).ToString & vbTab
22        Next
23
24        '設定資料串流開始的位置
25        fsData.Seek(0, SeekOrigin.Begin)
26        rtxtShow.Text &= vbCrLf & "讀取陣列" & vbCrLf
27        '讀取並確認資料
28        For cut = 0 To CType(fsData.Length, Integer) - 1
29            If disorder(cut) <> fsData.ReadByte() Then
30                MessageBox.Show("寫入資料產生錯誤")
31                Return
32            End If
33            rtxtShow.Text &= disorder(cut) & vbTab
34        Next
35
36        rtxtShow.Text &= vbCrLf & "資料已經寫入-->" & _
37            vbCrLf & fsData.Name
38    Finally
39        fsData.Close()
40    End Try
```

程·式·解·說

* 第6~8行：以Random類別來產生亂數，並以NextBytes()方法將產生的亂數值填入disorder陣列中。

* 第13~14行：FileStream類別建立一個資料流，以Create來建立檔案。

* 第19~22行：For迴圈配合WriteByte()方法，從資料流開端將陣列元素一個個寫入檔案。

* 第25行：以Seek()方法，從第一個陣列元素開始。

* 第28~34行：Length屬性取得長度之後，判斷陣列中是否有元素，再以ReadByte()方法將陣列元素讀取。

執行、編譯程式

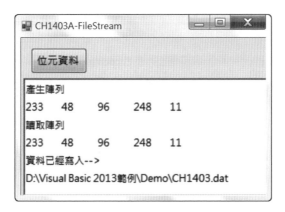

【圖14-6 範例CH1403A執行結果】

14.3.2 StreamWriter

已經知道Stream是所有資料流的抽象基底類別。以資料處理觀點來看,若是位元組資料,FileStream類別較適當,而StreamWriter則用來寫入純文字資料,並且提供字元編碼格式的處理,其建構函式語法如下:

```
Public Sub New StreamWriter(stream As Stream)
Public Sub New StreamWriter(path As String)
Public Sub New StreamWriter(stream As Stream, _
    encoding As Encoding)
Public Sub New StreamWriter(path As Stream, _
    encoding As Encoding)
```

- stream:以Stream類別為資料流。

- path:要讀取檔案的完整路徑,為String型別。

- encoding:要讀取的資料流須指定編碼方式,包含UTF8、NASI、ASCII等,以Encoding為型別。

StreamWriter常用成員,列表14-14說明之。

【表14-14 StreamWriter常用成員】

StreamWriter成員	說明
AutoFlush	呼叫Write方法後，是否要將緩衝區清除
Encoding	取得輸出入的Encoding
NewLine	取得或設定目前TextWriter所使用的行結束字元
Close()	資料寫入Stream後關閉緩衝區
Flush()	資料寫入Stream後清除緩衝區
Write()	將資料寫到資料流(Stream)，包含字串、字元等
WriteLine()	將資料一行行寫入Stream

資料寫入檔案

要將資料寫入到文字檔，利用StreamWriter類別建立的寫入器物件，配合File靜態類別或FileInfo來寫入一個文字檔案！解說其步驟。

STEP 1 假設檔案路徑「string path = "C:\Test\domo.txt"」，使用FileInfo類別來建立實體物件fileIn，讓它指向欲寫入的文字檔案！

```
Dim flieIn As New FileInfo(path)
```

STEP 2 選擇欲建立的資料模式，可以使用CreateText()方法或AppendText()方法，配合StreamWriter資料流物件做檔案的開啟。

使用靜態方法CreateText()方法來建立或開啟檔案，如果檔案不存在，會建立一個新的檔案；如果檔案已經存在會覆寫原有檔案並清空內容。使用時通常會以FileInfo物件或直接以File靜態類別呼叫CreateText()方法做資料的指定，寫入對象為StreamWriter串流物件。

```
Dim sw As StreamWriter
sw = fileIn.CreateText()
Dim sw2 As StreaWriter = File.CreateText(path)
```

STEP 3 寫入資料利用Write()或WriteLine()方法。

```
sw.WriteLine("990025, Vicky")
```

STEP 4 清空緩衝區關閉資料檔。

```
sw.Flush()
sw.Close()
```

14.3.3 StreamReader

StreamReader類別用來讀取資料流的資料，其預設編碼UTF-8，而非ANSI字碼頁(Code Page)。若想處理多種編碼，必須於程式開頭匯入「Imports System. Text」名稱空間。StreamReader建構函式的語法如下：

```
Public Sub New StreamReader(stream As Stream)
Public Sub New StreamReader(path As String)
Public Sub New StreamReader (stream As Stream, _
    encoding As Encoding)
Public Sub New StreamReader(path As Stream, _
    encoding As Encoding)
```

例如，StreamReader讀取一個編碼為ASCII的檔案，會以ReadLine()方法來逐行讀取資料，以Peek()方法來判斷是否讀到檔案結尾。

```
Dim srASCII As StreamReader = New Stream("Test01.txt", _
    System.Text.Encoding.ASCII
Do While sr.Peek <> -1  '-1表示沒有字元
    textBox1.Text &= srASCEE.ReadLine()
Loop
```

StreamReader成員簡介於表14-15。

【表14-15 StreamReader類別常用成員】

StreamReater成員	說明
ReadToEnd()	從目前所在位置的字元讀取到字串結尾，並將其還原成單一字串
Peek()	傳回下一個可供使用的字元，-1值表示檔案結尾
Read()	從目前資料流讀取下一個字元，並將目前位置字元往前一個字元
ReadLine()	從目前資料流讀取一行字元

開啟文字檔案可直接呼叫File靜態類別的OpenText()方法，它能開啟UTF-8編碼的文字檔，同樣地，也是以參數path指定檔案名稱。語法如下：

```
Public Shared Function OpenText(
    path As String)As StreamReader
```

* path：要建立或要開啟檔案的路徑。

開啟文字檔案

　　StreamReader類別能建立串流物件來作為讀取器，讀取文字檔案資料，解說其步驟。

STEP 1 假設欲讀取的檔案路徑「string path = "C:\Test\domo.txt"」。

STEP 2 選擇欲讀取的資料模式，使用**FileInfo**物件或直接以**File**靜態類別 **OpenText()**方法，配合**StreamReader**資料流物件做檔案的讀取器。

```
Dim read As StreamReader = File.OpenText(path)
```

STEP 3 配合**Read()**或**ReadLine()**方法來讀取指定資料。

* Read()方法一次只讀取一個字元，所以可以呼叫Peek()方法來檢查，讀取完畢時回傳「-1」之值，配合文字方塊顯示內容。

```
Do While(True)
   char wd =(char) read.Read()
   If read.Peek() > -1
      Exit Do
   End If
Loop
```

* ReadToEnd()方法可以讀取到最後！

```
Dim line As String = read.ReadToEnd()
```

範例《CH1403B》

說明：以CreateText()方法建立「CH0403B.txt」檔案，再以OpenText()方法來讀取此檔案。

STEP 1 範本Windows Form應用程式，專案名稱「CH1403B.vbproj」，控制項屬性設定如下表。

控制項	Name	Text	控制項	Name
Button1	btnCreate	建立文字檔	TextBox	rtxtShow
Button2	btnOpen	讀取文字檔		

STEP 2 相關程式碼撰寫如下。

btnCreate_Click ()事件

```
01   Imports System.IO
06   Dim path As String = _
07        "D:\Visual Basic 2013範例\Demo\CH1403B.txt"
12   If (File.Exists(path) = False) Then
13     Dim note As StreamWriter
14     '2.建立的資料模式--CreateText()方法
15     note = File.CreateText(path)
16     Try
17        '3.WriteLine()方法寫入資料
18        note.WriteLine("990025, Tomas")
19        note.WriteLine("990028, Vicky")
20        note.WriteLine("990032, Steven")
21        note.WriteLine("990041, Johson")
22        '4. 清除緩衝區關閉資料檔
23        note.Flush() '清除緩衝區
24        note.Close() '關閉檔案
25     Finally
26        If File.Exists(path) = True Then
27           note.Dispose() '釋放記憶體空間
28        End If
29     End Try
30   End If
31   MessageBox.Show("檔案建置完成")
```

btnOpen_Click()

```
37   2.建立讀取器，配合OpenText()方法開啓檔案
38   Dim opnt As StreamReader = File.OpenText(path)
39   Try
40     Dim line As String
41     '3.ReadToEnd()方法讀取資料到最後
42     line = opnt.ReadToEnd()
43     rtxtLoad.Text &= line
44   Catch ex As Exception
45     MessageBox.Show("檔案無法讀取")
46   End Try
47   opnt.Close()
```

程·式·解·說

* 第12~30行：以File靜態類別的Exists屬性先判斷檔案是否存在，若檔案不存在，透過StremWriter的物件，配合CreateText()方法來建立一個文字檔(CH1403B.txt)。

* 第16~29行：WriteLine()方法一行行寫入資料，以Try陳述式來避免例外情形發生，若發生例外情形，Finally陳述式會讓資料全部寫完，才進行例外狀況處理。

* 第26~28行：若檔案已建立完成，以Dispose()方法釋放資源。

* 第38行：以StreamReader的物件，配合OpenText()方法來讀取剛剛建立的「CH1403B.txt」檔案。

* 第42~43行：以ReadToEnd()將資料讀取最後一行，再將讀取內容顯示於文字方塊中。

執行、編譯程式

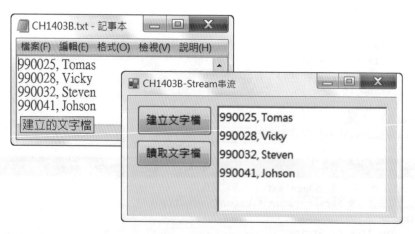

【圖14-7 範例CH1403B執行結果】

14.4 | 檔案對話方塊

視窗作業系統中，無論是使用那種應用程式，「開啟檔案」和「儲存檔案」都是必要程序，Windows Form也提供兩個處理檔案的對話方塊：OpenFileDialog和SaveFileDialog。

14.4.1　OpenFileDialog

OpenFileDialog對話方塊用來開啟檔案。想想看！不同的應用軟體進入「開啟舊檔」交談窗時，呈現的檔案性質不太相同。以記事本執行「開啟舊檔」指令時，會進入「開啟」(Title)交談窗。從「查詢」處會看到預設的檔案位置(InitialDirectory)，要開啟的檔案名稱(FileName)。檔案類型可以看到「*.txt」、「*.*」等，這些是經過篩選(Filter)後的檔案類型，預設的檔案類型是「*.文字文件」(FileIndex)，利用下圖14-8說明。一個開啟檔案對話方塊有：❶Title，❷InitialDirectory，❸FileIndex，❹Filter。

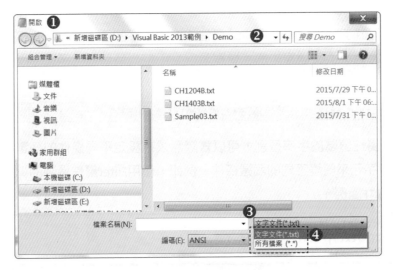

【圖14-8 開啟檔案對話方塊】

將這些相關訊息彙整後就是OpenFileDialog類別的成員，利用下表14-16做說明。

【表14-16 OpenFileDialog類別成員】

OpenFileDialog成員	說明
Filter	設定檔案類型
DefaultExt	取得或設定檔案的副檔名
FileName	取得或設定檔案的名稱，顯示的「檔案類型」
FileIndex	取得或設定Filter屬性的索引值
Title	取得或設定檔案對話方塊的標題名稱
InitialDirectory	取得或設定檔案的初始目錄
RestoreDirectory	關閉檔案對話方塊前是否要取得原有目錄
MultiSelect	是否允許選取多個檔案
ShowReadOnly	決定對話方塊中是否要出現唯讀核取方塊
AddExtension	檔名之後是否要附加副檔名(預設True會附加)
CheckExtensions	回傳檔案時會先檢查檔案是否存在(True會檢查)
ReadOnlyCheck	是否選取唯讀核取方塊，True表示檔案為唯讀
OpenFile()方法	開啟屬性設為唯讀的檔案

應用程式的特性，會透過Filter屬性來進行檔案的篩選，讓某些檔案類型能透過「開啟舊檔」交談窗中的『檔案類型』下拉式清單進行選取。Filter屬性語法如下：

```
openFileDialog.Filter = "說明文字(*.副檔名) | *.副檔名"
```

Filter屬性值屬於字串型別，可以實際需求來設定不同條件的篩選，並利用「|」(pipe)字元來區隔不同的篩選條件。例如，使用Filter屬性過濾的檔案類型是文字檔和RTF簡例。

```
openFileDialog1.Filter = _
   "文字檔(*.txt)|*.txt | RTF格式 | *.rtf | _
   所有檔案(*.*)|*.*"
```

開啟檔案的程序

如何應用「開啟檔案」對話方塊開啟檔案？

1 建立資料流讀取器。使用**StreamReader**類別所建立的物件來開啓檔案。它的建構函式可以指定檔案名稱或者配合「開啓檔案」(OpenFileDialog)對話方塊的屬性「FileName」亦可。

```
Dim sr As StreamReader = New _
    StreamReader(openFileDialog1.FileName)
```

2 載入檔案之後，可使用**TextBox**或**RichTextBox**文字方塊來讀取檔案，而**RichTextBox**本身的**LoadFile()**方法進行讀取動作，它的語法如下。

```
Public Sub LoadFile(data As Stream, _
    fileType As RichTextBoxStreamType)
```

• data：要載入RichTextBox控制項中的資料流。

• fileType：為RichTextBoxStreamType列舉類型的常數值(參考第10章表10-2)。

利用RichTextBox控制項的LoadFile()方法，載入RTF格式檔案。

```
richTextBox1.LoadFile(OpenFileDialog1.FileName, _
    RichTextBoxStreamType.PlainText)
```

3 最後，利用對話方塊呼叫**ShowDialog()**方法，確認使用者是否要開啓檔案。

```
OpenFileDialog1.ShowDialog()
```

14.4.2 SaveFileDialog

儲存檔案則以SaveFileDialog對話方塊來處理，其大部份的屬性都和OpenFileDialog相同，其他的屬性有：

• AddExtension屬性：儲存檔案時是否要在檔案名稱自動加入附檔名，預設屬性值為「True」會自動附加檔名，「False」表示不會自動附加檔名。

• OverwritePrompt屬性：在另存新檔過程中，如果儲存的檔案名稱已經存在，OverwritePrompt用來顯示是否要進行覆寫動作。預設屬性值「True」表示覆寫之前會提醒使用者，設為「False」表示不會提醒使用者而直接覆寫。

儲存檔案的程序

STEP 1 建立資料流寫入器，配合SaveFileDialog對話方塊準備存檔。

檔案儲存，可利用StreamWriter來建立寫入器，指定編碼方式和預設緩衝區大小，建立串流物件的語法如下。

```
Public Sub New StreamWriter(path As String, _
    append As Boolean, encoding As Encoding)
```

• path：檔案路徑。

• append：表示檔案是否要以附加方式來處理。檔案若已存在，「False」會覆寫原來檔案，「True」則不會進行覆寫動作；如果檔案不存在，藉由StreamWriter的建構函式來產生一個新的檔案物件。

• Encoding：編碼方式，如果沒有特別指定，會以UTF-8編碼處理。

```
Dim sw As StreamWriter = New _
    StreamWriter(SaveFileDialog1.FileName, _
    False, Encoding.Default)
```

STEP 2 儲存檔案對話方塊(SaveFileDialog)呼叫ShowDialog()方法，可進一步確認使用者是否要儲存檔案。

```
SaveFileDialog1.ShowDialog()
```

STEP 3 寫入檔案後再關閉串流物件。寫入器會呼叫Write()方法做寫入動作，然後關閉寫入器。

```
sw.Write(RichTextBox1.Text)    '寫入檔案
sw.Close()    '關閉檔案
```

ShowDialog()方法

使用對話方塊皆會呼叫ShowDialog()來執行所對應的對話方塊，用來開啟通用型對話方塊，取得按鈕的回傳值來執行相關程序。以OpenFileDialog對話方塊而言，它實作CommonDialog類別(指定用於螢幕上顯示對話方塊的基底類別)，執行時得利用If敘述判斷使用者是按下「確定」或「取消」那一個按鈕？所以程式碼撰寫如下。

```
If (dlgOpenFile.ShowDialog() = DialogResult.OK) Then
    richTextBox.LoadFile(dlgOpenFile.FileName, _
        RichTextBoxStreamType.PlainText);
End If
```

範例 《CH1404A》

說明：利用開啟檔案和儲存檔案這兩個對話方塊來開啟檔案之後，再做存檔動作。

STEP 1 範本Windows Form應用程式，專案名稱「CH1404A.vbproj」，控制項屬性設定如下表。

控制項	Name	Text	Dock	控制項	Name
Button1	btnOpen	開啟檔案		OpenFileDialog	dlgOpenFile
Button2	btnSave	儲存檔案		SaveFileDialog	dlgSaveFile
RichTextBox	rtxtShow		Bottom		

STEP 2 相關程式碼撰寫如下。

btnOpen_Click()事件

```
01  Imports System.IO
02  Imports System.Text
08  With dlgOpenFile
09      '預設路徑
10      .InitialDirectory = "D:\Visual Basic 2013範例\Demo"
11      .Filter = "文字檔(*.txt)|*.txt|所有檔案(*.*)|*.*"
12      .FilterIndex = 2    '以Filter第2個「所有檔案」為篩選值
13      .DefaultExt = "*.txt"  '預設為文字檔
14      .FileName = ""         '清除檔案名稱的字串
15      .RestoreDirectory = True '指定上一次開啟的路徑
16      .Title = "開啟舊檔"
17  End With
18
19  '當使用者按下OK鈕時，載入檔案
20  If (dlgOpenFile.ShowDialog() = DialogResult.OK) Then
21      rtxtShow.LoadFile(dlgOpenFile.FileName, _
22          RichTextBoxStreamType.PlainText)
23  End If
```

```
                    btnSave_Click()事件
28  With dlgSaveFile
29      .Filter = "文字檔(*.txt)|*.txt|所有檔案(*.*)|*.*"
30      .FilterIndex = 1
31      .RestoreDirectory = True
32      .DefaultExt = "*.txt"
33  End With
34  '當使用者按下OK鈕時，儲存檔案
35  If (dlgSaveFile.ShowDialog() = DialogResult.OK) Then
36      '建立儲存檔案StreamWriter物件
37      Dim sw As StreamWriter = New StreamWriter( _
38          dlgSaveFile.FileName, False, Encoding.Default)
39      sw.Write(rtxtShow.Text) '寫入檔案
40      sw.Close()              '關閉檔案
41  End If
```

程·式·解·說

* 第8~17行：With...End With敘述。設定OpenFileDialog相關屬性；InitialDirectory設定欲開啟檔案的的初始路徑；Filter篩選檔案類型為文字檔和所有檔案(與文字檔有關)。FilterIndex指定「檔案類型」為『所有檔案』，以DefaultExt將檔案預設為「文字檔」。

* 第20~23行：使用者按「確定」鈕，呼叫ShowDialog()函數，且透過RichTextBox控制項提供的LoadFile()方法來載入檔案，其檔案資料流為純文字。

* 第28~33行：針對SaveFileDialog的Filter、FilterIndex屬性做設定。

* 第35~41行：呼叫ShowDialog()函數來準備存檔動作，如果使用者按下「確定」鈕，利用StreamWriter物件來寫入檔案，並以原有格式存檔。

執行、編譯程式

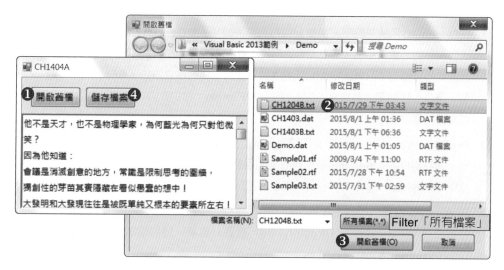

【圖14-9 範例CH1404A執行結果-1】

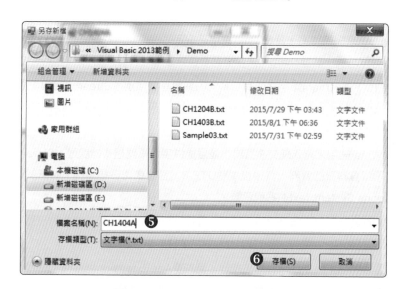

【圖14-10 範例CH1404A執行結果-2】

重點整理

○ 在System.IO名稱空間下，與檔案操作有關的類別；❶Directory：進行一般作業，例如複製、移動、重新命名、建立和刪除目錄。❷DirectoryInfo：提供建立、移動目錄和子目錄的執行個體方法。❸DriveInfo：提供與磁碟機有關的建立方法。❹File：提供建立、複製、刪除、移動和開啟檔案的靜態方法。❺FileInfo：提供建立、複製、刪除、移動和開啟檔案的實體化方法。

○ FileSystemInfo是一個抽象基底類別，其衍生類別包含DirectoryInfo、FileInfo二個類別。這說明FileSystemInfo類別與檔案和目錄有關，建立檔案和目錄時除了可以直接使用DirectoryInfo、FileInfo類別外，亦能使用FileSystemInfo的相關成員。

○ Directory類別提供目錄處理的能力，例如建立、搬移資料夾，由於提供靜態方法，可直接使用。另一個類別是DirectoryInfo，想要針對某一個目錄進行維護工作，就得以DirectoryInfo來建立實體物件。

○ 有了檔案，當然會開啟檔案、讀取或寫入資料，更進一步的話，會進行複製、搬移和刪除檔案的動作，而FileInfo和File類別則能提供相關的服務。

○ 以Open方法來開啟檔案，參數的mode用來指定開啟模式；參數access決定檔案是Read或Write存取方式；參數share則決定檔案是否要使用共享模式。

○ System.IO下的Stream類別是所有資料流的抽象基底類別。Stream類別和它的衍生類別提供不同型別輸入和輸出，其中的FileStream能以同步或非同步方式來開啟檔案，配合Seek方法能隨機存取。

○ StreamWriter則用來寫入純文字資料，並且提供字元編碼格式的處理。StreamReader類別用來讀取資料流的資料，其預設編碼UTF-8。若想處理多種編碼，必須於程式開頭匯入「Imports System.Text」名稱空間。

○ OpenFileDialog對話方塊用來開啟檔案；屬性InitialDirectory預設檔案的位置，要開啟的檔案名稱為FileName屬性。屬性Filter篩選欲開啟的檔案類型。

○ 儲存檔案以SaveFileDialog對話來處理，屬性❶AddExtension儲存檔案時是否要自動加入附檔名。❷OverwritePrompt於另存新檔時，如果儲存的檔案名稱已經存在，會顯示是否要進行覆寫動作。

課後習題

一、選擇題

(　) 1. 想要建立、搬移資料夾，提供靜態方法來處理目錄的類別是什麼？(A) DirectoryInfo (B)DriveInfo (C)Path (D)Directory。

(　) 2. 想要判斷資料夾是否存在，可利用Directory靜態類別的那一個方法來得知？ (A)Delete() (B)GetFiles() (C)Exists() (D)Move()。

(　) 3. 想要取得檔案長度，可利用FileInfo類別的那一個屬性得知？(A)Length (B) Directory (C)Enable (D)Visible。

(　) 4. 想到取得目錄或檔案的完整路徑，可透過DirectoryInfo類別的那一個屬性？(A) Attributes (B)CreationTime (C)Extension (D)FullName。

(　) 5. 以Open方法開啓檔案，以Create參數為開啓模式，會執行什麼程序？(A)建立 檔案，並覆寫舊檔案 (B)建立檔案但不會覆寫舊檔 (C)清空檔案內容 (D)搜尋檔 案內容。

(　) 6. File類別提供CreateText方法來建立檔案，何者描述正確？(A)建立檔案，不會 覆寫舊檔案 (B)不需要指定路徑 (C)檔案不存在就會建立新檔 (D)不能以資料流 來處理檔案。

(　) 7. 使用StreamWrite類別處理資料，要關閉緩衝區，要呼叫什麼方法？(A)Flush (B)Close (C)Clear (D)Write。

(　) 8. 要取得磁碟機名稱，要使用DriveInfo類別的那一個屬性？(A)Nmae (B) DriveFormat (C)DriveType (D)RootDirectory。

二、填充題

1. DirectoryInfo類別中，Parent屬性＿＿＿＿＿＿＿＿＿＿＿＿＿，Root屬性＿＿＿＿＿＿ ＿＿＿＿＿＿＿＿＿＿＿＿ ，＿＿＿＿＿＿＿＿屬性將目錄搬到指定位置。

2. 以Open方法來開啓檔案，有3個參數：❶FileMode：＿＿＿＿＿＿＿＿＿＿： ❷FileAccess：＿＿＿＿＿＿＿＿＿：❸FileShare：＿＿＿＿＿＿＿＿。

3. File靜態類別中，使用_____方法可開啟檔案，將指定的字串附加至檔案；_____方法會將UTF-8編碼的文字附加至現有檔案；_____方法會建立UTF-8的文字檔案。

4. DriveInfo類別可用來取得磁碟的相關訊息，其中的屬性RootDirectory_____；屬性_____取得磁碟機上可用空間的總量；屬性_____可以取得磁碟的總儲存空間。

5. FileStream類別用來處理資料流時，以_____方法關閉資料流；以_____方法釋放資料流所有資源；清除資料流的所有緩衝區使用_____方法。

6. Stream類別下，_____類別寫入資料，_____類別讀取各式資料；_____類別提供緩衝資料流，以改善效能。

7. 以Seek處理資料流，SeekOrigin.Begin為_____，SeekOrigin.Current是_____，SeekOrigin.End為_____。

8. StreamReader當作讀取時，_____方法從目前資料流去讀取下一個字元；_____方法從目前資料流讀取一行字元_____方法會讀取到字串結尾。

三、問答與實作題

1. 請列舉System.IO名稱空間五個類別，並簡介其用途。

2. 請參考msdn說明文件，列出FileStream類別的5個建構函式，並簡介其用法。

3. 以程式碼撰寫：OpenFileDialog開啟舊檔時，只會開啟與「*.bmp」、「*.gif」、「*.jpg」、「*.*」；預設檔案為「*.jpg」，再以SaveFileDialog將檔案儲存為「*.png」格式。

15

物件導向設計

- 了解類別**(Class)**和物件**(Object)**：物件如何實體化**(Instance)**。

- 函式的多載**(Overloads)**：名稱相同，參數不同。

- 以**Shared**定義類別共享的成員，建構函式來展開物件生命。

- 封裝概念，以**Property...End Property**來存取類別某些屬性。

- 認識繼承架構下的基底、衍生類別，而衍生類別的成員如何覆寫基底類別。

Visual Basic完全支授物件導向程式設計。從產生的Form1類別到自己實作類別，都要有一個概念：以**New**關鍵字將類別實體化。了解物件導向的封裝(Encapsulation)、繼承(Inhertance)和多形(Polymorphism)；認識方法的多載(Overloads)，以**Shared**關鍵字讓類別下的物件能共享類別成員。

15.1 漫談物件導向

「物件導向」(Object Oriented)是將真實世界的事物模組化，主要目的是提供軟體的再使用性和可讀性。最早的物件導向程式設計(Object Oriented Programming，簡稱OOP)是Simula提出，它導入「物件」(Object)概念，這當中也包含了「類別」(class)、繼承(Inheritance)和方法(method)。再由資料抽象化(data abstraction)衍生出「抽象資料型別」(Abstract data type)概念，並豐富了「資訊隱藏」(Information hiding)和「訊息」(message)的概念。

在物件導向的世界裡，通常是透過物件和傳遞的訊息來表現所有動作。簡單來說，就是「將腦海中描繪的概念以實體方式表現」。

15.1.1 物件的世界

何謂物件？以我們生活的世界來說，人、車子、書本、房屋、電梯、大海和大山...等，皆可視為物件。舉例來說，想要購買一台電視，品牌、尺寸大小、外觀和功能可能是購買時的考量因素。品牌、尺寸和外觀皆可用來描述電視的特徵；以物件觀點來看，它具有「屬性」(Attribute)。不同品牌在外觀、功能上也可能各各不一；這也說明以物件導向技術來模擬真實世界過程中，一個系統也是由多個物件組成。

物件具有生命，表達物件內涵還包含了「行為」(Behavior)。如果有人從屋外走進來，將門重重的關上，他的行為正告訴我們，此人心情可能不太好！所以「行為」是一種動態的表現。以手機來說，就是它具有的功能，隨著科技的普及，照像、上網、即時通訊等相關功能，一般手機皆具有。若從物件觀點來看，就是方法(Method)。屬性表現了物件的靜態特徵，方法則是物件動態的特寫。

　　物件除了具有屬性和方法外，還要有溝通方式。人與人之間藉由語言溝通做傳遞訊息。那麼物件之間如何進行訊息的傳遞？以手機來說，撥打電話時，按鍵會有提示音讓使用的人知道是否按下正確的數字，按下「撥打」鈕，才會進行通話。以物件導向程式設計概念來看，數字按鈕和撥打鈕分屬兩個不同物件。按下數字按鈕時，「撥打」功能會接收這些數字，按下「方法」的『通話』，才會把接受的數字傳送出去，讓通話機制建立。進一步來說，藉由方法可以傳遞訊息！如果號碼正確，也傳送了訊息，就可以得到對方的回應；所以由方法進行參數的傳遞，就必須要有回傳值。

15.1.2　提供藍圖的類別

　　類別(Class)提供實作物件的模型，撰寫程式時，必須先定義類別，設定成員的屬性和方法。例如，蓋房屋之前要有規劃藍圖，標示座落位置，樓高多少？何處要有大門、陽台、客廳和臥室。藍圖規劃的主要目的就是反映出房屋建造後的真實面貌。因此，可以把類別視為物件原型，產生類別之後，還要具體化物件，稱為「實體化」(Instantiation)，經由實體化的物件，稱為「執行個體」(Instance)。類別能產生不同狀態的物件，每個物件也都是獨立的執行個體。

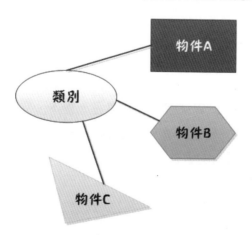

【圖15-1 類別會有不同狀態的物件】

15.1.3 物件導向的關鍵字

　　若要模擬真實世界，必須把真實世界的東西抽象化為電腦系統的資料。在物件導向世界裡是以各個物件自行分擔的功能來產生模組化，基本上包含三個基本元素：資料抽象化(封裝encapsulation)、繼承(Inheritance)和多形(Polymorphism)。進入VB物件導向世界裡，先解釋它的使用關鍵字。

* Overloading(多載)，VB程式語言中，允許函式(方法)或屬性的名稱相同參數不同，但必須使用Overloads關鍵字做宣告。

* Overriding(覆寫)：在繼承機制底下，VB可使用Overrides關聯字將基底類別的方法或屬性改寫。Overridable允許在衍生類別中覆寫類別中的屬性或方法；NotOverridable是防止繼承類別的屬性或方法被覆寫；MustOverride會要求衍生類別覆寫屬性或方法。

* Shadowing(遮蔽)：VB 2013中將遮蔽分成範圍遮蔽(Through Scope)和繼承遮蔽(Through Inheritance)兩種。範圍遮蔽是有效範圍不同的情形下，可以使用同名元件，編譯器會優先使用較小範圍的同名元件。繼承遮蔽則以Shadows關鍵字來遮蔽基底類別的成員。

15.2 從物件出發

　　何謂物件？以真實世界來說，人、車子、書本、房屋、電梯、大海和大山...等，皆可視為物件。舉例來說，想要購買一台液晶螢幕，品牌、尺寸大小、外觀和功能可能是購買時的考量因素。上述的品牌、尺寸和外觀能描述液晶螢幕的特徵，以物件觀點來看，表示物件具有上述的「屬性」(Attribute)。

15.2.1 產生類別

　　類別(Class)提供實作物件的模型，藉由類別定義的成員變數(Member Variable)和成員函式(Member Function)。因此，可以把類別視為物件原型，所以定義類別須包含：

- 設定類別名稱(class name)。

- 允許外部透過某些方法來操作類別的「實體」(Instance)。

- 每個類別實體能各自擁有不同狀態。

- 提供成員資料(Data Member)和成員方法(Method Member)。

　　真實世界裡不同的物體會有不同的外觀、顏色和表現行為。為了讓物件導向的技術能模擬真實的世界，Visual Basic 2013的成員資料由「欄位」(Fields)、屬性(Properties)來表現物件資料結構，而成員方法則由程序、函數組成。例如，要以物件處理汽車資料，資料可能要有汽車名稱、顏色和型式，並提供行車速度和汽缸大小。簡化的類別圖如圖15-1。

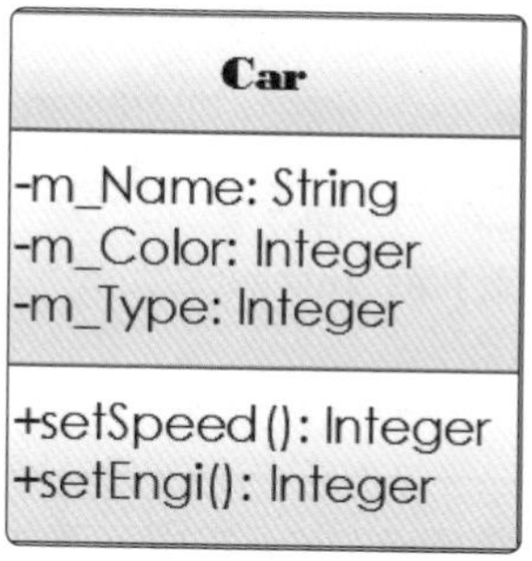

```
            ┌──────────────────────┐
            │         Car          │
            ├──────────────────────┤
            │ -m_Name: String      │
            │ -m_Color: Integer    │
            │ -m_Type: Integer     │
            │                      │
            ├──────────────────────┤
            │ +setSpeed(): Integer │
            │ +setEngi(): Integer  │
            └──────────────────────┘
```

【圖15-2 Car類別圖】

　　如何撰寫類別？宣告類別的語法如下：

```
[accessmodifier] [Shadows][MustInherit|NotInheritable]_
      [Partial] Class name [(Of typelist)] _
      [Inherits classname] [Implements interfacenames]
   [statements]
End Class
```

- accessmodifier：存取修飾詞，代表宣告類別的存取層級，使用的關鍵字有 Public、Friend、Protected、Private、Proteced Friend。只要看到Public，表示任何層級皆可存取，Protected和Protected Friend適用於繼承，Private只適用宣告的類別；Friend只能在模組、介面或命名空間中宣告，所以適用於它所宣告的層級。

- Shadows用來隱藏基底類別中相同名稱的元件。

- MustInherit | NotInheritable：表示此類別的非共用成員必須由衍生類別實作，使用MustInherit；若此類別不想被繼承，可加上NotInheritable關鍵字。

- Partial：將類別分割成不同的部份。

- Class name：類別名稱，它必須遵字識別名稱的規範。

- Of typelist：用來宣告泛型類別。

- Inherits classname：指定繼承類別的名稱，也就是衍生類別的名稱。

- Implements interfacenames：指定實作介面的名稱。

通常類別底下會有成員資料和成員方法，而宣告這些成員時必須加上存取修取飾，下述簡例以Public存取修飾詞宣告Car類別。

```
Public Class Car
    Private m_Name As String      '欄位：只適用此類別
    Private m_Color As Integer    '欄位：可直接存取
    Private m_Type As Integer     '欄位
    Public Function setSpeed() As Integer '方法
        REM 程式碼區段
    End Function
End Class
```

- 以存取修飾詞Publice來，宣告一個Car類別，並定義欄位和方法。

- 欄位：m_Name、m-Color、m_Type，跟宣告變數一樣，必須加上資料型別，以Private為存取修飾詞，表示只適用Car類別，離開Car類別就無法存取。

- 成員函式：setSpeed()跟宣告函式一樣要指明它的資料型別，它也以Public為存取修飾詞，所以適用整個專案。

範例《CH1502A》

說明：依據購物金額多寡來取得紅利點，建立專案後，再從專案中加入一個「類別」，了解類別程式的撰寫。

STEP 1 範本Windows Form應用程式，專案名稱「CH1502A.vbproj」，控制項屬性設定如下表。

控制項	Name	Text	控制項	Name	Text
TextBox1	txtName		Label1		名稱：
TextBox2	txtMoney		Label2		輸入購物金額：
Button	btnResult	結果	Label3	lblShow	

STEP 2 展開「專案」功能表，執行「加入類別」指令，將名稱儲存為「Shopping.vb」。

STEP 3 相關程式碼撰寫如下。

```
                          Public Class Shopping
01   Public Class Shopping
02     Public m_name As String      '宣告欄位：取得使用者名稱
03     Public m_profit As Integer   '宣告欄位：取得紅利點數
04
05     '宣告方法：以購物金額來換算紅利點數
06     Public Function total(ByVal m_money As Integer) _
07         As Integer
08       Select Case m_money
09         Case Is > 30000
10             m_profit = 10
11         Case Is >= 25000
12             m_profit = 6
13         Case Is >= 20000
14             m_profit = 5
15         Case Is >= 15000
```

```
16              m_profit = 4
17          Case Is >= 10000
18              m_profit = 3
19          Case Is >= 5000
20              m_profit = 1
21      End Select
22      Return m_profit
23    End Function
24  End Class
```

程·式·解·說

* 第1~2行：建立Shopping類別，宣告二個欄位：m_name取得名稱，m_profit
  取得紅利點數。

* 第6~23行：函數total，引數是表單上輸入的購物金額，以Select...Case陳述
  式判斷購物金額等級，再以Return敘述回傳欄位m_profit來取得紅利點數。

15.2.2 建立物件

Visual Basic 2013以New關鍵字來建立物件，語法如下：

```
Dim 物件名稱 As 類別名稱
物件名稱 = New 類別名稱()
```

例如，延續範例《CH1501A》，建立類別Shopping的物件pap1，簡述如下：

```
Dim pap1 As Shopping '宣告物件
pap1 = New Shopping()'建立物件
```

意味什麼？在記憶體Stack區塊宣告一個Shopping型別的pap1變數，如圖15-3。

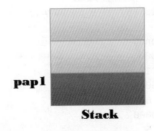

【圖15-3 宣告類別要用的物件】

　　為了方便於程式的撰寫，也能將宣告和建立同步實施，敘述如下：

```
Dim pap1 As Shopping = New Shopping()
Dim pap1 As New Shopping  '另一種撰寫方法
```

　　以New關鍵字建立一個來建立物件實體，則會取得記憶體的Managed Heap區塊，用來準備存放pap1物件的資料。

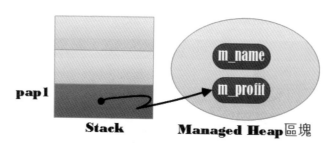

【圖15-4 物件使用Managed Heap區塊】

　　延續範例《CH1502A》，物件pap1建立之後須實體化，才能存取它的屬性和方法。此外，若使用了某些控制項，也能使用With...End With陳述式針對某個物件做初始化物件動作，簡述如下：

```
pap1.m_name  '存取屬性
pap1.total() '存取方法
Dim As pap2 As Shopping = New Shopping()
With pap2
   .m_name = txtName.Text
   .m_profit = .total(papMoney)
End With
```

　　另一種With陳述式，讓程式更簡潔，語法如下：

```
Dim 物件 As New 類別() With{.屬性1 = 值1, .屬性2 = 值2}
```

* With陳述式必須在New關鍵字之後。

* With陳述式之後的成員必須以大括號{ }包圍，成員之間以逗號隔開。

　　延續範例《CH1502A》，宣告Shopping類別的pap2物件，敘述如下：

```
Dim As pap2 As New Shopping() With { _
   .m_name = txtName.Text, .m_profit = .total(papMoney)}
```

範例《CH1502B》

說明：延續上一個專案，了解Shopping類別的物件如何初始化。透過表單的文字方塊來取得輸入名稱和購物金額。

STEP 1 範本Windows Form應用程式，專案名稱「CH1502B.vbproj」。

STEP 2 相關程式碼撰寫如下。

```
                btnResult_Click事件()--部份程式碼
19  Dim pap1 As Shopping
20  pap1 = New Shopping()
21  pap1.m_name = txtName.Text  '取得文字方塊輸入名稱
22  pap1.m_profit = pap1.total(papMoney) '取得輸入金額
23  result = MessageBox.Show("Hi !" & pap1.m_name & _
24      vbTab & "紅利有：" & pap1.m_profit & vbCrLf _
25      & mess, "取得紅利", buts, icon, getBtn)
26  '如果使用者按「取消」鈕則顯示紅利點數
27  If result = Windows.Forms.DialogResult.Cancel Then
28      show = pap1.m_name & vbTab & "紅利有：" & _
29          pap1.m_profit & vbCrLf
30  Else '建立Shopping類別的第2個物件
31      Dim pap2 As Shopping = New Shopping()
32      '2.設定pap2物件屬性
33      With pap2
34          .m_name = txtName.Text
35          .m_profit = .total(papMoney)
36      End With
37
38      show &= pap2.m_name & vbTab & "紅利有：" & pap2.m_profit
39  End If
40  lblShow.Text &= show & vbCrLf
```

程·式·解·說

* 第19~22行： 宣告Shopping類別的物件pap1，並以New關鍵字將pap1物件實體化，並設定其欄位和方法。

* 第23~25行：以MessageBox訊息方塊來顯示紅利點數

* 第27~39行：判斷使用者按下MessageBox那一個按鈕，若是「取消」鈕，則以標籤顯示紅利點數。

* 第31~36行：使用者按下Message的「是」按鈕，則以物件pap2來取得輸入
名稱和購物金額。

* 結論：這說明產生Shopping類別，可以依據程式需求建立多個物件。

📌 執行、編譯程式

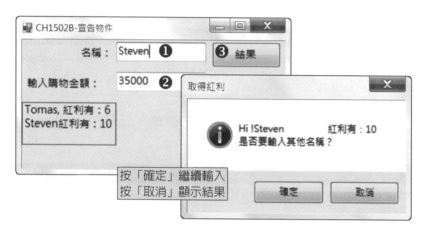

【圖15-5 範例CH1502B執行結果】

15.2.3 將方法多載

對於Visual Basic 2013來說，允許方法(函數)的名稱相同，傳遞的引數不同，
稱為「多載」(Overloads)。這種功能相同，呼叫方式不同的方法能大大簡化程式
的撰寫。要將函式多載，可以加入Overloads關鍵字，語法如下：

```
Public Overloads Function total(m_money As Integer) _
     As Integer
   REM 程式碼區塊
End Function
Public Overloads Function total(m_name As String, _
     m_money As Integer) As Integer
   REM 程式碼區塊
End Function
```

● 由於函式名稱相同，所以每一個函式都得加上Overloads關鍵字，不能有些函
式有，有些函式沒有，這會造成編輯錯誤！

範例 《CH1502C》

說明：Class檔延續《CH1502B》的Shopping類別，並了解方法多載的使用。

STEP 1 範本Windows Form應用程式，專案名稱「CH1502C.vbproj」，控制項屬性設定如下表。

控制項	Name	Text	BorderStyle
Label	lblShow		FixedSingle
Button		檢視紅利	

STEP 2 將Shopping.vb的函式加入多載處理，二個Function都要加入Overloads程式碼撰寫如下。

Shopping.vb

```
26  Public Overloads Function total() As Integer
27     Return m_profit
28  End Function
```

btnResult_Click()事件--部份程式碼

```
10  Do
11    name = InputBox("請輸入名稱")
12    papMoney = CInt(InputBox("請輸入購物金額"))
13    If name = "" Then
14      Exit Do
15    ElseIf papMoney = 0 Then
16      pap1.m_name = name
17      pap1.total()
18      show &= pap1.m_name & vbTab & ", 紅利有：" & _
19        pap1.m_profit & vbCrLf
20    Else
21      pap2.m_name = name
22      pap2.total(papMoney)
23      show &= pap2.m_name & vbTab & ", 紅利有：" & _
24        pap2.m_profit & vbCrLf
25    End If
26  Loop
27  lblShow.Text &= show
```

程·式·解·說

* 第26~28行：新增一個沒有參數的Function；二個函式都要在Function之前加入Overloads關鍵字。

* 第13~25行：以If...ElseIf...陳述式來判斷使用者是否有輸入名稱和購物金額；如果沒有輸入名稱就離開迴圈，如果購物金額輸入0，會呼叫沒有參數的total函式，只有輸入名稱和購物金額才會回傳紅利點數。

執行、編譯程式

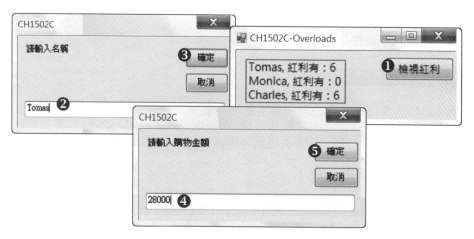

【圖15-6 範例CH1502C執行結果】

15.2.4 共享類別成員

「類別成員」是用來紀錄或存取自同一類別裡物件的生成，所共同擁有的資料。這些屬性和方法，稱為「類別屬性」(Class Attribute)和「類別方法」(Class Method)。類別成員為類別所擁有，必須利用Shared關鍵字來定義，稱為「共用成員」(Shared Member)或「靜態成員」(Static Member)。這樣的好處是讓類別成員為所有物件擁有共同的成員，讓獨立的各物件間具有「溝通的管道」，如此一來就不需要全域變數來作為物件成員間的暫存，避免記憶體空間的浪費。例如：

```
Class People
    Private Shared count As Integer
    '其他程式碼
End Class
```

　　表示count這個變數為People類別在私有範圍內的共享變數，使用Shared關鍵字還要注意下列規則：

- 只能宣告於Class、Structure的成員，不能宣告於Module成員。

- 不能同時與Overridable、Overrides、Overridable、NotOverridable、MustOverride或Static 等關鍵字一起使用。

- Shared成員不能存取非Shared成員。

範例 《CH1502D》

說明：以靜態成員屬性來統計所產生的物件數。

STEP 1 專案範本「主控台應用程式，專案名稱「CH1502D.vbproj」。

STEP 2 相關程式碼撰寫如下。

```
                        Sub Main()
04  Dim peop1 As People = New People() '產生物件
05  Dim peop2 As People = New People()
06  Dim peop3 As People = New People()
07  peop1.Display("Angela.Luo")    '呼叫成員方法並傳入參數值
08  peop2.Display("Chelsea.Ewald")
09  peop3.Display("Joseph.Ludwig")
10  Console.WriteLine("共有：" & People.getNumbers & _
11     "個物件")
12  Console.Read()
```

```
                        Class People
16  Class People
17      Private mName As String
18      '成員方法
19      Public Sub Display(ByVal mName As String)
20          Console.WriteLine("姓名：" & mName)
21          count += 1
22      End Sub
23
```

```
24     Private Shared count As Integer    '靜態成員屬性
25     '靜態成員方法
26     Public Shared Function getNumbers() As Integer
27        Return count
28     End Function
29  End Class
```

程·式·解·說

* 第4~6行：宣告People類別的物件，peop1~peop3。

* 第10行：以getNumbers()靜態方法計算出3個物件。

* 第17~22行：宣告People類別的欄位和方法。

* 第24~28行：宣告People類別的靜態成員屬性和方法。

📌 **執行、編譯程式**

【圖15-7 範例CH1502D執行結果】

15.3 展開物件生命

　　產生類別後，須使用New關鍵字取得記憶體的Managed Heap區塊將物件實體化；類別孕育了物件，而物件的生命旅程究竟何時展開？進一步瞭解「建構函式」(constructor)，讓物件的生命週期有更細膩的發展。物件的生命起點由建構函式開始，解構式則為物件劃下句點，並從記憶體中清除，至於有那些建構函式！將在本章節說明。

15.3.1 建構函式

類別實體化物件，大多透過成員方法來改變物件的狀態，若想要初始化物件，就必須自行撰寫一個將物件初始化的函數。如果是一個較為複雜的程式，這樣的動作就會費時又耗工。因此建構函式可用來完成物件的初始化，語法如下：

```
Class 類別名稱
    Sub New(參數1, 參數2, 參數n, ...)
        '初始化程序
    End Sub
End Class
```

宣告建構函式作法跟副程序很相像，可以依據實際需求來決定要不要傳入參數，傳入參數的主要目的是初始化其值；不過要注意下列事項：

- 建構函式一定使用Sub程序，雖然有參數串列，但是它不能有回傳值。
- 建構函式存取權限通常使用public，當然也可以設定其他的存取權限。
- 建構函式主要工作就是物件初始化，將類別定義的變數載入記憶體中，因此可用來指定成員資料的值。
- 建構函式支援多載，能擁有同名稱的建構函式，不同參數個數。

但是大家一定會感到奇怪，為什麼前面的範例都沒有建構函式！這是Visual Basic 2013編譯器在編譯時期，會先檢查類別有無撰寫建構函式；如果沒有，會自動產生沒有參數的建構函式，稱為「預設建構函式」，產生如下的類似程式碼。

```
Class 類別名稱
    Public Sub New()
        MyBase.New()
    End Sub
End Class
```

- 建構函式由Public Sub New()...End Sub來組成區段。

範例《CH1503A》

說明：了解預設建構函式的使用。

STEP 1 範本Windows Form應用程式，專案名稱「CH1503A.vbproj」。

STEP 2 展開「專案」功能表，執行「加入類別」指令，將名稱儲存為「Computer.vb」，相關程式碼撰寫如下。

```vb
                        Public Class Computer
02   Public mType As String
03   Public mCPU As String
04   Public mHdd As UInteger
05   Public mPrice As UInteger
06
07   '預設建構函式--沒有參數
08   Public Sub New()
09       mType = "ZCT TC-705"          '電腦型號
10       mCPU = " Intel Core i5-4460(3.2 GHz)" '處理器
11       mHdd = 1000                      '硬碟容量
12       mPrice = 18900US                 '定價
13   End Sub
14
15   '成員函式：顯示電腦相關配備
16   Public Function getOrder() As String
17       Dim Desktop As String
18       Desktop = "定價：".PadLeft(8, "-"c) & CStr(mPrice) & _
19           vbCrLf & "型號：".PadLeft(8, "-"c) & mType & _
20           vbCrLf & "處理器：".PadLeft(7, "-"c) & mCPU & _
21           vbCrLf & "硬碟容量：".PadLeft(6, "-"c) & mHdd & " G"
22       Return Desktop
23   End Function
```

STEP 3 控制項屬性設定如下表。

控制項	Name	Text	控制項	Name
Button	btnView	檢視	RichTextBox	rtxtShow

STEP 4 程式碼撰寫如下。

```vb
                        btnView_Click()事件
05   Dim estab As Computer = New Computer()
06   rtxtShow.Text = estab.getOrder()
```

程·式·解·說

* 第2~5行:設定Computer類別的相關欄位。

* 第8~13行:建立Computer類別的建構函式,沒有任何參數,不過設定相關欄位的設定值。

* 第16~23行:Computer類別的方法getOrder(),也沒有參數,顯示Computer類別的欄位值。

* 第5~6行:建立Computer類別的物件estab,呼叫getOrder()方法並由文字方塊來顯示其欄位值。

執行、編譯程式

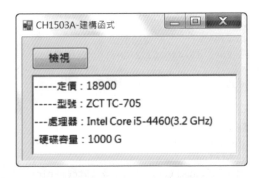

【圖15-8 範例CH1503A執行結果】

15.3.2 建構函式的多載(overloading)

撰寫程式時,可以將建構函式多載化(Overloads),在建構函式中加入不同參數。當我們在程式碼自行編寫建構函式,Visual Basic 2013就不會自動產生「預設建構函式」。

範例 《CH1503A》

說明:延續範例《CH1503A》,修改Computer類別,了解建構函式的多載。

STEP 1 展開「專案」功能表,執行「加入Windows Form」指令,加入第二個表單,名稱「ExpandPC.vb」。

STEP 2 修改「Computer.vb」，加入多載的建構函式，相關程式碼如下。

```
                    Public Class Computer--部份程式碼
15   '含有參數的建構函式(3)
16   Public Sub New(ByVal pattern As String, ByVal micro _
17        As String, ByVal coin As UInteger)
18      mType = pattern
19      mCPU = micro
20      mPrice = coin
21   End Sub
22
23   '含有參數的建構函式(2)
24   Public Sub New(ByVal pattern As String, ByVal _
25        driver As UInteger)
26      mType = pattern
27      mHdd = driver
28   End Sub
```

STEP 3 控制項屬性設定如下表。

控制項	Name	Text	控制項	Name	Text
RadioButton1	rabStand	標準	Button	btnView	檢視
RadioButton2	rabExpand	擴充	RichTextBox	rtxtShow	
RadioButton3	rabByself	自訂	GroupBox		配備

STEP 4 相關程式碼撰寫如下。

```
                         btnView_Click()事件
04   Dim estab, expand, diy As Computer
05   estab = New Computer()   '標準配備
06   Dim name As String = "ZCT TC-705"
07   Dim cpu As String = "Intel Core i5-4460(3.2 GHz)"
08   Dim display As String = "R5『Series』"
09
10   expand = New Computer(name, cpu, 26900)    '擴充設備
11   expand.mHdd = 2
12
13   diy = New Computer(display, 3)   '自訂配備
14   diy.mPrice = 32500US
15   diy.mCPU = "Intel Core i7-4790四核(3.6 GHz)"
16
17   If rabStand.Checked Then
```

```
18      rtxtShow.Text = estab.getOrder()
19  ElseIf rabExpand.Checked Then
20      rtxtShow.Text = expand.getOrder()
21  Else
22      rtxtShow.Text = diy.getOrder()
23  End If
```

Computer.vb 程・式・解・說

* 第16~21行：含有三個參數值的建構函式，傳入電腦型號、CPU和定價。

* 第24~28行：含有二個參數值的建構函式，傳入電腦型號、硬碟容量。

ExpandPC.vb 程・式・解・說

* 第5行：使用預設建構函式，所以無任何參數值。

* 第10行：使用可以傳入3個參數值的建構函式。

* 第13行：傳入2個參數值的建構函式。

* 第17~23行：以If陳述式來判斷使用者選擇那一個選項按鈕，再顯示相關訊息。

執行、編譯程式

　<1> 將MyProject開啟後，啟動表單設為「ExpandPC.vb」。

【圖15-9 範例CH1503A執行結果】

15.4 封裝概念與屬性

　　封裝的作用是讓使用者利用介面來簡化操作程序。舉個簡單例子，看電視會以遙控器來切換頻道，調整聲音大小。如果沒有使用遙控器，無論是切換頻道或是調整音量都得走到電視機前面，只要多變更幾次頻道，就得在電視機來來回回走動。將這些相關的操作包裝在遙控器中，就是「封裝」(Encapsulation)的概念。若以OOP的觀點來看，就是類別內的資料成員只能透過類別內的成員函式來存取。

15.4.1 設定存取權限

　　如何限定類別內的資料成員只能被成員函數存取！宣告成員變數時，以不公開方式做宣告，實施程序如下：

- 以存取修飾詞Private或Protected來隱藏欄位資料。

- 某些屬性以Public作為存取範圍。

　　建立屬性大致上可分為兩種：直接在類別中以Public或Private宣告屬性；第二種方式使用Property...End Property陳述式，語法如下：

```
[存取修飾詞] [ReadOnly|WriteOnly] Property 屬性名稱() As 型別
    [存取修飾詞] Get
    End Get
    [存取修飾詞] Set [ByVal value As 型別]
End Property
```

　　以範例《CH1503A》的Computer類別來說明屬性的設定。首先，將欄位的資料隱藏，將原來的修飾詞Public更改為Private。

```
Public Class Computer
    Private mType As String
    Private mCPU As String
    Private mHdd As UInteger
    Private mPrice As UInteger
    Public Function getOrder() As String
      REM 程式碼區塊
    End Function
End Class
```

　　然後以**Property...End Property**撰寫公開的屬性，將**mType**欄位由公開的屬性 **Type()**做存取。

```
Public Property Type() As String
    Get
        Return mType
    End Get
    Set(ByVal value As String)
        mType = value
    End Set
End Property
```

- **Public**代表存取等級，表示可以使用存取修飾詞來決定屬性的存取範圍。

- **Property**為關鍵字。

- **Type()**為屬性名稱，可依據需求加入參數串列。

- **Get...End Get**形成區段，配合**Return**敘述回傳欄位值。

- **Set...End Set**形成區段，依據傳入的**value**值來變更欄位值。

　　利用**Get**或**Set**來取得屬性值；如果要進一步限制資料只能寫而不能讀，還能加上「**WriteOnly**」關鍵字改變成唯寫狀態。

```
Public WriteOnly Property Type() As String
    Set(ByVal value As String)
        mType = value
    End Set
End Property
```

　　由於資料改變成唯寫狀態，所以**Get**區塊的敘述會被去除。如果要將資料變更成唯讀狀態，必須使用「**ReadOnly**」關鍵字，並將**Set**區塊去除，敘述如下：

```
Public ReadOnly Property Type() As String
    Get
        Return mType
    End Get
End Property
```

範例《CH1504A》

說明：建立類別，將其中的顏色設為公開屬性，汽車排氣量改變為唯讀狀態。

STEP 1 範本Windows Form應用程式，專案名稱「CH1504A.vbproj」，控制項屬性設定如下表。

控制項	Name	Text	控制項	Name	Text
RadioButton1	rabWhite	珍珠白	Button	btnView	檢視
RadioButton2	rabRed	亮麗紅	RichTextBox	rtxtShow	
RadioButton3	rabSilver	科技銀	GroupBox		汽車顏色
RadioButton4	rabStd	標準藍			

STEP 2 展開「專案」功能表，執行「加入類別」指令，名稱「Car.vb」，相關程式碼撰寫如下。

```
                              Car.vb
02   Private mColor As String
03   Private mEngi As UInteger
04
05   '1.將顏色設為公開屬性
06   Public Property setColor() As String
07      Get
08         Return mColor            '回傳設定值
09      End Get
10      Set(ByVal value As String) '取得設定值
11         mColor = value
12      End Set
13   End Property
14
15   '2.汽車排氣量設成唯讀狀態
16   Public ReadOnly Property setEngi() As UInteger
17      Get
18         Return mEngi
19      End Get
20   End Property
```

```
                    btnView_Click()--部份程式碼
04   Dim ttida As Car = New Car()
05   If rabSilver.Checked Then
06      ttida.setColor = "科技銀"
07      rtxtShow.BackColor = Color.Gainsboro
08      rtxtShow.ForeColor = Color.DarkViolet
09      .  .  '省略程式碼
10   End If
11   'ttida.setEngi = 1498
12   rtxtShow.Text = "汽車顏色" & ttida.setColor & vbCrLf _
13      & "汽車排氣量：" & ttida.setEngi & "cc"
```

Car.vb 程·式·解·說

* 第6~13行：建立Cra類別後，宣告成員變數mColor、mEngi，將mColor設為公開屬性，透過Property...End Property陳述式存取，以Set取得設定值，再以Get回傳。

* 第16~20行：使用Property陳述式的ReadOnly，將mEngi設為唯讀屬性，只能使用Get將預設值回傳。

Form1.vb 程·式·解·說

* 第5~10行：判斷使用者按下那一個顏色鈕，再以文字方塊顯示結果。

🖐 執行、編譯程式

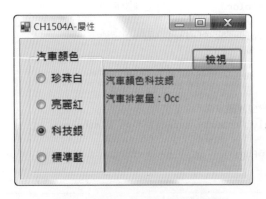

【圖15- 10 範例CH1504A執行結果】

問題一：如果將程式碼第28行註解取消，程式會產生什麼錯誤？

15.4.2 自動實做屬性

類別中的屬性還可以採取自動實作方式，VB 2013會自動建立名為「支援欄位」(Backing Field)的隱藏私用欄位來包含屬性值。它會在支援欄位名稱前面加上底線「_」表示自動實作屬性名稱。例如，將範例《CH1504A》的欄位mColor宣告為自動實做屬性，則支援欄位的名稱即是_mColor。一般來說，支援欄位具有下敘特性。

- 支援欄位的存取修飾詞只能使用Private，即使屬性本身具有不同的存取層級。

- 如果屬性使用了Shared關鍵字，支援欄位也會是靜態成員。

- Property指定的屬性不會套用至支援欄位。

範例《CH1504A》中，將Car類別的mColor欄位採自動實做屬性，

```
'原來宣告的mColor可以不宣告，直接以屬性_mColor取代
'Private mColor As String
Public Property _mColor As String
REM 自動實做屬性mColor
Property mColor() As String
   Get
      Return _mColor
   End Get
   Set(value As String)
      _mColor = value
   End Set
End Property
```

15.5 繼承

繼承(Inheritance)也是物件導向技術中一個重要的概念。透過繼承機制，能讓撰寫好的程式碼重複使用，先認識繼承的相關名詞。

- 基底類別(Base Class)：也稱「父類別」(Super class)，表示它是一個被繼承的類別。

- 「衍生類別」(Derived Class)：也稱子類別(Sub class)，表示它是一個繼承他人的類別。

- 類別階層(Class Hierarchy)：類別產生繼承關係後所形成的繼承架構。

　　一般來說，衍生類別除了繼承基底類別所定義的資料成員和成員函數外，還能自行定義本身使用的資料成員和成員函數。從OOP觀點來看，在類別架構下，層次愈低的衍生類別，「特化」(Specialization)的作用就會愈強；同樣地，基底類別的層次愈高，表示「通化」(Generalization)的作用也愈高。利用UML表示繼承關係，如下圖15-11所示。

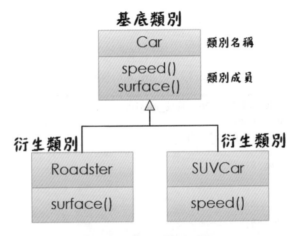

【圖15-11 類別的繼承機制】

　　以UML表示繼承關係，白色空心箭頭會指向基底類別。圖中說明Roadster和SUVCar類別繼承了Car類別，表示Car類別是一個「基底類別」；而Roadster類別則是「衍生類別」。Car類別的兩個方法：speed()和surface()也能由衍生類別所繼承。

15.5.1 繼承機制

　　類別之間建立繼承關係，其中的衍生類別繼承並可擴充基底類別的屬性(Attribute)、方法及事件。衍生類別也可依據實作來覆寫繼承。根據預設，所有使用Visual Basic建立的類別都是可繼承類別，其語法如下：

```
[存取修飾詞] Class 類別名稱
         Inherits 類別名稱
         '程式碼
End Class
```

例如，SUVCar是一個繼承Car類別的衍生類別，必須在它的名稱前加入關鍵字「Inherits」，敘述如下：

```
Public Class Car
     Inherits SUVcar
     REM 程式碼
End Car
```

15.5.2　呼叫基底類別

已經知道衍生類別會繼承其基底類別的屬性及方法，類別之間建立繼承機制後，要呼叫自己類別的成員要使用「Me」關鍵字。當衍生類別和基底類別之間都有相同的成員，基底類別成員會被遮蔽，Visual Basic編輯器會顯示相關訊息，如圖15-12。

【圖15-12 父、子類別的方法名稱相同】

想要進一步呼叫「基底類別」的成員時，得使用「MyBase」關鍵字。如果想要進一步在衍生類別中重新定義成員，基底類別中的存取修飾詞要加入Overridable關鍵字，衍生類別使用Overrides關鍵字，如圖15-13。

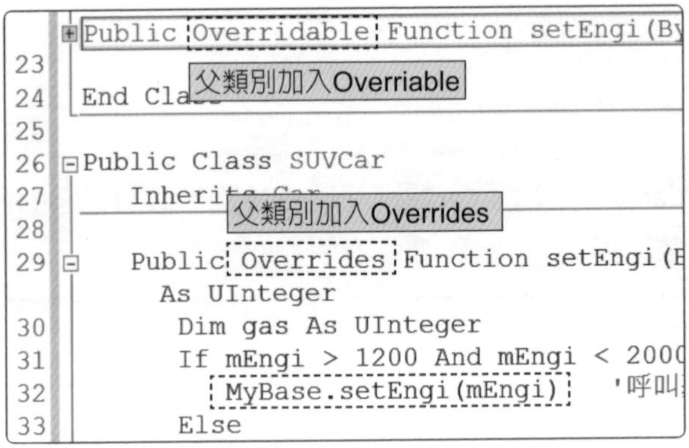

```
23  ⊞ Public Overridable Function setEngi(By
        父類別加入Overriable
24   End Class
25
26  ⊟ Public Class SUVCar
27      Inherits Car
        父類別加入Overrides
28
29  ⊟   Public Overrides Function setEngi(E
          As UInteger
30        Dim gas As UInteger
31        If mEngi > 1200 And mEngi < 2000
32          MyBase.setEngi(mEngi)     '呼叫
33        Else
```

【圖15-13 覆寫基底類別】

- MyBase使用於基底類別及其繼承成員，但不能用來存取類別中的Private成員。

- MyBase是關鍵字，不能用來指派變數，傳遞程序。

- 為了正確編譯MyBase所呼叫的成員，基底類別有時須呼叫方法的參數名稱和型別。

範例《CH1505A》

說明：當基底、衍生類別的方法同名稱時，如何呼叫基底類別的方法。

▶ **1** 範本Windows Form應用程式，專案名稱「CH1505A.vbproj」，控制項屬性設定如下表。

控制項	Name	Text	控制項	Name	Text
RadioButton1	rabCar	轎車	Button	btnView	檢視
RadioButton2	rabSUV	休旅車	RichTextBox	rtxtShow	
			GroupBox		汽門類型

▶ **2** 「專案」加入一個類別檔案，名稱「Car.vb」，相關程式碼撰寫如下。

```
                  基底類別Car Class -- 部份程式碼
19  Public Overridable Function setEngi(ByVal mEngi _
20       As UInteger) As UInteger
21     Dim gas As UInteger
22     gas = mEngi
23     Return gas
24  End Function
                  衍生類別SUVCar Class
27  Public Class SUVCar
28     Inherits Car
29
30     Public Overrides Function setEngi(ByVal mEngi _
31          As UInteger) As UInteger
32       Dim gas As UInteger
33       If mEngi > 1200 And mEngi < 2000 Then
34          MyBase.setEngi(mEngi)    '呼叫基底類別的方法
35       Else
36          gas = mEngi
37       End If
38       Return gas
39     End Function
40  End Class
```

程·式·解·說

* 第19~24行：宣告基底類別的方法，為了能讓衍生類別能覆寫相同名稱的
  方法，存取修飾詞之後加入Overridable關鍵字。

* 第27~28行：表示SUVCar類別繼承了Car類別。

* 第30~39行：由於衍生類別的方法和基底類別同名稱，要覆寫此方法必須
  加入Overrides關鍵字。

* 第33~37行：當輸入排氣量在1200~2000cc之間會以MyBase關鍵字呼叫基底
  類別的同名方法。

執行、編譯程式

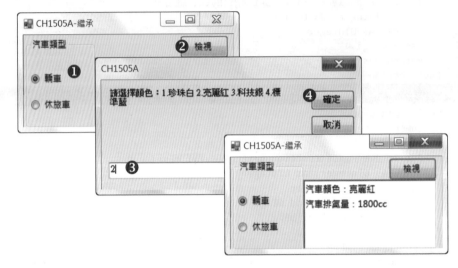

【圖15-14 範例CH1505A執行結果】

15.5.3　呼叫建構函式

類別之間可以產生繼承機制，但是建構函式卻是各自獨立；無論是基底類別或是衍生類別都有自己的建構函式，用來初始化該類別的物件。如何處理建構函式？有下列情形：

- 基底、衍生類別都各自建立「預設建構函式」(無參數)，衍生類別可以「MyBase.New()」來呼叫基底類別的建構函式。

- 衍生類別也可以自行定義建構函式。

範例《CH1505B》

說明：當基底、衍生類別都是使用「預設建構函式」

STEP 1 範本Windows Form應用程式，專案名稱「CH1505B.vbproj」，控制項屬性設定如下表。

控制項	Name	Text	控制項	Name	Text
RadioButton1	rabCar	轎車	RichTextBox	rtxtShow	
RadioButton2	rabSUV	休旅車	GroupBox		汽車類型

STEP 2 「專案」加入一個類別檔案，名稱「Car.vb」，相關程式碼撰寫如下。

```
                      Car類別 -- 部份程式碼
03   Private mColor As String
04   Private mEngi As UInteger
05   '基底類別的建構函式
06   Sub New()
07       mColor = "標準藍"
08       mEngi = 1598US
09   End Sub
                      SUVCar 類別
20   Inherits Car
21   Sub New()
22       MyBase.New()    '呼叫基底類別的建構函式
23   End Sub
```

程·式·解·說

＊ 第6~9行：基底類別的建構函式，設定汽車顏色和汽車排氣量。

＊ 第21~23行：以「MyBase.New()」從衍生類別的建構函式去呼叫基底類別建構函式。

＊ 執行程式時，由於是呼叫基底類別的建構函式，無論選擇那一種汽車，都是相同結果。

執行、編譯程式

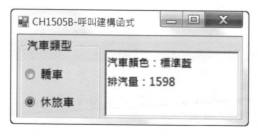

【圖15-15 範例CH1505B執行結果】

討論一：除了從衍生類別的建構函式以「MyBase.New」去呼叫基底類別的建構函式之外，衍生類別的建構函式也能定義自己的屬性(修改內容參考範例《CH1505C》)。

15.5.4 衍生類別的覆寫

已經探討過衍生類別可以覆寫基底類別！不過，當基底類別不同意衍生類別進行覆寫，而衍生類別又必須改寫同名的成員時，可透過「Shadows」關鍵字(msdn稱為『遮蔽』)，用來遮蔽基底類別的成員，或者直接撰寫同名稱的成員。

範例 《CH1505D》

說明：延續範例《CH1505B》架構，將類別Car做修改。

STEP 1 範本Windows Form應用程式，專案名稱「CH1505D.vbproj」。

STEP 2 「專案」加入一個類別檔案，名稱「Car.vb」，相關程式碼撰寫如下。

```
                       Car類別 -- 部份程式碼
12  Public Function Display() As String
13     Dim show As String = "汽車顏色：" & _
14        mColor & vbCrLf & "排汽量：" & mEngi & "cc"
15     Return "呼叫基底類別" & vbCrLf & show
16  End Function
```

```
                      SUVCar類別-- 部份程式碼
29  Public Shadows Function Display() As String
30     Dim show As String = "汽車顏色：" & _
31        mColor & vbCrLf & "排汽量：" & mEngi & "cc"
32     Return "衍生類別：" & vbCrLf & show
33  End Function
```

程·式·解·說

* 第29行：無論是基底、衍生類別都使用相同方法，如果仔細觀察程式碼會發現衍生類別的Display方法文字下方會有綠色鋸齒狀，可以在Public Function Display加入Shadows關鍵字，變成「Public Shadows Function Display」就能消除綠色鋸齒狀。

* 雖然方法名稱相同，執行時就會發現基底類別Car呼叫是自己的方法，而衍生類別SUVCar也是呼叫自己的方法，因此基底類別的方法會被遮蔽。

執行、編譯程式

【圖15-16 範例CH1505D執行結果】

重點整理

↺ 物件導向世界裡，透過物件和傳遞的訊息來表現所有動作。簡單來說，就是「將腦海中描繪的概念以實體方式表現」。

↺ 類別(Class)提供實作物件的模型，藉由類別定義其資料成員和成員函式。因此，可以把類別視為物件原型。

↺ 定義類別須包含：❶設定類別名稱(class name)。❷允許外部透過某些方法來操作類別的「實體」(Instance)。❸每個類別實體能各自擁有不同狀態。❹提供成員資料(Data Member)和成員方法(Method Member)。

↺ 建立類別後要產生物件，須以New關鍵字建立一個來建立物件實體，才能取得記憶體的Managed Heap區塊，用來準備存放物件的資料。

↺ 對於Visual Basic 2013來說，允許方法(函數)的名稱相同，傳遞的引數不同，稱為「多載」(Overloads)；函式多載，可在存取修飾詞之後加入Overloads關鍵字。

↺ 「類別成員」紀錄或存取自同一類別裡物件的生成，所共同擁有的資料。這些屬性和方法，稱為「類別屬性」(Class Attribute)和「類別方法」(Class Method)。

↺ 類別成員為類別所擁有，利用Shared關鍵字來定義，這樣的好處是讓類別成員為所有物件擁有共同的成員，讓獨立的各物件間具有「溝通的管道」，如此一來就不須要全域變數來作為物件成員間的暫存，避免記憶體空間的浪費。

↺ 使用建構函式，主要工作就是將物件初始化。以Sub New()程序，雖然有參數串列但不能有回傳值。可將類別定義的變數載入記憶體中，因此可用來指定資料成員的值。本身支援多載，能擁有同名稱的建構函式，但參數個數不同。

↺ 如何限定類別內的資料成員只能被成員函數存取！宣告成員變數時，以不公開方式做宣告，實施程序如下：❶使用存取權限的Private和Protected來隱藏資料。❷某些屬性以Public作為存取範圍。

↺ Property陳述式中，Get取得屬性值並回傳，Set配合引數將資料寫入。加上「WriteOnly」關鍵字改變成唯寫狀態，將資料變更成唯讀狀態，必須使用「ReadOnly」關鍵字。

↺ 衍生類別除了繼承基底類別所定義的資料成員和成員函數外，還能自行定義本身使用的資料成員和成員函數。從OOP觀點來看，在類別架構下，層次愈低的衍生類別，「特化」(Specialization)的作用就會愈強；同樣地，基底類別的層次愈高，表示「通化」(Generalization)的作用也愈高。

↻ 當衍生、基底類別都有相同成員，基底類別成員會被遮蔽，想要進一步呼叫「基底類別」的成員時，得使用「MyBase」關鍵字。如果想要進一步在衍生類別中重新定義成員，基底類別中的存取修飾詞要加入Overridable關鍵字，衍生類別使用Overrides關鍵字。

↻ 類別之間可以產生繼承機制，但是建構函式卻是各自獨立；無論是基底類別或是衍生類別都有自己的建構函式，用來初始化該類別的物件。衍生類別可以「MyBase.New()」來呼叫基底類別的建構函式。

課後習題

一、選擇題

( )1. 對於類別的描述，何者錯誤？(A)類別(Class)提供實作物件的模型 (B)類別底下的實體能各自擁有不同狀態 (C)提供實體成員和實體成員 (D)類別也能被繼承。

( )2. 對於物件的描述，何者錯誤？(A)以New關鍵字建立一個來建立物件實體 (B)物件的資料會儲存於記憶體的Managed Heap區塊 (C)成員方法則由程序、函數組成 (D)物件方法由「欄位」(Fields)、屬性(Properties)來表現。

( )3. 「類別成員」用來紀錄或存取自同一類別裡物件的生成，宣告時必須加上什麼關鍵字？(A)New (B) Shared (C)Overloads (D)Property。

( )4. 對於建構函式的描述，何者錯誤？(A)建構函式不能使用Sub程序 (B)建構函式能有參數串列，但是它不能有回傳值 (C)建構函式支援多載，能擁有同名稱的建構函式 (D)建構函式主要工作就是在物件初始化。

( )5. 使用Property陳述式，若加入WriteOnly關鍵字是表示？(A)屬性只能寫入 (B)屬性只能寫入 (C)屬性只能讀取 (D)屬性能讀也能寫。

( )6. 對於類別繼承的描述，何者不正確？(A)層次愈低的衍生類別，「特化」作用會愈強 (B)類別產生繼承關係後會形成類別架構 (C)要呼叫自己類別的成員要使用「My」關鍵字 (D)產生繼承的類別都有相同成員時，基底類別成員會被遮蔽。

( )7. 基底類別不同意衍生類別覆寫，而衍生類別又必須改寫同名成員時，可透過什麼關鍵字來遮蔽基底類別成員？(A)Shared (B)Shadows (C)Overrides (D)WriteOnly。

( )8. 宣告類別之後，要讓成員的欄位只適用所宣告的類別範圍，要使用那一個存取修飾詞？(A)Public (B)Protected (C)Private (D)Friend。

二、填充題

1. 在物件導向世界裡，基本上包含三個基本元素：＿＿＿＿＿＿＿＿＿、＿＿＿＿＿＿＿＿＿和＿＿＿＿＿＿＿＿。

2. Visual Basic允許方法名稱相同，傳遞的引數不同，稱為＿＿＿＿＿＿＿＿＿，撰寫程式時，要加入＿＿＿＿＿＿＿＿＿＿＿＿關鍵字。

3. 預設建構函式是表示建構函式＿＿＿＿＿＿＿＿＿，預設狀況是由Viusal Basic編譯器＿＿＿＿＿＿＿＿＿＿。

4. 建立屬性分為兩種：方法一：在類別中以＿＿＿＿＿＿＿＿或＿＿＿＿＿＿＿＿宣告屬性；方法二：使用＿＿＿＿＿＿＿＿＿＿＿＿＿＿＿＿陳述式。

5. 類別產生繼承時，被繼承的類別稱為＿＿＿＿＿＿＿＿＿，繼承他類別稱為＿＿＿＿＿＿＿＿＿。

6. 想要進一步在衍生類別中重新定義成員，基底類別中的存取修飾詞要加入＿＿＿＿＿＿＿＿＿＿＿關鍵字，衍生類別使用＿＿＿＿＿＿＿＿關鍵字。

7. 基底、衍生類別都各自建立「預設建構函式」，衍生類別使用＿＿＿＿＿＿＿＿＿來呼叫基底類別的建構函式。

三、問答與實作題

1. 請依據下圖撰寫一個簡單的類別。

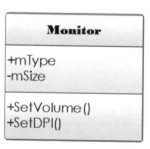

2. 延續前一個範例，將setDPI方法多載(Overloads)，一個有參數，另一個沒有參數。

3. 延續前一個範例，加入有參數的建構函式。

4. 延續前一個範例，將mType屬性改為Property...End Property陳述式。

5. 延續前一個範例，寫一個寬螢幕類別，繼承Monitor類別。

NOTE

16

認識集合

■ 認識抽象類別：基底類別要使用 **MustInherit**，繼承的衍生類別得使用 **MustOverride**關鍵字。

■ 以**Interface**來建立介面，以**Implements**來實作介面。

■ 以**IDictionary**介面來認識集合中的索引鍵/值。

■ 以**ArrayList**類別了解項目的索引要如何存取。

■ 以**Quene**類別認識集合中項目的循序存取。

「通化」的制定是以資料抽象化為出發點，將共通功能定義於「抽象類別」，再以衍生類別實作。不同類別之間的共通功能則以「介面」定義。認識集合中項目的存取，配合「System.Collection」名稱空間，如何使用索引、索引鍵/值。最後以Queue先進先出的處理來了解項目的循序存取。

16.1 漫談資料抽象化

為了提高程式的重複使用，當基底類別的層次愈高，「通化」(Generalization)的作用也愈高(參閱章節《15.5》)。這說明建立類別時，能將共通的功能定義於「抽象類別」(Abstract Class)，而被定義成抽象類別後，無法將物件實作；必須以衍生類別重新定義某一部份方法，建立其實體物件。

另一種情形就是以介面定義共用功能，再以類別實作介面所定義的功能。將兩者的相異處列表16-1。

【表16-1 介面和抽象類別的比較】

比較	介面	抽象類別
比較	建立共用功能	建立共用功能
語法	不完整語法	不完整語法
實作	需要Implements才能實作	繼承的衍生類別才能實作
時機	不同的類別	具有繼承關係的類別

16.1.1 抽象類別

抽象類別(Abstract Class)的用途是定義功能，通用於從其衍生的所有功能。一般來說它只會含有抽象方法，由繼承的子類別來實作物件。建立基底類別時，必須加入「MustInherit」關鍵字來表示強制執行，語法如下：

```
[存取修飾詞] MustInherit Class 類別名稱
    '程式碼區塊
End Class
```

例如，宣告一個Shape抽象類別：

```
Public MustInherit Class Shape
     '程式碼區塊
End Class
```

使用MustInherit為關鍵字時，還必須注意下列規則：

- 只能在Class陳述式中使用MustInherit。

- 不能在宣告中同時指定MustInherit與NotInheritable關鍵字。

當然，抽象類別除了抽象成員外，也能包含一般的實體成員。定義抽象成員必須加入「MustOverride」關鍵字。例如，Shape類別中，宣告一個Measure()的抽象方法：

```
Public MustInherit Class Shape
     Public line As Double
     Public MustOverride Function Measure() As Double     '抽象方法
End Class
```

- 宣告Measure方法為抽象方法時，只會定義其方法，不能有程式區塊。

- 抽象方法必須定義於抽象類別中。

以MustOverride為關鍵字定義抽象成員時，除了不能有程式區塊外，須注意下列事情：

- MustOverride只能使用於MustInherit類別中。

- 只能使用於Function、Sub和Property陳述式中。

- 不能與NotOverridable、Overridable或Shared關鍵字同時使用。

例如，宣告Circle類別繼承了抽象類別Shape，必須以「Overrides」關鍵字來覆寫抽象類別的Measure方法：

```
Public Class Circle    '衍生類別Circle
   Inherits Shape
   Public Overrides Function Measure() As Double'實作方法
     Return Math.PI * line
   End Function
End Class
```

範例 《CH1601A》

說明：建立抽象類別Car並定義抽象方法exHaust，並以衍生類別Roadster實作其方法。

STEP 1 範本Windows應用程式，專案名稱「CH1601A.vbproj」。

STEP 2 「專案」加入一個類別檔案，名稱「Car.vb」，相關程式碼撰寫如下。

Car類別--抽象類別

```
02   Public MustInherit Class Car
03      Protected mExha As Double
04      '定義抽象方法
05      Public MustOverride Function exHaust(ByVal value _
06           As Double) As Double
07   End Class
```

Car類別--衍生類別實作方法exHaust

```
10   Public Class Roadster : Inherits Car
11      Public Overrides Function exHaust(ByVal value As _
12           Double) As Double
13        mExha = value
14        Return mExha
15      End Function
16   End Class
```

STEP 3 控制項屬性設定如下表。

控制項	Name	Text	控制項	Name	Text
RadioButton1	rabCar	HR16DE	GroupBox		汽門排氣量
RadioButton2	rabSUV	MR18DE	Button	btnView	顯示
RichTextBox	rtxtShow				

STEP 4 程式碼撰寫如下。

btnView_Click ()事件

```
04  Dim TGer As Roadster = New Roadster()   '建立跑車物件
05  Dim str As String = "汽車排氣量："
06
07  If rabEx1598.Checked Then
08     rtxtShow.Text = str & CStr(TGer.exHaust(1.6)) _
09        & "c.c."
10  Else
11     rtxtShow.Text = str & CStr(TGer.exHaust(1.8)) _
12        & "c.c."
13  End If
```

Car.vb 程‧式‧解‧說

* 第2~7行：以MustInherit關鍵字將Car建立成抽象類別，並以MustOverride關鍵字建立抽象方法exHaust。

* 第10~16行：建立Car類別的衍生類別Raodster，關鍵字Overrides實作Car類別的方法exHaust。

Form1.vb 程‧式‧解‧說

* 第7~13行：判斷使用者選了那一個選項按鈕，按「顯示」鈕會顯示其汽車排氣量值。

🖈 執行、編譯程式

【圖16-1 範例CH1601A執行結果】

16.1.2 介面

在物件導向中，己經知道類別之間能以「通化」來定義共同功能，同樣地也能將不同類型但具有相同特性的功能抽離，定義好相關規格，這就是「介面」(Interface)。由於簡化了介面規範，能減少不同類型間的差異性。

　　介面就如同類別般，可定義屬性、方法和事件。但與類別不同處，介面並不提供實作。類別或結構會為介面所定義的每個成員提供程式碼，以便實作介面。那麼什麼情形下會使用介面？像公司要找臨時契約工，不同的部門可能需要不同性質的臨時工，可透過介面來統籌，不同部門只要提出人員需求，及工作說明。就像：

- 應用程式在不相同的物件型別下，有特定功能需求時。

- 基底類別無法被繼承實作的情況下，可定義多個介面來產生單一實作。

　　宣告介面時，必須使用Interface陳述式來定義介面，並使用Implements關鍵字來實作其介面。語法如下：

```
[存取修飾詞] Interface 介面名稱
    Property 名稱(參數列)
    Function 名稱(參數列)
    Sub 名稱()
    Event 名稱(參數列)
End Interface
```

- Property：定義屬於介面成員的屬性。

- Function：定義屬於介面成員的方法。

- Sub：定義屬於介面成員的Sub程序。

- Event：定義屬於介面成員的事件。

　　同樣地，使用Interface建立介面時，也必須下列事情：

- 介面成員不使用任何存取修飾詞。

- 介面最多可以指定一個屬性做為「預設屬性」。

　　例如，宣告一個Staff介面。

```
Public Interface IStaff
    WriteOnly Property working() As Date
    '程式碼區塊
Ehd Interface
```

- 介面名稱的習慣用法是第一個字母以大寫「I」表示。

如何實作介面，可透過類別或結構(Structure)，並配合Implements關鍵字，語法如下：

```
Class 類別名稱
    Implements 介面1[, 介面2, 介面n]
    [存取修飾元] XXX 成員名稱() Implements 介面名稱.成員名稱
    End XXX
End Class
```

* Implements有兩種用法：在介面之前為Implements陳述式，表示是由類別或結構實作的介面。

* Implements關鍵字則在類別或結構成員之後，表示是實作的特定介面成員。可配合Public、Private、Protected、Friend存取修飾詞使用。

例如，以ShtTerm類別實作IStaff介面。

```
Public Class ShtTerm
    Implements IStaff      'Implements陳述式
    Public Sub workKind() Implements Istaff.workKind
End Class
```

範例《CH1601B》

說明：建立一個IStaff介面，並透過Formal類別來實作介面，計算正式、臨時員工的薪資。

STEP 1 範本Windows應用程式，專案名稱「CH1601B.vbproj」。

控制項	Name	Text	控制項	Name	Text
RadioButton1	rabFromal	正式員工	Button	btnView	顯示
RadioButton2	rabTemp	臨時員工	TextBox	txtName	
GroupBox		員工性質	Label1		姓名：
			Label2	lblShow	

STEP 2 「專案」加入一個模組檔案，名稱「Introduce.vb」，相關程式碼撰寫如下。

```
                        Module Introduce
03  Interface IStaff   '宣告介面
04     Function monthpay(ByVal value As Integer) As Single
05  End Interface
06
07  Public Class Formal   '以Formal(正式員工)實作IStaff介面
08     Implements IStaff
09     Private mSalary As Single   '欄位
10     Private mName As String = ""
11
12     '建構函式
13     Public Sub New(ByVal name As String, ByVal wages _
14          As Single)
15       mName = name
16       mSalary = wages
17     End Sub
18
19     Public Function monthpay(ByVal value As Integer) _
20          As Single Implements IStaff.monthpay
21       If value = 1 Then
22          mSalary *= 1.2F     '正式員工
23       Else
24          mSalary *= 1.1F     '臨時員工
25       End If
26       Return mSalary
27     End Function
28  End Class
```

> **STEP 3** 程式碼撰寫如下。

```
                     btnView_Click()事件
04  Dim str1 As String = txtName.Text
05  Dim type As Integer
06
07  Dim peop1 As Formal = New Formal(str1, 18500)
08  If rabFormal.Checked Then
09     type = 1
10     lblShow.Text = String.Format( _
11        "姓名: {0}, 薪資= {1}  ", _
12        str1, CStr(peop1.monthpay(type)))
13  Else
14     type = 2
15     lblShow.Text = String.Format( _
16        "姓名: {0}, 薪資= {1}  ", _
17        str1, CStr(peop1.monthpay(type)))
18  End If
```

Module Introduce 程·式·解·說

* 第3~5行:建立IStaff介面,並定義monthpay函式。

* 第7~28行:建立Formal類別,以Implements陳述式來實作IStaff介面。

* 第13~17行:Formal類別的建構函式,以兩個參數傳入名稱和薪資兩個欄位值。

* 第19~27行:以Implements關鍵字來實作IStaff介面的方法monthpay,依員工性質來計算所得的薪資並回傳。

Form1.vb 程·式·解·說

* 第7行:產生peopl物件,取得文字方塊輸入名稱,並設定基本薪資。

* 第8~18行:依據選取的員工性質來傳遞參數值並呼叫monthpay方法來計算薪資。

📌 **執行、編譯程式**

【圖16-2 範例CH1601B執行結果】

16.2 | 認識集合

　　一般而言,「集合」可視為物件容器,可用於群組和管理相關的物件。例如,每個Windows Form都是一個控制項集合,使用者可以表單的Controls來做存取。我們已經學習過陣列,乍看之下,集合的結構和陣列非常相似(可將陣列視為集合的一種),也有索引,也能透過For Each...Next迴圈來讀取集合中的項目。

一般來說，陣列的索引是靜態，經過宣告後，陣列中的某一個元素並不能刪除，或因實際需求再插入一個陣列元素，只能將陣列重新清空，或重設陣列大小。為了讓索引和項目的處理更具彈性，.NET Framework透過「System.Collections」名稱空間提供集合類別和介面，列表16-2說明。

【表16-2 System.Collection命名空間】

Collections	說明
ICollection介面	定義所有非泛型集合大小、列舉值和同步方法
IDictionary介面	非泛型集合的索引鍵/值組
IDictionaryEnumerator介面	列舉非泛型字典的元素
IEnumerable介面	公開能逐一查看非泛型集合內容一次的列舉值
IList介面	表示可以個別由索引存取之物件的非泛型集合
DictionaryEntry結構	定義可設定或擷取的字典索引鍵/值組配對
ArrayList類別	會依陣列大小來動態增加，實作IList介面
Hashtable類別	根據索引鍵的雜湊程式碼組織而成的索引鍵/值組集合
Queue類別	表示物件的先進先出(FIFO)集合
SortedLIst類別	表示索引鍵/值組配對的集合，會按索引鍵排序
Stack類別	簡單非泛型集合，由物件組成的後進先出(LIFO)

使用集合時，其項目會有異動，要存取這些集合時，必須要透過「索引」(index)來指定項目。一般而言，索引通常以「0」為起始值。將項目存入集合時，還可以使用物件型別的索引鍵(key)提取所對應的值(value)。當集合中沒有索引或索引鍵時，提取項目時必須依順，例如使用Queue類別或Stack類別。

16.2.1　認識索引鍵/值

「索引鍵(key)/值(value)」是配對的集合，值存入時可以指定物件型別的索引鍵，方便於使用時能以索引鍵提取對應的值。名稱空間「System.Collections」的Hashtable、SortedList等類別。此處以IDictionary介面，了解索引「鍵/值」存取物件的規格，列表16-3。

【表16-3 IDictionary介面成員】

IDictionary成員	說明
Count	取得ICollection項目數
Items	取得或設定索引鍵的指定項目
Keys	集合中所有項目的索引鍵
Values	集合中所有項目的值
Add()方法	項目加入集合中，須使用key/value配對
Clear()方法	將集合中所有的項目移除
Contains()方法	查詢指定項目的key，回傳Boolean型別
CopyTo()方法	從特定的Array索引開始，複製ICollection 項目至Array
GetEnumerator()	傳回IDictionary物件的IDictionaryEnumerator物件
Remove()方法	從集合中移除指定的項目

IDictionary介面是索引鍵/值組非泛型集合的基底介面。它的泛型版本就是位於「System.Collections.Generic」命名空間的IDictionary<TKey, TValue>。另一個IDictionaryEnumerator介面能處理列舉非泛型字典的元素，相關成員列於表16-4。

【表16-4 IDictionaryEnumerator成員】

成員	說明
Current	取得集合中目前的項目
Entry	取得目前字典項目的索引鍵和值
Key	取得目前字典項目的索引鍵
Value	取得目前字典項目的值
MoveNext()	將列舉值往前推至下集合中的下一個項目
Reset()方法	設定列舉值至它的初始位置(集合第一個元素前)

要使用名稱空間「System.Collections」的IDictionary介面，第一步必須在程式碼第一行匯入所屬的命名空間。

```
Imports System.Collections
```

再來就是建立一個類別並實作IDictionary介面,例如,以Lexicon類別來實作IDictionary介面。

```
Public Class Lexicon : Implements IDictionary
    '程式碼區段
End Class
```

步驟三:將索引鍵/值組配對,建構函式中使用DictionaryEntry結構來指定配對值。繼續定義Lexicon的建構函式:

```
Public Class Lexicon : Implements IDictionary
    '以陣列來處理索引鍵/值的配對
    Dim article() As DictionaryEntry
    '建構函式--以DictionaryEntry結構來指定配對值
    Public Sub New(ByVal value As Integer)
        article = New DictionaryEntry(value - 1) {}
    End Sub
End Class
```

步驟四:要實做IDictionary介面的屬性和方法。以Items屬性來說,它的語法如下。

```
Property Item(key As Object)As Object
```

* 要取得或設定之項目的索引鍵。

依其語法實作items屬性時,存取子Get和Set皆要實做。

```
Default Public Property Item(key As Object) As _
    Object Implements IDictionary.Item
    Get
        '判斷索引值是否在字典中, 如果有回傳其值
    End Get
    Set(value As Object)
        '判斷索引值是否在字典中,如果有更換其值.
    End Set
End Property
```

步驟五:同樣地要先實做Add()方法之後,才能建立Lexicon物件,以Add方法加入「索引鍵/值」。Add()方法將隨附有索引鍵和值的項目加入至IDictionary物件,它的語法如下:

```
Sub Add(key As Object, value As Object)
```

- key：欲加入項目之索引鍵。
- value：欲加入項目之值。

```
REM 實做Add()方法
Public Sub Add(key As Object, value As Object) _
      Implements IDictionary.Add
    '如果索引鍵已經存在，以新增方式將索引鍵/值配對
    If useFreq = article.Length Then
        Throw New InvalidOperationException("無法再新增項目")
    End If
    article(useFreq) = New DictionaryEntry(key, value)
    useFreq += 1
End Sub
```
```
Dim lex As IDictionary = New Lexicon(5)
lex.Add("Tomas", 25)
lex.Add("Michelle", 27)
```

使用「索引鍵/值」，再加上索引(index)，其資料結構如下圖16-3所示。

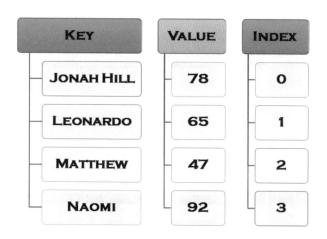

【圖16-3 索引鍵/值的結構】

最後使用For Each...Next迴圈讀取項目。

```
Dim de As DictionaryEntry
For Each de In lex
    lblShow.Text &= String.Format("{0}, 年齡 : {1}", _
            de.Key, de.Value) & vbCrLf
Next
```

DictionaryEntry的物件會儲存每個項目的索引鍵/值組，且每個配對必須具有唯一名稱。IDictionary介面允許列舉所包含的索引鍵和值，但是不表示任何特定的排序次序。通常IDictionary介面實作分為三類：唯讀、固定大小、變數大小。

- 唯讀：IDictionary物件無法修改。

- 固定大小：IDictionary物件不允許加入或移除項目，但允許修改現有項目。

- 變數大小：IDictionary物件允許加入、移除和修改項目。

範例《CH1602A》

說明：實作IDictionary介面，以InputBox輸入員工的名稱和年齡，配合DictionaryEntry結構來取得索引鍵/值的配對。

STEP 1 範本Windows應用程式，專案名稱「CH1602A.vbproj」，控制項屬性設定如下表。

控制項	Name	Text	控制項	Name	BorderStyle
Button	bntView	顯示	Label	lblShow	Fiexed3D

STEP 2 「專案」加入一個類別檔案，名稱「Lexicon.vb」，在「Public Class Lexicon」之後輸入「Implements IDictionary」後，按Enter鍵會帶出相關成員的程式碼，其他程式碼如下。

```
                    Lexicon類別--部份程式碼
01   Imports System.Collections
02   Public Class Lexicon : Implements IDictionary
03
04       '以陣列來處理索引鍵/值的配對
05       Dim article() As DictionaryEntry
06       Dim useFreq As Integer = 0
07
08       '3. 建構函式--以DictionaryEntry結構將索引鍵/值組配對
09       Public Sub New(ByVal value As Integer)
10           article = New DictionaryEntry(value - 1) {}
11       End Sub
40       '4.要實做IDictionary介面的屬性和方法
41       Default Public Property Item(key As Object) As _
42           Object Implements IDictionary.Item
```

```
43          Get
44              '判斷索引值是否在字典中, 如果有回傳其值
45              Dim index As Integer
46              If TryGetIndexOfKey(key, index) Then
47                  '找到索引鍵，回傳其值
48                  Return article(index).Value
49              Else
50                  '沒有找到索引鍵
51                  Return Nothing
52              End If
53          End Get
54
55          Set(value As Object)
56              '判斷索引值是否在字典中，如果有更換其值.
57              Dim index As Integer
58              If TryGetIndexOfKey(key, index) Then
59                  article(index).Value = value
60              Else
61                  '字典中沒有發現，以新增方式將索引鍵/值配對
62                  Add(key, value)
63              End If
64          End Set
65      End Property
67      '5. 新增成員：要有2個參數值--key, value
68      Public Sub Add(key As Object, value As Object) _
69          Implements IDictionary.Add
70          '如果索引鍵已經存在，以新增方式將索引鍵/值配對
71          If useFreq = article.Length Then
72              Throw New InvalidOperationException( _
73                  "無法再新增項目")
74          End If
75          article(useFreq) = New _
76              DictionaryEntry(key, value)
77          useFreq += 1
78      End Sub
137     '6. 屬性Value設為唯讀狀態，只能以For...Next迴圈讀取
138     Public ReadOnly Property Values As ICollection _
139         Implements IDictionary.Values
140         Get
141             '回傳陣列中每一個項目的索引值()
142             Dim valueArray() As Object = New _
143                 Object(useFreq - 1) {}
144             Dim n As Integer
145             For n = 0 To useFreq - 1
146                 valueArray(n) = article(n).Value
147             Next n
148             Return valueArray
```

```
149        End Get
150     End Property
151 End Class
```

實作IDictionaryEnumerator介面

```
172     Private Class enumLexicon
173        Implements IDictionaryEnumerator
174        '以複製方式將Lexicon物件的索引鍵/值配對
175        Dim article() As DictionaryEntry
176        Dim index As Integer = -1
177
178        '建構函式
179        Public Sub New(ByVal lc As Lexicon)
180           article = New DictionaryEntry(lc.Count - 1) {}
181           Array.Copy(lc.article, 0, article, 0, _
182              lc.Count)
183        End Sub
184 End Sub
```

---

btnView_Click()事件--部份程式碼

```
10   Dim lex As IDictionary = New Lexicon(peop)
11
12   '以Add新增3位成員
13   Do Until peop = 0
14      title = InputBox("輸入名稱")
15      age = CInt(InputBox("輸入年齡"))
16      lex.Add(title, age)
17      peop -= 1
18   Loop
19
20   MsgBox("員工數 = " & lex.Count)
21   lblShow.Text = "Eric是否為員工？" & lex.Contains("Eric")
22   lblShow.Text &= String.Format(", 年齡 : {0}", _
23      lex("Eric")) & vbCrLf
24
25      '顯示索引鍵/值配對
26      Dim de As DictionaryEntry
27      For Each de In lex
28         lblShow.Text &= String.Format("{0}, 年齡 : _
29            {1}", de.Key, de.Value) & vbCrLf
30      Next
31   End Sub
```

Lexicon類別 程·式·解·說

* 第9~11行：類別Lexicon實作IDictionary介面，其建構函式以DictionaryEntry結構來限制物件項目數。

* 第41~65行：新增項目時，以Set區段中會判斷項目是否存在，再以Get區段回傳。

* 第67~78行：會依據輸入名稱(key)和年齡(value)，以Add方法新增項目；當陣列長度「article.Length」等於輸入項目值「useFreq」會以Throw陳述式擲出例外狀況。

* 第137~150行：將屬性Values設為唯讀狀態，只能以Get陳述式，使用For...Next迴圈來讀取陣列中每一個項目的索引值。

* 第179~184行：建構函式。當查詢表有異動時，配合Array類別的Copy()方法來重新建立一個查詢表。

From1 程·式·解·說

* 第13~18行：利用InputBox來取得輸入的名稱和年齡，並限定次數為5。

* 第27~30行：使用DictionaryEntry結構，並以For Each...Next迴圈來讀取輸入的索引鍵/值。

執行、編譯程式

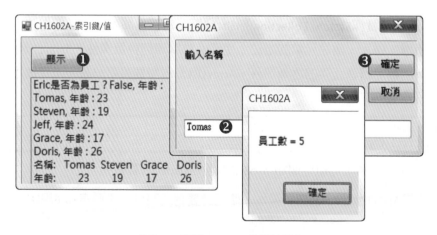

【圖16-4 範例CH1602A執行結果】

16.2.2 使用索引

使用集合項目避免不了新增和刪除，這些集合項目的存取就得使用索引(index)。「索引」是介於0或1和集合項目數目之間的整數。藉由名稱空間「System.Collections」的IList介面，了解以索引存取物件的屬性和方法，列表16-5。

【表16-5 IList介面的成員】

IList介面成員	說明
Count	取得集合項目數
Item	取得或設定集合項目
IsFixedSize	集合是否為固定大小
IsReadOnly	集合是否為唯讀
Add()方法	將項目加入集合中
Clear()方法	將所有項目移除
Contains()方法	查詢的指定項目是否在集合中，回傳Boolean型別
IndexOf()方法	查詢指定項目的索引值，回傳Integer型別，-1表示不存在
Insert()方法	將項目插入到指定的索引位置
Remove方法	從集合中移除指定的項目
RemoveAt()	從集合中移除指定的索引值

ArrayList實作System.Collection的IList介面，會依據陣列大小動態增加容量，提供新增、插入、刪除元素的方法，使用上會以陣列更具彈性。ArrayList可以保存的項目數，隨著元素的逐漸加入，ArrayList會視需要重新配置。以建構函式來指定其容量的敘述如下：

```
Dim arrayList1 As New ArrayList(6)
arrayList1.Capacity(5)
```

• 若要降低容量，可以呼叫TrimToSize或設定Capacity屬性。

由於ArrayList比Array更具彈性，使用時要有所區別，透過表16-6說明。

【表16-6 Array和ArrayList之比較】

相異處	Array	ArrayList
使用型別時	宣告時要指定型別	可以是任何物件
能否擴充容量	使用Redim陳述式	自動擴充容量
陣列元素	不能動態改變	由Insert新增Remove移除
效能	較好	較不好

範例《CH1602B》

說明：透過ArrayList來動態增加、移除和插入項目。

STEP 1 範本Windows應用程式，專案名稱「CH1602B.vbproj」，控制項屬性設定如下表。

控制項	Name	Text	控制項	屬性	屬性值
Button1	btnView	顯示		Name	lblShow
Button2	btnRemove	移除	Label	BorderStyle	Fixed3D
Button3	bntInsert	插入項目		BackColor	MistyRose

STEP 2 程式碼撰寫如下。

```
                        btnView_Click()事件
08   list.Add("Michelle")
09   list.Add("Doris")
10   list.Add("Vicky")
11   list.Add("Juddy")
12   list.Add("Eric")
13   list.Sort()
14   PrintValues("經過排序：", list)
                        btnInsert_Click()事件
30   Dim index As Integer
31   list.Insert(index, "Tomas")
32   list.Insert(index, "Stephen")
33   PrintValues("插入新項目：", list)
```

程·式·解·說

* 第8~14行：以Add方法新增項目，再以Sort方法將項目排序。

* 第30~33行：以Insert方法在指定位置插入項目。

📌 執行、編譯程式

【圖16-5 範例CH1602B執行結果】

16.2.3 循序存取集合

集合項目中處理資料有二種方式：先進先出、先進後出的循序存取；針對其中的類別Queue(佇列)來做介紹。Queue採用(FIFO：First In First Out)，也就是第一個加入的項目，也會第一個被除移。Queue具有的屬性和方法，列表16-6說明。

【表16-7 Queue類別的成員】

Queue成員	說明
Count	取得佇列的項目個數
Clear()	從佇列中移除所有物件
Contains()	判斷項目是否在佇列中
CopyTo()	指定陣列索引，將項目複製到現有的一維Array
Dequeue()	傳回佇列前端的物件並移除
Enqueue()	將物件加入到佇列末端
Equals()	判斷指定的物件和目前的物件是否相等
Peek()	傳回佇列第一個物件
TrimToSize()	設定佇列中的實際項目個數

　　佇列處理資料的方式就如同去排隊買票一般，最前面的人可以第一個購得票，等待在最後一個的人就必須等待前方的人購完票之後，他才能前進。

範例《CH1602C》

說明：透過Queue類別來新增、移除項目。

STEP 1 範本Windows應用程式，專案名稱「CH1602C.vbproj」。

控制項	Name	Text	控制項	屬性	屬性值
Button1	btnView	顯示		Name	lblShow
Button2	btnRemove	移除	Label	BorderStyle	Fixed3D
Button3	bntPeek	顯示第1個		BackColor	Linen

STEP 2 程式碼撰寫如下。

```
                          btnView_Click()事件
09   index = 3
10   work.Enqueue("strawberry")  '新增項目
11   work.Enqueue("orange")
12   work.Enqueue("apple")
13   work.Enqueue("banana")
14   PrintValues("水果", work)    '顯示結果於表單上
                          btnRemove_Click()事件
19   If work.Count > 0 Then
20      one = index - work.Count + 1
21      MsgBox(String.Format("第{0}個水果是{1}", _
22         one, work.Dequeue))
23   End If
24   lblShow.Text = ""
25   PrintValues("水果", work)
                          btnPeek_Click()事件
30   If work.Count > 0 Then
31      one = index - work.Count + 1
32      lblShow.Text = String.Format("第 {0} 個水果：{1}", _
33         one, work.Peek)
34   End If
```

程·式·解·說

* 第9~14行：以Enqueue()方法來新增項目。

* 第19~25行：同樣地，刪除指定項目時，也先以Count屬性做判別，如果項目存在，再以Dequeue方法來刪除項目。

* 第30~34行：先以屬性Count判斷佇列中是否有項目，如果有項目以Peek方法來顯示第一個項目(索引值為0)。

✈ 執行、編譯程式

【圖16-6 範例CH160執行結果】

重點整理

○ 抽象類別中會含有抽象方法，只能由繼承的子類別來實作物件。建立基底類別時，必須加入「MustInherit」關鍵字產生抽象類別。定義抽象成員必須加入「MustOverride」關鍵字。

○ 介面就如同類別般，可定義屬性、方法和事件，但不提供實作；使用Interface關鍵字建立介面，而實作介面時，可透過類別和結構(Structure)，並配合Implements關鍵字。

○ 一般而言，「集合」可視為物件容器，可用於群組和管理相關的物件。而.NET Framework透過「System.Collections」名稱空間提供集合類別和介面。

○ 「索引鍵(key)/值(value)」是配對的集合，值存入時可以指定物件型別的索引鍵，方便於使用時能以索引鍵提取對應的值。

○ ArrayList實作System.Collection的IList介面，會依據陣列大小動態增加容量，提供新增、插入、刪除元素的方法，使用上會以陣列更具彈性。

○ 集合項目中處理資料有二種方式：先進先出、先進後出的循序存取。Queue採用(FIFO：First In First Out)，也就是第一個加入的項目，也會第一個被除移。

課後習題

一、選擇題

( ) 1. 建立抽象類別時，必須加入什麼關鍵字？(A) MustInherit (B)NotInheritable (C) MustOverride (D)Implements。

( ) 2. 定義抽象類別中的抽象成員時，必須加入什麼關鍵字？(A)MustInherit (B) NotInheritable (C)MustOverride (D)Implements。

( ) 3. 繼承抽象類別的衍生類別時，必須以什麼關鍵字來覆寫基底類別的抽象方法？ (A)NotOverridable (B)Overridable (C)Shared (D)Overrides。

( ) 4. .NET Framework透過什麼名稱空間來提供集合類別和介面？(A)System.Data (B) System.Collections (C)System.IO (D)System.Text。

二、填充題

1. 宣告介面時，必須使用＿＿＿＿＿＿＿＿＿陳述式來定義介面，並使用＿＿＿＿＿＿＿＿＿ 關鍵字來實作介面。

2. 名稱空間「System.Collections」的IDictionary介面中，屬性＿＿＿＿＿＿＿＿＿取得集 合項目數，屬性＿＿＿＿＿＿＿＿＿取得所有項目的索引鍵，屬性＿＿＿＿＿＿＿＿＿所有 項目的值。

3. 使用IList介面，將項目加入集合，使用＿＿＿＿＿方法；移除所有項目，使用＿＿＿＿＿ 方法；欲查詢項目是否在集合中，使用＿＿＿＿＿方法。

4. 集合項目中處理資料採用循序存取，有二種方式：＿＿＿＿＿＿＿、＿＿＿＿＿＿＿。

三、問答與實作題

1. 請說明介面和抽象類別有何不同？

2. 將播放器定義為抽象類別，抽象方法為play，繼承此播放器的類別為DVD播放器，並實 作play方法。

3. 定義一個「IOpr」介面，實作類別「Sales」能讓使用者輸入日期並選購車票。

17

以ADO存取資料

- 認識資料庫系統，了解關聯式資料庫的特性。

- 組成**ADO.NET**架構的**.NET Framework**資料提供者和**DataSet**。

- 以資料來源組態精靈來取得資料庫內容。

- 簡介**SQL**指令，了解「查詢產生器」如何產生**SQL**指令。

- 以程式碼撰寫連線字串、執行**SQL**指令，而**DataReader**顯示查詢結果。

- 使用**DataAdapter**物件，將查詢結果載入**DataSet**物件，再以**DataGridView**控制項顯示。

從資料庫系統開始,簡單介紹關聯式資料庫的特性。要以ADO.NET來存取資料,得了解組成其架構的.NET Framework資料提供者和儲存資料的DataSet。要擷取資料就得了解相關的SQL指令,並使用「查詢產生器」。資料來源組態精靈能快速建立資料來源,而以Visual Basic程式碼亦能逐步認識連線資料來源的過程,從Connection、Command到DataReader物件。

17.1 資料庫基礎

透過手機,可以記錄他人的電話號碼,其目的何在?方便於下次撥打時能夠使用。如果把手機視為一個簡易資料庫,將儲存的電話號碼予以分類,就能以電話號碼或是姓名來搜尋。若以他項角度思考,「資料庫」(Database)就是一些相關資料的集合。

所謂的資料庫,其實是「資料庫系統」(Database System)的一部份,一個完整的資料庫系統,由資料庫(Database)、資料庫管理系統(DBMS, Database Management System)和使用者(User)組成。有了這樣的概念之後,第一步就是瞭解資料庫吧!

17.1.1 資料庫系統

以下列資料來說,只看得出來它是姓名資料對照數字,但是這些資料真正用途卻無法得知。

王大海	79
陳仲明	65
孫亞美	75
林玉英	81.67
朱梅珍	64.67

若是將這些資料予以整理後,才會發現這是一份成績單。

通訊錄					
學系：電信工程學系			班級：二年乙班		
姓名	平均成績	數學	英文	國文	備註
王大海	79.00	78	96	63	
陳仲明	65.00	63	47	85	
孫亞美	75.00	77	85	63	
林玉英	81.67	92	88	65	
朱梅珍	64.67	85	47	62	

　　因此，資料必須經過多層處理步驟，才能轉換為有用資訊。而資料庫系統是電腦上應用的資料庫，一個完整的資料庫系統須包含儲存資料的資料庫，管理資料庫的DBMS，讓資料庫運作的電腦硬體設備和作業系統，管理和使用資料庫的相關人員。

　　由此看來，資料庫、資料庫管理系統和資料庫系統是三個不同的概念，資料庫提供的是資料的儲存，資料庫的操作與管理必須透過資料庫管理系統，而資料庫系統提供的是一個整合的環境。

17.1.2　認識關聯式資料庫

　　關聯式資料庫中，資料儲存於二維表格中，稱為「資料表」(Table)，所謂的「關聯」是資料表與資料表之間以欄位值來進行關聯，透過關聯可篩選出所需的資訊。

　　關聯式資料庫的資料表，是一個行列組合的二維表格，每一行(垂直)視為一個「欄位」(Field)，為屬性值的集合，每一列(水平)稱為值組(tuple)，就是一般所說的「一筆記錄」。使用關聯式資料庫，須具有下列特性：

- 一個儲存格只能有一個儲存值。
- 每行的欄位名稱都必須是一個單獨的名稱。
- 每列的資料不能有重覆性：表示每筆記錄都是不相同的。
- 行、列的順序是沒有關係。

- 主索引是用來識別欄位的值，建立資料庫後，必須為每個資料表設定一個主索引，其欄位值具有唯一性，而且不能有重覆。

  在關聯式資料庫中，關聯的種類分為三種：

- 一對一的關聯(1:1)：指一個實體(Enity)的記錄只能關聯到另一個實體的一筆記錄。如一個部門裡必定會有員工；相同地，一個員工亦只能隸屬一個部門。

- 一對多的關聯(1:M)：指一個實體的記錄關聯到另一個實體的多筆記錄。如一個客戶會有多筆交易的訂單。

- 多對多的關聯(M：N)：指一個實體的多筆記錄關聯到另一個實體的多筆記錄。如一個客戶可訂購多項商品，一項商品也能被不同的客戶來訂購。

17.2 │ 使用ADO.NET

想要存取其他來源的資料(例如SQL Server、Excel檔案)，可使用ADO.NET再配合OLE DB和ODBC。使用ADO.NET連接至所需的資料來源，還能進一步擷取、處理及更新其中的內容。

17.2.1　System.Data命名空間

由於ADO.NET是.NET Framework類別庫的一環，未介紹ADO.NET之前先了解所使用的命名空間「System.Data」及相關的命名空間。「System.Data」命名空間用來存取ADO.NET架構的類別，有效地管理來自多個資料來源的資料；其命名空間底下常用的類別，列表17-1。

【表17-1 System.Data命名空間】

類別	說明
DataColumn	描述Schema，表示DataTable中資料欄的結構
DataColumnCollection	表示DataTable的DataColumn物件集合
DataRelation	表示兩個DataTable物件之間的父/子關係
DataRow	表示DataTable中的資料列
DataRowView	表示DataRow的自訂檢視
DataSet	儲存於記憶體中快取資料
DataTable	儲存於記憶體中的虛擬資料表
DataTableReader	以一個或多個唯讀順向類型結果集的形式，來取得DataTable物件的內容
DataView	自訂DataTable的可繫結資料的檢視表，以供排序、篩選、搜尋、編輯和巡覽

除此之外，還有那些命名空間跟ADO.NET有關，以表17-2概述。

【表17-2 與ADO.NET有關的命名空間】

命名空間	說明
System.Data.Common	為.NET Framework資料提供者所共用的類別，用來存取資料來源，包含DataAdapter、DbConnection等
System.Data.OleDb	資料來源Access資料庫，提供.NET Framework Data Provider for OLE DB，包含OleDbDataAdapter、OleDbDataReader、OleDbCommand和OleDbConnection等類別
System.Data.Sql	支援SQL Server特定功能的類別

17.2.2 ADO.NET架構

ADO.NET是.NET Framework類別庫所提供，撰寫Visual Basic應用程式時，透過ADO.NET來建立資料庫應用程式。其架構包含二大類：.NET Framework資料提供者和DataSet，如下圖17-1所示。

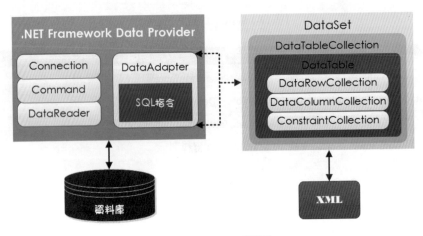

【圖17-1 ADO.NET架構】

認識DataSet

DataSet(資料集)為ADO.NET架構的主要元件,是用戶端記憶體中的虛擬資料庫,顯示查詢結果。由DataTable物件的集合組成,是一種離線式物件,也就是存取DataSet物件時,並不需要與資料庫保持連線。使用DataRelation物件將物件產生關聯。以UniqueConstraint和ForeignKeyConstraint物件來取得使用資料的完整性。當使用者修改資料,或者要取得最新的查詢結果,才會透過DataTable存取內容。

.NET Framework資料提供者

「.NET Framework資料提供者」用於資料操作,提供ADO.NET四個核心元件:

- Connection物件:提供資料來源的連接。OLE DB(例如Access資料庫)使用OleDbConnection物件;若是SQL Server則是使用SqlConnection物件。
- Command物件:能執行資料庫命令,以SQL指令新增、修改、刪除資料,執行預存程序(Stored Procedure)等。OLE DB使用OleDbCommand物件,SQL Server 則是SqlCommand物件。DbCommand類別是所有Command物件的基底類別。
- DataReader物件:顯示Command物件執行SQL指令所得的查詢結果,取得唯

讀和只能向前的高效能資料流。DbDataReader類別是所有DataReader物件的基底類別。

- DataAdapter物件：提供DataSet物件與資料來源之間的溝通橋樑。將SQL指令所得結果，配合DataSet物件和DataGridView控制項來顯示其記錄。

17.3 取得資料來源

如何取得資料來源？方法一是使用「資料來源組態精靈」產生資料集；方法二是以Visual Basic撰寫程式碼。

由於ADO.NET在「資料繫結」中扮演資料提供者的角色，完成DataSet物件之後，就可以在表單上使用控制項來顯示資料庫內容。如何與資料來源產生繫結！最快速的方法則是以Visual Studio 2013建立專案後，透過「資料來源組態精靈」產生資料集(DataSet)，並自動加入「DataSet.xdc」檔案。而「資料繫結」的作用是將外部取得的資料整合到Windows表單，透過控制項呈現資料內涵；藉由.NET Framework的資料繫結技術，在控制項內顯示資料庫的記錄。

17.3.1 產生DataSet

Visual Basic 2013提供資料繫結(Databinding)控制項，方便於設計人員快速的製作資料庫表單。如何與資料庫產生連結，並以Windows Form顯示！必須有：

- 「資料來源」視窗，用來與資料庫產生連結。
- 產生DataSet、TableAdapter物件。
- 自動產生BindingNavigator控制項和BindingSource元件。
- 配合其他控制項：DataGridView、ListBox、ComboBox等顯示資料內容。

範例《CH1703A》

說明：透過資料來源組態精靈，將資料來源設為Access資料庫，完成DataSet的設定。

STEP 1 專案範本「Windows Form應用程式」，專案名稱「CH1703A. vbproj」。

STEP 2 ❶切換視窗左側下方的標籤「資料來源」，❷再點選「加入新資料來源」指令，進入「資料來源組態精靈」畫面。

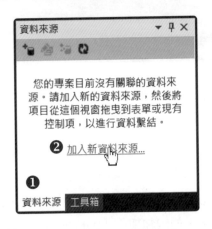

STEP 3 開啟資料來源組態精靈交談窗，選擇❶資料庫，❷按「下一步」鈕。

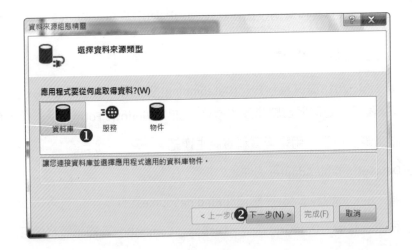

STEP 4 選資料庫模型；選❶資料集，❷按「下一步」鈕。

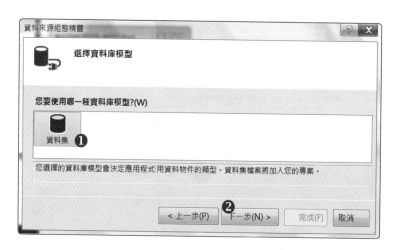

STEP 5 選擇資料連接，按❶「新增連接」鈕，進入「加入連接」交談窗；❷
按「變更」鈕選取資料來源「Microsoft Access」；按❸「瀏覽」鈕
連接Access資料庫，再按❹「測試連接」鈕做連接測試，❺按「確
定」關閉訊息方塊；❻按「確定」鈕回到資料來源組態精靈。

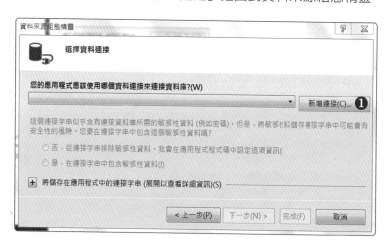

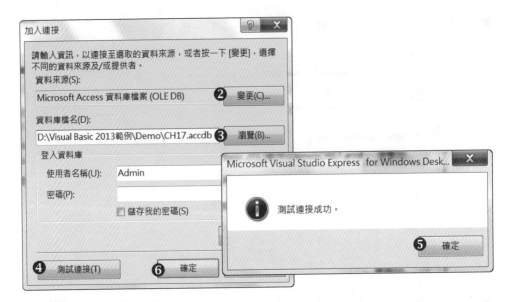

STEP **6** 可以看到連接的資料庫,按「下一步」鈕,由於資料庫檔案並非與專案同一資料夾,會顯示警告訊息,直接按「是」鈕之後會把資料庫複製到專案資料夾之下。

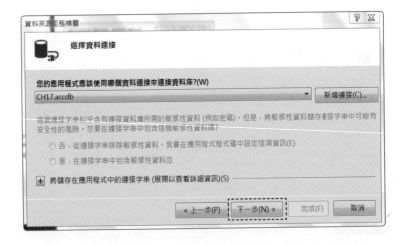

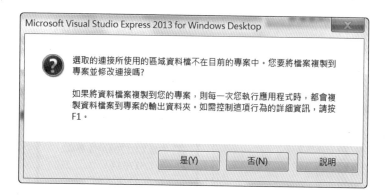

<STEP> **7** 連線字串使用預設值，直接按「下一步」。

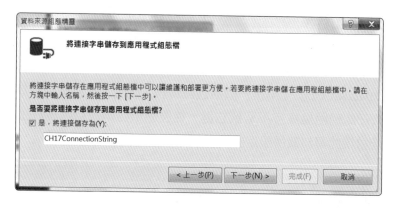

<STEP> **8** 展 開 資 料 表 ， 勾 選 所 需 的 資 料 表 ， 資 料 集 名 稱 用 預 設 值 「CH17DataSet」，再按「完成」鈕。

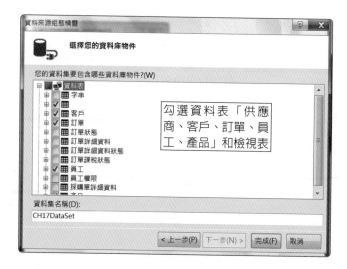

勾選資料表「供應
商、客戶、訂單、員
工、產品」和檢視表

STEP 9 從「資料來源」視窗可以『CH17DataSet』底下所匯入的資料表;而
方案總管視窗可以看到Access資料庫「CH17.accdb」。

使用「設計工具檢視」

「CH17DataSet.xsd」檔案是一個描述資料表、欄位、資料型別和其他元素的
XML綱目。在此綱目檔案按下滑鼠右鍵,從展開項目中執行「設計工具檢視」
指令,還能檢視此資料庫所設定的關聯。

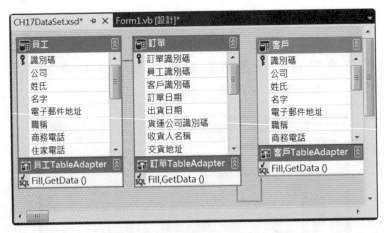

【圖17-2 DataSet設計工具編輯畫面】

17.3.2　檢視資料來源

　　資料來視窗上方設有「資料來源」的工具列，有關功能由左而右簡介，如下圖17-3所示。

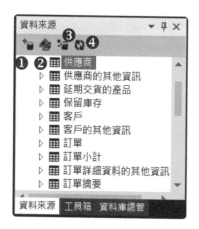

【圖17-3 資料來源視窗工具列】

❶ 加入新資料來源：會進入「資料來源組態精靈」去取得新的資料來源。

❷ 以設計工具編輯資料集：開啟「CH17DataSet.xsd」綱目檔案。

❸ 以精靈設定資料集：會重新進入「資料來源組態精靈」，可重新設定欲顯示的資料庫物件(步驟8畫面)。

　　點選資料來源視窗的某個資料表時(要關閉DataSet設計工具編輯視窗)，會在視窗右側顯示▼鈕，按下此鈕會顯示相關選項，如圖17-4，點選「供應商」資料表，還能進一步展開相關選項。

【圖17-4 顯示資料繫結控制項】

- DataGridView：預設選項，以表格方式顯示資料表的欄位和記錄。
- 詳細資料：會依據資料表的每一個欄位自動建立對應的控制項。

　　展開「供應商」資料表，還能選取某一個欄位，點選此欄位右側的▼鈕，可決定要以那一個控制項在表單上顯示內容，如圖17-5。

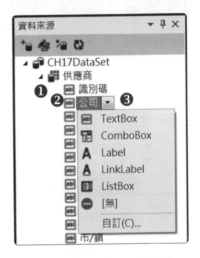

【圖17-5 設定欄位的控制項】

17.3.3　DataGridView控制項

　　DataGridView控制項以表格方式顯示資料。當資料繫結對象包含多個資料表時，還能將DataMember屬性設定為資料表所要繫結的目標字串。在「資料來源」視窗展開DataTable物件，將相關資料拖曳至表單，就能自動建立DataGridView控制項。此外，會自動新增TableAdapter、BindingSource和BindingNavigator物件。說明如下：

- TableAdapter物件：功能和DataAdapter物件相似，透過來源資料能執行多次查詢。藉由TableAdapter物件，能更新DataSet物件多個資料表的記錄。
- BindingNavigator控制項：用來繫結至資料的控制項。負責資料記錄巡覽和操作使用者介面(UI)。使用者能藉由Windows Form來操作資料。
- BindingSource元件：提供間接取值(Indirection)層的作用。當表單上的控制項繫結至資料時，BindingSource元件繫結至資料來源，而表單上的控制項會繫

結至BindingSource元件。操作資料時(包括巡覽、排序、篩選和更新)，都會呼叫BindingSource元件來完成。

拖曳到表單的DataGridView控制項，可以展開其工作，按「預覽資料」鈕，會進入「預覽資料」交談窗。

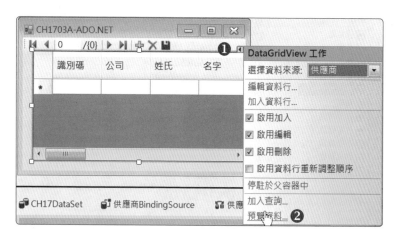

再按交談窗的「預覽」鈕能進一步瀏覽供應商資料的記錄，如圖17-6

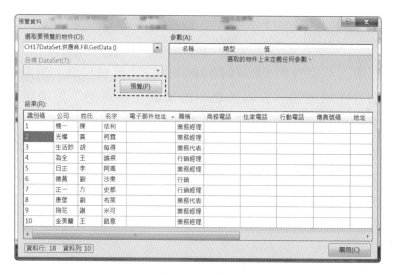

【圖17-6 DataGridView預覽資料內容】

　　除此之外，還能透過「DataGridView」工作『編輯資料行』來新增、移除欄。例如，從「預覽資料」交談窗中發現『電子郵件地址』並無資料，進一步刪除此欄位。

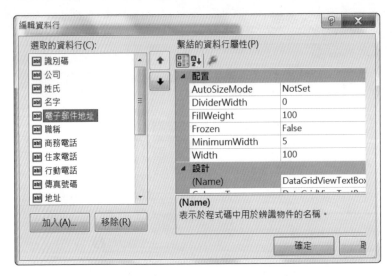

【圖17-7 DataGridView控制項的編輯資料行】

範例 《CH1703B》

STEP 1 延續上一個專案《CH1703A》；在「資料來源」視窗，以滑鼠點選「供應商」資料表右側的▼鈕，展開的下拉項目中，點選「DataGridView」(參考圖17-4)。

STEP 2 將「供應商」拖曳至表單，就會將相關物件新增於表單下方的元件匣，並在表單加入DataGridView控制項，將其Dock屬性設為「Fill」(或是利用DataGridView工作的「停駐於父容器中」)。

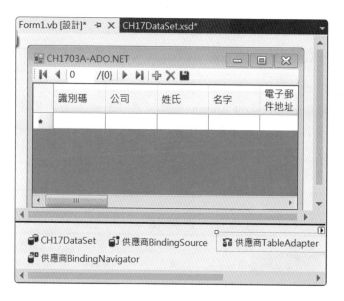

STEP 3 選取DataGridView控制項，從屬性視窗找到「AlternatingRowsDefa
ultCellStyle」屬性，按「...」(節省鈕)，進入CellStyle產生器，設定
「BackColor」為淡黃色。

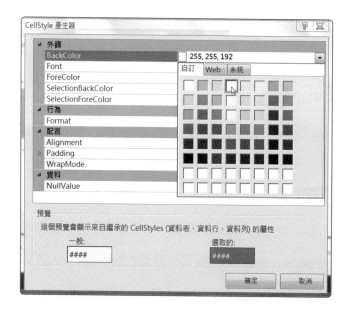

程‧式‧解‧說

* AlternatingRowsDefaultCellStyle屬性是針對奇數資料列套用所設定的儲存格樣式。

* 由於AllowUserToResizeColumns屬性值為「True」，滑鼠移向二個欄位間呈 ↔ 雙箭頭顯示，表示可以自由調整欄寬。

📠 執行、編譯程式

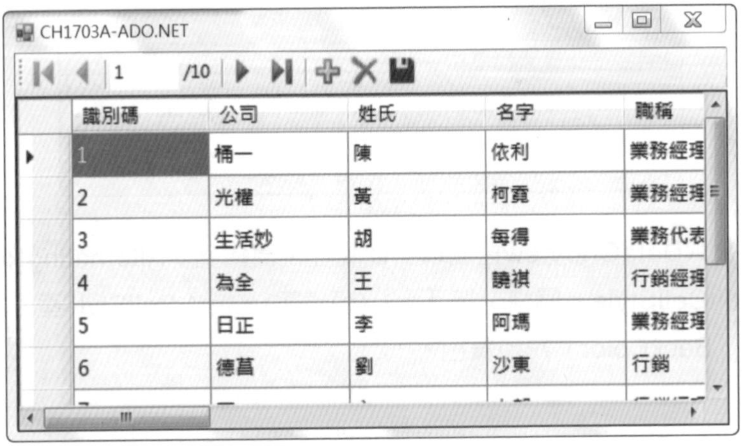

【圖17-8 範例CH1703A執行結果】

顯示單筆的詳細資料

　　DataGridView顯示所有資料，這裡透過「採購單」資料表來顯示單筆的詳細內容。

範例《CH1703B》

說明：延續前一個專案《CH1703A》架構，以單筆來顯示詳細資料。

STEP 1 範本Windows Form應用程式，專案名稱「CH1703B.vbproj」。

STEP 2 「專案」加入第二個Windows Form，將名稱儲存為「Order.vb」。

STEP 3 資料來源視窗找到「採購單」資料表，以滑鼠點選右側的▼鈕，變更
為「詳細資料」，再將「採購單」資料表拖曳至表單。

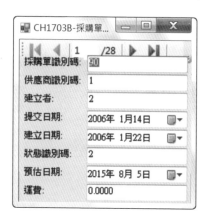

STEP 4 切換至Form1表單，在表單工具列加入單筆編輯的
「ToolStripButton」控制項，Name「stbtnOrderDetail」，Text「採
購單的單筆記錄」。

STEP 5 滑鼠雙擊進入Click事件，程式碼如下。

stbtnOrderDetail_Click()事件

```
18  Dim fmOrder As New Order  '建立採購單物件
19  fmOrder.Show()  '顯示表單
```

📌 執行、編譯程式

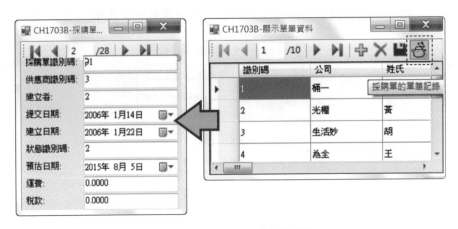

【圖17-9 範例CH1703B執行結果】

前述範例是利用「資料來源組態精靈」來快速產生建立資料庫應用程式的介面。它的基本步驟如下：

<1> 完成建置的資料庫

<2> 利用.NET Framework資料提供者的Connection物件產生連線字串。

<3> 建立資料集(DataSet)，讓資料庫的資料能存放於此，進行離線操作。

<4> 使用BindingSource控制項的DataSet屬性設為DataSet資料集，才能取得資料來源並進一步與表單做繫結，如17-10之圖左所示。

<5> 建立資料連結控制項，將它的屬性DataSource設為所對應的BindingSource控制項物件，讓彼此間有互動，如17-10之圖右所示。

【圖17-10 控制項的繫結】

17.4 | 簡易SQL指令

SQL(Structured Query Language)語言，它是針對關聯式資料庫用來查詢資料的一種結構化語言，透過SQL指令可用來存取和更新資料庫的記錄，基本上分為三大類：

* 資料定義語言DDL(Data Definition Language)：用來建立資料表，定義欄位。

* 資料操作語言DML(Data Manipulation Language)：定義資料記錄的新增、更新、刪除。

* 資料控制語言DCL(Data Control Language)：屬於資料庫安全設定和權限管理的相關指令。

17.4.1 使用查詢產生器

Visual Studio 2013提供「查詢產生器」來產生SQL指令。藉由產生的資料集，以視覺化介面，讓不會使用SQL指令的設計者，也能一窺SQL指令的面貌。它的環境簡介如下圖17-11所示。

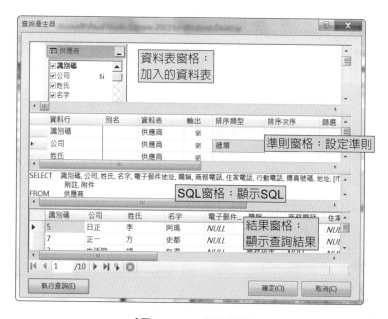

【圖17-11 SQL查執視窗】

　　配合已完成的資料集，有二種方法取得查詢產生器：❶搜尋準則產生器；
❷TableAdapter查詢組態精靈。以範例《CH1704A》做說明。

範例 《CH1704A》

說明：使用資料集(DataSet)，表單已產生單筆的詳細資料，進一步使用查詢產
　　　生器。

STEP 1 開啟範例《CH1704A》，將「Reader」資料表以『詳細資料』顯示
於表單。

STEP 2 表單下方的「匣」找到「ReaderTableAdapter」控制項，❶展開
ReaderTableAdapter工作，❷執行「加入查詢」指令。

STEP 3 加 入 欲 查 詢 的 資 料 表 。 ❶ 資 料 來 源 資 料 表 確 認
「LoanDataSetReader」；❷新的查詢名稱「SortName」；❸按
「查詢產生器」鈕進入查詢視窗。

STEP 4 將「姓名」欄位做遞減排序。●將「生日」欄位的排序類型「遞減」；帶出排序次序「1」；❷按一下SQL窗格會帶出SQL敘述；❸按「確定」鈕回到上一層「搜尋準則產生器」視窗，再按「確定」鈕關閉視窗。

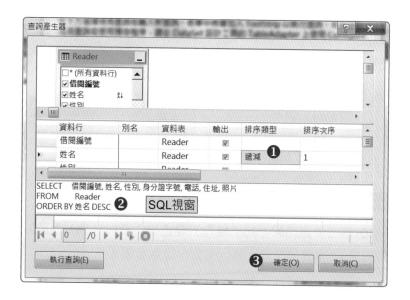

STEP 5 可以看到表單工具列加入一個「SortName」，透過屬性視窗將Text
變更「將姓名排序」。

🖥 執行、編譯程式

【圖17-12 範例CH0704A執行結果】

TableAdapter查詢組態精靈

要取得SQL指令查詢結果，另一種方式是透過「資料來源」視窗的「以設計
工具編輯資料集」，其實就是進入綱目檔案，設定步驟如下。

範例《CH1704A》

STEP **1** 延續範例「CH1704A」；開啟LoanDataSet.xsd綱目檔案。

STEP **2** 進入設計工具視窗，在「LibBooks」資料表按滑鼠右鍵，快顯功能表中選「加入」再執行「查詢」指令。

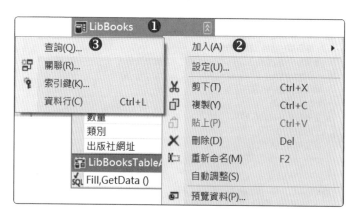

STEP **3** 進入「TableAdapter查詢組態精靈」交談窗，❶選取「使用SQL陳述式」，❷按「下一步鈕」。

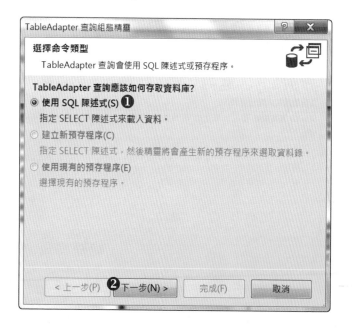

STEP 4 選擇查詢類型❶「傳回資料列的SELECT」，按❷「下一步」鈕。

STEP 5 按「查詢產生器」鈕進入其交談窗。

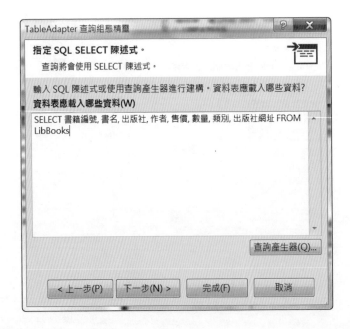

STEP 6 姓名欄位的篩選輸入❶「LIKE '林%'」；❷按一下SQL視窗更正SQL
敘述；❸按「執行查詢」鈕若無錯誤，會從結果視窗輸出結果；❹按
「確定」鈕回到上一層視窗。

STEP 7 回到TableAdapter查詢組態精靈視窗，再按「完成」鈕關閉交談
窗。

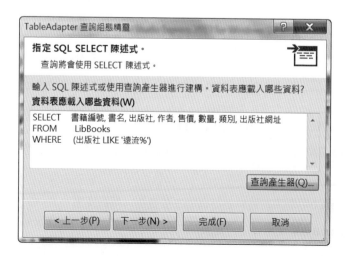

STEP 8 回到綱目檔案可以看到「LibBooks」資料表下方有建立的查詢，❶在「FillBy, GetDataBy0」按滑鼠右鍵，從快顯功能表中執行❷「預覽資料」指令，進入預覽資料視窗；❸按「預覽」鈕，可以查看姓名只列出生氏為「林」的學生資料；再按❹「關閉」鈕關閉視窗。

Tips | **TableAdapter查詢組態精靈**

　　透過綱目檔案可以進入TableAdapter查詢組態精靈，完成的查詢會存在綱目檔案下方。

◆ Fill, GetData 0用來定義資料表結構的主要查詢，系統產生

◆ Fill, GetDataBy0是使用者自行定義的查詢

17.4.2　SELECT子句

　　資料庫中含有資料表，針對資料表中的某些欄位或記錄，使用選取查詢 (Select Query)來篩選所需結果。SQL語法最基本的敘述就是Select，其作用就是 從資料表選取資料，語法如下：

```
SELECT 欄位1 [, 欄位2, ...]
FROM 資料表1[, 資料表2]
```

- SELECT指令：要有欄位名稱，不同的欄位要以逗號「,」隔開。
- FROM指令：資料表名稱：同樣地，不同的資料表名稱也要以逗號「,」隔 開。

　　使用Select敘述，想要取得LibBooks資料表中「書名」、「出版社」、「作者」3 個欄位的資料；或者進一步選取LibBooks資料表的所有欄位時，使用「*」符號 來代表所有的欄位。

```
SELECT 書名, 出版社, 作者 FROM LibBooks
SELECT * FROM LibBooks
```

17.4.3　WHERE子句

　　SQL指令中的WHERE子句可配合條件進行查詢，語法如下：

```
WHERE Condition
```

- Condition：設定查詢條件，其作用就是從有關欄位中找出符合條件的欄位 值。

　　如果是單一條件查詢，文字欄位必須加單引號或雙引號。例如從「出版 社」欄位中，找出「遠流出版社」；查詢時，WHERE子句配合LIKE運算子提供 「模糊查詢」。此外，使用「%」(任意字串)或「_」(單一字元)萬用字元來尋找符 合條件的字串，例如，以「遠流」開頭的出版社。

```
SELECT書名, 出版社, 作者FROM LibBooks
WHERE 出版社 = "遠流出版社"
SELECT書名, 出版社, 作者FROM LibBooks
WHERE 出版社 LIKE "遠流%"
```

找出出版社是「老古文化」；如果是數值欄位，可以直接以WHERE子句查詢。例如，找出售價大於等於500元的書籍。

```
SELECT書名, 出版社, 作者FROM LibBooks
WHERE 出版社 LIKE "老古＿＿"
SELECT書名, 出版社, 作者FROM LibBooks
WHERE 售價 >= 500
```

使用多重條件查詢，可配合AND或OR運算子來串接查詢條件，例如，想要知道那一家出版社是否有售價大於或等於500的書籍，使用WHERE子句的簡述如下：

```
SELECT 書名, 出版社, 作者, 售價 FROM LibBooks
WHERE  (出版社 LIKE '遠流%') AND (售價 >= 500)
```

* 表示出版社名稱要先符合「遠流」，再找出售價大於或等於500元的書籍。

想要知道遠流或皇冠出版社是否有售價大於或等於250的書籍！或者想要查詢某一個範圍的記錄，還可以使用WHERE BETWEEN。例如，查詢售價介於500~1000之間的書籍。

```
SELECT 書名, 出版社, 作者, 售價 FROM LibBooks
WHERE (出版社 LIKE '遠流%') OR 出版社 LIKE '皇%') AND (售價 >= 250)
SELECT 書名, 出版社, 作者, 售價 FROM LibBooks
WHERE   售價 BETWEEN 500 AND 1000
```

17.5 | 以程式碼擷取、存入資料

　　命名空間System.Data.OleDb是.NET Framework Data Provider for OLE DB。可用來存取OLE DB資料來源。使用OleDbDataAdapter，配合記憶體的DataSet，可以查詢及更新資料來源。ADO.NET的DataReader物件能讀取資料庫記錄；DataAdapter能從資料來源擷取資料，並填入DataSet的資料表。

　　前述範例是以「資料來源組態精靈」來建立連線字串，再進一步以資料庫產生連線，然後由DataGridView控制項來顯示資料表內容。如果要以Visual Basic程式碼來撰寫，要如何著手！以下列步驟說明：

1).匯入相關的名稱空間

2).以OldDbConnection物件連接資料庫

3).建立OldDbCommand物件，執行SQL指令

4).以OleDbDataReader物件取得查詢結果

17.5.1　匯入相關命名空間

　　要連接資料庫，第一個要確認資料庫類型。.NET Framework Data Provider的用途是用來連接資料庫、執行命令和擷取結果。共有四個：

- NET Framework Data Provider for SQL Server：適用於Microsoft SQL Server 7.0以後的版本，使用 System.Data.SqlClient命名空間。

- .NET Framework Data Provider for OLE DB：適用於Access資料庫，使用System.Data.OleDb命名空間。

【表17-3 System.Data.OleDb命名空間的常用類別】

類別	說明
OleDbCommand	針對資料來源執行的SQL敘述或預存程序
OleDbConnection	建立資料來源的連接
OleDbDataAdapter	資料命令集和資料庫連接，用來填入DataSet並更新資料來源
OleDbDataReader	提供資料來源讀取資料列的方法

- NET Framework Data Provider for ODBC：適用ODBC資料來源的中介應用程式，使用System.Data.Odbc命名空間。

- .NET Framework Data Provider for Oracle：適用Oracle資料庫，支援Oracle用戶端軟體 8.1.7(含)以後版本，使用System.Data.OracleClient命名空間。

　　建立專案後，若是連接Access資料庫，必須匯入「System.Data.OleDb」命名空間。方法一是在程式碼開頭以「Imports」敘述匯入此命名空間

```
Imports System.Data.OleDb
```

　　另一種方式透過「My Project」，匯入「System.Data.OleDb」命名空間，利用下述範例做介紹。

範例《CH1705A》

說明：使用Access資料庫，匯入命名空間「System.Data.OleDb」

STEP 1 範本Windows Form應用程式，專案名稱「CH1705A.vbproj」。

STEP 2 滑鼠雙按方案總管的「My Project」，將索引標籤切換為❶「參考」，將❷「System.Data.OleDb」勾選，再按右上角的「X」鈕關閉視窗。

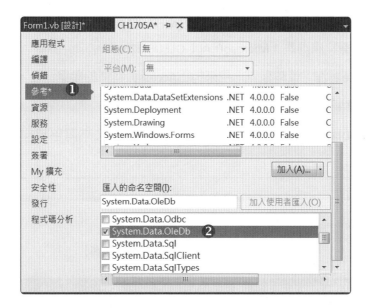

17.5.2　連接資料庫

不同的資料庫需要不同的連線物件，Access資料庫使用OLE DB。所以要以「.NET Framework資料提供者」的OleDbConnection類別所建立的物件來產生連接，建構函式的語法如下。

```
Public Sub New(connectionString As String)
```

- connectionString：用來開啟資料庫的連接。

    以OleDbConnection類別來建立物件並指定連線的字串。

```
'建立OleDbConnection物件conn
Dim conn As OleDbConnection
conn = New OleDbConnection(connString)'以建構函式指定連線字串
```

connString為指定資料來源的連線字串，若對象是Access資料庫，簡述如下：

```
connString = "Provider=Microsoft.ACE.OLEDB.12.0;" & _
    "Data Source=D:\VBDemo\CH17\Loan.accdb" 'Access 2007
```

- **Provider屬性**：OLE DB提供者名稱是以Access資料庫為主，連接Access 2007以後的版本資料庫則是「**Microsoft.ACE.OLEDB.12.0**」。

- **DataSource屬性**：資料來源，用來指出Access資料庫的檔案路徑。

- 不同的資料來源屬性須以分號「;」字元區隔。

完成OleDbConnection物件的建立後，以Open方法來開啓資料庫。簡述如下：

```
conn.Open()
```

OleDbConnection常用成員，表17-4說明。

【表17-4 OleDbConnection類別常用成員】

成員	說明
ConnectionString	取得或設定開啓資料庫的字串
ConnectionTimeout	產生錯誤前嘗試終止連接的等待時間
Database	取得或設定資料庫名稱
DataSource	取得或設定欲連接的資料來源名稱
Provider	取得連接字串"Provider ="子句指定的OLE DB提供者名稱
Close()	關閉OLE DB資料庫的連接
Dispose()	釋放OleDbConnection所佔用的資源
Open()	開啓OLE DB資料庫的連接

17.5.3 執行SQL指令

執行相關的SQL指令就得以OldDbCommand類別所產生的物件做配合。OldDbCommand物件主要是透過二個方法來執行SQL指令：

- **ExecuteReader()**方法，要搭配OleDbDataReader類別使用，將SQL指令查詢所得結果以OleDbDataReader取得。

- **ExecuteNonQuery**方法，不回傳資料記錄，但可以傳回異動的資料筆數，例如使用INSERT或UPDATE指令等。

以OleDbCommand類別來建立物件，先了解其建構函式：

```
OleDbCommand(String)
OleDbCommand(String, OleDbConnection)
OleDbCommand(String, OleDbConnection, OleDbTransaction)
```

- String：為SQL指令。

- OleDbConnection：為資料庫的連線物件。

- OleDbTransaction：執行交易物件。

例如，要以OleDbCommnad物件去取得「Reader」資料表所有內容：

```
Dim cmd As OleDbCommand    '建立OleDbCommand物件cmd
'SQL指令：取得Reader資料表所有記錄
sqlShow = "SELECT * FROM Reader"
'以OldDbCommand物件的建構函式傳入SQL敘述和連線物件2個參數
cmd = New OleDbCommand(sqlShow, conn)
```

OleDbCommand常見的成員，列表17-5。

【表17-5 OleDbCommand類別的成員】

OleDbCommand	說明
CommandText	取得或設定資料來源的SQL陳述式或預存程序
CommandTimeout	取得或設定錯誤產生之前的等待時間
CommandType	取得或設定CommandText屬性的解譯方法
Connection	取得或設定OleDbCommand所使用的OleDbConnection
Parameters	取得OleDbParameterCollection
Transaction	取得或設定OleDbTransaction，執行其中的OleDbCommand
Cancel()	用來嘗試取消OleDbCommand的執行

產生Command物件，以OleDbDataReader的物件讀取資料庫時，可呼叫「Command.ExecuteReader」擷取資料來源的記錄，然後由OleDbDataReader物件顯示查詢結果，簡述如下：

```
Dim rdDisplay As OleDbDataReader
rdDisplay = cmd.ExecuteReader()
```

Command物件提供的Execute方法，列表17-6。

【表17-6 Execute()方法】

命令	回傳值
ExecuteReader	傳回OleDbDataReader物件
ExecuteScalar	從資料表取得單一欄位資料，通常是第一筆記錄第一個欄位
ExecuteNonQuery	執行SQL指令，但不會傳回任何記錄

17.5.4　DataReader顯示內容

以SQL指令執行查詢時，會將結果一直儲存於用戶端的網路緩衝區，直到使用OleDbDataReader類別的Read方法要求它們為止。由於立即擷取可用的資料，而一次只將一個資料列儲存到記憶體中，因此OleDbDataReader類別可以提高應用程式的效能，減少系統的負荷。OleDbDataReader物件用來讀取資料來源的資料流，常見的屬性、方法，列表17-7。

【表17-7 OleDbDataReader類別成員】

成員	說明
FileCount	用來取得目前資料欄位數的整數值
HasRows	判斷OleDbDataReader是否有一個以上的資料列，以布林值回值
Item	用來取得ColumnName欄位值
GetName()	取得指定的欄位名稱
GetValue()	取得指定的欄位值
IsDBNull()	判斷指定的資料欄位是否為空值，回傳布林值
Read()	讀取記錄時，一次一筆，直到記錄讀完為止

如何讀取OleDbDataReader物件的內容？先以for迴圈取得欲讀取資料表的欄數，將資料輸出。再透過while迴圈或是Do while配合OleDbDataReader提供的Read()方法，一次讀取一筆記錄。

```
While rdDisplay.Read()
    rdDisplay.Item("ColumnName")
    '讀取資料庫的欄位名稱
End While
conn.Close() '釋放有關資源
rdDisplay.Close()
```

範例《CH1705A》

說明：以程式碼實作Access資料庫連線，並以OleDbDataReader物件讀取資料表
　　　內容。

STEP 1 延續專案「CH1705A.vbproj」，控制項：Button，Name
「btnAccess」，Text「開啟Access資料庫」；RichTextBox，Name
「rtxtDbShow」，Dock「Bottom」。

STEP 2 程式碼撰寫如下。

btnAccess_Click ()事件

```
04  '步驟2--建立連線Access資料庫的相關物件
05  Dim conn As OleDbConnection    '資料庫的連線物件
06  Dim cmd As OleDbCommand        '執行SQL指令
07  Dim rdDisplay As OleDbDataReader
08  Dim connString, sqlText, result As String
09  '建立連線字串
10  connString = "Provider=Microsoft.ACE.OLEDB.12.0;" & _
11      "Data Source=D:\Visual Basic 2013範例\" & _
12      "Demo\Loan.accdb"
13  conn = New OleDbConnection(connString)
14  conn.Open()  '開啟資料庫
15
16  '步驟3--以Command物件cmd執行SQL指令
17  '讀取LibBooks資料表所有欄位
18  sqlText = "SELECT 書名,作者,售價,出版社 FROM LibBooks"
19  cmd = New OleDbCommand(sqlText, conn) '取得SQL指令
20  '步驟4--將查詢結果以DataReader顯示
21  rdDisplay = cmd.ExecuteReader()
22  result = "Access資料庫" & vbTab & "欄位數：" & _
23      rdDisplay.FieldCount & vbCrLf
24  result &= "書名" & vbTab & vbTab & vbTab & "作者" _
25      & vbTab & "售價" & vbTab & "出版社"
26  '讀取每一筆記錄
27  While rdDisplay.Read()
```

```
28    result &= rdDisplay.Item(0).ToString & vbTab & _
29       vbTab & rdDisplay.Item(1).ToString & vbTab & _
30       rdDisplay.Item(2).ToString & vbTab & _
31       rdDisplay.Item(3).ToString & vbCrLf
32  End While
33  rdDisplay.Close()
34  conn.Close()
35  rtxtShow.Text &= result
```

程·式·解·說

* 第5~8行：宣告與資料庫連線時有關的物件。

* 第10~12行：連線字串，連結對象是Access 2007以上版本資料庫。

* 第18~19行：設定SQL指令，從LibBooks資料表取得4個欄位，再由OldDbCommand物件執行此指令。

* 第21行：執行ExecuteReader()方法，再由OldDbDataReader取得SQL指令的查詢結果。

* 第27~32行：While...End While迴圈，配合OldDbDataReader的Read方法，讀取回傳結果的欄位值。

* 第33~34行：以Close()方法釋放OldDbDataReader和OldDbConnection物件的資源。

執行、編譯程式

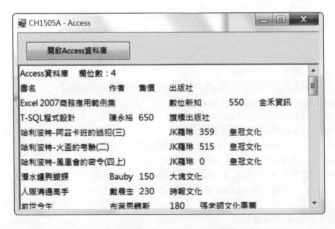

【圖17-13 範例CH1705A執行結果】

17.5.5 DataAdapter載入資料

DataAdapter物件扮演「資料配送器」，為資料來源與DataSet之間的媒介，將SQL命令的執行結果填入DataSet並更新資料來源。OleDbDataAdapter常見的屬性、方法，列表17-8。

【表17-8 OldDbDataAdapter類別的成員】

成員	說明
SelectCommand	取得或設定OLE DB資料來源所執行的SQL指令
InsertCommand	將資料新增到OLE DB資料來源所執行的SQL指令
UpdateCommand	將OLE DB資料來源的資料更新所執行的SQL指令
DeleteCommand	將OLE DB資料來源的資料刪除所執行的SQL指令
Fill()方法	將資料表的資料載入DataSet物件
Update()方法	在DataSet物件執行SQL指令(INSERT、UPDATE、DELETE)

如何使用OleDbDataAdapter，程序如下！

- 先建立Connection物件來連接並開啓資料庫。

- 再以DataAdapter物件執行SQL指令，將所得資料存入DataSet。例如，建立物件daShow，藉由OleDbDataAdapter建構函式，傳入參數sqlText(SQL指令)和conn物件(OleDbConnection)，簡述如下：

```
Dim daShow As OleDbDataAdapter
daShow = New OleDbDataAdapter(sqlText, conn)
```

然後指定資料繫結的對象，以Fill方法載入DataSet物件，並指定控制項的「DataSource」屬性，顯示資料表內容。

```
Dim ds As New DataSet()
daShow.Fill(ds, "Reader")  'Fill方法-將Reader資料表載入
dgvReader.DataSource = ds.Tables("Reader").DefaultView
```

範例《CH1705B》

說明：使用DataAdapter物件，配合DataSet物件，將資料內容以DataGridView控
制項顯示於表單。

STEP 1 範本Windows Form應用程式，專案名稱「CH1705B.vbproj」。

STEP 2 控制項：Button，Name「btnOpen」，Text「開啓資料庫」；
DataGridView，Name「dgvReader」，Dock「Bottom」。

STEP 3 程式碼如下。

```
                    btnOpen_Click ()事件 -- 部份程式碼
12   Try
13     '步驟1--建立連線字串
14     Using conn As New OleDbConnection(connString)
15       conn.Open() '開啓資料庫
16       sqlText = "SELECT * FROM Reader"
17       '步驟2--建立DataAdapter物件來執行SQL指令
18       daShow = New OleDbDataAdapter(sqlText, conn)
19       'Fill方法-將Reader資料表載入
20       daShow.Fill(ds, "Reader")
21       dgvReader.DataSource = _
22           ds.Tables("Reader").DefaultView
23     End Using
24   Catch ex As Exception
25     MsgBox("錯誤：" & sqlText)
26   End Try
```

程‧式‧解‧說

* 第12~26行：使用Try...Catch...陳述式來防止連線資料庫所發生的錯誤。

* 第14~23行：Using/End Using陳述式，進入此敘述會建立資源，離開此區
塊就會釋放資源。

* 第18~22行：建立OleDbDataAdapter物件，並以建構函式傳入SQL指令和
OleDbConnection物件2個參數；再以Fill方法將資料集(DataSet)的Reader
資料表載入，先以「Tables」屬性，將儲存於DataSet的資料表指定給
DataGridView的「DataSource」屬性來顯示。

執行、編譯程式

【圖17-14 範例CH1705B執行結果】

重點整理

↻ 資料庫、資料庫管理系統和資料庫系統是三個不同概念,資料庫提供資料的儲存,資料庫的操作與管理必須透過資料庫管理系統,資料庫系統提供的是一個整合的環境。

↻ 關聯式資料庫的資料表,是一個行列組合的二維表格,每一行(垂直)視為一個「欄位」(Field),為屬性值的集合,每一列稱為值組(tuple),就是一般所說的「一筆記錄」。

↻ 在關聯式資料庫中,關聯的種類分為三種:❶一對一的關聯(1:1);❷一對多的關聯(1:M);❸多對多的關聯(M:N)。

↻ 「System.Data」命名空間用來存取ADO.NET架構的類別,有效地管理來自多個資料來源的資料。

↻ ADO.NET是.NET Framework類別庫所提供,能建立資料庫應用程式。其架構包含二大類:.NET Framework資料提供者和DataSet。

↻ DataSet(資料集)為ADO.NET架構的主要元件,是用戶端記憶體中的虛擬資料庫,顯示查詢結果。由DataTable物件的集合所組成,是一種離線式物件。

↻ 「.NET Framework資料提供者」用於資料操作,提供ADO.NET四個核心元件:❶Connection;❷Command;❸DataReader;❹DataAdapter。

↻ 「資料繫結」的作用是將外部取得的資料整合到Windows表單,透過控制項呈現資料內涵;藉由.NET Framework的資料繫結技術,在控制項內顯示資料庫的記錄。

↻ Visual Studio 2013建立專案後,以「資料來源組態來源」產生資料集後,可選擇以「DataGridView」控制項顯示所有資料內容,或以單筆顯示詳細資料,此時表單自動新增TableAdapter、DataConnector和DataNavigator等相關物件。

↻ BindingNavigator控制項,用來繫結至資料的控制項。負責資料記錄巡覽和操作使用者介面(UI)。使用者能藉由Windows Form來操作資料。

↻ BindingSource元件提供間接取值(Indirection)層的作用。當表單的控制項繫結至資料時,BindingSource元件繫結至資料來源,而表單上的控制項會繫結至BindingSource元件。操作資料時(包括巡覽、排序、篩選和更新),都會呼叫BindingSource元件來完成。

↻ SQL(Structured Query Language)語言,它是針對關聯式資料庫用來查詢資料的一種結構化語言,基本上分為三大類:❶資料定義語言DDL(Data Definition Language):用來建立資料表,定義欄位。❷資料操作語言DML(Data Manipulation Language):定義資料記錄的新增、更新、刪除。❸資料控制語言DCL(Data Control Language):屬於資料庫安全設定和權限管理的相關指令。

↺ Visual Studio 2013提供「查詢產生器」來產生SQL指令。藉由產生的資料集,以視覺化介面,讓不會使用SQL指令的設計者,也能一窺SQL指令的面貌。配合已完成的資料集,有二種方法可以查詢產生器:❶搜尋準則產生器;❷TableAdapter查詢組態精靈。

↺ 連接資料庫要確認資料庫類型。.NET Framework Data Provider的用途是用來連接資料庫、執行命令和擷取結果。共有四個:❶.NET Framework Data Provider for SQL Server;❷.NET Framework Data Provider for OLE DB。❸.NET Framework Data Provider for ODBC。❹.NET Framework Data Provider for Oracle。

↺ SQL指令中SELECT子句用來查詢資料內容;WHERE子句能設定查詢準則;INSERT指令用來新增記錄,UPDATE指令更新欄位值;DELETE刪除符合條件的記錄。

↺ 以VB程式碼擷取資料時:❶匯入相關命名空間,❷OleDbConnection物件連接資料庫,❸建立OleDbCommand物件,執行SQL指令,❹OleDbDataReader物件取得查詢結果。

↺ SQL指令執行查詢會將結果一直儲存於用戶端的網路緩衝區,直到使用DataReader的Read()方法要求它們為止。由於立即擷取可用的資料,而一次只將一個資料列儲存到記憶體中,因此OleDbDataReader可以提高應用程式的效能,減少系統的負荷。

↺ DataAdapter物件扮演「資料配送器」,為資料來源與DataSet之間的媒介,將SQL命令的執行結果填入DataSet並更新資料來源。

課後習題

一、選擇題

( ) 1. 下列對於資料庫系統的描述,何者不正確?(A)只能儲存資料,不做任何管理 (B)包含電腦硬體設備和作業系統 (C)要有管理資料庫的軟體 (D)還要有管理和操作資料庫的人員。

( ) 2. 命名空間「System.Data.Common」提供的功能中,何者正確?(A)為ADO. NET中.NET Framework資料提供者 (B)用來連結Access資料庫 (C)支援SQL Server特定的功能 (D)以上皆是。

( ) 3. 對於DataSet的功能描述中,何者錯誤?(A)為ADO.NET中主要元件之一 (B)是實體資料庫 (C)能顯示查詢結果 (D)由DataTable物件的集合所組成。

( ) 4. 建立資料來源後,若以DataGridView控制項顯示資料內容時,下列控制項中那一個不是自動產生的?(A)TableAdapter控制項 (B)BindingSource控制項 (C)BindingNavigator控制項 (D)ComboBox控制項。

( ) 5. SQL指令中,SELECT...FROM...,FROM子句須指明?(A)欄位名稱 (B)查詢準則 (C)資料表名稱 (D)排序方式。

( ) 6. OleDbCommand類別中,那一個方法執行SQL敘述不會回傳記錄?(A)Cancel (B)ExecuteReader (C)ExecuteScalar (D)ExecuteNonQuery。

( ) 7. SQL指令中,說出下列WHER子句的作用?

```
WHERE     售價 BETWEEN 500 AND 1000
```

(A)找出售價大於500 (B)找出售價500~1000 (C)找出售價小於500 (D)找出售價小於1000。

( ) 8. 以程式碼連結資料來源,若是OLE DB,要匯入什麼名稱空間?(A)System. Data.Odbc (B)System.Data.Service (C)System.Data.Oledb (D)System.Data. SqlClient。

( ) 9. 以程式碼連結資料來源,若是SQL Server,要匯入什麼名稱空間?(A)System. Data.Odbc (B)System.Data.Service (C)System.Data.Oledb (D)System.Data. SqlClient。

(　) 10. 對於Connection物件的描述，何者不正確？(A)OleDbConnection連接Access
資料庫 (B)連接時不用設定連線字串 (C)以Open()方法開啟資料庫 (D)以
Close()方法關閉資料庫。

二、填充題

1. ADO.NET的架構包含二大類：❶_____ 、❷_____ 。

2. 「.NET Framework資料提供者」用於資料操作，提供ADO.NET四個核心元件：❶____
_____物件、❷_____物件、❸_____物件、❹_____
_____物件。

3. 設定DataGridView控制項的_____屬性，改變其BackColor，能呈
現雙列顏色交錯情形。

4. Visual Studio 2013提供「查詢產生器」來產生SQL指令，有二種方法可以產生：❶____
_____；❷_____ 。

5. 將下圖「查詢產生器」各窗格的功能填入：❶_____窗格、❷_____
窗格、❸_____窗格、❹_____窗格。

6. OleDbDataReader類別中，_____屬性能取得欄位數；_____方法執行關閉。

7. 連接Access資料庫，設定ConnectionString須設定二個屬性值：❶_____、
   ❷_____。

8. OldDbCommand物件會以二個方法來執行SQL指令：❶_____方法、❷_____方法。

9. OleDbDataReader物件以_____方法一筆筆讀取資料來源的資料。

10. 使用OleDbDataAdapter處理資料來源時，要先以_____物件連接資料庫，
    以DataAdapter物件執行SQL指令，將結果存入_____物件。

三、問答與實作題

1. 請說明關聯式資料庫的特色。

2. 透過資料來源組態精靈連接Access資料庫的「Loan.accdb」，再以DataGridView顯示
   「LibBooks」資料表內容。再新增一個表單顯示單筆資料，二個表單之間能互相呼叫。

3. 參考範例《CH1705B》，使用SQL指令找出「loanDetail」資料表中「2006/4」的記
   錄，再以DataGridView顯示結果。

18

VB應用與My

- 以直覺方式存取**My**，就能使用**.NET Framework**類別庫。

- **My.Application.Info**物件取得組件資訊。

- **My.Application.Log**物件用來記錄操作或異常狀況。

- **My.Computer**如何存取電腦週邊的訊息。

- **My.Forms**與建立表單實體的不同。

.NET Framework類別庫多如繁星,如何引用這些名稱空間,是一件不容易的事。然而,Visual Basic會提供快速應用程式開發(Rapid Application Development,RAD)的新功能,使用「My」關鍵字就能將功能化繁為簡,想要管理自己撰寫的應用程式,「My.Application」就能提供相當多的管理;要取得目前所使用電腦與週邊的狀況,「My.Computer」就能大力協助。My是最上層物件和和其他物件的關係如下圖所示。

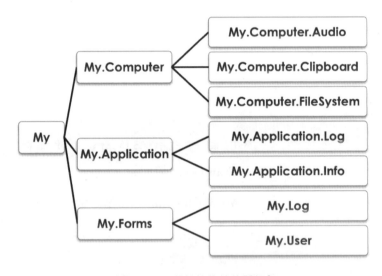

【圖18-1 My與其他物件的關係】

18.1 | 何謂My?

雖然.NET Framework提供完整的類別函式庫,但對於初學者來說,卻要花費很多時間才能知道,那些功能要引用那些名稱空間! Visual Basic提供快速應用程式開發的新功能,其中一項功能(名為My),它就像類別函式的捷徑一樣,將常用功能分門別類,讓開發人員可以快速找到有關功能。

My可以直覺存取.NET Framework的類別庫,能提高應用程式(Application)、電腦(Computer)、表單(Forms)、資源(Resources)、設定值(Settings)、使用者(User)和網路服務(Web Service)等互動的相關資訊。

18.2 My.Application

My.Application協助VB應用程式的撰寫。有了My.Application物件就能存取應用程式相關資訊，它主要來自於Microsoft.VisualBasic.ApplicationServices命名空間。My.Application物件包含下列資源：

- ApplicationBase類別提供所有專案中使用的成員。

- WindowsFormsApplicationBase類別提供Windows Form應用程式中使用的成員。

- ConsoleApplicationBase類別提供主控台應用程式中使用的成員。

My.Application由ApplicationBase類別提供與目前應用程式相關的屬性、方法和事件，有二個成員：

- My.Application.Info：提供取得應用程式相關資訊的屬性，例如版本號碼、描述、已載入組件等。

- My.Application.Log：提供一個屬性和多個方法，將事件和例外狀況資訊寫入應用程式的記錄檔接聽程式。

18.2.1 My.Application.Info

撰寫應用程式所產生的組件資訊能透過「My.Application.Info」物件提取，由AssemblyInfo類別協助取得應用程式的相關資訊，例如版本號碼、描述和載入的組件等。常用屬性以表18-1說明。

【表18-1 AssemblyInfo類別成員】

屬性	說明
AssemblyName	取得應用程式的組件檔名稱，不包括副檔名
CompanyName	取得與應用程式關聯的公司名稱
Copyright	取得與應用程式關聯的著作權注意事項
Description	取得與應用程式關聯的描述
DirectoryPath	取得儲存應用程式的目錄

屬性	說明
ProductName	取得與應用程式關聯的產品名稱
Title	取得與應用程式關聯的標題
Version	取得應用程式的版本號碼

範例《CH1802A》

說明：透過「組件資訊」交談窗，認識My.Application.Info有關訊息。

STEP 1 範本Windows Form應用程式，專案名稱「CH1802A.vbproj」。

STEP 2 認識「My.Application.Info」；滑鼠雙按方案總管的「My Project」項目，進入專案屬性檢視。

STEP 3 滑鼠點選❶「應用程式」索引標籤，再按❷「組件資訊」鈕，進入組件資訊交談窗。

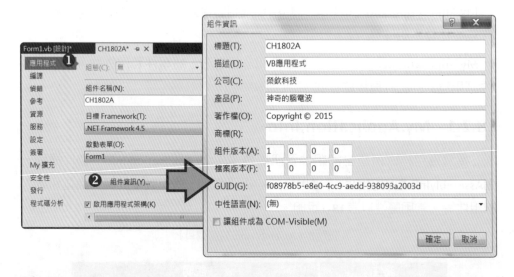

STEP 4 控制項屬性設定如下表。

控制項	Name	BorderStyle	控制項	Name	Text
Label	lblShow	Fixed3D	Button	btnInfo	組件資訊

STEP 5 程式碼如下。

```
                          btnInfo_Click()事件
05  '標題、產品名稱
06  Dim AppTitle As String = My.Application.Info.Title
07  Dim prodName As String = _
08      My.Application.Info.ProductName
09  '公司名稱、版本
10  Dim comName As String = _
11      My.Application.Info.CompanyName
12  Dim vern As String = _
13      My.Application.Info.Version.ToString
14  lblShow.Text = "應用程式名稱：" & AppTitle & vbCrLf & _
15      "產品名稱：" & prodName & vbCrLf & _
16      "公司名稱：" & comName & vbCrLf & _
17      "版本：" & vern & vbCrLf
```

程‧式‧解‧說

* 第5~17行：透過My.Application.Info來取得專案中的組件資訊。「Title」取
得應用程式標題，「ProductName」取得產品名稱，「CompanyName」則
是公司名稱，「Version」代表產品版本。

📌 **執行、編譯程式**

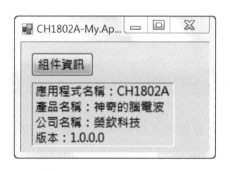

【圖18-2 範例CH1802A執行結果】

18.2.2 My.Application.Log

　　執行應用程式時，有時避免不了例外狀況，但是太多的系統訊息，有時反
而會暴露系統的安全漏洞。只要告訴使用者簡易訊息，例如「光碟機的門沒有
關閉」！My.Application.Log物件只適用於用戶端應用程式，藉由日誌的追蹤，

將事件和例外狀況資訊寫入應用程式的記錄檔接聽程式。當產生操作異常或錯誤訊息時,透過進入點(Entry Point),可以存取.NET Framework的記錄服務。

　　Log屬性是來自於Microsoft.VisualBasic.Logging命名空間的Log類別,得藉助WriteEntry()方法將訊息寫入至應用程式的記錄檔接聽程式;WriteException()方法會將例外狀況資訊寫入應用程式的記錄檔接聽程式。相關語法如下。

```
Public Sub WriteEntry(message As String, _
    severity As TraceEventType, id As Integer)
Public Sub WriteException(ex As Exception, _
    severity As TraceEventType, _
    additionalInfo As String, id As Integer)
```

- ex:要記錄的例外狀況(Exception),必要參數。

- message:要記錄的訊息,參數不能省略。

- severity:訊息的型別。預設值為TraceEventType.Information。

- id:訊息的識別項。

　　由於WriteEntry()是一個多載方法,可以利用參數來處理例外錯誤;但它也可以只加入message參數,簡述如下:

```
My.Application.Log.WriteEntry("應用程式開始了")
```

 18.3 | My.Computer

　　My.Computer物件主要是用來存取電腦週邊的相關訊息,包含音效、檔案系統、鍵盤、滑鼠和列印功能等。它由Microsoft.VisualBasic.Devices命名空間的Computer類別所提供,主要成員屬性以下表18-2說明。

【表18-2 Computer類別的屬性】

屬性	說明
Audio	提供存取電腦的音效系統,可以選擇播放一次或連續播放
Clipboard	提供剪貼簿的操作

屬性	說明
Clock	存取目前所在地時間或世界標準時間
FileSystem	驅動檔案和目錄的屬性和方法，包含：拷貝(CopyFile)、刪除(DeleteFile)、判斷檔案是否存在(FileExists)等
Info	獲取電腦有效的實體記憶體、作業系統名稱等
Keyboard	取得目前鍵盤的狀態，並能以程式來觸發鍵盤按鍵
Mouse	取得滑鼠相關格式和設定資訊
Name	獲得電腦名稱
Netword	能存網路類型與事件
Screen	電腦的主要顯示螢幕

18.3.1　My.Computer.Audio

「My.Computer.Audio」提供播放音效功能，支援wav音樂格式，同樣是由Audio類別提供，常用方法列表18-3。

【表18-3 Audio類別方法】

Audio方法	說明
Play()	播放wav檔
PlaySystemSound()	播放系統音效檔
Stop()	停止音樂的播放

Play()是多載方法，用來播放WAV音效檔，語法如下：

```
Public Sub Play(location As String, _
   playMode As AudioPlayMode)
Public Sub Play(data As Byte(), _
   playMode As AudioPlayMode)
Public Sub Play(stream As Stream, _
   playMode As AudioPlayMode)
```

- location：指定欲播放的音效檔，為String型別。

- data：音效檔的Byte陣列。

- stream：以位元組(stream)方式處理音效檔。

- playMode：指定播放方式(AudioPlayMode)，共有3個選項：❶Background，在背景播放音效；❷BackgroudLoop，以背景音樂重複播放，直到呼叫Stop方法才會停止；❸WaitToComplete，直到音效播放完畢，才會繼續後面的程式。預設「AudioPlayMode.Background」。

以Audio的Play方法將「Blues.wav」音效檔播放一次的簡例如下：

```
My.Computer.Audio.Play("Blues.wav", _
    AudioPlayMode.Background)
```

18.3.2 My.Computer.Cliboard

「My.Computer.Clipboard」物件提供剪貼簿的操作的方法。比較不同的是它來自於Microsoft.VisualBasic.MyServices命名空間，由ClipboardProxy類別提供。透過剪貼簿能暫存不同的資料格式，也稱為剪貼簿檔案格式。一般來說，將新資料移動或複製到「剪貼簿」時，剪貼簿舊有的資料格式會被清除。常用成員列舉表18-4。

【表18-4 ClipboardProxy類別常用方法】

方法	說明
Clear()	清除剪貼簿
ContainsAudio()	判斷剪貼簿是否含有音訊資料
ContainsImage()	判斷剪貼簿是否包含影像
ContainsText()	判斷剪貼簿是否包含文字
GetAudioStream()	從剪貼簿中擷取音訊串流
GetData()	從剪貼簿中擷取資料
GetDataObject()	從剪貼簿中擷取資料物件
SetData()	將所指定自訂格式的資料寫入剪貼簿中

從剪貼簿讀取影像資料，先以ContainsImage()方法判斷剪貼簿是否含有影像資料，再以GetImage()方法來取得此影像資料，並以PictureBox來顯示，簡述如下：

```
If My.Computer.Clipboard.ContainsImage() Then
    Dim pict As System.Drawing.Image
    pict = My.Computer.Clipboard.GetImage()
    PictureBox1.Image = pict
End If
```

18.3.3　My.Computer.FileSystem

　　無論是把檔案讀取或存入資料，都會與「資料流」(Stream)有關，而使用「My.Computer.FileSystem」物件來存取檔案。它來自於Microsoft.VisualBasic.MyServices命名空間，由FileSystemProxy類別提供有關相關成員，以表18-5說明。

【表18-5 FileSystemProxy類別成員】

成員	說明
CurrentDirectory	取得或設定目前的目錄
Drives	取得可用磁碟名稱
CreateDirectory()	建立目錄
CurrentDirectory()	取得或設定目前目錄
DeleteDirectory()	刪除目錄
DeleteFile()	刪除檔案
FileExists()	指定的檔案若存在就回傳True
GetFileInfo()	回傳指定檔案的相關訊息
ReadAllText()	讀取文字檔完整內容

　　以FileExists()方法判斷檔案是否存在？簡述如下：

```
If My.Computer.FileSystem.FileExists( _
        "D//VBDemo//CH18//Sample.txt") Then
    MsgBox("File found.")
Else
    MsgBox("File not found.")
End If
```

　　使用ReadAllText來讀取文字檔案，語法如下：

```
Public Function ReadAllText(file As String
    encoding As Encoding)As String
```

- file：String型別，欲讀取檔案的名稱和路徑。

- encoding：讀取檔案時所要使用的字元編碼方式，預設值為UTF-8。

  例如，讀取「Test.txt」文字檔案時：

```
Dim fileRead As String
fileRead = My.Computer.FileSystem.ReadAllText( _
    "D:\\VBDemo\\CH18\\Test.txt")
richTextBox1.Text = fileRead
```

範例《CH1803A》

說明：了解My.Computer.FileSystem物件的用法。

STEP 1 範本Windows Form應用程式，專案名稱「CH1803A.vbproj」，控制項屬性設定如下表。

控制項	Name	Text	控制項	Name	Dock
Button1	btnAudio	播放音效檔	RichTextBox	rtxtShow	Bottom
Button2	btnFile	讀取文字檔			

STEP 2 程式碼如下。

btnAudio_Click()事件

```
05   My.Computer.Audio.Play("D:\Visual Basic 2013範例" & _
06       "\Demo\Windows Ding.wav", _
07       AudioPlayMode.WaitToComplete)
```

btnFile_Click()事件

```
11   Dim information As System.IO.FileInfo
12   Dim rdFile As String = "D:\\Visual Basic 2013範例\\" _
13       & "\\Demo\\CH1204B.txt"
14   '以GetFileInfo取得檔案相關屬性--檔案名稱、最後存取和字元長度
15   information = _
16       My.Computer.FileSystem.GetFileInfo(rdFile)
17   rtxtShow.Text &= "檔案名稱：" & information.FullName & _
18       vbCrLf & "最後存取時間： " & _
19       information.LastAccessTime & vbCrLf & "長度：" & _
20       information.Length & vbCrLf
21   '以ReadAllText讀取檔案
22   rtxtShow.Text &= My.Computer.FileSystem.ReadAllText( _
23       rdFile, System.Text.Encoding.Default)
```

程·式·解·說

* 第5~7行：播放音效檔，直到播放完畢。

* 第15~16行：My.Computer.FileSystem物件的GetFileInfo方法來取得指定檔案的相關訊息；包含檔案名稱(FullName)，最後存取時間(LastAccessTime)和長度(Length)

* 第22~23行：My.Computer.FileSystem物件的ReadAllText方法來讀取文字檔，其中第2個參數「System.Text.Encoding.Defualt」指定編碼方式。

🖈 執行、編譯程式

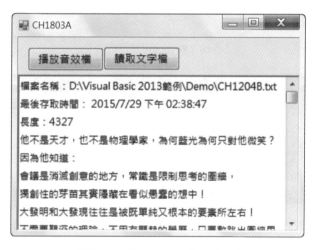

【圖18-3 範例CH1803A執行結果】

18.3.4　My.Computer.Info

My.Computer.Info用來取得有關於電腦記憶體、載入組件(Assembly)、名稱和作業系統等相關資訊。由ComputerInfo類別提供有關的屬性，說明於表18-6。

【表18-6 ComputerInfo類別屬性】

屬性	說明
AvailablePhysicalMemory	取得電腦可用實體記憶體的總數量
AvailableVirtualMemory	取得電腦可用之可用虛擬位址空間的總數量

屬性	說明
OSFullName	取得完整作業系統名稱
OSVersion	取得電腦作業系統的版本
TotalPhysicalMemory	取得電腦的實體記憶體總量
TotalVirtualMemory	取得電腦可用的虛擬位址空間總數量

My.Computer.Keyboard

　　想要了解鍵盤目前的使用狀態，例如使用者是否有按下鍵盤的「Caps Lock」鍵，「My.Computer.Keyboard」物件由Keyboard類別提供相關屬性讓使用者做判斷，說明如表18-7。

【表18-7 Keyboard類別成員】

成員	說明
AltKeyDown	回傳Boolean，判斷使用者是否按下ALT鍵
CapsLock	回傳Boolean，是否已開啟CAPS LOCK
SendKeys()	將鍵盤按鍵值傳送給使用中的視窗
NumLock	回傳Boolean，是否已開啟NUM LOCK
ScrollLock	回傳Boolean，是否已開啟SCROLL LOCK
ShiftKeyDown	回傳Boolean，是否已按下SHIFT鍵

SendKeys()方法的語法如下：

```
Public Sub SendKeys(keys As String, wait As Boolean)
```

* keys：String，定義要傳送的按鍵。
* wait：等按鍵處理完畢之後，是否要繼續執行應用程式，預設值為True。

　　例如，傳送數值按鍵後，繼續執行其他應用程式，簡述如下：

```
My.Computer.Keyboard.SendKeys("32", True)
```

My.Computer.Mouse

　　想要知道滑鼠在操作過程中按下那一個按鈕，取得滾輪的訊息，透過Mouse類別來取得相關屬性列表18-8。

【表18-8 Mouse類別屬性】

屬性	說明
BusstonsSwapped	滑鼠左右按鈕的功能是否已互換，回傳布林值
WheelExists	滑鼠是否有滾輪，回傳布林值
WheelScrollLines	滑鼠滾輪旋轉一格的捲動數值

範例 《CH1803B》

說明：了解My.Computer.Info、My.Computer.Keyboard和My.computer.Mouse物件的用法。

STEP 1 範本Windows Form應用程式，專案名稱「CH1803A.vbproj」，控制項屬性設定如下表。

控制項	Name	Text		控制項	屬性	屬性值
Button1	btnInfo	取得作業系統		RichTextBox	Name	rtxtShow
Button2	btnKeyboard	啓動記事本			Dock	Bottom
Button3	btnMouse	滑鼠				

STEP 2 程式碼如下。

```
                    btnInfo_Click()事件
04  rtxtShow.Text &= "作業系統：" & _
05     My.Computer.Info.OSFullName & _
06        vbNewLine & "作業平台：" & _
07        My.Computer.Info.OSPlatform & vbCrLf & _
08        "系統版本：" & My.Computer.Info.OSVersion _
09        & vbCrLf & "可用記憶體：" & _
10        My.Computer.Info.TotalPhysicalMemory
```

```
                    btnKeyboard_Click()事件
15   Dim ProcID As Integer
16   '啟動記事本，讓視窗具有焦點，並能還原成原始的大小和位置
17   ProcID = Shell("NOTEPAD.EXE", AppWinStyle.NormalFocus)
18   '啟動記事本應用程式.
19   AppActivate(ProcID)
20
21   '將鍵盤值傳送給記事本
22   My.Computer.Keyboard.SendKeys("56", True)
23   My.Computer.Keyboard.SendKeys("*", True)
24   My.Computer.Keyboard.SendKeys("32", True)
25   My.Computer.Keyboard.SendKeys("=", True)
26   My.Computer.Keyboard.SendKeys("1792", True)
```

```
                    btnMouse_Click()事件
31   rtxtShow.Clear()
32   '判斷滑鼠是否有滾輪，及滑鼠滾輪的滾動量
33   If My.Computer.Mouse.WheelExists Then
34      Dim value As Integer = _
35          My.Computer.Mouse.WheelScrollLines
36      If value > 0 Then
37          rtxtShow.Text = "滑鼠滾動量：" & value
38      End If
39   Else
40      MsgBox("滑鼠沒有滾輪")
41   End If
```

程·式·解·說

* 第4~10行：透過My.Computer.Info的相關屬性來取得作業系統內容。

* 第17~19行：以Shell函式去呼叫「記事本」程式，再以AppActivate函式啟動「記事本」。

* 第22~26行：使用My.Computer.Keyboard物件的SendKeys送出按鍵值。

* 第33~41行：以My.Computer.Mouse物件的WheelExists屬性來判斷滑鼠是否具有滾輪，並進一步以WheelScrollLines來取得滑鼠的滾動量。

執行、編譯程式

【圖18-4 範例CH1803B執行結果】

18.3.5　My.Computer.NetWork

連上網路後，想要知道網路的連線狀態，或是取得檔案上傳及下載的情形，「My.Computer.Network」由Network類別能提供這樣的服務，其相關的屬性、方法及處理事件，列表18-9說明。

【表18-9 Network類別屬性】

屬性	說明
IsAvailable	是否可以使用網路
DownloadFile()	從遠端下載檔案
UploadFile()	上傳檔案至遠端
Ping()	Ping遠端電腦
NetworkAvailabilityChanged事件	網路連線狀態變更時所引發

以UplaodFile()方法來上傳檔案，語法如下：

```
Public Sub UploadFile(sourceFileName As String, _
  address As String, userName As String, _
  password As String, showUI As Boolean, _
  connectionTimeout As Integer)
```

- sourceFileName：要上傳的檔案路徑和名稱，為String型別，參數不能省略。

- address：遠方電腦的URL、IP位址，為String型別，參數不能省略。

- userName：要驗證的使用者名稱，為String型別。

- password：要驗證的密碼，為String型別。

- showUI：是否顯示作業進度，預設值為False。

- connectionTimeout：逾時間隔(以毫秒為單位)，預設值為100秒。

要上傳一個「Test01.dat」檔案，簡述如下：

```
My.Computer.Network.UploadFile( _
   "D:\VBDemo\CH18\Test01.dat", _
   URL, "Administrator", "123456", True, 100000)
```

範例《CH1803C》

說明：了解My.Computer.Newwork物件來上傳檔案，不過這裡是以本地端電腦為上傳檔案對象。

STEP 1 範本Windows Form應用程式，專案名稱「CH1803C.vbproj」，控制項屬性設定如下表。

控制項	Name	Text	控制項	Name	Text
Label1	lblNet		Button1	btnCheck	檢查連線
Label2		遠端電腦：	Button2	btnUpFile	上傳檔案
Label3		帳號：	TextBox2	txtAccount	
Label4		密碼：	TextBox3	txtPwd	
TextBox1	txtAccount				

STEP 2 程式碼如下。

```
                    btnUpFile_Click()事件
15   Dim URL As String = "http://1drv.ms/1NaChEj"
16   Try
17      My.Computer.Network.UploadFile( _
18        "D:\Visual Basic 2013範例\Demo\Demo.dat", _
```

```
19          URL, txtAccount.Text, txtPwd.Text, True, _
20          100000)
21      lblNet.Text = "檔案上傳完成"
22  Catch ex1 As Security.SecurityException
23      lblNet.Text = "帳號、密碼有誤,請重新輸入"
24  Catch ex2 As TimeoutException
25      lblNet.Text = "連線逾時"
26  Catch ex3 As Exception
27      lblNet.Text = "檔案上傳失敗"
28  End Try
```

程・式・解・說

* 第15~28行:上傳檔案到遠端,先取得電腦名稱,設定網址。

* 第16~28行:以Try...Catch陳述式來處理上傳檔案的例外狀況。

* 第17~20行:以My.Computer.Network物件的UploadFile()方法上傳檔案,共有6個參數:欲上傳檔案的路徑和檔名、遠方電腦位址、帳號、密碼、顯示進度和逾時秒數。

執行、編譯程式

【圖18-5 範例CH1803C執行結果】

18.4 | MyForms

My.Forms物件會針對專案中存在的每個Form 類別，傳回預設執行個體的集合。它可以直接使用表單(Form)類別的屬性和方法來存取表單相關資訊，而不用使用關鍵字Dim或New做宣告。

範例《CH1804A》

說明：以New關鍵字來建立表單實體和使用「My.Forms」的不同。

STEP 1 範本Windows Form應用程式，專案名稱「CH1804A.vbproj」。

STEP 2 「專案」加入第二個Windows Form，名稱以預設值「Form2.vb」為主。

STEP 3 加入2個按鈕控制項：Button1，Name「btnNewFm」，Text「建立表單實體」；Button2，Name「btnCallFm」，Text「使用My.Forms」。

STEP 4 相關程式碼如下。

btnNewFm_Click()事件

```
06   Dim newForm1 As New Form1    'New建立表單實體
07   newForm1.BackColor = Color.LightGreen
08   newForm1.Show()
```

btnCallFm_Click()事件

```
15   My.Forms.Form2.Text = Now.ToString
16   My.Forms.Form2.BackColor = Color.Moccasin
17   My.Forms.Form2.Show()
```

程·式·解·說

* 第6~8行：以New關鍵字建立Form1實體並變更其背景色。

* 第15~17行：以My.Forms物件來改變第二個表單的標題和背景色。

📌 執行、編譯程式

<1> 按F5鍵執行程式，按「建立表單實體」鈕，會產生有綠色背景的表單，按鈕多按幾次，就產生多個有綠色背景的表單！

<2> 按「使用My.Forms」表單，會產生粉橘色表單，按鈕再按時，只會更新標題列的時間，並不會產生多個表單。

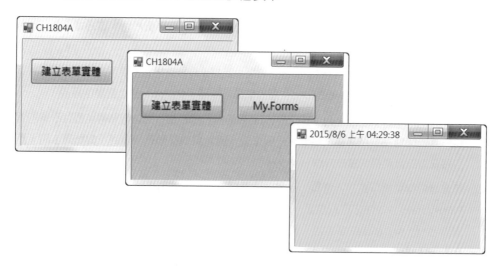

重點整理

- ↻ My.Application物件主要是提供存取應用程式相關資訊。

- ↻ 撰寫應用程式所產生的組件資訊能透過「My.Application.Info」物件提取,並能取得應用程式的相關資訊,例如版本號碼、描述和載入的組件等。

- ↻ My.Application.Log物件藉由WriteEntry和WriteException方法,將事件和例外狀況資訊寫入應用程式的記錄檔接聽程式。當產生操作異常或錯誤訊息時,透過進入點(Entry Point),存取.NET Framework的記錄服務。

- ↻ 「My.Computer.Audio」提供播放音效功能,支援wav音樂格式,常用方法有:❶Play:播放wav檔;❷PlaySystemSound:播放系統音效檔;❸Stop:停止音樂的播放。

- ↻ 「My.Computer.Clipboard」物件提供剪貼簿的操作的方法。透過剪貼簿能暫存不同的資料格式,也稱為剪貼簿檔案格式。一般來說,將新資料移動或複製到「剪貼簿」時,剪貼簿舊有的資料格式會被清除。

- ↻ 無論是把檔案讀取或存入資料,都會與「資料流」(Stream)有關,使用「My.Computer.FileSystem」物件來存取檔案,則能簡化其處理,成員有:❶Drives屬性:取得可用磁碟名稱;❷DeleteFile方法:刪除檔案;❸GetFileInfo:回傳指定檔案的相關訊息;❹ReadAllText方法:讀取文字檔完整內容。

- ↻ My.Computer.Info用來取得有關於電腦記憶體、載入組件(Assembly)、名稱和作業系統等相關資訊。

- ↻ 想要了解鍵盤目前的存取狀態,例如使用者是否有按下鍵盤的「Caps Lock」鍵,「My.Computer.Keyboard」物件提供相關屬性讓使用者做判斷。想要知道滑鼠在操作過程中按下那一個按鈕,取得滾輪的訊息,得透過「My.Computer.Mouse」物件。

- ↻ 連上網路後,想要知道網路的連線狀態,或是取得檔案上傳及下載的情形,「My.Computer.Network」能提供這樣的服務。

課後習題

一、選擇題

(　) 1.　「My.Application.Info」物件能提供的訊息中？下列何者非提供項目(A) ProductVersion (B)CopyRight (C)ProductName (D)描述。

(　) 2.　「My.Computer」下那一個物件能控制電腦的音效系統？(A)Keyboard (B) Mouse (C)FileSystem (D)Audio。

(　) 3.　「My.Computer」下那一個物件能提供剪貼簿的操作？(A)Keyboard (B) Clipboard (C)FileSystem (D)Audio。

(　) 4.　「My.Computer」下那一個物件能提供檔案的存取？(A)Keyboard (B) Clipboard (C)FileSystem (D)Audio。

(　) 5.　「My.Computer」下那一個物件能提供電腦使用的記憶體、作業系統？(A)Info (B)Clipboard (C)FileSystem (D)Audio。

(　) 6.　「My.Computer.Keyboard」物件能了解鍵盤使用狀態，那一個方法能將鍵盤按鍵值傳送到使用中的應用程式？(A)Clear (B)SendKeys (C)GetImage (D) Play。

(　) 7.　「My.Computer.Mouse」物件能了解滑鼠使用狀態，那一個屬性能判斷是否有裝置滑鼠滾輪？(A)NumLock (B)WheelExists (C)WheelScrollLines (D) CapsLock。

(　) 8.　「My.Computer.Mouse」物件能了解滑鼠使用狀態，那一個屬性能判斷是否有裝置滑鼠滾輪？(A)NumLock (B)WheelExists (C)WheelScrollLines (D) CapsLock。

二、填充題

1.　My.Application.Log物件的二個方法：❶＿＿＿＿＿＿＿＿＿：將訊息寫入應用程式的記錄檔。❷＿＿＿＿＿＿＿＿＿：將例外狀況資訊寫入應用程式的記錄檔。

2.　My.Computer.Audio物件，播放音樂時使用＿＿＿＿＿＿＿＿＿方法，停止播放時要使用＿＿＿＿＿＿＿＿＿方法。

3. My.Computer.FileSystem物件中，使用＿＿＿＿＿＿＿＿＿＿方法，來判斷檔案是否存在；使用＿＿＿＿＿＿＿＿＿方法來讀取文字檔案。

4. My.Computer.Info的＿＿＿＿＿＿＿＿＿＿＿＿＿屬性可取得電腦的實體記憶體的總數量，＿＿＿＿＿＿＿＿＿＿＿＿＿屬性能取得電腦作業系統名稱。

5. My.Computer.Network物件中，上傳檔案使用＿＿＿＿＿＿＿＿＿方法，下載檔案使用＿＿＿＿＿＿＿＿＿方法。

三、問答與實作題

1. 依據範例《CH1803C》，撰寫下載檔案的程式。

2. 說明使用「My.Forms」和使用「New」關鍵字來建立表單有何不同？